高等职业教育通识类课程教材

计算机应用基础

（Windows 10+Office 2016）

主　编　阳晓霞　谭　卫

副主编　周永福　钟建坤　张利华

中国水利水电出版社
www.waterpub.com.cn
·北京·

内 容 提 要

本书是根据最新的全国计算机等级考试大纲而编写的，适用于高等职业院校计算机公共课程。本书主要包括计算机基础知识、Windows 10 操作系统、文字处理软件 Word 2016、电子表格处理软件 Excel 2016、演示文稿制作软件 PowerPoint 2016、计算机网络知识及信息安全、图形图像处理及视频编辑等部分。

本书在内容的选取上，除了常规的 Office 以外，还增加了信息素养相关的知识点，案例主要选择与读者日常学习和生活相关的实例，使得学与用相结合，在突出案例实用性的同时，注重对深层次技术的发掘，并考虑与高职计算机课程相适应。在结构的组织上，采用项目式教学，以任务驱动的形式组织教学内容，方便教师备课和读者自学。“任务描述”作为案例产生的背景，突出内容的实用性；“任务展示”为读者展示任务的最终效果；“相关知识与技能”提供为完成任务需要掌握的基本知识点；“任务实施”详细介绍任务的实施步骤；“拓展知识与技能”阐述任务之外的补充知识点；“拓展任务”供读者在巩固本任务所学知识的基础上更上一层楼。

本书可作为高等学校非计算机专业的计算机基础教学用书，也可作为全国计算机等级考试一级的参考用书和广大计算机爱好者的自学用书。

图书在版编目（CIP）数据

计算机应用基础 : Windows 10+Office 2016 / 阳晓霞，谭卫主编. -- 北京 : 中国水利水电出版社，2020.9（2024.7 重印）
高等职业教育通识类课程教材
ISBN 978-7-5170-8756-4

Ⅰ. ①计… Ⅱ. ①阳… ②谭… Ⅲ. ①Windows操作系统－高等职业教育－教材②办公自动化－应用软件－高等职业教育－教材 Ⅳ. ①TP316.7②TP317.1

中国版本图书馆CIP数据核字(2020)第149516号

策划编辑：陈红华　　责任编辑：魏渊源　　封面设计：李　佳

书　名	高等职业教育通识类课程教材 计算机应用基础（Windows 10+Office 2016） JISUANJI YINGYONG JICHU（Windows 10+Office 2016）
作　者	主　编　阳晓霞　谭　卫 副主编　周永福　钟建坤　张利华
出版发行	中国水利水电出版社 （北京市海淀区玉渊潭南路 1 号 D 座　100038） 网址：www.waterpub.com.cn E-mail：mchannel@263.net（答疑） sales@mwr.gov.cn 电话：（010）68545888（营销中心）、82562819（组稿）
经　售	北京科水图书销售有限公司 电话：（010）68545874、63202643 全国各地新华书店和相关出版物销售网点
排　版	北京万水电子信息有限公司
印　刷	三河市鑫金马印装有限公司
规　格	184mm×260mm　16 开本　21.5 印张　530 千字
版　次	2020 年 9 月第 1 版　2024 年 7 月第 8 次印刷
印　数	21001—23000 册
定　价	49.80 元

前　言

在计算机科学技术飞速发展的今天，信息化是当今世界经济和社会发展的大趋势，信息素养成为科学素养的重要基础和人才培养的标准。高等职业院校各个专业普遍进行计算机基础教育，使每个学生具备必要的计算机知识和应用计算机的能力。在信息化社会里，对信息的获取、存储、传输、处理和应用能力越来越成为一种最基本的生存能力，也正在逐步被社会作为衡量一个人文化素质高低的重要标志之一。

“计算机应用基础”课程的任务是培养学生利用计算机获取信息、处理信息和解决问题的能力，增强学生在本专业和相关领域中的计算机应用能力。随着计算机技术的不断发展和教学改革的不断深入，迫切需要在教材内容、教材结构上进行改革，突出应用技能的培养，融入信息素养，强调实践性和实用性。

本书是根据教育部计算机基础教学指导委员会《关于进一步加强高等学校计算机基础教学的意见》编写的。本书编写的宗旨是使读者较全面、系统地了解计算机基础知识，具备计算机实际应用能力，并能在各自的专业领域自觉地应用计算机进行学习与研究，具备基本的信息素养，了解信息安全的相关知识。

本书采用“任务驱动”的方式，从任务描述和案例入手，将计算机基础的知识点融入案例的分析和操作过程中，使学生在学习过程中不仅能掌握独立知识点，而且能提高综合分析问题和解决问题的能力。通过案例教学和实践教学环节，让学生领悟利用计算机解决问题的思路和方法；通过拓展任务进一步加深对知识的理解，培养大学生综合应用计算机的素质，提高大学生的创新能力。

在教材结构上，每章按教学内容分为若干任务，在任务中设计了以下几个模块：

- 任务描述：说明本任务产生的背景。
- 任务展示：给出本任务完成后的最终效果图。
- 相关知识与技能：提供为完成任务需要掌握的基本知识与技能。
- 任务实施：详细讲解任务的实施步骤。
- 拓展知识与技能：讲解学生有必要了解但任务中未涉及的知识与技能。
- 拓展任务：巩固本任务所涉及的基本知识与技能，并练习“拓展知识与技能”中所涉及的操作。

本书由阳晓霞、谭卫担任主编，周永福、钟建坤、张利华担任副主编。第 1 章由周永福编写，第 2、6 章由张连姣编写，第 3 章由刘婧莉编写，第 4 章由张利华编写，第 5 章由阳晓霞编写，第 7 章由谭卫、仇旺龙编写，第 8 章由潘恋编写。周永福、钟建坤、阳晓霞、谭卫对全书进行了统稿、校对，并提出了许多宝贵的意见和建议。本书还得到了中国水利水电出版社相关人员的大力帮助和支持，在此表示衷心的感谢。

本书虽经过多次修改，但难免存在疏漏之处，恳请广大读者批评指正，以便进一步完善。作者的 E-mail：41892560@qq.com。

编　者

2020 年 6 月

目　录

前　言

在计算机科学技术飞速发展的今天，信息化是当今世界经济和社会发展的大趋势，信息素养成为科学素养的重要基础和人才培养的标准。高等职业院校各个专业普遍进行计算机基础教育，使每个学生具备必要的计算机知识和应用计算机的能力。在信息化社会里，对信息的获取、存储、传输、处理和应用能力越来越成为一种最基本的生存能力，也正在逐步被社会作为衡量一个人文化素质高低的重要标志之一。

“计算机应用基础”课程的任务是培养学生利用计算机获取信息、处理信息和解决问题的能力，增强学生在本专业和相关领域中的计算机应用能力。随着计算机技术的不断发展和教学改革的不断深入，迫切需要在教材内容、教材结构上进行改革，突出应用技能的培养，融入信息素养，强调实践性和实用性。

本书是根据教育部计算机基础教学指导委员会《关于进一步加强高等学校计算机基础教学的意见》编写的。本书编写的宗旨是使读者较全面、系统地了解计算机基础知识，具备计算机实际应用能力，并能在各自的专业领域自觉地应用计算机进行学习与研究，具备基本的信息素养，了解信息安全的相关知识。

本书采用“任务驱动”的方式，从任务描述和案例入手，将计算机基础的知识点融入案例的分析和操作过程中，使学生在学习过程中不仅能掌握独立知识点，而且能提高综合分析问题和解决问题的能力。通过案例教学和实践教学环节，让学生领悟利用计算机解决问题的思路和方法；通过拓展任务进一步加深对知识的理解，培养大学生综合应用计算机的素质，提高大学生的创新能力。

在教材结构上，每章按教学内容分为若干任务，在任务中设计了以下几个模块：

- 任务描述：说明本任务产生的背景。
- 任务展示：给出本任务完成后的最终效果图。
- 相关知识与技能：提供为完成任务需要掌握的基本知识与技能。
- 任务实施：详细讲解任务的实施步骤。
- 拓展知识与技能：讲解学生有必要了解但任务中未涉及的知识与技能。
- 拓展任务：巩固本任务所涉及的基本知识与技能，并练习“拓展知识与技能”中所涉及的操作。

本书由阳晓霞、谭卫担任主编，周永福、钟建坤、张利华担任副主编。第 1 章由周永福编写，第 2、6 章由张连姣编写，第 3 章由刘婧莉编写，第 4 章由张利华编写，第 5 章由阳晓霞编写，第 7 章由谭卫、仇旺龙编写，第 8 章由潘恋编写。周永福、钟建坤、阳晓霞、谭卫对全书进行了统稿、校对，并提出了许多宝贵的意见和建议。本书还得到了中国水利水电出版社相关人员的大力帮助和支持，在此表示衷心的感谢。

本书虽经过多次修改，但难免存在疏漏之处，恳请广大读者批评指正，以便进一步完善。作者的 E-mail：41892560@qq.com。

编　者

2020 年 6 月

目　　录

第 1 章　计算机基础概述

本章导读

随着微型计算机的出现以及计算机网络的发展，计算机的应用已渗透到社会的各个领域，并逐步改变着人们的生活方式。21 世纪的今天，掌握和使用计算机已成为人们必不可少的技能。

本章简要介绍了计算机的发展与应用、计算机中信息的表示、计算机系统的组成、计算机信息安全等内容，可帮助初学者掌握计算机的基本知识，为学习后续章节内容打下基础。

1.1　计算机的发展与应用

计算机的发展史及应用领域

1.1.1　计算机的发展史

1946 年，第一台电子数字计算机 ENIAC 由美国宾夕法尼亚大学研制成功，如图 1-1 所示。它是一个庞然大物，共有 18000 个电子管、1500 个继电器，耗电 150kW，重达 30t，占地约 170m^2，运算速度为每秒 5000 次加法或 400 次乘法。当时用它来处理弹道问题，从人工计算的 20 小时缩短到 30 秒。虽然 ENIAC 有一个严重的问题——不能存储程序，但它的诞生在人类文明史上具有划时代的意义，奠定了计算机的发展基础，成为计算机发展史上一个重要的里程碑，开辟了计算机科学的新纪元。

图 1-1　世界上第一台电子计算机 ENIAC

几乎在同一时期，著名数学家冯·诺依曼提出了“存储程序”和“程序控制”的概念。其主要思想为：

（1）采用二进制形式表示数据和指令。

（2）计算机应包括运算器、控制器、存储器、输入设备和输出设备五大基本部件。

（3）采用存储程序和程序控制的工作方式。

冯·诺依曼的上述思想奠定了现代计算机设计的基础，所以后来人们将采用这种设计思想的计算机称为冯·诺依曼型计算机。从1946年第一台计算机诞生至今，虽然计算机的设计和制造技术都有了极大的发展，但今天使用的绝大多数计算机其工作原理和基本结构仍然遵循着冯·诺依曼的思想。

从第一台计算机诞生至今已有七十多年的时间，计算机的基本构成元件经历了电子管、晶体管、集成电路、大规模集成电路和超大规模集成电路四个发展时代。

1. 第一代计算机

第一代计算机（1946—1957年）使用电子管作为主要电子元件，其主要特点是体积大、耗电多、重量重、性能低，且成本很高。这一代计算机的主要标志是：

（1）模拟量可变换成数字量进行计算，开创了数字化技术的新时代。

（2）形成了电子数字计算机的基本结构，即冯·诺依曼结构。

（3）确定了程序设计的基本方法，采用机器语言和汇编语言编程。

（4）首次使用阴极射线管作为计算机的字符显示器。

2. 第二代计算机

第二代计算机（1958—1964年）使用晶体管作为主要电子元件，其各项性能指标有了很大改进，运算速度提高到每秒几十万次。这一代计算机的主要标志是：

（1）开创了计算机处理文字和图形的新阶段。

（2）系统软件出现了监控程序，提出了操作系统的概念。

（3）高级语言已投入使用。

（4）开始有了通用机和专用机之分。

（5）开始使用鼠标。

3. 第三代计算机

第三代计算机（1965—1970年）使用小规模集成电路和中规模集成电路作为主要电子元件，其性能和稳定性进一步提高。这一代计算机的主要标志是：

（1）运算速度已达到每秒100万次以上。

（2）操作系统更加完善，出现分时操作系统。

（3）出现结构化程序设计方法，为开发复杂软件提供了技术支持。

（4）序列机的推出较好地解决了“硬件不断更新，而软件相对稳定”的矛盾。

（5）机器可根据其性能分成巨型机、大型机、中型机和小型机。

4. 第四代计算机

第四代计算机（1971年至今）采用大规模集成电路和超大规模集成电路作为主要电子元件，使得计算机日益小型化和微型化。这一代计算机的主要标志是：

（1）操作系统不断完善，应用软件的开发成为现代工业的一部分。

（2）计算机应用和更新的速度更加迅猛，产品覆盖各类机型。

（3）计算机的发展进入了以计算机网络为特征的时代。

微型计算机是第四代计算机的典型代表。1971年，Intel公司使用大规模集成电路率先推出微处理器4004，成为计算机发展史上一个新的里程碑，宣布第四代计算机问世。从此，计算机进入一个崭新的发展时期，各种采用大规模集成电路、超大规模集成电路的新型计算机如雨后春笋般蓬勃发展起来。

1.1.2 计算机的特点

微型计算机的字长从4位、8位、16位、32位至64位迅速增长，速度越来越快，容量越来越大，其性能已赶上甚至超过20世纪70年代的中、小型计算机的水平。微型计算机小巧玲珑、性能稳定、价格低廉，对环境没有特殊要求且易于成批生产，因此吸引了众多的用户，得到了快速发展。

现在的计算机具有以下几个特点。

1. 运算速度快

计算机内部电路可以高速准确地完成各种算术运算。当今计算机系统的运算速度已达到每秒万亿次，微机也可达每秒亿次以上，使大量复杂的科学计算问题得以解决。例如卫星轨道的计算、大型水坝相关参数的计算、24小时天气预报的计算等，过去人工计算需要几年、几十年，而现在用计算机只需几天甚至几分钟就可以完成。

2. 运算精度高

科学技术的发展特别是尖端科学技术的发展需要高度精确的计算。计算机控制的导弹之所以能准确地击中预定的目标，是与计算机的精确计算分不开的。一般计算机可以有十几位甚至几十位（二进制）有效数字，计算精度可从千分之几到百万分之几，是其他计算工具望尘莫及的。

3. 存储容量大

计算机不仅能进行计算，而且能把参加运算的数据、程序以及中间结果和最后结果保存起来，供用户随时调用。计算机的存储器可以存储大量数据，这使计算机具有了“记忆”功能。随着计算机存储容量的不断增大，可存储记忆的信息越来越多。计算机的“记忆”功能是与传统计算工具的一个重要区别。

4. 具有逻辑判断能力

计算机的运算器除了能够完成基本的算术运算外，还具有对各种信息进行比较、判断等逻辑运算的功能。这种能力是计算机处理逻辑推理问题的前提。

5. 自动化程度高，通用性强

计算机内部操作是根据人们事先编好的程序自动控制进行的。用户根据解题需要，事先设计好运行步骤与程序，计算机十分严格地按照程序规定的步骤操作，整个过程不需要人工干预，自动化程度高。这一特点是一般计算工具所不具备的。

计算机通用性强的特点表现在几乎能求解自然科学和社会科学中一切类型的问题，能广泛地应用于各个领域。

1.1.3 计算机的应用领域

由于计算机所具备的特点，其应用十分广泛，从人工智能、工业控制到个人文秘、家庭小管家等，概括起来可以分为以下几个方面。

1. 科学计算（数值计算）

科学计算或数值计算是计算机最早应用的领域。计算机根据公式或数理模型进行计算，可完成大量的计算工作，精确度高、速度快、结果可靠。

2. 数据处理（信息处理）

计算机能对各种各样的数据进行处理，如收集、传输、分类、查询、统计、分析和存储等。在已进入信息社会的今天，数据或信息处理在计算机应用中所占的比重越来越大，已成为应用最广泛的领域，主要内容有办公自动化、事务处理、企业管理、信息资料检索等。

3. 辅助技术

计算机辅助技术是以计算机为工具，配备专用软件以帮助人们更好地完成工作、学习等任务，达到提高工作、学习的效率和质量的目的，主要内容有计算机辅助设计（Computer Aided Design，CAD）、计算机辅助制造（Computer Aided Manufacturing，CAM）、计算机辅助工程（Computer Aided Engineering，CAE）、计算机集成制造系统（Computer Integrated Manufacturing System，CIMS）、计算机辅助教学（Computer Aided Instruction，CAI）等。

4. 网络应用

计算机技术与现代通信技术的结合构成了计算机网络。各个地区、国家计算机与计算机之间的通信，各种软、硬件资源的共享，也大大促进了国际间的文字、图像、视频和声音等各类数据的传输与处理。这一应用领域的发展已经使整个世界进入了信息时代，改变了和继续改变着人类社会的面貌和生活方式。

5. 多媒体计算机系统

多媒体计算机系统即利用计算机的数字化技术和人机交互技术，将文字、声音、图形、图像、音频、视频和动画等集成处理，提供多种信息表现形式。这一技术被广泛应用于电子出版、教学和休闲娱乐等方面。

6. 人工智能

人工智能是利用计算机来模仿人的高级思维活动，如能模拟高水平医学专家进行疾病诊疗的专家系统，具有一定思维能力的智能机器人等。

1.1.4 计算机的发展趋势

当前计算机正朝着巨型化、微型化、网络化、智能化等多个不同的方向发展。

1. 巨型化

巨型化是指研制速度更快的、存储量更大的和功能强大的巨型计算机。其运算速度快、容量高，主要应用于天文、气象、地质以及核技术、航天飞机和卫星轨道计算等尖端科学技术领域。巨型计算机的技术水平是衡量一个国家科学技术和工业发展水平的重要标志。

2. 微型化

微型化是指利用微电子技术和超大规模集成电路技术，使计算机的体积进一步缩小、价格进一步降低。计算机的微型化已成为计算机发展的重要方向，各种笔记本电脑和 PDA 的大量面世即是计算机微型化的一个标志。

3. 网络化

网络技术可以更好地管理网上的资源，它把整个互联网虚拟成一台空前强大的一体化系统，犹如一台巨型机，在这个动态变化的网络环境中，实现计算资源、存储资源、数据资源、信息资源、知识资源、专家资源的全面共享，从而让用户享受可灵活控制的、智能的、协作式的信息服务，并获得前所未有的使用方便性。

4. 智能化

智能化是指计算机具有模拟人的感觉和思维过程的能力。智能化的研究包括模拟识别、物形分析、自然语言的生成和理解、博弈、定理自动证明、自动程序设计、专家系统、学习系统和智能机器人等。

1.1.5 计算机技术应用热点

1. 云计算

云计算（Cloud Computing）是基于互联网的相关服务的生成、使用和交付模式，通常涉及通过互联网来提供动态、易扩展且经常是虚拟化的资源。云是网络、互联网的一种比喻说法。过去往往用云来表示电信网，后来也用来表示互联网和底层基础设施的抽象。云计算可以让人们体验每秒10万亿次的运算能力，通过这么强大的计算能力可以模拟核爆炸、预测气候变化和市场发展趋势。用户通过计算机、手机等方式接入数据中心，按自己的需求进行运算。云计算示意图如图1-2所示。

图1-2　云计算示意图

云计算是继20世纪80年代大型计算机到客户端－服务器的大转变之后的又一次巨变。云计算是分布式计算（Distributed Computing）、并行计算（Parallel Computing）、效用计算（Utility Computing）、网络存储（Network Storage Technologies）、虚拟化（Virtualization）、负载均衡（Load Balance）等传统计算机和网络技术发展融合的产物。典型的电子政务云平台架构图如图1-3所示。

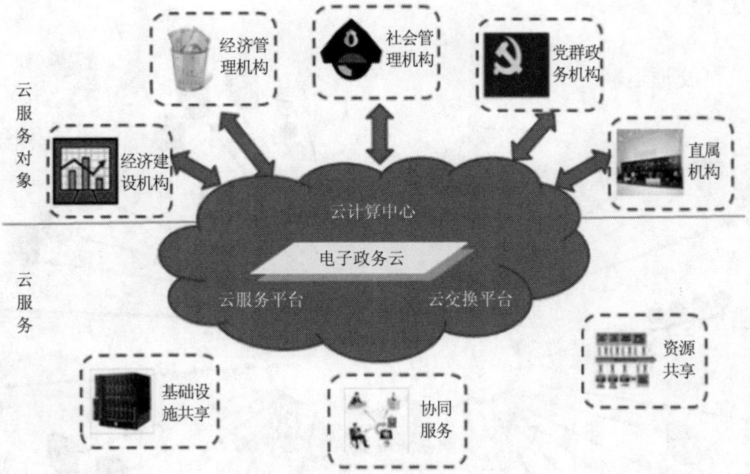

图1-3　典型的电子政务云平台架构图

2. 大数据

大数据（Big Data）指无法在一定时间范围内用常规软件工具进行捕捉、管理和处理的数据集合，是需要新处理模式才能具有更强的决策力、洞察发现力和流程优化能力的海量、高增长率和多样化的信息资产。麦肯锡全球研究所给出的定义是：一种规模大到在获取、存储、管理、分析方面大大超出了传统数据库软件工具能力范围的数据集合，具有海量的数据规模、快速的数据流转、多样的数据类型和价值密度低四大特征。

从技术上看，大数据与云计算的关系就像一枚硬币的正反面一样密不可分。大数据必然无法用单台的计算机进行处理，必须采用分布式架构。对海量数据进行分布式数据挖掘，必须依托云计算的分布式处理、分布式数据库和云存储、虚拟化等技术。

大数据的价值体现在以下几个方面：

（1）对大量消费者提供产品或服务的企业可以利用大数据进行精准营销。

（2）小而美模式的中小微企业可以利用大数据进行服务转型。

（3）在互联网压力之下必须转型的传统企业需要与时俱进，充分利用大数据的价值。

3. 物联网

物联网（IoT，Internet of Things）是基于互联网、传统电信网等信息承载体，让所有能行使独立功能的普通物体实现互联互通的网络。物联网一般为无线网，而由于每个人周围的设备可以达到一千至五千个，所以物联网可能要包含五百兆至一千兆个物体。在物联网上，每个人都可以应用电子标签将真实的物体与网络连接，在物联网上都可以查出它们的具体位置。中心计算机可以通过物联网对机器、设备、人员进行集中管理、控制，也可以对家庭设备、汽车进行遥控，以及搜索位置、防止物品被盗等，类似自动化操控系统，通过收集这些小事的数据，最后聚集成大数据，为社会提供服务，如重新设计道路以减少车祸、都市更新、灾害预测、犯罪防治、流行病控制等，实现物和物相连。

物联网将现实世界数字化，应用范围十分广泛。物联网拉近分散的信息，整合物与物的数字信息。物联网（图 1-4）的应用领域主要包括运输和物流领域、工业制造领域、健康医疗领域、智能环境（家庭、办公场所、工厂）领域、个人和社会领域等，具有十分广阔的市场和应用前景。

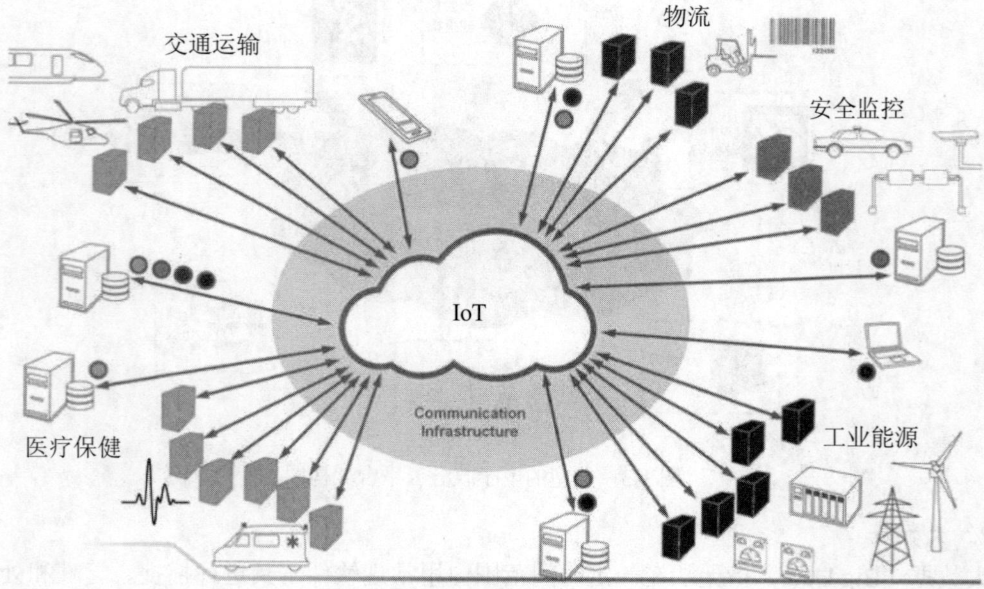

图 1-4　物联网结构示意图

4. 人工智能

人工智能（Artificial Intelligence，AI）是研究、开发用于模拟、延伸和扩展人的智能的理论、方法、技术及应用系统的一门新的技术学科。人工智能是计算机科学的一个分支，它试图了解智能的实质，并生产出一种新的能以与人类智能相似的方式做出反应的智能机器。该领域的研究包括机器人、语言识别、图像识别、自然语言处理和专家系统等。人工智能从诞生以来，理论和技术日益成熟，应用领域也不断扩大。可以设想，未来人工智能带来的科技产品将会是人类智慧的“容器”。人工智能可以对人的意识、思维的信息过程进行模拟。人工智能不是人的智能，但能像人那样思考，甚至超过人的智能，如图 1-5 所示。

图 1-5　阿尔法狗“人机大战”

2017 年 12 月，人工智能入选“2017 年度中国媒体十大流行语”。经过多年的演进，人工智能的发展进入了新阶段。为抢抓人工智能发展的重大战略机遇，构筑我国人工智能发展的先发优势，加快建设创新型国家和世界科技强国，2017 年 7 月 20 日，国务院印发了《新一代人工智能发展规划》，提出了面向 2030 年我国新一代人工智能发展的指导思想、战略目标、重点任务和保障措施，为我国人工智能的进一步加速发展奠定了重要基础。图 1-6 所示为百度公司研发的“小度”人工智能机器人。

图 1-6　百度“小度”人工智能机器人

1.2　计算机基本组成

计算机系统的基本组成

1.2.1　计算机系统的基本组成

完整的计算机系统主要由“硬件”和“软件”两大系统组成。硬件是计算机系统中的物理装置的总称，软件是指计算机运行所需的各种程序及其有关资料。硬件系统是计算机的“躯干”，是基础；软件系统是建立在“躯干”上的“灵魂”。计算机系统结构如图 1-7 所示。

- 计算机系统
  - 硬件系统
    - 主机
      - 中央处理单元（CPU）
        - 运算器
        - 控制器
      - 内（主）存储器
        - 随机存储器（RAM）
        - 只读存储器（ROM）
    - 外设
      - 外（辅）存储器（硬盘、软盘、光盘等）
      - 输入设备（键盘、鼠标、光笔、图形扫描仪、触摸屏等）
      - 输出设备（显示器、打印机、绘图仪等）
  - 软件系统
    - 系统软件（Windows 98/2000/2003/XP/7、Linux 等）
    - 应用软件（Word、Excel、Photoshop 等）

图 1-7　计算机系统结构图

在计算机系统中，硬件是软件赖以工作的物质基础，软件的正常工作是硬件发挥作用的唯一途径。计算机系统必须要配备完善的软件系统才能正常工作，且充分发挥其硬件的各种功能。因此，软件与硬件一样，都是计算机工作必不可少的组成部分。计算机由用户来使用，用户与计算机硬件系统和软件系统的层次关系如图 1-8 所示。

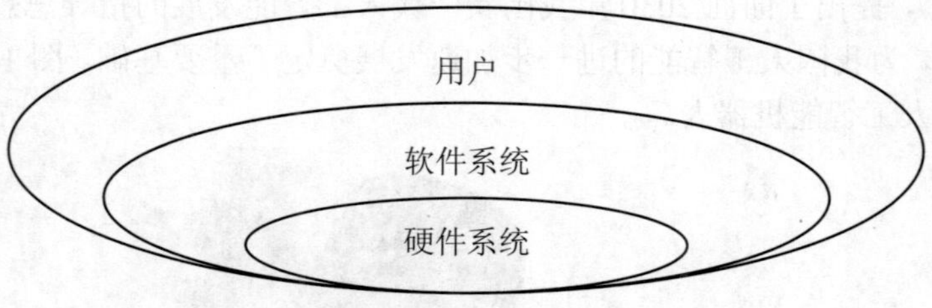

图 1-8　用户、软件和硬件的关系

1.2.2　硬件系统与软件系统

1. 硬件系统

硬件系统是指组成计算机的各种物理设备，也就是我们平时那些看得见、摸得着的实际物理设备。它包括计算机的主机和外部设备，具体由五大功能部件组成，即运算器、控制器、存储器、输入设备和输出设备，如图 1-9 所示。

（1）运算器是能完成算术运算和逻辑运算的装置。其主要作用是完成各种算术运算、逻辑运算以及逻辑判断工作。

（2）控制器是规定计算机执行指令顺序并协调各部件工作的装置。其主要作用是控制、协调计算机多个硬件部分有条不紊地工作。

（3）存储器是能接收和保存数据及程序的装置。其作用是暂时或永久地保存计算机运行过程中的各种相关程序和数据。

（4）输入设备是向计算机系统输入数据的设备。例如扫描仪、键盘、鼠标器、磁盘机和光盘、触摸屏等。其作用就是将原始数据、程序以不同的形式（文字、字符、图形、文件等）输入计算机。

（5）输出设备是将计算机中的信息取出的设备。例如显示器、打印机、绘图仪等。它的主要作用将计算机处理的中间或最后结果以不同的形式进行呈现。

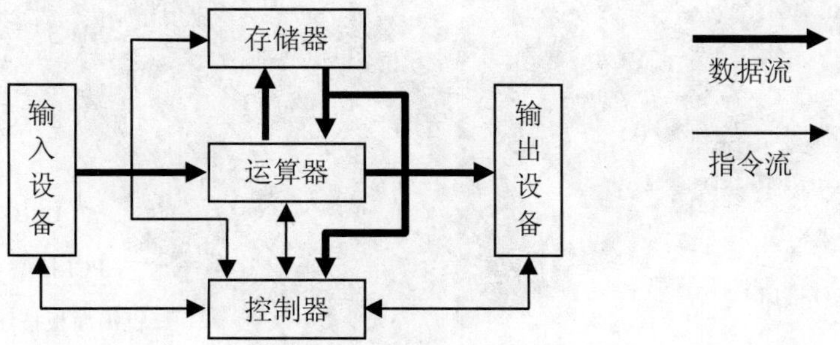

图 1-9　硬件系统的逻辑结构

2. 计算机硬件构成

计算机硬件的物理结构由 CPU、主板、内存储器、外存储器、显卡和其他设备组成。

（1）CPU。CPU（Central Processing Unit，中央处理器）也称作微处理器，安装在主板上面，类似人的大脑，具有超人的记忆能力和精确快速的运算功能，能够按照人们预先编好的程序迅速地完成各项指令，负责处理、运算计算机内部的所有数据。CPU 主要由运算器、控制器、寄存器组和内部总线等构成，是计算机的核心。

CPU 的性能指标直接影响着计算机的性能。CPU 的主要性能指标包括主频、外频、倍频、缓存、制造工艺、工作电压、前端总线等指标，每一个指标都是反映 CPU 性能的重要标志。

世界范围内主流 CPU 厂商分别是 Intel 和 AMD，经过 40 余年的发展。Intel 与 AMD 两大厂商的 CPU 在个人计算机中都得到了广泛的应用，在性能方面各有各的优势，见表 1-1。

表 1-1　Intel 与 AMD 两大厂商的 CPU 性能对比

Intel 公司的 CPU	AMD 公司的 CPU
广泛得到使用，基本上是从 MMX 起家的，所以 Intel 更重视的是视频的处理速度。Intel 的优点是视频解码能力优秀和办公能力突出，并且重视数学运算，在纯数学运算中，Intel 比同档次 AMD 的 CPU 快 35%，适合长时间开机的办公工作	重视 3D 处理能力，是同档次 Intel 处理器的 120%，目前在功率和发热上来讲都比 Intel 更低。游戏性能极其优越，浮点运算能力超群。由于内存控制器内置在 CPU 中，所以处理器对内存频率要求更低，同样的内存，用在 AMD 上速度比在 Intel 上快 10%左右

（2）主板。主板是计算机上最大的一块线路板。它是计算机的心脏，是整个计算机的组织和控制核心。主板虽然品牌繁多、布局不同，但其基本组成是一致的，主要包括插槽、接口、各种芯片和电子电路器件。

主板采用了开放式设计结构，它通过扩展插槽插接外围设备的控制卡（适配器），通过更换这些插卡，可以对计算机系统进行局部升级，使厂家和用户在配置机型方面获得极大的灵活性，如图 1-10 所示。

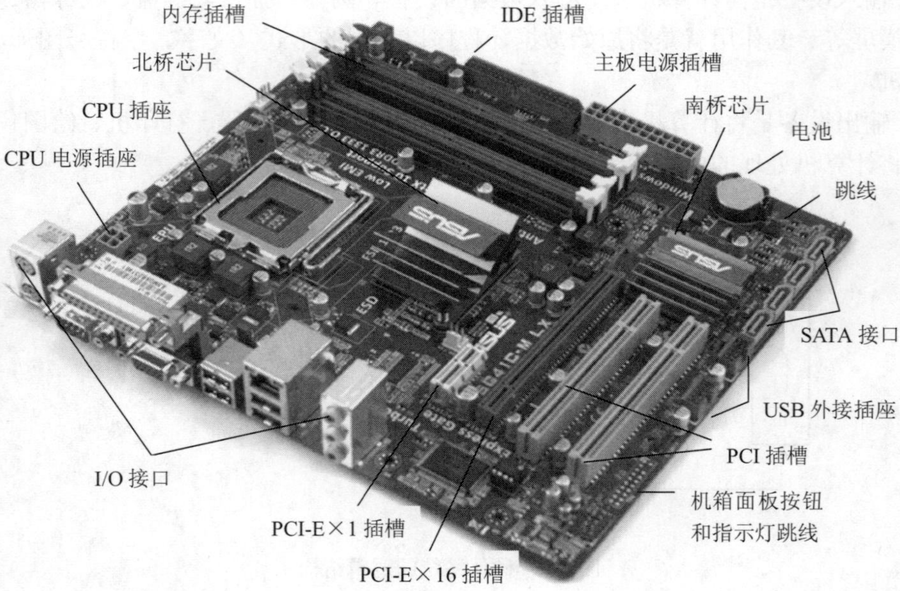

图 1-10　主板的结构

计算机上的所有部件不是直接安装在主板上就是通过线缆连接到主板，因此主板在整个计算机系统中扮演着举足轻重的角色。主板的类型和档次决定着整个计算机系统的类型和档次，主板的性能影响着整个计算机系统的性能。主板 I/O 接口如图 1-11 所示。

图 1-11　主板 I/O 接口

（3）内存储器。内存储器也称内存，是计算机中重要的部件之一，是程序与 CPU 进行沟通的桥梁。计算机中所有程序的运行都是在内存中进行的，因此内存的性能对计算机的影响非常大。内存的作用是暂时存放 CPU 中的运算数据，以及与硬盘等外部存储器交换的数据。只要计算机在运行中，CPU 就会把需要运算的数据调用到内存中进行运算，运算完成后 CPU 再将结果传送出来。因此，内存的稳定运行也决定了计算机的稳定运行。内存是由内存芯片、电路板、金手指等部分组成的。内存条如图 1-12 所示。

图 1-12　内存条

内存的主要参数指标包括存储速度、存储容量、内存带宽、CAS 延迟时间、SPD 芯片、奇偶校验等参数。

（4）外存储器。硬盘驱动器简称硬盘，是计算机最重要的外存储器之一，是用于存储各类软件和文件的媒介，如图 1-13 所示。硬盘是计算机存储和记录数据的最重要的存储设备，是计算机组成的核心部件之一。它由一个或者多个钢性碟片组成，这些碟片外覆盖磁性材料。绝大多数硬盘都是固定硬盘，被永久性地密封并固定在硬盘驱动器中。硬盘就像一座资料库，空间可以不断扩充。硬盘在计算机上的物理分区是 C 盘、D 盘，最多至 Z 盘，一般默认 C 盘为启动盘和主盘。随着技术的不断更新，硬盘朝着容量更大、体积更小、速度更快、性能更稳定、价格更便宜的方向发展。

图 1-13　硬盘

硬盘的主要性能参数包括容量、转速、缓存、平均访问时间、平均无故障时间、传输速率等参数。

硬盘的分类：

1）按盘片的尺寸分类。目前的硬盘按照内部盘片的直径尺寸分为 3.5 英寸、2.5 英寸、1.8 英寸、1.5 英寸、1 英寸和 0.85 英寸等几种。

2）按接口类型分类。硬盘使用时通过数据线连接主板和硬盘的接口，硬盘和主板之间的数据接口分为 IDE 接口、SATA 接口、SCSI 接口和 SAS 接口。SATA 硬盘和数据线如图 1-14 所示。

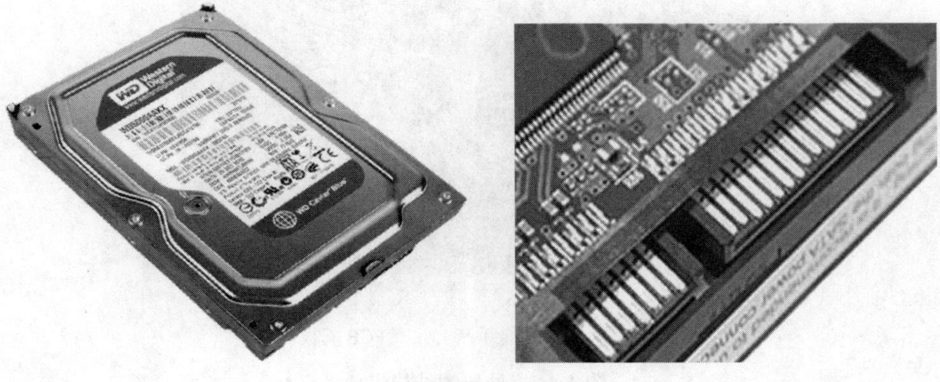

图 1-14　SATA 硬盘和数据线

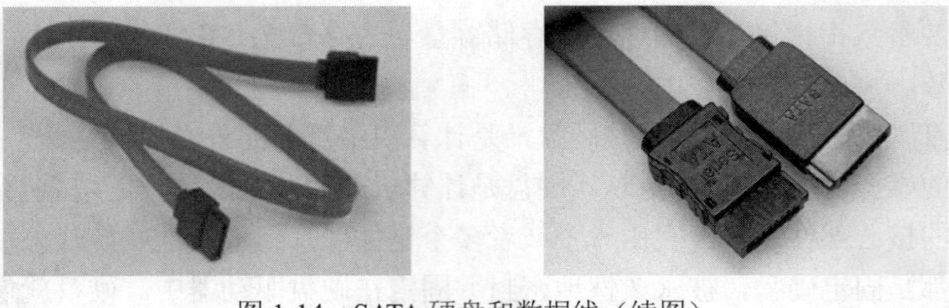

图 1-14　SATA 硬盘和数据线（续图）

3）按存储技术分类。硬盘按照存储技术分为盘片式温彻斯特硬盘和固态硬盘。传统的硬盘采用盘片式磁介质存储，即 IBM 的温彻斯特技术，而新型的硬盘采用半导体存储技术，即固态硬盘（Solid-State Disk，SSD），如图 1-15 所示。

图 1-15　固态硬盘

（5）显卡。显卡又称为显示适配器，是计算机最基本组成部分之一。显卡的用途是将计算机系统所需要的显示信息进行转换驱动，并向显示器提供行扫描信号，控制显示器的正确显示，是连接显示器和主板的重要元件，也是“人机对话”的重要设备之一。显卡作为计算机主机里的一个重要组成部分，承担输出显示图形的任务，对于从事专业图形设计的人来说显卡非常重要。

显卡的结构主要包括 GPU（显示芯片）、显存、显卡 BIOS、接口、金手指、散热器和 PCB 基板等部分，如图 1-16 所示。

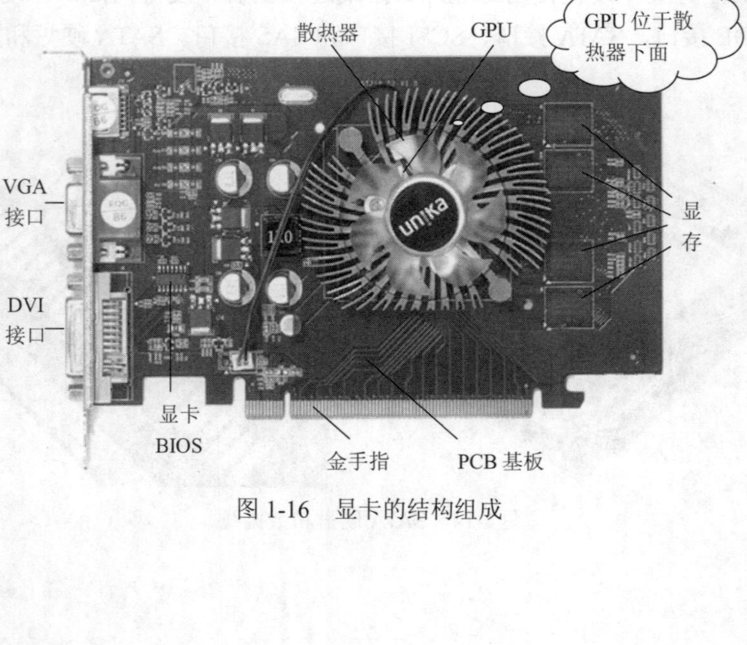

图 1-16　显卡的结构组成

GPU类似于主板上的CPU；显存类似于主板上的内存；显卡BIOS类似于主板上的BIOS，主要用于存放显示芯片与驱动程序之间的控制程序，另外还存有显卡的型号、规格、生产厂家及出厂时间等信息；PCB板类似于主板的PCB板，就是显卡的电路板，它把显卡上的其他部件连接起来；显卡接口用于连接显示器、投影仪等设备；散热器主要是为了GPU散热，类似于主板上的CPU风扇。

显卡的主要性能参数包括显示芯片、显存、位宽、分辨率、显卡的接口等参数。

（6）其他设备。

- 声卡：声卡是组成多媒体计算机必不可少的一个硬件设备，其作用是当发出播放命令后，声卡将计算机中声音的数字信号转换成模拟信号并送到音箱上发出声音。
- 网卡：网卡的作用是充当计算机与网线之间的桥梁，是用来建立局域网的重要设备之一。
- 光驱：光驱是用来读取光盘中信息的设备。光盘为外部存储设备，其容量为650MB左右。
- 显示器：显示器有大有小，有薄有厚，品种多样，其作用是把计算机处理完的结果显示出来。它是一个输出设备，是计算机必不可少的部件之一。显示器的分辨率是指垂直方向和水平方向可显示的像素点数，分辨率越高，显示的图像越清晰。例如，分辨率640×480表示在水平方向可以显示640个像素，在垂直方向可以显示480个像素，整个屏幕可以显示640×480=307200个像素。
- 键盘：键盘是主要的输入设备。用户通过按下键盘上的按键输入命令或数据，还可以通过键盘控制计算机的运行，如热启动、命令中断、命令暂停等。
- 鼠标：鼠标分为机械式、光电式和光学式3大类。通过单击或拖拉鼠标，用户可以很方便地对计算机进行操作。当人们移动鼠标时，计算机屏幕上就会有一个箭头（指针）跟着移动，并可以很准确地移动到想指的位置，快速地在屏幕上定位。它是人们使用计算机不可缺少的部件之一。

3．软件系统

计算机的软件系统一般可以分为系统软件和应用软件两大类。

（1）系统软件。系统软件是用于对计算机进行资源管理、便于用户使用计算机而配置的各种程序。系统软件通常包括操作系统（单/多用户操作系统、网络操作系统）、语言处理程序（汇编程序、编译程序、解释程序、数据库管理系统等）和工具软件（诊断程序、调试程序、编辑程序、链接程序等），一般是由计算机生产厂家随硬件系统一起提供的。

1）操作系统。操作系统是最基本、最重要的系统软件。它负责管理计算机系统的全部软件资源和硬件资源，合理地组织计算机各部件协调工作，为用户提供操作和编程界面。

常见的操作系统：CP\M和DOS（单用户单任务操作系统）、Windows 3.x（16位单用户多任务操作系统）、Windows 95\98（32位单用户多任务操作系统）、Windows XP及以上（多用户多任务操作系统）、UNIX 和 Linux（分时操作系统）、RDOS（实时操作系统）、Amoeba、MDST、CDCS（分布式操作系统）、NetWare、Windows NT 和 OS\2（网络操作系统）、MVXDOS\VSE（批处理操作系统）。

2）程序设计语言。编写程序所用的语言称为程序设计语言，它是人与机器之间交换信息的工具，可分为机器语言、汇编语言、高级语言和第四代语言4类。

机器语言：机器语言是一种用二进制代码表示的，能够被机器直接识别和执行的面向机器的程序设计语言，是第一代计算机语言，属于低级语言。用机器语言编写的程序称为机器语言程序，编写难度大，不容易被移植。

汇编语言：汇编语言是一种用助记符表示的、面向机器的程序设计语言，它比较接近机器语言，离人类语言仍较远，是第二代计算机语言，属于低级语言。用汇编语言编写的程序称为汇编语言程序，不能被机器直接识别和执行，必须由“汇编程序”翻译成机器语言程序之后才能运行。

高级语言：高级语言是一种比较接近自然语言和数学表达式的程序设计语言，是一种面向过程的程序设计语言；其中所用的符号、标记接近人们的习惯，便于理解、掌握和记忆；是第三代计算机语言，称为算法语言。

第四代语言：第四代语言是面向对象的程序设计语言，具有可视化、网络化、多媒体等功能。目前，较为流行的第四代语言有 Visual Basic、Visual C++、Visual FoxPro 和 Java 语言等。

3）语言处理程序。语言处理程序主要是指把汇编语言转换成机器语言的汇编程序、把高级语言转换为机器语言的编译程序或解释程序和作为软件开发工具的编译程序、装配和连接程序等。

除机器语言外，采用其他程序设计语言编写的程序称为源程序，计算机都不能直接识别其指令，必须把源程序翻译成等价的机器语言程序，即计算机能识别的 0 与 1 的组合。承担翻译工作的程序为语言处理程序，其工作方法有编译和解释两种，分别如图 1-17 和图 1-18 所示。

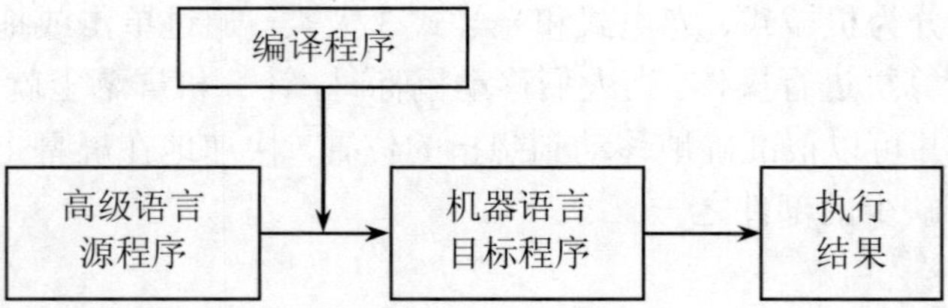

图 1-17 编译过程示意图

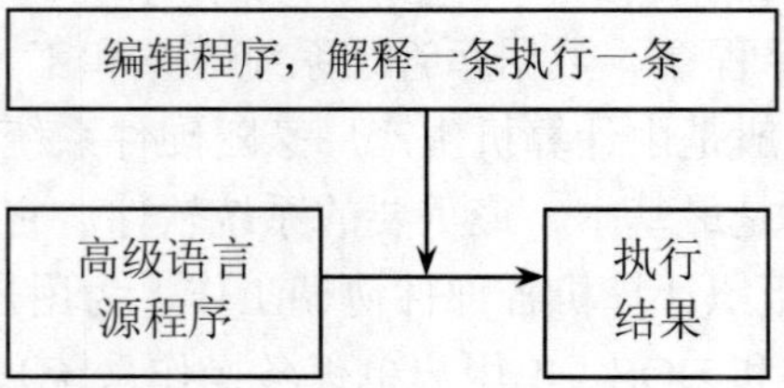

图 1-18 解释过程示意图

4）数据库管理程序。数据库管理程序主要由数据库和数据库管理系统组成。

目前，微型计算机系统常用的单机数据库管理系统有 dBase、FoxBase、Visual Foxpro 等；适合于网络环境的大型数据库管理系统有 Sybase、Oracle、DB2、SQL Server 等。

（2）应用软件。应用软件是为实现计算机的各种应用而编写的软件，侧重于解决实际问题，它往往涉及应用领域的知识，并且要在系统软件的支持下才能运行。应用软件主要包括各种应用软件包和面向问题的各种应用程序。比较通用的应用软件一般是由软件生产商研制并开发成应用软件包，供用户选择使用。应用软件主要有以下几种：

1）用于科学计算方面的数学计算软件包、统计软件包。

2）文字处理软件包（如 WPS、Word）。

3）图像处理软件包（如 Photoshop、动画处理软件 3DS MAX）。

4）各种财务管理软件、税务管理软件、工业控制软件、辅助教育等专用软件。

1.2.3 计算机的主要技术指标

1. 字长

字长是指计算机能够直接处理的二进制信息的位数。它是由 CPU 内部的寄存器、加法器和数据总线的位数决定的，标志着计算机处理信息的精度，字长越长，精度越高，速度越快。目前，计算机的字长为 32 位、64 位。

2. 主频

主频是指 CPU 的时钟频率，单位为 MHz。它在很大程度上决定了计算机的运行速度，主频越高，计算机的运行速度就越快。例如 8086 的主频为 5～8MHz、80286 的主频为 4～10MHz、80386 的主频为 16～32MHz、80486 的主频为 25～100MHz、80586 的主频为 75～266MHz，Pentium 微处理器的主频早已超过 3GHz。

3. 运算速度

运算速度是指计算机每秒能够执行的指令条数，能够直观地反映计算机的性能。

4. 存取速度

存储器完成一次读、写操作所需的时间被称为存储器的存取时间或访问时间。存储器连续进行读、写操作所允许的最短的时间间隔被称为存取周期。通常，存取速度的快慢决定了运算速度的快慢。

5. 存储容量

（1）内存容量：内存容量是指内存储器能够存储信息的总字节数。内存容量越大，其处理数据能力就越强。

（2）外存容量：外存容量是指外存储器所能容纳的总字节数，是反映计算机存储数据能力强弱的一项技术指标。

小贴士：计算机所配置的外部设备的多少及其质量的优劣、所配软件的多少及其档次的高低，以及系统的可靠性、可用性、可维护性、兼容性、完整性和安全性等都是评价计算机系统的指标。

1.2.4 计算机工作原理

指令是让计算机完成某个操作所发出的命令。程序是有序的指令集合。

计算机运行时，中央处理器依次从内存储器中取出指令（指令由操作数与操作码组成），然后按指令规定执行一系列的基本操作，最后完成一个复杂的工作。这一切工作都是由一个担任指挥工作的控制器和一个执行运算工作的运算器共同完成的，如图 1-19 所示。

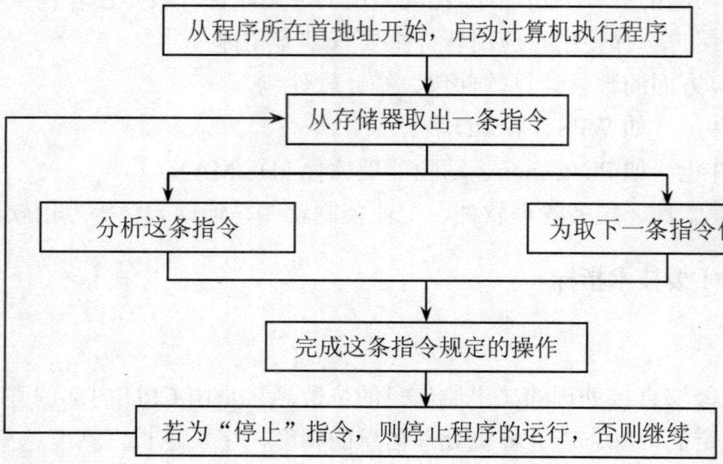

图 1-19　指令执行顺序

计算机的工作过程如图 1-20 所示，首先由输入设备接受外界信息（程序和数据），控制器发出指令将数据送入（内）存储器，然后向存储器发出取指令命令。在取指令命令下，程序指令逐条送入控制器。控制器对指令进行译码，并根据指令的操作要求向存储器和运算器发出存数、取数命令和运算命令，经过运算器计算并把计算结果存在存储器内。最后在控制器发出的取数和输出命令的作用下，通过输出设备输出计算结果。

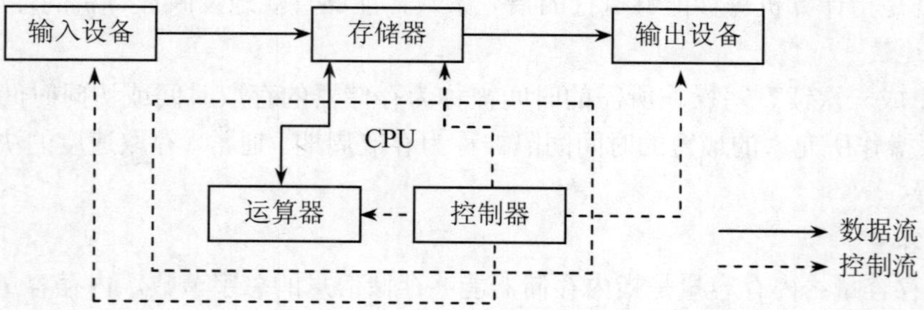

图 1-20　计算机的工作过程

1.3　计算机的信息表示

十进制与 R 进制数的相互转换

1.3.1　进位计数制

1. 数制的概念

数制也称为计数制，是指用一组固定的符号和统一的规则来表示数值的方法。

数制的种类很多，但在日常生活中，人们习惯使用十进制。十进制就是逢十进一。除十进制外，有时还使用十二进制、六十进制。比如，一打袜子为十二双，一年等于十二个月，即逢十二进一；一小时等于六十分，一分钟等于六十秒，即逢六十进一。

计算机中处理的数据是用二进制表示的，这是因为：

（1）可行性（硬件容易实现）：分别利用二、三极管的导通与截止表示 1 和 0。

（2）可靠性（物理状态稳定）：只有 1 和 0 两种状态，在传送过程中不易出错。

（3）运算规则简单：可以实现逻辑运算（真或假），使运算器的结构简化。

有时为书写方便也常用八进制和十六进制，如存储器单元地址就用十六进制数表示。

2. 数制的表现形式

基数：一组固定不变的不重复数字的个数。例如：二进制数基数是 2，十进制数基数为 10。

位权：某个位置上的数代表的数量大小，表示此数在整个数中所占的分量（权重）。数位是指数码在一个数中所处的位置。

二进制（Binary Notation）：具有两个不同的数码符号，即 0 和 1；其基数为 2；二进制的特点是逢二进一，可用 B 来表示二进制。

十进制（Decimal Notation）：具有十个不同的数码符号 0、1、2、3、4、5、6、7、8、9；其基数为 10；十进制数的特点是逢十进一，可用 D 来表示十进制。

八进制（Octal Notation）：具有八个不同的数码符号 0、1、2、3、4、5、6、7；其基数为 8；八进制数的特点是逢八进一，通常用 O 表示。

十六进制（Hexadecimal Notation）：具有十六个不同的数码符号 0、1、2、3、4、5、6、7、8、9、A、B、C、D、E、F；其基数为 16；十六进制数的特点是逢十六进一，用 H 表示。

计算机中的常用进制表示见表 1-2。

表 1-2 计算机中的常用进制表示

进位制	十进制	二进制	八进制	十六进制
数　码	0,1,2,...,9	0,1	0,1,2,...,7	0,1,...,9,A,B,C,D,E,F
规　则	逢十进一	逢二进一	逢八进一	逢十六进一
基数 R	10	2	8	16
位　权	10^i	2^i	8^i	16^i
表示形式	D	B	O	H

其中，i=(0,1,2,3,...,n)为数位的编号，表示数的某一数位。例如：二进制的 4 位权值为 $2^4=16$，十六进制 2 位权值为 $16^2=256$。

每种进制数有各自的表示形式。例如：110D 为十进制数、110B 为二进制数、110O 为八进制数、110H 为十六进制数。

3. 数制之间的转换

（1）二进制转换为十进制。二进制转换为十进制采用按权展开法，即将数展开用每位与其位权相乘，最后相加即得。

例如：$(1101.011)_2=1\times2^3+1\times2^2+0\times2^1+1\times2^0+0\times2^{-1}+1\times2^{-2}+1\times2^{-3}=(13.375)_{10}$ 即二进制数 1101.011 等值于十进制数 13.375。

由上例可得出，任意一个二进制数 S 转换为十进制数，可以表示成如下形式：

$$(S)_2=S_{n-1}\times2^{n-1}+S_{n-2}\times2^{n-2}+\cdots+S_1\times2^1+S_0\times2^0+S_{-1}\times2^{-1}+S_{-2}\times2^{-2}+\cdots+S_{-m}\times2^{-m}$$

式中，S_n 为数位上的数码，其取值范围为 0～1；n 为整数位个数，m 为小数位个数；2 为基数。2^{n-1}，2^{n-2}，…，2^1，2^0，2^{-1}…，2^{-m} 是二进制数的位权。

小贴士：其余进制（如八进制与十六进制）转换为十进制也是采用按权展开的方法，只不过把基数换为 8 与 16。

（2）十进制转换为二进制。十进制数转换为二进制数要对整数部分与小数部分分开转换，如图 1-21 所示。

整数部分：采用除 2 取余法，且除到商为 0 为止；按从下往上的顺序排列余数即可得到结果。先取余数低位，后取余数高位。

小数部分：采用乘 2 取整法，直到小数部分为 0 或达到所要求精度为止（小数部分可能永远不会得到 0），最先得到的整数排在最高位。

例如，$(241.43)_{10}$=(　　$)_2$，小数取 4 位。

计算结果：$(241.43)_{10}=(11110001.0110)_2$

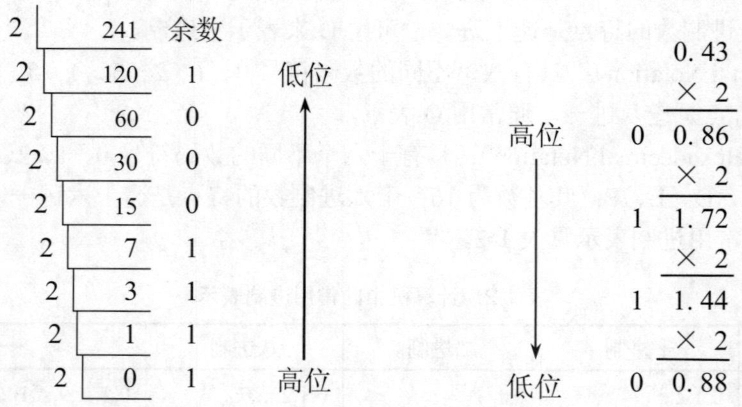

图 1-21　十进制转换为二进制的方法

在计算机中，一般用十进制数作为数据的输入和输出。

小贴士：十进制转换成其他进制（如八进制与十六进制），也是采用十进制转为二进制的方法，整数部分采用除基数取余法，小数部分采用乘基数取整法，其中基数换为 8 与 16 即可。

（3）二、八、十六进制之间的相互转换。二、八、十六进制之间存在这样一种关系：$2^3=8$，$2^4=16$。所以，每位八进制数相当于 3 位二进制数，每位十六进制数相当于 4 位二进制数，在转换时，可采取位组划分法转换。位组划分是以小数点为中心向左右两边延伸，中间的 0 不能省略，两头位数不足时可补 0。

例如：$(24.53)_8$=(　　$)_2$

```
 2     4   .  5     3
010   100  . 101   011
```

非十进制数之间的相互转换

计算结果：$(24.53)_8=(10100.101011)_2$

又如：$(11010010110)_2$=(　　$)_{16}$

0 1 1 0 1 0 0 1 0 1 1 0

$\underbrace{0\ 1\ 1\ 0}_{6}\ \underbrace{1\ 0\ 0\ 1}_{9}\ \underbrace{0\ 1\ 1\ 0}_{6}$

计算结果：$(11010010110)_2=(696)_{16}$

初学者可参考表 1-3，将二进制、八进制与十六进制进行转换。

表 1-3 各种进制等值表

十进制	二进制	八进制	十六进制	十进制	二进制	八进制	十六进制
0	0	0	0	8	1000	10	8
1	1	1	1	9	1001	11	9
2	10	2	2	10	1010	12	A
3	11	3	3	11	1011	13	B
4	100	4	4	12	1100	14	C
5	101	5	5	13	1101	15	D
6	110	6	6	14	1110	16	E
7	111	7	7	15	1111	17	F

1.3.2 数据信息的表示与存储

计算机中信息的表示

1. 数据的存储单位

数据是可由人工或自动化手段加以处理的事实、概念、场景和指示的表示形式，包括字符、符号、表格、声音、图形和图像等。数据可在物理介质上记录或传输，并通过外围设备被计算机接收，经过处理而得到结果。

数据能被送入计算机加以处理，包括存储、传送、排序、归并、计算、转换、检索、制表和模拟等操作，以得到人们需要的结果。数据经过加工并赋予一定的意义后，便成为信息。

计算机系统中的每一个操作都是对数据进行某种处理，所以数据和程序一样，是软件工作的基本对象。

计算机中的数据包括数值数据和非数值数据。数值数据有量的大小，而非数值数据是字符、声音、图形以及动画等。计算机常用的存储单位有位、字节和字。

（1）位（bit）：一个二进制位称为比特，用 b 表示，是计算机中存储数据的最小单位。一个二进制位只能表示状态 0 或 1。

（2）字节（Byte）：八个二进制位构成一个字节，通常用 B 表示。字节是计算机数据处理和存储的基本单位。

（3）字（Word）：一个字由若干个字节组成，是计算机一次存取、加工和传送的数据长度，也是衡量计算机精度和运算速度的主要技术指标，字长越长，性能越好。计算机型号不同，其字长也不同，常用的字长有 8 位、16 位、32 位和 64 位。

计算机存储容量的大小是用字节的多少来衡量的，通常使用的衡量单位是 B、KB、MB、GB 或 TB，其中 B 代表字节，这些衡量单位之间的换算关系如下：

1B=8bit，1KB=1024B，1MB=1024KB，1GB=1024MB，1TB=1024GB。

2. ASCII 编码

在将用汇编语言或各种高级语言编写的程序输入到计算机中时，人与计算机通信所用的语言已不再是一种纯数学语言了，而多为符号式语言。因此，需要对各种符号进行编码，以使计算机能识别、存储、传输和处理。各种符号信息如字母、数字和其他符号都必须按约定的规则用二进制编码才能在机器中表示。

使用最广泛的是 ASCII 编码，即美国国家标准信息交换码（American Standard Code for Information Interchange），见表 1-4。

表 1-4 ASCII 编码

低 4 位	高 3 位							
	000	001	010	011	100	101	110	111
0000	NUL	DLE	SP	0	@	P	、	p
0001	SOH	DC1	!	1	A	Q	a	q
0010	STX	DC2	"	2	B	R	b	r
0011	ETX	DC3	#	3	C	S	c	s
0100	EOT	DC4	$	4	D	T	d	t
0101	ENQ	NAK	%	5	E	U	e	u
0110	ACK	SYN	&	6	F	V	f	v
0111	BEL	ETB	'	7	G	W	g	w
1000	BS	CAN	(	8	H	X	h	x
1001	HT	EM	)	9	I	Y	i	y
1010	LF	SUB	*	:	J	Z	j	z
1011	VT	ESC	+	;	K	[	k	{
1100	FF	FS	,	<	L	\	l	|
1101	CR	GS	-	=	M	]	m	}
1110	SO	RS	.	>	N	↑	n	~
1111	SI	US	/	?	O	↓	o	DEL

ASCII 码有 7 位版本和 8 位版本两种。

（1）标准 ASCII 码用 7 位二进制数表示一个字符，并且规定用一个字节的低 7 位表示字符编码，最高位恒为 0。7 位二进制数共可以表示 128 个字符，这些字符包括 26 个大写英文字母、26 个小写英文字母、10 个十进制数字、32 个标点符号（运算符、专用字符）以及 34 个通用控制字符。

（2）扩充 ASCII 码用 8 位 ASCII 码（需用 8 位二进制数）进行编码。当最高位为 0 时，称为基本 ASCII 码（编码与 7 位 ASCII 码相同）；当最高位为 1 时，形成扩充的 ASCII 码，它表示的数的范围为 128～255，亦可表示 128 种字符。通常各个国家都把扩充的 ASCII 码作为自己国家语言文字的代码。

1.3.3 汉字信息的处理

我国用户在使用计算机进行信息处理时，一般都要用到汉字，因此，必须解决汉字的输入、输出以及汉字处理等一系列问题。当然，关键问题是要解决汉字编码的问题。

1980 年，我国颁布了《信息交换用汉字编码字符集 基本集》(GB/T 2312－1980)。其中共收集汉字 6763 个，分为两级：第一级为 3755 个汉字，属常用汉字，按汉字拼音字母顺序排列；第二级为 3008 个汉字，属次常用汉字，按部首排列。

1. 计算机汉字处理

- 先将每个汉字以外部码输入计算机。
- 将外部码转换成计算机能识别的汉字内码进行存储。
- 最后将内码转换成字形码输出。

2. 汉字外部码

汉字外部码又称为汉字输入码，是指从键盘上输入汉字时采用的编码。目前广泛使用的汉字输入编码有很多种。

- 以汉字读音为基础的拼音码，如全拼输入法、双拼输入法、词汇输入法、智能 ABC 输入法等。
- 以汉字字形为基础的字形码，如五笔字型输入法。
- 音形码，综合拼音码和字形码的特点，如自然码等。
- 数字码，如区位码、电报码、内码等。

不同的汉字输入方法有不同的外码，但内码只能有一个。好的输入方法应具备规则简单、操作方便、容易记忆、重码率低、速度快等特点。

3. 汉字国标码

GB/T 2312－1980 编码简称国标码。由于汉字数量大，汉字的形状和笔画多少差异极大，无法用一个字节进行编码，因此使用两个字节对汉字进行编码。规定两个字节的最高位用来区分 ASCII 码。这样国标码用两个字节的低 7 位对汉字进行编码。

ASCII 码：

0	ASCII 码低 7 位

国标码：

0	国标码第一字节低 7 位	0	国标码第二字节低 7 位

在基本集中，汉字是按规则排列成 94 行和 94 列的矩阵，形成汉字编码表。其行号称为区号，列号称为位号，第一个字节表示汉字在国标字符集中的区号，第二个字节表示汉字在国标字符集中的位号。每一个汉字在 94×94 的矩阵中都有一个固定的区号和位号，即区位码，这个码是唯一的，不会有重码字。把换算成十六进制的区位码加上 2020H，就得到国标码。前面讲过国标码是用两个字节（高位为 0）来表示的，为便于计算机能正确区分汉字字符与英文字符，对国标码加上 8080H（即将两字节的最高位 0 都置为 1，以示区别 ASCII 码），就得到常用的计算机机内码。因此，机内码=国标码（用十六进制表示）+8080H。

国标码是以十六进制数字编码，编码范围是从 2121H（21H 即为十进制的 33）到 7F7FH

（7FH 即为十进制的 127）。因此，国标码=区位码（用十六进制表示）+2020H。

例如：汉字“大”的区号为 20，位号为 83，即“大”的区位码为 2083（1453H）；“大”的国标码为 3473H（1453H+2020H），机内码为 B4F3H（3473H+8080H）。

4. 汉字字形码

字形码又称汉字字模，用于汉字的输出。汉字的字形通常采用点阵的方式产生。汉字点阵有 16×16 点阵、32×32 点阵、64×64 点阵，点阵不同，汉字字形码的长度也不同。点阵数越大，字形质量越高，字形码占用的字节数越多。

图 1-22 所示是“国”字 24×24 的点阵字形。深色小正方形可以表示一个二进制位的信息“1”，浅色小正方形表示二进制位的信息“0”。

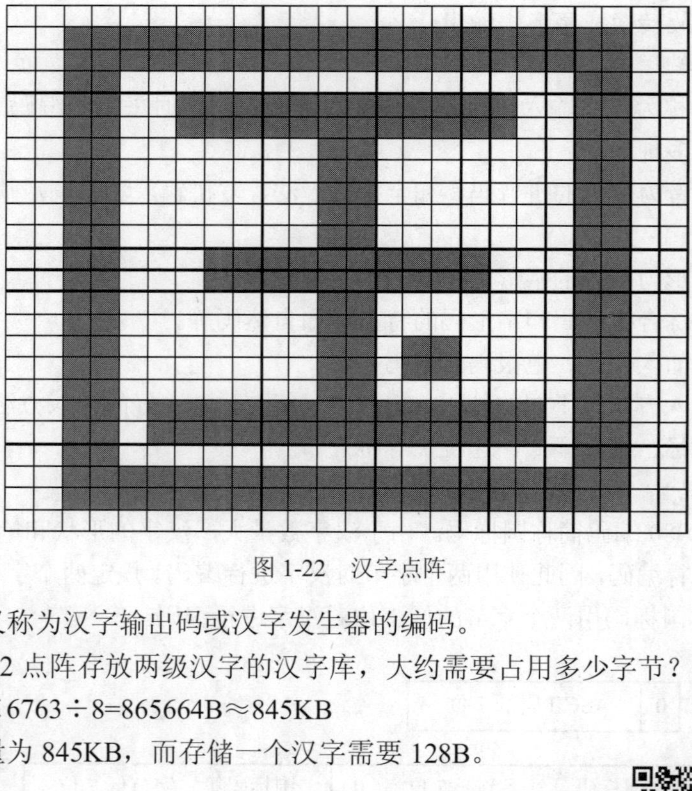

图 1-22　汉字点阵

汉字字形码又称为汉字输出码或汉字发生器的编码。

例：按 32×32 点阵存放两级汉字的汉字库，大约需要占用多少字节？

解：32×32×6763÷8=865664B≈845KB

大约总存储量为 845KB，而存储一个汉字需要 128B。

1.4　多媒体技术

多媒体技术和计算机病毒防治

1. 概念与特征

我们所看到的报纸、杂志、电影、电视等都是以各自的媒体传播信息的。例如，报纸杂志是以文字、图形等作为媒体的；电影电视是以文字、声音、图形、图像作为媒体的。

那么，媒体在计算机中有两种含义：一种是指用以存储信息的实体，如磁盘、光盘等；另一种是指多媒体技术中的媒体，即信息载体，如文本、音频、视频、图形、图像、动画等。

多媒体技术是计算机技术与视频、音频及通信等多种技术集成的产物；是利用计算机技术把各种信息媒体一体化，使它们建立起逻辑关系，并对其进行加工处理的技术。

多媒体技术具有以下四种特性：

（1）多样性：是指计算机所能处理的信息从最初的数字、文字、图形已扩展到了音频和视频信息。其中视频信息的处理是多媒体技术的核心。

（2）集成性：是指将多媒体信息有机地组织在一起，综合地表达某个完整内容。

（3）交互性：是指为人们提供多种交互控制功能，使人们方便地获取信息和使用信息。交互性是多媒体技术的关键特征。

（4）实时性：多媒体技术需要同时处理声音、文字、图像等多种信息，其中音频和视频信息是要求实时处理的。

2. 多媒体计算机系统

多媒体计算机系统是指能够对多媒体信息进行采集、编辑、存储、加工处理和输出的一种具有交互性的计算机系统。

多媒体计算机系统由多媒体计算机硬件系统和多媒体计算机软件系统组成。

多媒体计算机硬件系统包括多媒体计算机（如人工机、工作站、超级微机等）、多媒体输入/输出设备（如打印机、绘图仪、音响、电视机、录音机、扬声器、高分辨率显示器等）、存储设备（如硬盘、光盘、磁带等）、多媒体功能卡（视频卡、声卡、压缩卡、通信卡等）、操纵控制设备（如鼠标器、键盘、操纵杆、触摸屏等）等。

多媒体计算机软件系统包括多媒体操作系统、多媒体数据开发软件、多媒体压缩与解压缩软件、多媒体声像同步软件、多媒体通信软件和各种多媒体应用软件等。

3. 多媒体计算机具体应用

- 多媒体计算机在电子出版社行业有广泛的应用，如中国大百科全书光盘，它载有大量的文字、声音和照片等。
- 多媒体计算机在教育行业有广泛的应用，如多媒体教学软件的应用。
- 多媒体计算机在办公自动化方面有广泛的应用，如视频会议。
- 多媒体计算机还为人们的家庭生活增添了很多乐趣，如通过多媒体计算机，人们可以在家中观看电影、欣赏优美的音乐等。

除此之外，多媒体计算机在虚拟现实、咨询服务、信息管理、宣传广告、游戏与娱乐、广播电视、通信等领域也有广泛的应用。

1.5 计算机的安全操作与病毒防治

1. 计算机的安全操作

（1）计算机的使用环境。随着计算机技术的迅速发展，特别是微电子技术的进步，计算机的应用日趋深入和大量普及。一个良好的环境是计算机正常工作的基础。计算机对环境条件的要求如下：

- 环境温度：计算机在室温 10～30℃之间一般都能正常工作。
- 环境湿度：在安装计算机的房间内，其相对湿度最高不能超过 80%，否则会使计算机内各部件表面结露，使元器件受潮、变质，严重时会造成短路而损坏机器。
- 洁净要求：计算机机房应该保持洁净。
- 电源要求：计算机对电源的基本要求一是电压要稳，二是在计算机工作期间不能断电。

（2）计算机的维护与检测。对计算机进行维护是提高计算机使用效率和延长计算机使用寿命的重要措施。计算机维护主要体现在两个方面：一是硬件的维护；二是软件的维护。

虽然计算机在一般的办公室条件下就能正常使用，但要注意防潮、防水、防尘、防火。在使用时应注意通风，不用时应盖好防尘罩。

计算机硬件的维护主要有以下几点：

- 任何时候都应保证电源线与信号线的连接牢固可靠。
- 定期清洗软盘驱动器的磁头（如三个月、半年等）。
- 计算机应经常处于运行状态，避免长期闲置不用。
- 开机时应先给外部设备加电，后给主机加电；关机时应先关主机，后关各外部设备；开机后不能立即关机，关机后也不能立即开机，中间应间隔 10 秒以上。
- 在进行键盘操作时，按键不要用力过猛，否则会影响键盘的寿命。
- 经常清理机器内的灰尘及擦拭键盘与机箱表面，计算机不用时要盖上防尘罩。
- 在加电情况下，不要随意搬动主机与其他外部设备。

计算机软件的维护主要有以下几点：

- 对所有的系统软件要进行备份。当遇到异常情况或由于某种偶然原因而导致系统软件被破坏时，就需要重新安装软件系统，如果没有备份的系统软件，将使计算机难以恢复工作。
- 对重要的应用程序和数据也应该进行备份。
- 经常清理磁盘上无用的文件，以有效地利用磁盘空间。
- 避免进行非法的软件复制。
- 经常进行病毒检测，防止计算机传染上病毒。
- 为保证计算机正常工作，在必要时利用软件工具对系统区进行保护。

2. 计算机病毒及其防范

随着计算机技术的迅速发展，计算机应用领域的不断扩大，计算机在现代社会中占据的地位越来越重要。与此同时，计算机应用的社会化与计算机系统本身的开放性，也带来了一系列新问题。计算机病毒的出现使计算机的安全性遇到了严重挑战，信息化社会也面临着相应的威胁。

（1）计算机病毒的概念。计算机病毒是一种特殊的程序，是人为编写的能够侵入计算机系统并危害计算机系统资源的特殊计算机程序。计算机病毒的危害性很大，它能对计算机系统进行各种破坏。

（2）计算机病毒的主要特点。

- 传染性。
- 潜伏性。
- 激发性。
- 破坏性。

（3）计算机病毒的分类。

- 根据计算机病毒的表现性质，可将其分为良性的和恶性的。
- 根据计算机病毒被激活的时间，可将其分为定时的和随机的。

- 根据入侵系统的途径，计算机病毒可以分为源码病毒、入侵病毒、操作系统病毒和外壳病毒。
- 根据计算机病毒的传染方式，可将其分为磁盘引导区传染的病毒、操作系统传染的病毒以及可执行程序传染的病毒。

（4）计算机病毒的危害。

病毒程序一旦侵入系统都会对操作系统的运行造成不同程度的影响。即使不直接产生破坏作用，病毒程序也要占用系统资源（如占用内存空间、磁盘存储空间以及系统运行时间等）。因此，病毒程序轻者降低系统工作效率，重者导致系统崩溃、数据丢失。

病毒是靠复制自身来传染的。计算机染上病毒或病毒在传播的过程中，计算机系统往往会出现一些异常情况，用户可通过观察系统出现的症状，从中发现异常，以初步确定系统是否已经受到病毒的侵袭。

如果发现了计算机病毒，应立即清除。清除病毒的方法通常有两种：人工处理或利用杀病毒软件。

（5）计算机病毒的防范。

- 建立良好的安全习惯。例如对一些来历不明的邮件及附件不要打开，不要浏览一些不了解的网站、不要运行从 Internet 下载后未经杀毒处理的软件等，这些良好的习惯会使计算机更安全。
- 关闭或删除系统中不需要的服务。默认情况下，许多操作系统会安装一些辅助服务，如 FTP 客户端、Telnet 和 Web 服务器。这些服务为攻击者提供了方便，而又对用户没有太大用处，如果删除它们，就能大大减小被攻击的可能性。
- 经常升级安全补丁。据统计，有 80%的网络病毒是通过系统安全漏洞进行传播的，像蠕虫王、冲击波、震荡波等，所以我们应该定期下载最新的安全补丁，以防患于未然。
- 使用复杂的密码。有许多网络病毒是通过猜测简单密码的方式攻击系统的，因此使用复杂的密码，将会大大提高计算机的安全系数。
- 迅速隔离受感染的计算机。当发现计算机被病毒感染或异常时应立刻断网，以防止该计算机受到更多的感染，或者成为传播源，再次感染其他计算机。
- 了解一些病毒知识。这样就可以及时发现新病毒并采取相应措施，在关键时刻使自己的计算机免受病毒破坏。如果能了解一些注册表知识，就可以定期检查注册表的自启动项是否有可疑键值；如果了解一些内存知识，就可以经常查看内存中是否有可疑程序。
- 最好安装专业的杀毒软件进行全面监控。在病毒日益增多的今天，使用杀毒软件进行防范是越来越多人的选择，不过用户在安装杀毒软件之后应该经常进行升级，将一些主要监控经常打开（如邮件监控、内存监控等），遇到问题要向负责人汇报，这样才能真正保障计算机的安全。
- 用户还应该安装个人防火墙软件进行防黑。由于网络的发展，用户计算机面临的黑客攻击问题也越来越严重，许多网络病毒都采用了黑客的方法来传染用户计算机，因此，用户还应该安装个人防火墙软件，将安全级别设为中、高，这样才能有效地防止网络上的黑客攻击。

习　题

一、选择题

1. 世界上第一台电子计算机诞生于（　　）。

A. 20 世纪 40 年代　　B. 19 世纪

C. 20 世纪 80 年代　　D. 1950 年

2. 最能准确描述计算机的主要功能的是（　　）。

A. 计算机可以代替人的脑力劳动

B. 计算机可以存储大量信息

C. 计算机是一种信息处理机

D. 计算机可以实现高速度的计算

3. 微型计算机的性能指标主要取决于（　　）。

A. RAM　　B. CPU　　C. 显示器　　D. 硬盘

4. 硬盘是计算机的（　　）。

A. 中央处理器　　B. 内存储器　　C. 外存储器　　D. 控制器

5. 存储器容量的基本单位是（　　）。

A. 字位　　B. 字节　　C. 字码　　D. 字长

6. “财务管理”软件属于（　　）。

A. 工具软件　　B. 系统软件　　C. 字处理软件　　D. 应用软件

7. 下列存储器中，存取速度最慢的是（　　）

A. 软盘　　B. 硬盘　　C. 光盘　　D. 内存

8. 计算机采用二进制不是因为（　　）。

A. 物理上容易实现　　B. 规则简单

C. 逻辑性强　　D. 人们的习惯

9. 2004D+32H=（　　）。

A. 2036D　　B. 2054H

C. 4006D　　D. 100000000110B

10. 以下十六进制数的运算，（　　）是正确的。

A. 1+9=A　　B. 1+9=B　　C. 1+9=C　　D. 1+9=10

11. 以下字符中，ASCII 码值最小的是（　　）。

A. A　　B. 空格　　C. 0　　D. h

12. 下列说法不正确的是（　　）。

A. 数据经过加工成为信息　　B. 数据指文字、符号、声、光等

C. 信息就是数据的物理表示　　D. 信息与数据既有区别又有联系

13. 计算机的机器语言程序是用（　　）来表示的。

A. ASCII 码　　B. 二进制代码

C. 外码　　D. 目标码

14．汉字“人”的内码是1100100011001011，那么它的十六进制编码是（　　）。

A．B8 CB　　B．B8 BA　　C．D8 DC　　D．C8 CB

15．已知字母Z的ASCII码为5AH，则字母Y的ASCII码是（　　）。

A．101100B　　B．1011010B　　C．59H　　D．5BH

二、简答题

1．简述计算机的发展史，当前计算机应用的热点技术有哪些？
2．计算机的特点是什么？
3．计算机系统由哪几部分组成？
4．简述计算机的组成及其原理。
5．多媒体技术是什么？常见的媒体格式有哪些？
6．国标码怎么表示？
7．什么是ASCII码？ASCII编码有几种格式？

第 2 章　Windows 10 操作系统

本章导读

操作系统（Operating System，OS）控制和管理着计算机系统的软硬件资源，提供对计算机进行操作的界面，提供软件开发和应用环境的接口，是人与计算机的桥梁。

Windows 操作系统是目前应用比较广泛的一种个人操作系统。本章以 Windows 10 家庭中文版为蓝本介绍操作系统的基本使用方法，并根据工作与学习场景设置以下三个任务。

任务 1：初始化桌面设置

任务 2：个性化计算机设置

任务 3：管理个人文件

本章要求掌握 Windows 10 操作系统的基本使用方法，主要包括 Windows 10 的界面使用、Windows 10 文件管理以及部分系统自带工具和应用程序的操作等。

2.1　定制个性化工作环境

桌面图标

任务 1　初始化桌面设置

[任务描述]

开学伊始，小明购买了一台计算机，并安装了 Windows 10 操作系统。为了更快地熟悉系统，他需要根据个人操作习惯对计算机桌面进行设置。该如何帮助小明呢？

桌面是计算机系统的操作平台，是人与计算机的交互入口。熟练掌握桌面的设置，能让计算机拥有美观实用的显示效果，并提高用户的工作效率。任务 1 效果图如图 2-1 所示。

[任务展示]

图 2-1　任务 1 效果图

[相关知识与技能]

2.1.1 Windows 10 桌面

Windows 10 启动成功之后，呈现在用户面前的整个屏幕称为桌面。它是工作区域，打开的程序或文件夹就显示在桌面上。桌面通常由桌面图标、任务栏和开始菜单组成。

1. 桌面图标

桌面上的图标类似于图书馆中的图书标签，通过图书标签读者可以方便地找到自己需要的图书。每个图标代表一个程序、文件或文件夹等，双击某个图标即可启动相应的程序或打开相应的文件或文件夹。

桌面上的图标主要包括系统图标和快捷图标两类。其中，系统图标指可执行与系统相关操作的图标；快捷图标指应用程序的快捷启动方式。

- 添加快捷图标：右击需要创建桌面快捷方式的对象，在弹出菜单中选择“发送到”下的“桌面快捷方式”命令。
- 删除图标：右击桌面某一图标（不能删除回收站），选择“删除”命令。
- 排列图标：右击桌面空白处，在弹出菜单中选择“排序方式”命令，再选择名称、大小、项目类型或修改时间其中之一来自动排列桌面图标。
- 恢复系统图标：Windows 系统自带图标包括“回收站”“此电脑”“网络”“控制面板”“用户的文件”5 个。Windows10 默认在桌面上只有“回收站”图标，恢复其他系统图标的方法为：在桌面空白位置右击，单击“个性化”命令，再在左侧窗格中选择“主题”，在右侧窗格中选择“桌面图标设置”，根据需要勾选或取消勾选桌面图标复选框，然后单击“确定”按钮，如图 2-2 和图 2-3 所示。

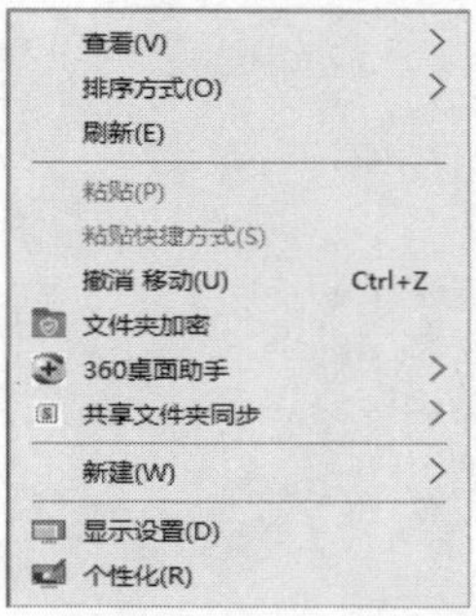

图 2-2 Windows 10 的桌面右键菜单

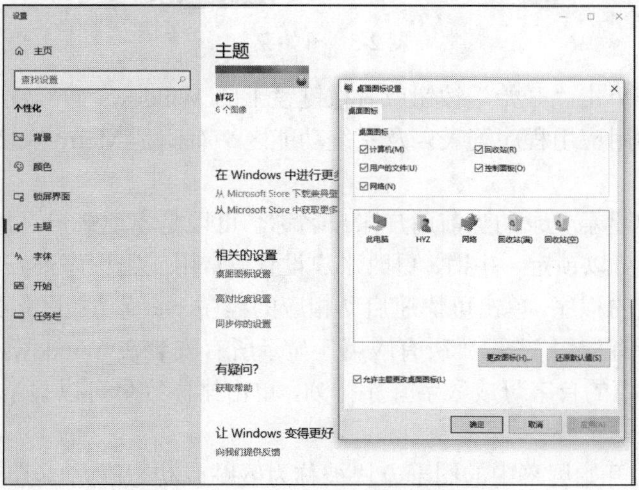

图 2-3 桌面图标设置

2. 任务栏与开始菜单

默认情况下，任务栏位于桌面底端，默认有七个部分，如图 2-4 所示。

任务栏与开始菜单

图 2-4　任务栏

（1）开始菜单。单击桌面左下角“开始”按钮，打开开始菜单。开始菜单可以完成 Windows 10 中的绝大部分操作。包括启动程序，打开文件夹，搜索文件、文件夹和程序，调整计算机设置，获取 Windows 10 操作系统的帮助信息，关闭计算机，切换用户、注销或锁定等。

Windows 10 的开始菜单由“开始菜单”和“开始屏幕”组成，如图 2-5 所示。“开始菜单”包括应用程序列表，比较适合 PC 机桌面环境的鼠标操作；“开始屏幕”由磁贴组成，比较适合触屏操作。

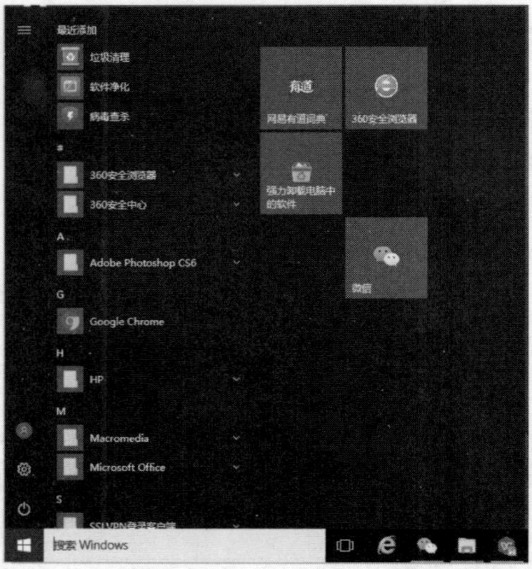

图 2-5　开始菜单

在桌面环境中，单击“开始”按钮或者按键盘上的 Windows 徽标键，在弹出的左侧菜单中包括用户账户、常用应用程序列表以及系统功能区；右侧是 Metro 风格的“开始屏幕”区，由多个磁贴组成。

其中，用户账户显示登录的当前用户账户名称，可以是本地账户，也可以是 Microsoft 账户。单击用户账户区可以锁定、注销、更改账户设置。常用应用程序列表中列出了最近常用的一部分程序和刚安装的程序，单击可快速启动相应的程序。系统功能区包括“文件资源管理器”“设置”“电源”“所有应用”等。“所有应用”显示所有安装在 Windows 10 中的应用程序列表。应用程序以名称中的首字母或数字升序排列，单击排序字母可以显示排序索引，通过索引可以快速查找应用。

（2）开始屏幕。开始屏幕中的图形方块被称为磁贴或动态磁贴，其功能类似于快捷方式，不同的是，磁贴中的信息是活动的，显示最新的信息。例如，Windows 10 自带的“新闻资讯”

应用程序。

- 改变“开始”屏幕区的列宽：拖动“开始”屏幕区右边沿可改变列宽。
- 添加磁贴：在菜单命令上或者其“所有应用”子菜单命令上右击并选择“固定到‘开始’屏幕”命令，如图 2-6 所示。

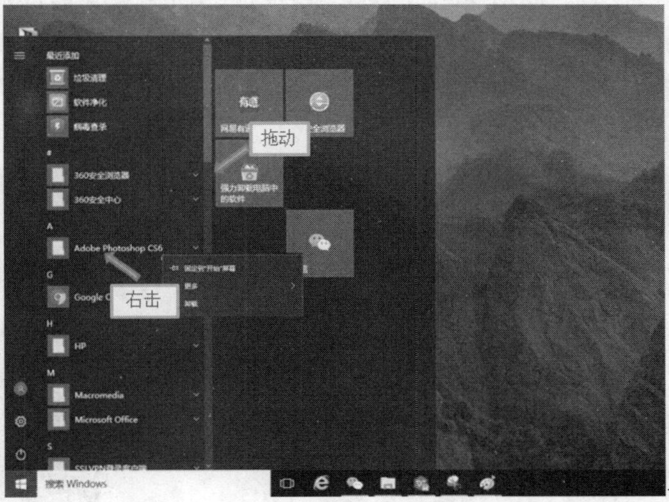

图 2-6　改变列宽与固定到开始屏幕

- 命名磁贴组名：单击磁贴组标题栏，更改组名。
- 磁贴的操作：单击某磁贴，将启动相应程序并打开该程序窗口。右击磁贴，在打开的快捷菜单中将显示可对该磁贴进行的操作，菜单命令包括“从‘开始’屏幕取消固定”“调整大小”“关闭动态磁贴”“卸载”和“固定至任务栏”。拖动“开始”屏幕中的磁贴可将其移动至“开始”屏幕中的任意位置或分组内，如图 2-7 所示。

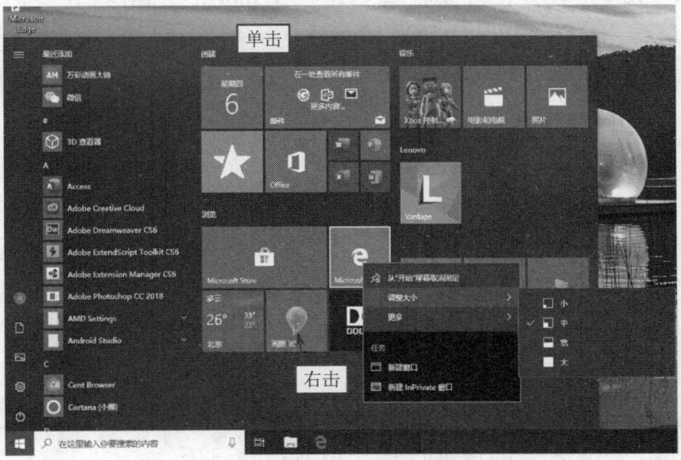

图 2-7　磁贴组命名与磁贴操作

（3）所有应用。在“开始”菜单中选择“所有应用”列表，系统所有程序将按数字、字母、拼音的顺序升序排列。如果要快速跳转到某应用程序，单击对应的字母即可；单击应用程序的首数字、首字母、首拼音，就可跳转到该索引组。

（4）搜索框。任务栏上的搜索框可以用来搜索本地计算机中的文件或互联网中的信息。也可以打开应用程序，如输入“画图”可打开画图程序。

（5）任务视图。Windows 10 任务栏上新增了一个“任务视图”按钮。它是多任务和多桌面的入口，单击该按钮，可以预览当前计算机所有正在运行的程序。这样不仅可以快速地在打开的多个软件、应用、文件之间切换，而且可以在任务视图中新建桌面，将不同的程序“分配”到不同的“虚拟”桌面中，从而实现多个桌面下的多任务并行处理操作。单击任务栏上的“任务视图”按钮，在打开的“任务视图”界面中，将列出当前计算机中运行的所有程序，如图 2-8 所示。

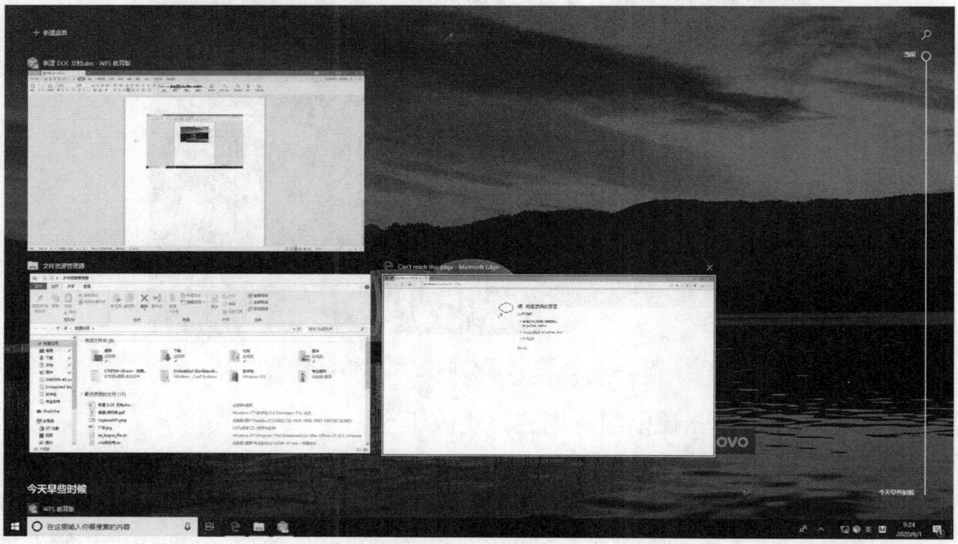

图 2-8 “任务视图”界面

小贴士：按 Alt+Tab 组合键，可切换窗口；按 Windows+Tab 组合键，可显示任务视图。

（6）快速启动区。快速启动区中的按钮是启动应用程序最快捷、方便的方法，只需单击该区中的按钮，就能启动相应应用程序。快速启动区默认有 3 个快速启动图标，分别是 Edge 浏览器、文件资源管理器和应用商店，还可像桌面一样放置多个快捷方式图标。

可通过程序右键快捷菜单中的“固定到任务栏”命令将程序锁定到任务栏，也可右击该区图标利用右键快捷菜单中的“从任务栏取消固定”命令将程序从任务栏中去掉。

（7）活动任务区。每当打开或运行一个窗口时，在任务栏活动任务区中就会显示一个对应的任务栏按钮。突出显示的窗口为活动窗口。将鼠标指针移到任务栏按钮可预览窗口。

（8）通知区。通知区（也称系统托盘）是任务栏的一部分，它位于任务栏的最右侧，用于显示在后台运行的应用程序或其他通知，固定显示的图标包括以下几种。

- 喇叭/耳机音量：显示计算机的当前音量级别或关闭音量。
- 日期和时间：显示本月的详细日历，可前后翻日历。
- 键盘和语言：通知区有触摸键盘图标、切换语言图标与切换输入法图标。使用触摸键盘图标可用触屏（必须有触摸键盘）或鼠标按键实现输入。使用切换语言图标或者按 Ctrl+Space 组合键来切换中、英语言输入。如果安装了其他输入法，则可使用切换输入法图标或按 Windows+Space 组合键切换输入法。

- 操作中心图标：可以集中显示操作系统通知、邮件通知等信息，以及快捷设置选项。例如设置项下有桌面模式和平板模式，适合传统的桌面设备和新型的平板触屏设备。

（9）应用商店。使用 PC 桌面模式，可以通过硬盘、U 盘、光盘来安装程序。但如果要安装 Modern 应用程序、游戏，就要通过 Windows 应用商店来安装。

（10）经典模式。Windows 10 没有经典模式，用户若不习惯使用默认开始菜单样式，可自行调整为类似经典模式的开始菜单。操作方法：打开开始菜单，在开始屏幕的所有的选项上单击右键，选择“从‘开始’屏幕取消固定”；全部选项清理完毕后，再将鼠标移动到开始屏幕右边缘。变成双向箭头，单击鼠标左键不放，一直往左侧拖动，松开鼠标。

[任务实施]

（1）设置任务栏与开始菜单：右击任务栏空白区域，选择“属性”命令，设置开始菜单与任务栏的外观与行为。

（2）设置桌面系统图标：选择“更改桌面图标”，弹出“桌面图标设置”对话框，勾选“计算机”“用户的文件”“网络”“回收站”复选框。

（3）设置 IE 程序桌面快捷方式：选择“开始”→“所有应用”→Windows 附件→Internet Explorer 选项，右击该选项并选择“发送到”→“桌面快捷方式”命令；也可以通过直接将对象图标拖至桌面的方法创建。

（4）右击“任务视图”，可显示“地址”工具栏、搜索框等，并可隐藏与显示人工智能小娜。

[拓展知识与技能]

操作系统

2.1.2 操作系统

1. 操作系统功能

操作系统的主要功能是管理计算机系统中的各种软硬件资源，主要包括：进程与处理机管理、存储管理、文件管理、设备管理、作业管理。

常见的计算机操作系统有以下几种：

- Windows：由微软公司生产的 Windows 系列图形用户界面操作系统，早期为 DOS。
- Linux：由 UNIX 发展而来，源代码开放。
- UNIX：分时操作系统，主要用于服务器/客户机体系。
- OS/2：为 PS/2 设计的操作系统，用户可自行定制界面。
- Mac OS：具有较好的图形处理能力，主要用在桌面出版和多媒体应用等领域。

根据在同一时间使用计算机用户的多少，操作系统可分为单用户操作系统和多用户操作系统。根据在同一时间执行任务的多少，操作系统可分为单任务操作系统和多任务操作系统。早期的 DOS 操作系统是单用户单任务操作系统，Windows XP、Windows 9X（95、98、ME）、Windows 2000 是单用户多任务操作系统，Windows 7 及以上、Linux、UNIX 则是多用户多任务操作系统。

2. 操作系统基本操作

在 Windows10 中，用户通常可以使用 3 种方式向操作系统发出命令：鼠标、键盘、触摸屏。一般情况下，鼠标有左、右两个按键，操作方法见表 2-1。

表 2-1　鼠标操作

操作	术语	动作要领	完成的任务
左键单击	单击	将鼠标左键快速按下并释放	选中一项
左键双击	双击	连续两次快速按下左键并释放	打开一项
右键单击	右击	将鼠标右键快速按下并释放	打开特定对象的快捷菜单
拖动	拖动	按住鼠标左键移动鼠标	选中一项将其移动到新位置
指向	指向	不按鼠标按键的情况下移动鼠标指针到预期位置	指向特定对象或位置
释放	释放	结束手动操作后松开鼠标按键	结束动作
滚动滚轮	滚动	前后滑动鼠标中间滚轮	翻页或在垂直（水平）方向上移动

随着鼠标指针指向屏幕的不同区域，鼠标指针的形状也会发生相应的变化。常见形状及功能说明见表 2-2。

表 2-2　鼠标指针形状及含义

指针形状	含义	指针形状	含义
	正常选择		精确选择
	帮助选择		选定文本
	后台运行		手写
	忙		不可用
	调整垂直		移动
	调整水平		候选
	沿对角线调整 1		链接选择
	沿对角线调整 2		

键盘操作主要通过键入键、控制键、功能键或快捷键（又称为组合键）来实现输入或特定功能。常见快捷键见表 2-3。

表 2-3　Windows 中常用的功能键和快捷键的用法

快捷键	说明
Alt+Space（空格）	打开应用程序的控制菜单
Alt+F4	结束应用程序
Ctrl+F4	关闭文档窗口
F1	启动帮助
Ctrl+Space	切换中英文输入状态
Windows+Space	轮流切换各输入法
Ctrl+Alt+Del	调用任务管理器

如果计算机配置了触摸屏，就可以在触摸屏上通过使用触摸手势来进行 Windows 10 操作，根据触摸操作时同时使用手指的数量，可以分为单指操作、双指操作、三指操作和四指操作，分别实现不同功能。

3. 桌面操作

Windows 10 中的“显示桌面”按钮被放在任务栏的最右边，单击此按钮可快速显示桌面。通过桌面图标可以快速访问应用程序，图标可以显示、隐藏或改变大小。

- 显示与隐藏桌面图标：右击桌面，在“查看”选项下选择或取消“显示桌面图标”项。
- 调整桌面图标大小：右击桌面，选择“查看”选项，可单击其下相应命令改变图标大小；或通过滚动鼠标滚轮同时按住 Ctrl 键调整桌面大小（此方法亦可用在其他程序窗口中）。

4. 窗口操作

窗口是用户使用 Windows 操作系统的主要工作界面。打开一个文件或启动某个应用程序时，将打开该文件或应用程序的窗口。用户对系统中各种信息的浏览和文件的处理基本上都在窗口中进行。Windows 的窗口组成如图 2-9 所示。

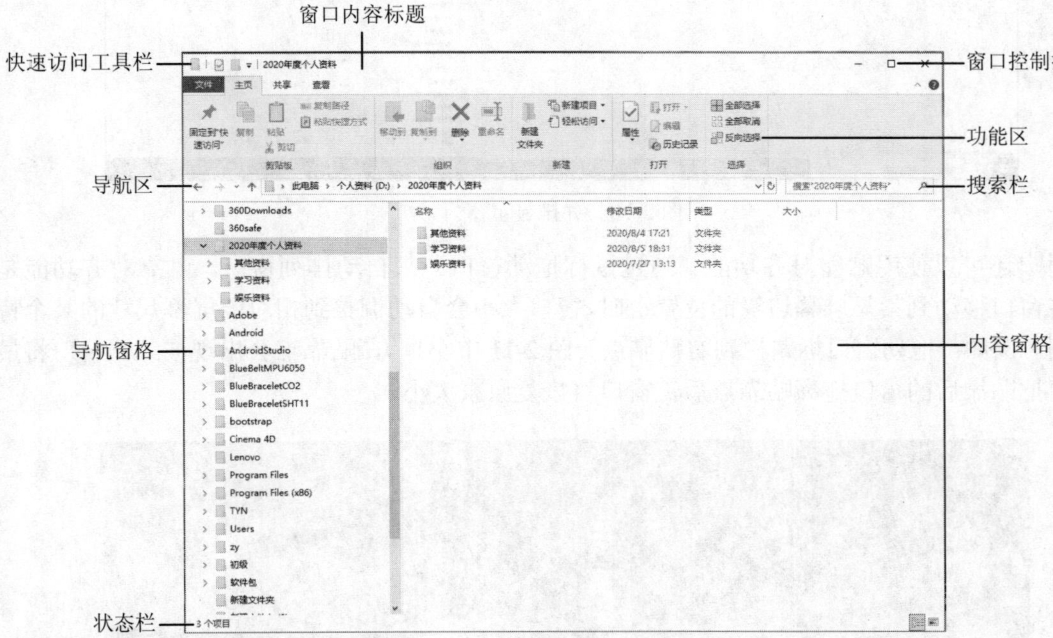

图 2-9 Windows 窗口组成

Windows 10 中的窗口最上方是标题栏，由 3 部分组成，从左到右依次为快速访问工具栏、窗口内容标题和窗口控制按钮，在标题栏的下方为功能区，很多内置程序使用功能区代替了早期窗口中的菜单栏和工具栏。

（1）打开窗口：双击图标。

（2）移动窗口：将鼠标指针移到窗口的标题栏上，按住左键并拖动窗口到目标位置。

（3）改变窗口大小：单击标题栏上的最小化、最大化/还原按钮可改变窗口大小。或者将鼠标指针移到窗口的边框上，鼠标指针将变成各个方向的箭头形式，拖动鼠标可以任意地改变窗口的大小。

（4）切换窗口：单击任务栏上的窗口按钮，或者按 Alt+Tab 组合键。

（5）对齐和排列窗口：Windows10 提供 3 种对齐和排列窗口的命令——层叠窗口、堆叠显示窗口和并排显示窗口。打开多个窗口，在任务栏的空白处单击鼠标右键，从弹出的右键快捷菜单中选择一种排列方式命令，如图 2-10 所示。如果所有窗口都已经最小化到任务栏中，那么这 3 个排列命令将会被禁用。

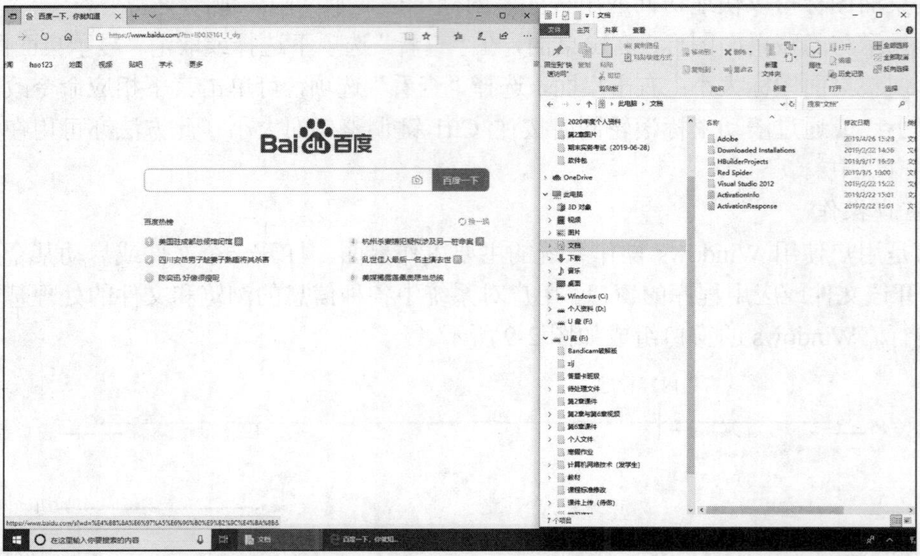

图 2-10　并排显示窗口

用户还可以使用贴靠对齐功能（通过鼠标拖动窗口）来自动排列窗口。贴靠对齐功能是指在将窗口移动到紧靠屏幕边缘的位置上时，窗口大小会自动调整到相对于屏幕尺寸的某个特定比例。例如：拖动窗口标题栏到右贴靠点（图 2-11 中小框），贴靠点会出现波纹，窗口将最大化。把贴靠后的窗口拖离贴靠点后，窗口将恢复原来大小。

图 2-11　窗口贴靠点

（6）关闭窗口。单击窗口右上角的“关闭”按钮，或按 Alt+F4 组合键。

小贴士：关闭一个窗口即终止该应用程序的运行。

5. 对话框

对话框是一种执行特殊任务的窗口，通常无法最大化或最小化，用户必须对窗口进行处理并关闭窗口后才能对窗口所属的程序继续进行操作。用户执行了某个操作或选择了右边带“...”的菜单命令时，系统便会弹出一个对话框。

6. Cortana（小娜）

Cortana（个人智能助理）是微软在机器学习和人工智能领域的尝试。它会记录用户的行为和使用习惯，利用云计算、必应搜索和非结构化数据分析，读取和学习包括计算机中的电子邮件、图片、视频等数据，来理解用户的语义和语境，从而实现人机交互。启动 Cortana 需要先使用 Microsoft 账户登录 Windows 10 操作系统，Cortana 必须在接入互联网的计算机中使用。

在“所有应用”或“开始”屏幕的磁贴中单击 Cortana 即可启用 Cortana，然后可按步骤设置并使用。

[拓展任务]

添加账户

当有多人使用同一台计算机时，为保护个人信息安全，需要为不同的用户创建不同的账户，各自管理自己的文件信息。该如何为计算机添加多个用户账户呢？

用户账户是用来记录用户的用户名和口令、隶属的组、可以访问的网络资源，以及用户的个人文件和设置。每个用户都要有一个用户账户，才能访问计算机中的资源。

[实施方法]

（1）单击“开始”按钮，选择“设置”命令，在窗口中选择“账户”。

（2）在“账户”窗口中，在左侧选择“家庭和其他用户”，在右侧选择“将其他人添加到这台电脑”，之后单击“我没有这个人的登录信息”，再单击“下一步”按钮。

（3）进入“让我们来创建你的账户”链接后，按提示完成用户的名称、密码等相关信息的设置后即可完成新账户的创建。

用户有了自定义的账户或密码，计算机再次开机需输入各自相应的账户名称与密码后方可进入系统桌面。Windows 10 允许多个用户同时登录系统，可以选择“开始”按钮下的“关机与睡眠”命令切换到别的用户账户登录系统。

任务 2　个性化设置计算机

[任务描述]

小明启动计算机进入桌面，看到的是系统默认的桌面背景。若想将背景换成自己喜欢的图片、添加常用的输入法并对磁盘进行清理，他该如何操作呢？

一个干净、整洁、有特色的桌面环境，既有利于用户身心愉悦，又可以提高工作效率。通过设置计算机桌面主题、磁盘管理工具、系统设置或内置工具，可以实现个性化设置计算机。效果如图 2-12 所示。

[任务展示]

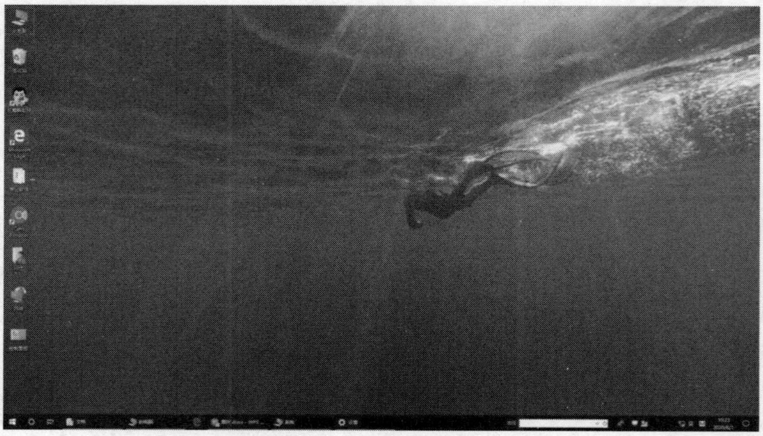

图 2-12 任务 2 效果图

[相关知识与技能]

个性化设置

2.1.3 桌面风格

桌面风格主要包括桌面背景、屏幕分辨率、图标排列、视图切换等。

- 桌面主题：主题是指桌面背景、窗口颜色和屏幕保护程序等的综合。
- 桌面背景：背景是指桌面墙纸的位图，用于美化桌面。
- 屏幕保护程序：为了不让屏幕一直保持静态的画面，造成屏幕上的荧光物质老化而缩短显示器的寿命，可选择设置屏幕保护程序。
- 屏幕分辨率：为改善显示质量，降低对眼睛的伤害，可选择合适的屏幕分辨率和刷新率。
- 视图切换：更改文件和文件夹的大小与外观显示效果。

1. 设置桌面背景

可以将单张图片或者将多张图片以幻灯片放映的形式设置为桌面背景。

操作方法：右击桌面空白处，在弹出菜单中选择“个性化”命令，在对话框中左侧选择“背景”选项，然后在右侧的“背景”下拉列表中选择“图片”选项，在下方的预置图片中选择一张，关闭窗口。

2. 设置图标排列和显示方式

当窗口内包含多个图标后，可以对图标进行排列，并按一定的显示方式来显示图标。

操作方法：

（1）右击窗口内空白处，在快捷菜单中选择“排序方式”的 4 个选项之一：名称、大小、项目类型和修改时间。

（2）系统桌面图标显示方式可通过右击桌面空白处，在弹出菜单中的“查看”命令下选择“大图标”“中等图标”“小图标”之一来调整桌面图标的尺寸大小。“自动排列”和“将网标与网格对齐”用于指定图标的排列方式，如果取消“自动排列”，用户可根据自己的意愿排放桌面图标。

（3）如果是在文件夹中的空白处右击，在弹出菜单中的“查看”选项下可选择一种控制图标显示的方式：超大图标、大图标、中等图标、小图标、列表和详细信息等。

3. 更改文字大小

在“设置”窗口中，单击“系统”显示“自定义显示器”界面，可以在此界面更改显示文字大小、显示器的方向、亮度等。

4. 设置主题与分辨率

Windows 10 提供了 3 种预置主题，其名称分别为“Windows 7”“Windows 10”和“鲜花”。在“个性化”对话框的左侧选择“主题”选项，进行桌面主题设置。也可以在“设置”窗口中的“系统”设置界面左侧选择“显示”，右侧单击“高级显示设置”，选择一种合适的分辨率。

Windows 操作系统提供了用于改善显示质量的辅助工具，包括对屏幕分辨率和刷新率、显示颜色以及文本显示效果等几个方面的调整。

5. 设置锁屏与屏保

锁屏与屏保可保护计算机隐私，并相对省电的待机方式。

选择开始菜单顶部的账户名称下级菜单中的“锁屏”命令或按 Windows+L 组合键。在“个性化”对话框中左侧选择“锁屏界面”选项，可设置锁屏界面和超时设置，在右侧单击“屏幕保护程序设置”链接可选择一种屏幕保护的类型并进行细节设置。

2.1.4 磁盘管理

在使用计算机的过程中，用户是通过计算机的软件来帮助完成各类任务的。在系统软件中有一类实用程序软件，例如，控制面板、磁盘清理程序、磁盘碎片整理程序等，可用于提高计算机的性能，帮助用户监视计算机系统设备、管理计算机系统资源和配置计算机系统。对计算机的相关设置可以通过这类专门的软件来完成。

磁盘管理是一项计算机使用时的常规任务，以一组磁盘管理应用程序的形式提供给用户，包括查错程序和磁盘碎片整理程序以及磁盘清理程序。

1. 磁盘碎片整理

磁盘碎片整理，即通过系统软件或者专业的磁盘碎片整理软件对计算机磁盘在长期使用过程中产生的碎片和凌乱文件进行重新整理，释放出更多的磁盘空间，可提高计算机的整体性能和运行速度。

操作方法：单击“开始”按钮，在打开的“开始”菜单中选择“所有应用”命令，然后在所有程序列表中选择“Windows 管理工具”→“碎片整理和优化驱动器”命令。

2. 磁盘查错与清理

（1）磁盘查错主要是扫描硬盘驱动器上的文件系统错误和坏簇，以保证系统的安全，而碎片整理可以让系统和软件都更加高效率地运行。

操作方法：运行磁盘查错前需先关闭运行的程序；在“此电脑”窗口中右击磁盘分区，选择“属性”命令，在“属性”对话框中的“工具”选项卡下的查错栏中单击“检查”按钮。

（2）磁盘清理可删除计算机上所有不需要的文件，如临时文件、回收站文件等，目的是释放更多磁盘空间。

操作方法：打开“控制面板”窗口，将“查看方式”设置为“大图标”或“小图标”，然后单击“管理工具”链接，在打开的界面中选择“磁盘清理”命令。

3. 磁盘分区与格式化

系统主要的存储设备就是硬盘。新买的硬盘不能直接使用，必须先对硬盘进行分割即分区，再格式化，然后安装系统，存放文件。

操作方法：在“此电脑”窗口中右击某磁盘分区，在右键菜单中选择“格式化”命令。

也可以借助一些第三方的软件来实现磁盘分区与格式化，例如，Acronis Disk Director Suite、PQMagic、DM、FDisk 等。

小贴士：分区与格式化操作对现有已安装系统而言具有较高的危险性，操作不当可能会造成重大损失，需慎重操作。

4. 使用 U 盘

U 盘与移动硬盘是两种常用移动存储设备，U 盘接口有 3 种标准，USB2.0 和 USB3.0 是广泛使用的两个标准。在读写数据时，断开 U 盘与计算机的连接不会损坏硬件，但会破坏正在处理的数据，因此，拔下 U 盘前需先弹出 U 盘。

2.1.5 系统环境

1. 设置键盘与鼠标

操作方法：在“开始”菜单下选择“设置”命令，选择“设备”选项，再进入窗口左侧选“鼠标和触摸板”，可设置鼠标的相应属性。同样，在“设置”窗口选择“轻松使用”选项，再进入窗口的左侧选“键盘”，可设置键盘的相应属性。

2. 设置日期与时间

操作方法：单击任务栏中日期与时间区域，选择“日期与时间设置”命令进入设置窗口。

3. 设置字体

添加系统没有的新字体，以便设置文件字符格式。下载字体文件，右击字体文件进行安装或将它复制到 C:\Windows\Fonts 文件夹中。

4. 设置输入法

若要添加其他的输入法或改变某种输入法的相关设置，可以利用“设置”窗口中的“时间和语言”，选择“区域和语言”进行设置。

5. 任务管理器

任务管理器管理应用程序和进程，是一个非常重要的工具。任务管理器可以中止程序、显示程序的进程、调整进程的优先级、杀掉“死亡程序”等，也是监视计算机性能的重要指示器。

按下 Ctrl+Alt+Delete 组合键，在页面中选择“启动任务管理器”，可查看和操作任务和进程。如果当某个程序或进程造成计算机卡顿（或死机），可采用此种方式结束该程序或进程。

6. 电源管理

电源是计算机动力之源，电源质量与管理方式决定计算机平台的功耗和稳定性，尤其是对笔记本而言。可通过系统的“设备管理器”查看计算机支持哪些 ACPI 规范（这决定它的工作模式）；可通过开始菜单的搜索“电源计划”，对电源进行管理。

7. 查看基本信息

右击“此电脑”图标，选择属性命令，可查看有关计算机的基本信息，如 Windows 版本、系统信息、计算机名称和工作组、Windows 激活状态等。

8. 网络安全

通过 Windows Update 为系统进行安全更新，并使用防火墙防范网络攻击，也可使用 Windows Defender 监控恶意软件。

在“开始”菜单中选择“设置”→“更新和安全”命令，可以设置更多关于“Windows 更新”的操作；打开“Windows Defender”功能，在“设置”窗口下选择“网络和 Internet”，左侧选择“以太网”，右侧选择“Windows 防火墙”可开启或关闭防火墙。

2.1.6 内置工具

1. 计算器

计算器既可以进行基本的数学运算，又可以完成一些高级运算。比如，各种进制的转换和角度、弧度的运算等。它提供标准和科学模式进行数字计算，以及在程序员和统计模式下进行换算。同时借助计算机中的单位换算选项，也能实现温度、重量、面积或时间的单位换算。

打开方法：单击“开始”菜单，在“所有应用”中找到 J 字母分类开头的应用，从而找到“计算器”程序。

2. 截图工具

Windows 10 自带的截图工具能实现更便捷、简单、清晰、多种形状的截图，可全屏也能局部截图。

打开方法：在任务栏的搜索框中输入“截图”；也可以通过选择“开始”→“所有应用”→“Windows 附件”→“截图工具”命令。

3. 命令提示符

命令提示符（CMD）是在以 OS/2、Windows 平台为基础的操作系统下的“MS-DOS 方式”。一般 Windows 的各种版本都与其兼容。用户可以在 Windows 系统下运行 DOS，使用相应命令对计算机进行操作，检查并修复系统和网络的最基本的故障。也可以直接输入中文调用文件，打开系统对应的相关实用程序。

打开方法：单击“开始”菜单，在搜索栏内输入“cmd”。

4. 画图

画图是一种图片文件编辑工具，用户可以使用它绘制黑白或彩色的图形，并可将这些图形保存为位图文件（.bmp、.jpg、.png 等文件格式）。

打开方法：打开“开始”菜单，单击“Windows 附件”，选择“画图”。

5. 记事本

记事本是 Windows 操作系统自带的一个文件编辑软件。打开记事本软件，通过输入与编辑，保存字母、数字、汉字及其他符号等，也可以通过记事本过滤网页中的格式。

打开方法：在“开始”菜单旁的搜索框中输入“notepad”。

[任务实施]

（1）设置背景图片：右击桌面空白处，在弹出菜单中选择“个性化”命令，在对话框中左侧选择“背景”选项，再选择“图片”选项，设置桌面背景。

（2）设置屏幕保护程序：在“个性化”对话框中，左侧选择“锁屏界面”选项，在右侧单击“屏幕保护程序设置”链接，设置屏保。

（3）设置图标排列方法：在桌面右击，选择“查看”选项下的“中等图标”。

（4）启动系统防火墙：选择开始菜单中的“设置”命令，选择“网络和 Internet”，左侧选择“以太网”，右侧选择“Windows 防火墙”来开启防火墙。

（5）清空回收站：在“设置”窗口进入“系统”下的“存储”界面，可删除临时文件，下载的文件和升级的系统文件，在应用与游戏类别中删除应用，或使用磁盘清理程序。

2.2 管理文件与文件夹

文件是用户赋予了名字并存储在磁盘上的信息的集合，既可以是用户创建的文档，又可以是可执行应用程序，也可以是一张图片、一段声音等。文件夹是系统组织和管理文件的一种形式，是为方便用户查找、维护和存储而设置的。用户可以将文件分门别类地存放在不同的文件夹中，使数据资料整齐规范、便于操作。

任务 3 管理个人文件

[任务描述]

小明的计算机经过一段时间的使用后，发现文件存放杂乱，需要花费大量时间去查找文件，因此他迫切希望对文件进行整理。该如何帮他实现呢？

Windows 10 中文件管理的知识和技能可以帮助用户来分类管理杂乱无章的文件。用户需要做好两件事：第一，分类存放文件；第二，备份重要文件。效果如图 2-13 所示。

[任务展示]

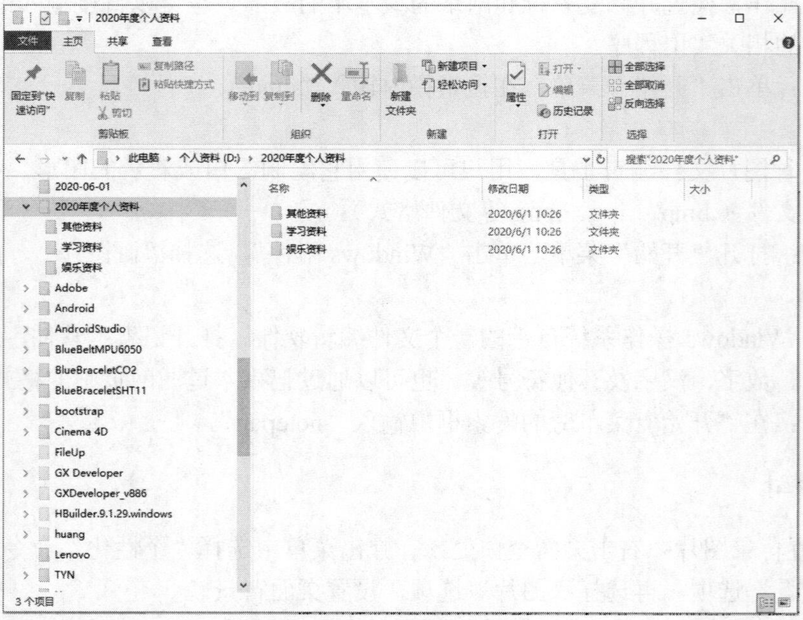

图 2-13 任务 3 效果图

[相关知识与技能]

磁盘文件系统

2.2.1 磁盘文件系统

磁盘文件系统，是指操作系统中用以组织、存储和命名磁盘文件结构的软件系统。它负责为用户建立文件，存入、读出、修改、转储、删除文件，以及控制文件的存取等。目前比较常用的文件系统有 FAT、NTFS 等格式，文件系统决定磁盘文件存储方式、大小、安全性等。

1. 文件与文件夹的概念

文件是一组相关信息的集合，是数据信息在计算机磁盘上的组织形式，任何程序和数据都是以文件的形式存储在计算机的外存储器上的。

文件夹用于协助用户管理文件，每一个文件夹对应一片磁盘空间。文件可以分类存放在不同的文件夹中，便于使用和管理。文件夹有广泛的含义（桌面、“此电脑”、磁盘驱动器等也是文件夹）。

2. 文件与文件夹的命名

文件都有自己的文件名称，文件系统是通过文件名来管理文件的，磁盘文件系统指定命名文件的规则。

文件的名称由文件主名和扩展名（文件类型）组成，两者之间用“.”分隔，文件主名一般由用户自己定义；文件的扩展名标识了文件的类型和属性，一般都有比较严格的定义。

文件夹的名称一般只由文件主名构成。

小贴士：在同一目录下，文件不能重名。但 Windows 不区分文件名中的大小写字母，例如 ZHANGSHAN.TXT 与 zhangshan.txt，系统认为是同名文件。

3. 文件类型

文件都包含着一定的信息，其不同的数据格式和意义使得每个文件都具有某种特定的文件类型。Windows 利用文件的扩展名来区别每个文件的类型。

在 Windows 中，每个文件在打开前是以图标的形式显示的。每个文件的图标可能会因其类型不同而有所不同，而系统正是以不同的图标来向用户提示文件的类型。Windows 能够识别大多数常见的文件类型。

4. 文件存放目录及结构

系统在长期使用过程中，会有大量的文件与文件夹，因此管理磁盘文件结构就显得尤为重要。

（1）盘符：计算机给存储设备的一个符号。软驱有 A:、B:，硬盘有 C:、D:等，光驱为 G:等。对于移动存储器等，系统也提供相应的盘符。

（2）根目录：每个磁盘最开始的目录。例如，C 盘的根目录是“C:\”，即打开 C 盘就显示的目录。

（3）父/子目录：是相对概念。例如，A 文件夹下有 B 文件夹，则 A 是 B 的父目录，B 是 A 的子目录。

（4）路径：描述文件或文件夹的存放位置，有绝对路径和相对路径两种。

- 绝对路径就是从目标文件或文件夹所在的根文件夹开始到目标文件或文件夹所在文件夹为止的路径上所有的子文件夹名（各文件夹名之间用“\”分隔）。例如 a.doc 存储在 D 盘下的 ABC 文件夹下，它的绝对路径表示为 D:\ABC\a.doc。

- 相对路径就是从当前文件夹开始，到目标文件或文件夹所在文件夹的路径上所有的子文件夹名（各文件夹名之间用“\”分隔），一个目标文件的相对路径会随着当前文件夹的不同而不同。

在 Windows 操作系统中，计算机资源通常采用树型结构对文件和文件夹进行分层管理。“文件资源管理器”窗口（包括“此电脑”窗口）的各个不同部分旨在帮助用户围绕 Windows 进行导航，或更轻松地使用文件、文件夹和库。文件资源管理器分为左、右两个窗格。左窗格是文件夹窗格，也称导航窗格，用于显示整个计算机资源的树形结构，显示的是父文件夹的名称；右窗格是内容窗格，用于显示当前文件夹。使用资源管理器可以更方便地实现浏览、查看、移动和复制文件或文件夹等操作，如图 2-13 所示。

2.2.2 文件与文件夹操作

计算机是以文件的形式将所有数据组织存放在外存储器里。因此，对文件及文件夹的管理是用户对系统最基本也是最重要的操作。文件或文件夹的操作一般包括：新建、重命名、复制、移动、删除、查找、修改文件属性、创建文件快捷方式等。这些操作可用以下 6 种方式之一完成，依用户操作习惯而定。

- 用资源管理器窗口上的菜单下的命令。
- 用窗口中工具栏内的命令按钮。
- 用该操作对象的右键快捷菜单。
- 在资源管理器和“此电脑”窗口中拖动。
- 用右键菜单中的发送方式。
- 用组合键。

文件和文件夹操作 1

1. 选择文件及文件夹

Windows 中一般都是先选定需操作的对象，再对选定的对象进行处理。在文件夹内容区选定文件及文件夹的基本操作有以下几种。

- 选择单个文件及文件夹：单击所需的文件及文件夹。
- 选择连续的多个文件及文件夹：用鼠标指针拖选；或选择第一个，然后按住 Shift 键不放，再单击最后一个。
- 选择不连续的多个文件及文件夹：先选择一个，然后按住 Ctrl 键不放，再依次单击需选择的其他文件及文件夹，如图 2-14 所示。

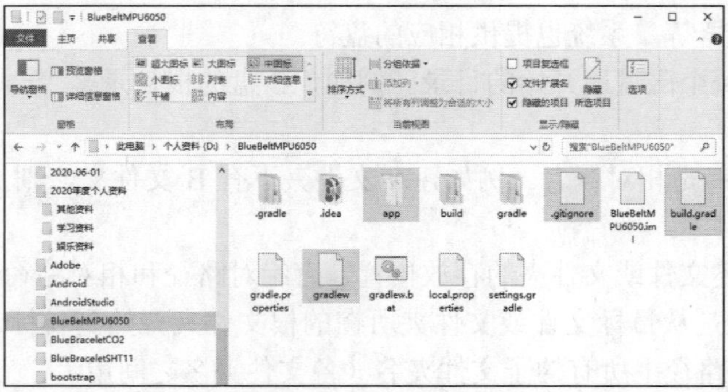

图 2-14　选择多个不连续的对象

● 选择全部文件及文件夹：选择“主页”菜单中的“全部选择”命令，或按 Ctrl+A 组合键。
● 反向选择文件及文件夹：选择“主页”菜单中的“反向选择”命令。
● 撤销选定：单击文件夹的任意空白处或选择“主页”菜单中的“全部取消”命令。

2. 新建文件及文件夹

在磁盘中创建文件夹尽量按类别实现“分类存放”。创建和保存文件夹的两要素：文件夹名和存放位置。

操作方法一：通过资源管理器进入需要创建文件及文件夹的磁盘位置窗口，选择“主页”菜单中的“新建文件夹”命令可新建文件夹，在“新建项目”菜单中选择要创建的某个文件类型来创建文件，如图 2-15 所示。

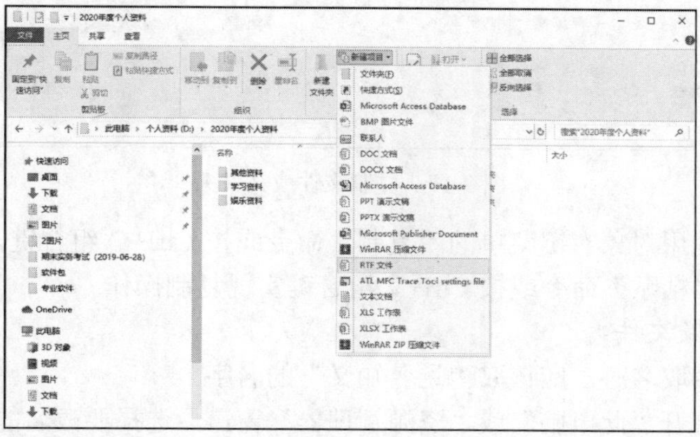

图 2-15 新建文件或文件夹

操作方法二：在文件夹内容区的空白处单击鼠标右键，在快捷菜单中选择“新建”下的“文件夹”命令或某种类型的文件。

操作方法三：按 Ctrl+Shift+N 组合键可在当前磁盘位置创建文件夹。

3. 移动文件及文件夹

移动操作是将选定的对象从原来的位置移动到新的位置，不可以移动到同一位置。移动完成后源文件或源文件夹将消失。

操作方法一：选定需移动的文件或文件夹对象，同一磁盘中用鼠标直接拖动到目标位置，不同磁盘之间按下 Shift 键的同时拖动鼠标。

操作方法二：选定需移动的文件及文件夹，选择“主页”菜单中的“移动到”命令，进入目标位置。

操作方法三：使用对象右键菜单的“剪切”命令或按 Ctrl+X 组合键，到达目的路径窗口后使用右键菜单的“粘贴”命令或按 Ctrl+V 组合键实现移动操作，如图 2-16 所示。

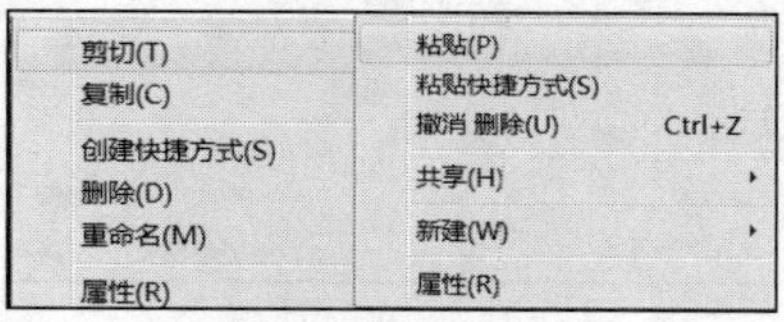

图 2-16 移动文件或文件夹

4. 复制文件及文件夹

复制操作是将选定的对象从原来的位置复制到新的位置，也可以复制到同一位置。复制完成后源文件或源文件夹保持不变。

操作方法一：在资源管理器窗口中，选定需复制的文件及文件夹对象，同一磁盘中按下 Ctrl 键的同时用鼠标拖动到目标位置，不同磁盘之间直接用鼠标拖动到目标位置。注意，在拖动过程中鼠标光标上会多出一个“+”号。

操作方法二：选定需移动的文件及文件夹，选择“主页”菜单中的“复制到”命令，如图 2-17 所示。

图 2-17　复制文件或文件夹

操作方法三：使用对象右键菜单的“复制”命令或按 Ctrl+C 组合键，到达目的路径窗口后使用右键菜单的“粘贴”命令或按 Ctrl+V 组合键实现复制操作。

5. 重命名文件及文件夹

给文件夹或文件取名时，应该取“见名知义”的名字。

操作方法一：打开“此电脑”或“资源管理器”窗口，选择要改名的文件或文件夹图标，在窗口“主页”菜单中选择“重命名”命令，则选中对象的名称将变成一个文本输入框。在文本输入框中输入新文件名，按回车键。

操作方法二：单击两次文件或文件夹图标名称，就可出现文本输入框。

操作方法三：右击文件或文件夹图标，选择“文件”下的“重命名”命令，就可出现文本输入框，如图 2-18 所示。

图 2-18　重命名

也可同时选择多个文件进行统一的命名，则第一个文件名后会有（1），其余的文件名后会有（2）（3）……，以此类推。

小贴士：文件重命名一般修改主文件名，扩展名不需要改变，但如果需要改变，则会有确认提示。当前文件系统若不显示常用扩展名，则需先修改文件选项。操作方法：勾选窗口中“查看”菜单的“文件扩展名”复选框，如图 2-19 所示。

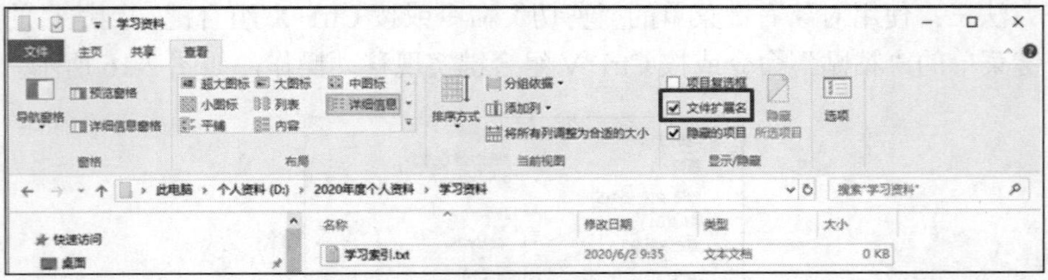

图 2-19　查看文件扩展名

6. 删除文件及文件夹

文件和文件夹操作 2

当文件或文件夹已经没有任何作用时，应该及时删除，以免占用存储空间。

操作方法一：将需删除的文件及文件夹用鼠标指针拖到回收站中。

操作方法二：选中目标，按 Delete 键把文件删除。

操作方法三：在需删除的图标上右击，在快捷菜单中选择“删除”命令，如图 2-20 所示。

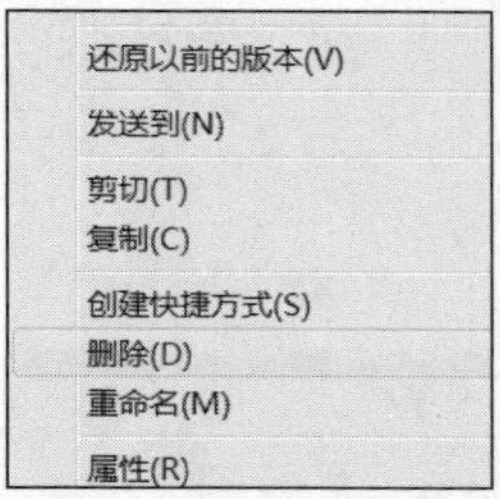

图 2-20　删除文件或文件夹

回收站用来收集硬盘中被删除的对象，以保护误删的文件。除将文件及文件夹直接拖入回收站外，其他方法都会要求确认是否删除。如果误删文件，可以从右键菜单中选择“撤销删除”命令或按 Ctrl+Z 组合键，但这种方法只对本次开机工作中误删的对象才有效。对于所删除的文件及文件夹，并没有真正将其从磁盘中删除，而是存入“回收站”。利用对象的右键快捷菜单中的“还原”或“删除”命令可还原或彻底删除对象。

小贴士：删除操作是项破坏性操作，执行时需慎重；若在用删除操作的同时按住 Shift 键，或选择对象后按 Shift+Delete 组合键可以不经回收站彻底删除文件；在 U 盘中用删除命令会不经回收站直接删除文件，若想恢复文件需要专用的工具。

为提高计算机的运行速度和增加磁盘可用空间，需要及时对回收站进行清理。也可通过更改回收站属性，自定义回收站的大小。

7. 查找文件及文件夹

用户忘记文件或文件夹的位置可以通过 Windows 的搜索功能找到文件或文件夹。

操作方法一：在任务栏的搜索框中输入搜索内容，在上方会有相应的搜索结果，此种方法通常在计算机或网络上进行搜索。

操作方法二：用“文件资源管理器”或“此电脑”窗口进入指定文件夹，在地址栏右边的搜索框中输入搜索内容，此种搜索是在指定文件夹下方搜索对象。

Windows 在输入第一个字符时就开始搜索相关的文件和文件夹，输入文字越多，搜索精确度也越高。其中，可以使用通配符（*、？）。

- *：可以代表文件中的任意字符串。例如，a*.txt 表示以 a 开头的所有 txt 文件。
- ？：可以代表文件中的一个字符。例如，ab??.txt 表示以 ab 开头的后跟两个任意字符的 txt 文件。文件中有几个“？”就表示几个字符。

8. 设置文件及文件夹属性

文件及文件夹有三种属性：只读、隐藏和存档，可根据需要进行设置或取消某属性。

- 只读：意味着文件不能被更改或意外删除。
- 隐藏：在不知道文件名时无法查看与使用文件。
- 存档：一些程序用此选项控制要备份的文件。

操作方法：选定文件或文件夹，选择“查看”菜单下的“属性”命令或对象右键快捷菜单中的“属性”命令可进行设置或取消相关属性，如图 2-21 所示。

小贴士：对属性为隐藏的文件或文件夹进行操作要注意先将隐藏的项目显示出来，可通过勾选“查看”菜单的“隐藏的项目”复选框进行，如图 2-19 所示。

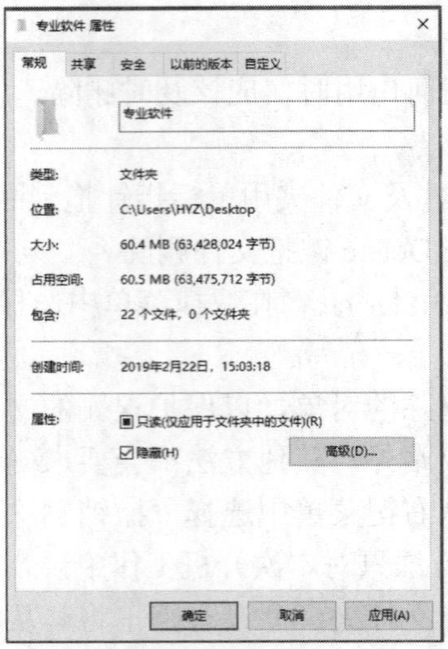

图 2-21　“属性”设置

9. 创建快捷方式

快捷方式提供了一种对常用程序和文档的访问捷径。快捷方式实际上是外存中源文件或外部设备的一个映像文件，通过访问快捷方式可以访问到它所对应的源文件或外部设备。用户可以根据需要给常用的应用程序、文件或文件夹建立快捷方式。

操作方法一：右击需创建快捷方式的对象，在快捷菜单中选择“创建快捷方式”命令，如图 2-22 所示。

操作方法二：在需创建快捷方式的空白位置右击，选择“新建”命令，再选择“快捷方式”，然后进入“创建快捷方式”向导，如图 2-23 所示。输入目标程序文件的位置，单击“下一步”按钮，再输入快捷方式的名称即可创建指定对象（包括文件、文件夹、盘符或网址）的快捷方式图标。

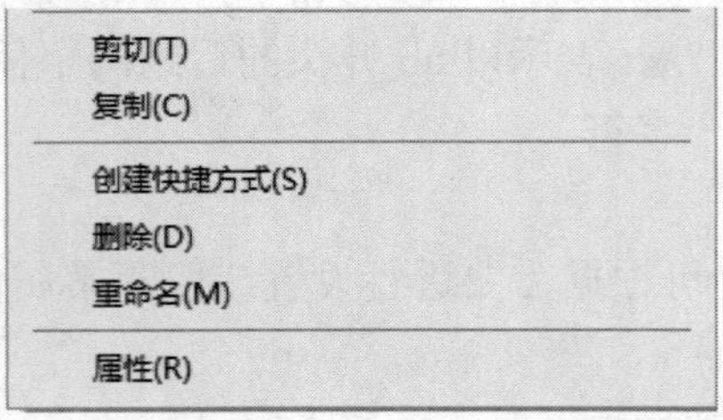

图 2-22　“创建快捷方式”命令

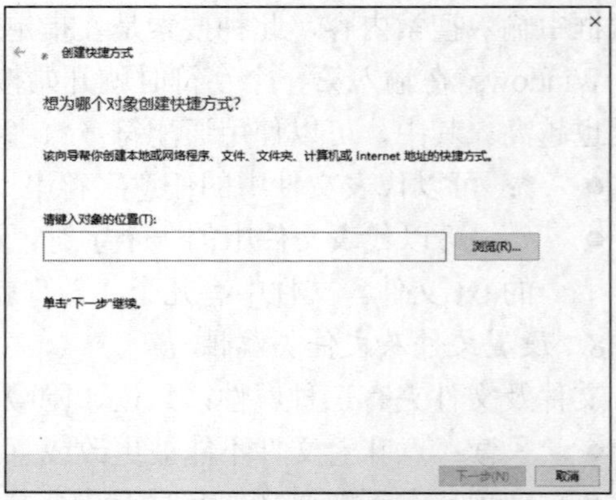

图 2-23　“创建快捷方式”向导

创建好快捷方式后，再利用“复制”“粘贴”或拖动的方式把快捷方式放置在指定的位置。

小贴士：快捷方式代表了其目标对象，对快捷方式的“打开”“打印”“查看”等操作实际上是对其目标对象进行操作。而对快捷方式的“移动”“复制”“删除”“重命名”及“发送”等操作则是对快捷方式本身的操作，与其指向的目标对象无关。

10. 压缩与解压缩文件与文件夹

文件的无损压缩也叫打包，压缩后的文件占据较少的存储空间。压缩包中的文件不能直接打开，要解压缩后才可以使用。专业的压缩和解压缩程序有 WinRAR、WinZip 等，需先下载并安装到计算机中。常见的压缩文件格式是.rar、.zip。

压缩方法：选择需压缩的文件或文件夹，在选定区域右击，选择快捷菜单下的压缩软件下级命令“添加到某某文件”。

解压缩方法：在压缩文件上右击，选择快捷菜单下的压缩软件下级命令“解压文件”。或双击压缩文件，在压缩软件窗口下选择“解压到”命令，选择解压位置并确认。

[任务实施]

（1）打开“此电脑”窗口，右击“本地磁盘 D:”，使用“重命名”命令将 D 盘改为“个人资料”，再进入“个人资料 D:\”（为便于使用，下面还是用 D:表示该磁盘）。

（2）右击窗口工作区空白位置，新建“文件夹”，命名为“2020 年度个人资料”，在其下新建三个文件夹，并将文件夹分别命名为“学习资料”“娱乐资料”“其他资料”。

（3）打开“学习资料”文件夹，再创建三个子文件夹，分别命名为“基础课程”“专业课程”“自学课程”。在空白位置同样右击，选择快捷菜单的“新建”级联菜单下的“文本文档”，创建“新建文本文档.txt”，并右击该文件，选择菜单中的“重命名”命令，将文件重新命名为“备忘录.txt”。

（4）通过 Alt+←组合键或地址栏中的地址，进入 D:，选定“学习资料”，使用对象右键菜单下的“创建快捷方式”命令或“发送到桌面快捷方式”命令为该文件夹创建桌面快捷方式。再选定该文件夹，使用右键菜单下的“复制”命令；插入移动存储设备 U 盘，当窗口中显示出移动磁盘卷标后，进入该盘，选择好存储位置，在工作区空白位置右击，选择“粘贴”命令在 U 盘中进行备份。

（5）将之前创建在桌面上的各类文件或程序复制或移动到相应的其他磁盘下的对应文件夹中并清理回收站，可使得桌面及整个磁盘非常整洁。

[拓展知识与技能]

2.2.3 文件管理

文件知识

1. 文件的类型

在 Windows 系统中，文件按照内容类型进行分类，文件类型一般以扩展名为标识，主要类型见表 2-4。

表 2-4 常见的文件类型

文件类型	扩展名	文件描述
可执行文件	exe、com、bat	可以直接运行的文件
文本文件	txt、rtf	用文本编辑器编辑生成的文件
音频文件	mp3、mid、wav、wma	以数字形式记录存储的声音、音乐信息的文件

续表

文件类型	扩展名	文件描述
图片图像文件	bmp、jpg、jpeg、gif、tiff	通过图像处理软件编辑生成的文件，如画图文件、Photoshop 文档等
影视文件	avi、rm、asf、mov、mp4	记录、存储动态变化画面，同时支持声音的文件
支持文件	dll、sys	在可执行文件运行时起辅助作用，如链接文件和系统配置文件等
网页文件	html、htm	网络中传输的文件，可用 IE 浏览器打开
压缩文件	zip、rar	由压缩软件将文件压缩后形成的文件，不能直接使用，解压后方可使用

2. 此电脑

Windows 系统为用户设置了个人文件夹，即“此电脑”。它是一个集合或容器，用于收集具备同类型的、不同位置的文件或文件夹的索引信息，便于用户快速访问内置文件，如文档、图片、音乐、下载等，但这些不能删除，如图 2-24 所示。

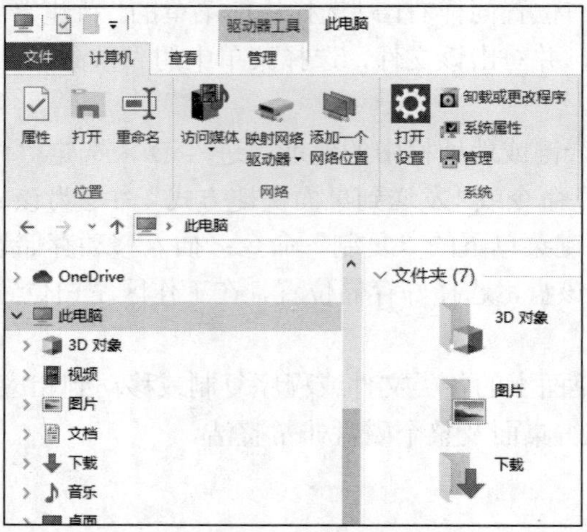

图 2-24　此电脑

小贴士：许多应用程序根据类型不同，默认的保存位置是该文件夹即“此电脑”下方的“文档”“下载”等。例如，“记事本”或“画图”、Word 等程序创建的文档在保存文件时没有指定其他路径及位置，则自动保存在“此电脑\文档”中。

3. 剪贴板

剪贴板是 Windows 操作系统中应用程序内部和应用程序之间交换数据的工具。剪贴板内置在 Windows 中，并且使用系统的 RAM 或虚拟内存来临时保存剪切和复制的信息。保存在剪贴板上的信息，只有再剪切或复制另外的信息，或停电，或退出 Windows，或有意地清除时，才会更新或清除其内容，即剪切或复制一次，就可以粘贴多次。

小贴士：按键盘上的 PrintScreen 键可以将当前整个屏幕的内容复制到剪贴板，按 Alt+PrintScreen 组合键可以将当前活动窗口的内容复制到剪贴板。再使用“粘贴”命令将截下的图片从剪贴板放到程序“画图”或 Word 等中，并保存文件。

4. 文件关联

若要查看或编辑文件，需打开文件，一般是选择对象并双击，也可通过对象右键菜单“打开”中的“打开方式”命令去选择某个软件来打开文件。

例如：当用户双击一个扩展名为“txt”的文件时，操作系统会自动打开“记事本”程序，并使用此程序来查看并编辑该文件，这两者间的关系称为文件类型与应用程序间的关联。此种关联会给使用者提供便利。那如何改变或建立文件与程序的关联呢？

以文本文件为例，操作方法：选择一个文本文件，右击后选择“属性”命令，在属性窗口中选择“更改”命令，设置以后都用某个程序来打开该文件，如图 2-25 所示。

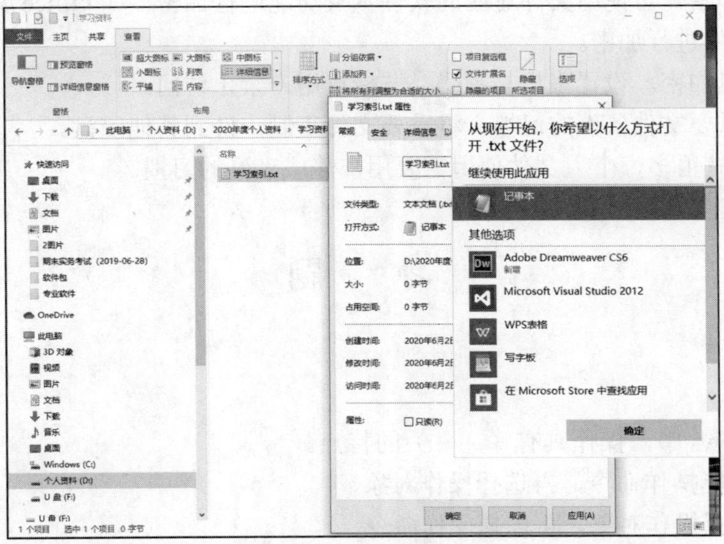

图 2-25　文件打开方式关联

5. 快速访问区

快速访问区是 Windows 10 的一项新功能，它会自动记录用户的操作，把最近常用的文件夹、位置和最近使用过的文件显示在快速访问区中，以便用户快速打开。在导航窗格中，默认显示 4 个常用文件夹，分别是“桌面”“下载”“文档”和“图片”，并一直固定在快速访问区中。随着文件夹的使用频次的变化，快速访问中的文件夹会动态更换。

用户要添加对象到快速访问区，可选择对象右键菜单下的“固定到‘快速访问’”命令。

6. 回收站

回收站是 Windows 的一个系统文件夹。当用户将文件删除后，系统将其移到回收站中，实质上就是把它放到了这个文件夹中。存放在回收站的文件可以恢复，只有在回收站里删除它或清空回收站才能使文件真正地被删除，为硬盘释放存储空间。

恢复选定的项目：选中要恢复的文件、文件夹和快捷方式等，在“回收站工具管理”选项卡的“还原”组中单击“还原选定的项目”按钮；或者右击对象后在快捷菜单中选择“还原”命令。

7. 文件加密

随着计算机的普及应用，为避免计算机上的文件与资料等隐私被他人发现或盗取，可以对文件进行加密。很多软件以及网络上的工具都能对文件进行加密处理。

[拓展任务]

小明想在自己的计算机里安全地存放文件，有什么简单的方法可以防止别人查看或误修改吗？

[实施方法]

（1）将需重点保存的文件类型修改为任意，使别人无法用正常的文件关联程序打开。

（2）使用系统的隐藏属性将重要文件隐藏起来。

（3）文件加密。可使用文件对应的软件本身功能进行加密，如 Office 文件；也可专门下载加密软件对文件进行加密。

（4）计算机加密。设置账户与密码，非授权用户禁止访问。

（5）养成重要文件备份的习惯，将重要文件复制一份到其他磁盘。

当然，方法有很多，个人文件使用需要用户养成良好的习惯。

习　题

一、选择题

1．在 Windows 中，操作具有（　　）的特点。
　A．先选择操作命令，再选择操作对象
　B．先选择操作对象，再选择操作命令
　C．需同时选择操作对象与操作命令
　D．允许用户任意选择

2．在 Windows 中，若光标变成“I”形状，则表示（　　）。
　A．当前系统正在访问磁盘
　B．光标出现处可以接收键盘输入
　C．可以改变窗口大小
　D．可以改变窗口位置

3．利用“文件资源管理器”中的“查看/排列图标”命令可以排列（　　）。
　A．桌面应用程序图标
　B．当前文件夹中的图标
　C．任务栏上应用程序图标
　D．所有文件夹中的图标

4．下面操作中，选择文件后，（　　）直接删除文件而不将文件送入回收站。
　A．按 Delete 键
　B．按 Shift+Delete 组合键
　C．按 Shift 键，再按 Delete 键
　D．按 Ctrl+Delete 组合键

5．在 Windows 中，要将当前窗口的全部内容复制到剪贴板，应按（　　）。

A．Print Screen 组合键

B．Alt+Print Screen 组合键

C．Ctrl+Print Screen 组合键

D．Shift+Print Screen 组合键

二、操作题

1．将 Internet Explorer 图标锁定到任务栏；将桌面主题设置为“鲜花”；设置播放 Windows 的启动声音；设置鼠标属性为“启用指针阴影”；使用 Windows 防火墙并自动更新系统。

2．在桌面上新建文件夹“练习”，并用记事本建立一个名为 Show.txt 的文件并保存到“练习”文件夹中，文件内容为“打铁还需自身硬”，并为文字添加下划线（隶书，蓝色），保存文件。

3．在“练习”文件夹下建立“文字”“图片”“多媒体”三个子文件夹。

4．把 C 盘根目录下的所有扩展名为 jpg 的文件移动到“练习\图片”文件夹下。

5．复制“练习”文件夹至 D 盘根目录，并重命名为“练习备份”，删除桌面上的“练习”文件夹。

6．创建“D:\练习备份”文件夹下的“图片”文件夹的快捷方式，命名为“我的图片”，并将之移至桌面。

7．将“D:\练习备份\图片”文件夹设为只读和隐藏属性。

8．打开 D\练习备份\Show.txt 文件，将该窗口内容截图保存为“奋斗.jpg”，并将该文件作为桌面背景。

9．设置文件夹选项，设置为不显示隐藏的文件、文件夹或驱动器，并将已知文件类型的扩展名隐藏。

三、简答题

1．窗口与对话框有什么区别？

2．如何查找 C 盘上所有文件名以 a 开头的文件？

第 3 章　Word 2016 文字处理

Word 2016 简介及
工作界面介绍

本章导读

Office 2016 是微软的一个庞大的办公软件集合，其中包括了 Word、Excel、PowerPoint、OneNote、Outlook、Skype、Project、Visio 以及 Publisher 等组件和服务。Office 2016 套件对此作出了极大的改进，将 Office 2013 文件打开起始时的 3D 带状图像取消了，增加了大片的单一的图像。新版 Office 套件的改善并非仅做了一些浅表的工作。其中的“文件选项卡”已经是一种的新的面貌，用户操作起来更加高效。

本章将以企业文件为教学载体，完成制作会议通知、制作企业简介海报、制作员工手册、制作企业产品采购单等，在通过案例讲解完成以上任务的同时，掌握 Word 2016 的主要功能及其使用方法。本章主要内容包括文档的输入与编辑、文档的格式化、图形处理、表格处理及其他功能等。

3.1　Word 2016 基本操作

任务 1　创建和编辑会议通知文档

[任务描述]

新的一年即将开始，需对全体员工发布如图 3-1 所示的会议通知。本任务首先熟悉 Word 2016 的主界面，使读者掌握界面布局和各组成元素的操作，然后通过创建通知文档，使读者学会创建新文档、输入文字、保存和关闭文档，掌握 Word 的基本操作。

[任务展示]

关于公司召开全体员工工作会议通知

公司各部门：

公司拟定于 2018 年 3 月 5 日召开全体员工工作会议，具体要求通知如下：

一、　会议时间：2018 年 3 月 5 日下午 15：00

二、　会议地点：公司行政大楼会议室

三、　参会人员：公司全体员工

四、　相关要求：

1、参会人员不得无故迟到、早退、请假等。

2、参会人员统一着工装参会。

3、参会人员需携带笔与笔记本，做好会议记录。

4、参会人员会议前需将手机调至振动或静音，会议期间不得随意走动。

广东通信有限公司

二〇一八年三月二日

图 3-1　通知文档效果图

[相关知识与技能]

3.1.1 Word 2016 概述

Word 2016 的工作界面包括“文件”按钮、快速访问工具栏、标题栏、功能区、状态栏和文档编辑区等内容，如图 3-2 所示。

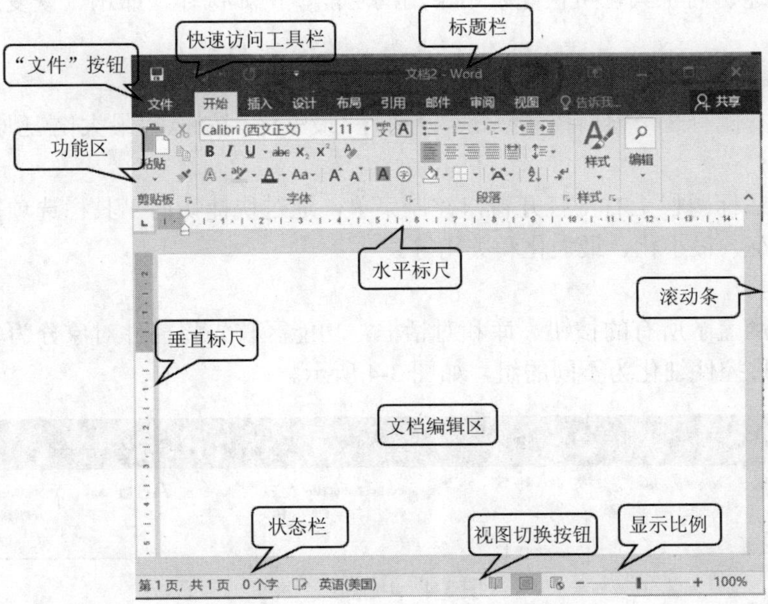

图 3-2　工作界面

1. “文件”按钮

在 Word 2016 中，“文件”按钮位于 Word 2016 文档窗口的左上角。单击“文件”按钮可以打开“文件”窗口，其中包括新建、打开、保存、另存为、打印、共享、导出、关闭、账户和选项等选项卡，如图 3-3 所示。

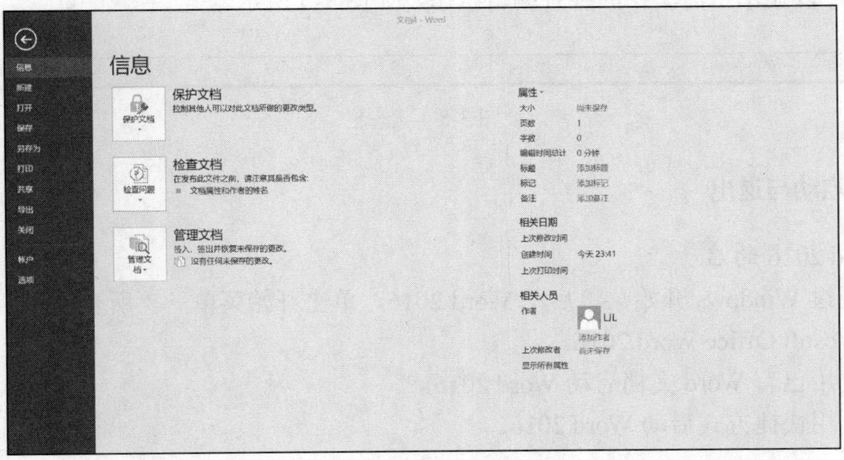

图 3-3　“文件”窗口

“文件”窗口分为 3 个区域。左侧区域为命令选项区，该区域列出了与文档有关的操作命令选项。在这个区域选择某个命令选项后，中间区域将显示该类命令选项的可用命令按钮。在中间区域选择某个命令选项后，右侧区域将显示其下级命令按钮或操作选项。

右侧区域也可以显示与文档有关的信息，如文档属性信息、打印预览或预览模板文档内容等。

2. 快速访问工具栏

用户通过快速访问工具栏可快速使用常用的功能，例如保存、撤销、恢复、打印预览和快速打印等功能。

3. 标题栏

在标题栏的右侧有 3 个窗口控制按钮，分别为“最小化”按钮、“最大化/还原”按钮和“关闭”按钮。

用户还可以在标题栏上右击打开窗口控制菜单，通过快捷访问工具栏选项操作窗口，如还原、移动、大小、最小化、最大化和关闭等。

4. 功能区

功能区几乎涵盖了所有的按钮、库和对话框。功能区首先将控件对象分为多个选项卡，然后在选项卡中将控件细化为不同的组，如图 3-4 所示。

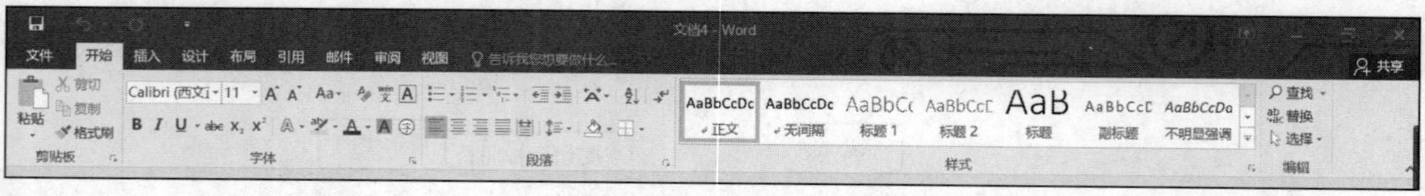

图 3-4 功能区

5. 文档编辑区

文档编辑区是工作的主要区域，用来实现文档的编辑和显示。在进行文档编辑时，可以使用水平标尺、垂直标尺、水平滚动条和垂直滚动条等辅助工具。

6. 状态栏

状态栏提供页面、字数统计、拼音、语法检查、改写、视图方式、显示比例和缩放滑块等辅助功能，以显示当前文档的各种编辑状态，如图 3-5 所示。

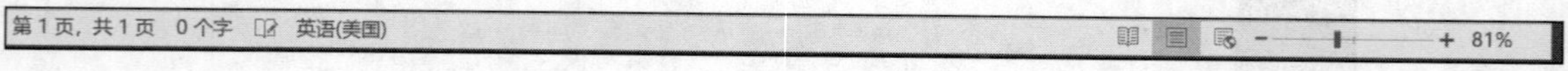

图 3-5 状态栏

3.1.2 启动与退出

1. Word 2016 的启动

（1）通过 Windows 开始菜单启动 Word 2016，单击开始菜单→“所有程序”→Microsoft Office→Microsoft Office Word 2016。

（2）利用已有 Word 文档启动 Word 2016。

（3）利用快捷方式启动 Word 2016。

2. Word 2016 的退出

（1）单击窗口右上方的“关闭”按钮。

（2）按 Alt+F4 组合键。

（3）按左上方 Word 图标，选择“关闭”。

3.1.3 文档的创建、保存和关闭

创建和保存

1. 文档的创建

创建一个 Word 文档的方法有很多种，分为没有启动 Word 和已经启动 Word 的两种情况。没有启动 Word 的情况下，启动 Word 的同时便创建了一个文档，在已经启动 Word 的情况下，有以下两种方法创建文档：

（1）单击“文件”按钮，选择“新建”命令创建文件。

（2）按 Ctrl+N 组合键。

2. 文件的保存

（1）单击快捷访问工具栏中的“保存”按钮，或者单击“文件”按钮，选择“保存”命令或者“另存为”命令，打开“另存为”对话框，在“保存位置”列表框中选择文档的存放位置，如果不进行选择，文档将保存到系统默认的位置，即 C 盘下的 My Documents 文件夹中。

（2）在“文件名”文本框中输入新的文档名。

（3）在“保存类型”列表框中选择一种文档保存的格式。

（4）单击“保存”按钮，返回到文档编辑窗口。

小贴士：用户在文档编辑的过程中，应养成随时保存文档的良好习惯，以免由于误操作或计算机故障造成数据丢失，同时保存文件一定要检查文件保存的位置与文件的名称是否正确。

3. 文档的关闭

若要关闭一个文档，可以单击标题栏右侧的文档“关闭”按钮 X，或者执行“文件”→“关闭”命令。

小贴士：如果文件未保存，在退出的时候系统会弹出提示对话框；单击“保存”，则保存退出；单击“不保存”，则不保存这次的修改而退出。

3.1.4 文档的输入和编辑

文档输入

1. 输入文本

在 Word 中输入文字，首先确定闪烁的光标，即“插入点”，根据输入的英文或中文文本内容，设置输入状态。文本的输入有两种模式，即“插入”模式和“改写”模式。系统默认为“插入”模式，此时，用户输入的任何文字都会出现在插入点处。如果选择“改写”模式，用户输入的任何文字都会替换插入点后的文本。在输入文本的时候，Word 2016 具有自动换行的功能。

2. 特殊文档内容的输入

（1）插入“符号”或“特殊符号”。键盘上不能直接输入的特殊符号，需要通过功能组来完成。

单击“插入”选项卡，选择“符号”功能组中的“符号”命令，在打开的“符号”对话

框中找到相应的符号，然后单击“插入”按钮或双击该符号，即可在文本插入点处插入该符号，如图 3-6 所示。

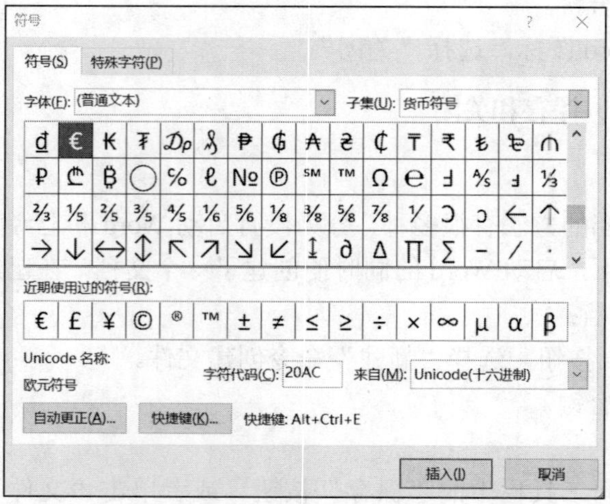

图 3-6 “符号”对话框

小贴士：在“符号”对话框的“近期使用过的符号”中，显示了用户最近使用过的 16 个符号，以方便用户对符号的查找。

（2）插入编号。一般的数字编号当然不需要“插入”操作，使用“插入”操作可以插入一些比较特殊的编号，如插入“癸”字，单击“开始”选项卡，选择“段落”功能区中的“编号”右下角的“ ”按钮，打开“编号”对话框，从“编号类型”列表框中选择“甲，已，丙…”项，然后在“编号”文本框中输入 10，单击“确定”按钮，便在文档中插入一个“癸”字，如图 3-7 所示。

3. 插入日期和时间

选择“插入”选项卡，单击“文本”功能区中的“日期和时间”按钮，打开“日期和时间”对话框，使用默认的格式，在“语言（国家/地区）”下拉列表框中选择“中文（中国）”，单击“确定”按钮，在文档中就出现了 Windows 系统的中文日期，如图 3-8 所示。

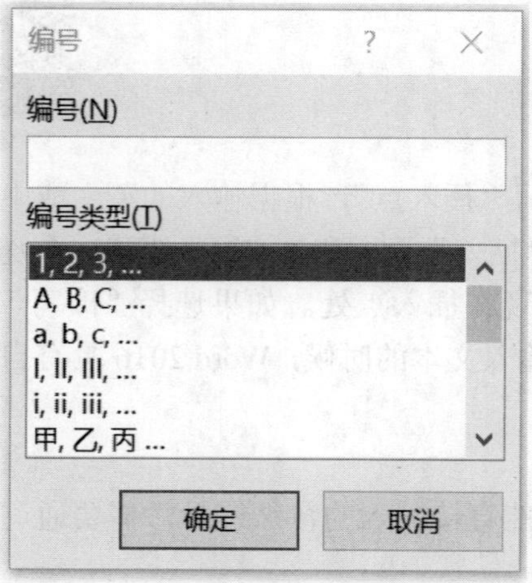

图 3-7 “编号”对话框

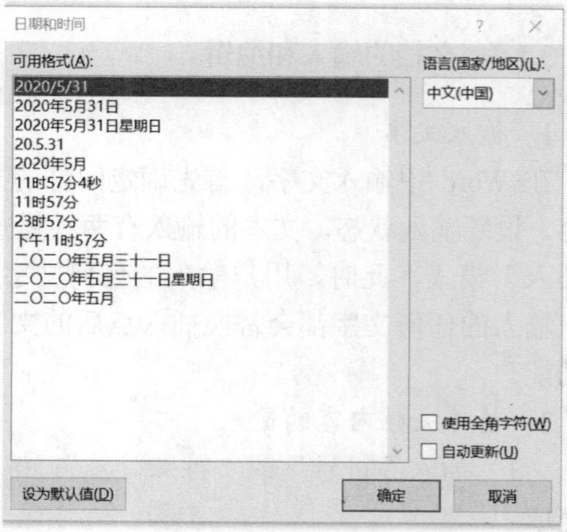

图 3-8 “日期和时间”对话框

4. 插入文件

将光标定位到要插入文件的位置，单击“插入”选项卡，在“文本”功能组中“对象”的下拉列表中选择“文件中文字”选项，弹出“插入文件”对话框，选择文件路径，单击“插入”即可，如图 3-9 所示。

图 3-9 插入文件

5. 文本内容的编辑

（1）光标的定位。准确地对文档的内容进行编辑，首先需要光标定位和文本选择。比较常用的定位方式是通过按键移动光标的位置，更快的定位方式是直接用 I 形的鼠标指针单击目标位置。按键控制光标移动的方式见表 3-1。

表 3-1 按键控制光标移动的方式

按键	作用
Backspace	删除光标左边的内容
Delete	删除光标右边的内容
← →↑ ↓	使光标左、右、上、下移动
Home	将光标快速移到所在行的最前面
End	将光标快速移到所在行的最后面
Ctrl+Home	将光标快速移到文件起始处
Ctrl +End	将光标快速移到文件的结尾处
PgUp	快速向上移动一屏
PgDn	快速向下移动一屏

（2）文本的选定、复制、粘贴。按住鼠标左键并拖动即可进行文字的选择，选中要编辑的文字，单击鼠标右键，再选择“复制”（或者使用快捷键 Ctrl+C）即可进行文字的复制。在右键菜单中选择“剪切”（或者使用快捷键 Ctrl+X）即可进行文字的剪切。复制和剪切的区别在于：复制不会改变原有的文本，使用剪切功能后原来的文本会消失。

文本复制或剪切后可以进行粘贴，在需要插入文本的位置单击鼠标右键，选择“粘贴”选项（或者使用快捷键 Ctrl+V）即可实现文本的粘贴。文本的粘贴有多种选项可供选择：

- 无格式粘贴：取消原文本的格式，以当前文本的格式进行粘贴，这种方式方便当前文档编辑。
- 保留源格式：保留原先文本的格式，粘贴到当前文本后仍以原文本的格式进行显示，包括字体、颜色、行距。
- 选择性粘贴：选择性粘贴可提供更丰富的粘贴选择，如粘贴为图片、HTML 格式等，在“开始”选项卡的“粘贴”功能组中，单击“粘贴”按钮向下的箭头，即可打开“选择性粘贴”对话框。

（3）删除操作。选取要删除的文本内容，按 Delete 键或 Backspace 键。

（4）撤销和恢复操作。若只撤销最后一步操作，单击快捷访问工具栏上的“撤销”按钮。如果要撤销多步操作，重复选择“撤销”命令或者单击“撤销”按钮，直到文档恢复到原来状态。

当执行完一次撤销操作后，如果想恢复撤销操作之前的状态，单击“恢复”按钮。同样，要想恢复多步操作，重复单击“恢复”按钮。

6. 查找、替换内容

查找和替换

在文档中查找某个词或统一替换某一部分内容时，若用鼠标移动的方法完成比较困难，这时可以利用 Word“编辑”功能选项卡中的替换功能。

（1）查找文本。将光标定位到查找的起始位置，选择“开始”选项卡，单击“编辑”功能组中的“查找”按钮或者按 Ctrl+F 组合键，弹出“查找”对话框。在“导航”处输入要查找的内容，按回车键将会自动搜索，搜索内容将自动显示在下方。若没有找到，将会有提示。若再继续寻找相同的内容，再按回车键。

（2）替换文本。将光标定位到要查找的起始位置，选择“开始”选项卡，单击“编辑”功能组中的“替换”按钮，弹出“查找和替换”对话框。在“查找内容”文本框中输入要查找的内容，在“替换为”文本框中输入将要替换的内容。单击“替换”按钮将替换找到的第一处内容，可以继续单击“替换”按钮替换下一处，也可以单击“全部替换”按钮，将所有可以找到的内容替换掉。有时替换的不一定是文本的内容，而是文本的格式，这时，需要单击“更多”按钮，选中“替换为”的内容，然后在“格式”中设置要替换的格式，替换的内容下方会出现设置的格式内容，如图 3-10 所示。

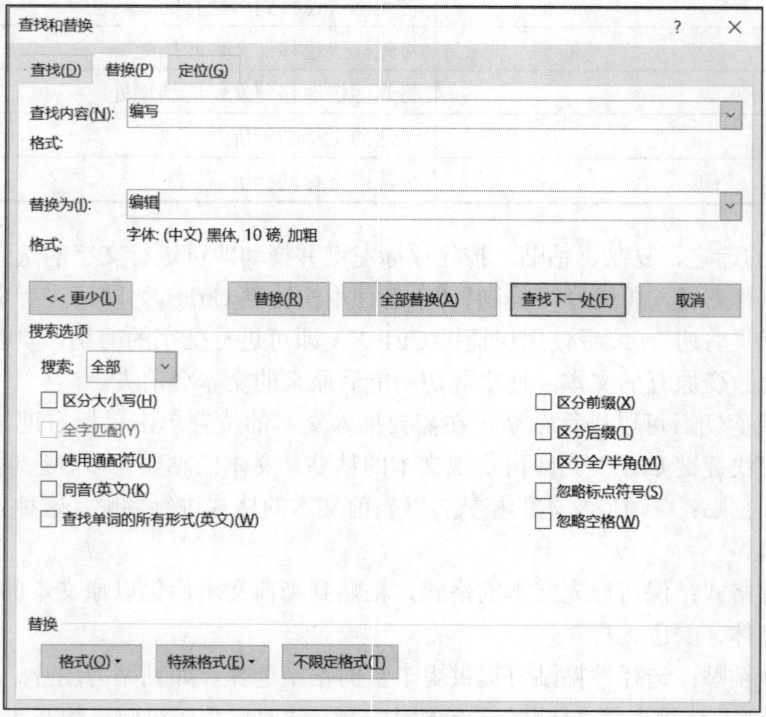

图 3-10　“查找和替换”对话框

[任务实施]

任务 1 会议通知

（1）启动 Word 2016 并保存文件：选择“开始”→“所有程序”→Microsoft Office→Microsoft Word 2016，单击快速访问工具栏的保存按钮，保存为“会议通知.docx”文件。

（2）输入内容：光标在编辑区的左上角，输入“关于公司召开全体员工工作会议通知”。标题独占一行，然后依次输入“公司各部门：……”等内容。

（3）插入文档：光标定位在文档末尾，单击“插入”选项卡，在“文本”功能组中“对象”按钮的下拉列表框中选择“文件中文字”选项，选择文件“通知内容”路径，单击插入即可。

（4）插入日期：在文档末尾选择“插入”选项卡，单击“文本”功能区中的“日期和时间”按钮，打开“日期和时间”对话框，选择“二〇一八年三月二日”。

（5）简单排版：标题居中，落款靠右。选择“开始”选项卡，单击“段落”功能组中的“居中”按钮。选中“广东通信有限公司”和“二〇一八年三月二日”，单击“段落”功能组中的“右对齐”按钮。

（6）保存文件：单击“快速访问工具栏”的“保存”按钮，会议通知的效果如图 3-11 所示。

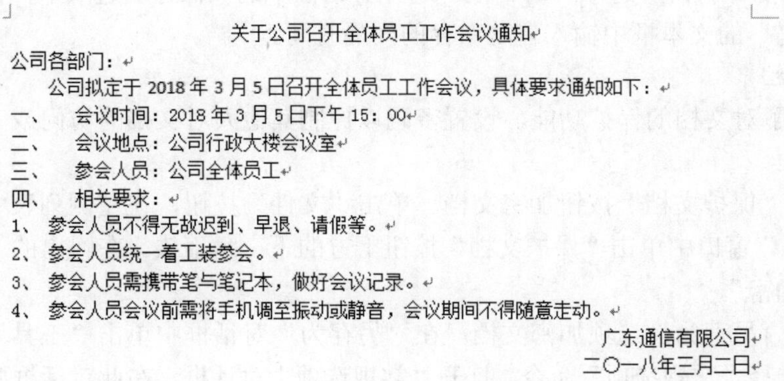
关于公司召开全体员工工作会议通知

公司各部门：

公司拟定于 2018 年 3 月 5 日召开全体员工工作会议，具体要求通知如下：

一、 会议时间：2018 年 3 月 5 日下午 15：00

二、 会议地点：公司行政大楼会议室

三、 参会人员：公司全体员工

四、 相关要求：

1、 参会人员不得无故迟到、早退、请假等。

2、 参会人员统一着工装参会。

3、 参会人员需携带笔与笔记本，做好会议记录。

4、 参会人员会议前需将手机调至振动或静音，会议期间不得随意走动。

广东通信有限公司

二〇一八年三月二日

图 3-11　会议通知的效果图

[拓展知识与技能]

批注、脚注和尾注

1. 批注、脚注和尾注

（1）批注。审阅文档时，对特定文字加批注，选择显示/隐藏批注，在打印时可以选择打印或者不打印批注。

- 插入、显示批注。选中加批注的文本或对象，单击“审阅”选项卡中“新建批注”，在右侧批注窗格中输入批注文字。
- 浏览、修改批注。单击有批注的文字或者单击“审阅”选项卡中的“ ”或者“ ”，将光标快速定位到前/后批注处，在窗格中修改批注文字。
- 删除批注。光标定位在批注文字处或显示批注，单击“审阅”选项卡中的“删除批注”，或者选中批注窗格，单击右键菜单中的“删除批注”。

（2）脚注和尾注。脚注和尾注用于对句子加以说明。默认脚注在一页的结尾处，尾注在文档的结尾。在 Word 中插入的脚注或尾注是“域”，如果在某个脚注或者尾注的前面又插入或删除了脚注或尾注，脚注或尾注的编号会自动更新。

- 插入脚注和尾注。将光标定位在要插入注释的句子后面，单击“引用”选项卡中的“插入脚注”或者“插入尾注”，设置脚注或尾注的位置、起始编号或编号格式。单击“脚注”选项卡中的按钮 ，弹出脚注和尾注对话框。
- 删除脚注和尾注。在文档中选定引用脚注或尾注的标号标记，按 Delete 键删除编号。

2. 根据模板创建新文档

利用“新建文档”任务窗格并根据模板创建新文档的方法步骤如下：

（1）单击“文件”菜单，选择“新建”命令，右侧显示空白文档、书法字帖等多种文档模板。

（2）如果列表中没有新文档所要基于的模板，则单击“搜索联机模板”栏搜索所需文档模板。

（3）根据要创建的文档的类型，选择相应的选项卡，选中所需模板后，单击“确定”按钮。

3. 自动保存设置

Word 默认设置每隔一段时间会自动对文档进行保存，单击“文件”按钮，选择下拉菜单中的“选项”命令，打开“选项”对话框。选择对话框中的“保存”选项卡，在“保存自动恢复信息时间间隔”的文本框中输入自动保存的间隔时间。

4. 加密文档

Word 提供了对文档的保护功能，设置密码以控制其他人对文档的访问或者修改。具体的操作步骤如下：

（1）使用“保护文档”按钮加密文档。单击“文件”按钮，在左侧列表中选择“信息”选项。在“信息”窗口中单击“保护文档”按钮下方的下三角箭头，在弹出的下拉列表中选择“用密码进行加密”。

（2）使用“另存为”选项加密文档。在“另存为”对话框中单击“工具”按钮，在弹出的选项列表中选择“常规选项”命令，打开“常规选项”对话框，在此对话框中设置打开文件时的密码和修改文件时的密码，如图 3-12 所示。

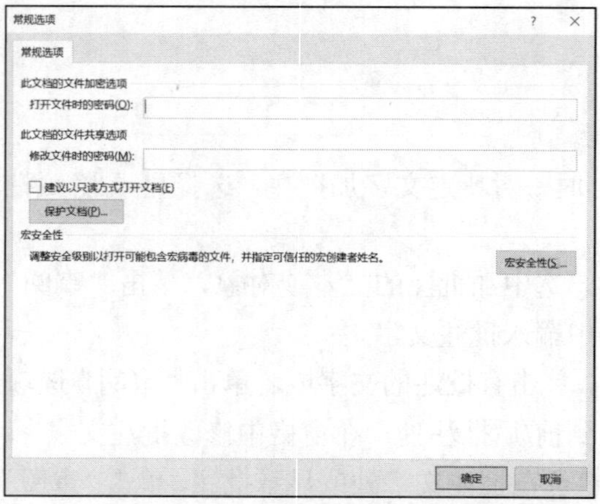

图 3-12 “常规选项”对话框

5. 取消密码

可以使用“保护文档”按钮和“另存为”对话框两种方法取消设置的密码。

6. 检查或校对

用户在使用 Word 文档输入文本时，经常会在一些字词的下面看到红色和蓝色的波浪线。这些波浪线是由 Word 的拼写和语法检查功能提供的，这种功能使用户易于发现编辑过程中出现的拼写或语法错误。

选择“审阅”选项卡，单击“拼写和语法”按钮，打开“拼写和语法”对话框进行检查。

小贴士：Word 只能查出文档中一部分比较简单或者低级的错误，一些逻辑上和语气上的错误还要自己去检查。

7. 字数统计

Word 有一个“字数统计”功能，统计整个文档或文档的一部分的字数。

选择“审阅”选项卡，单击“校对”功能组中的“字数统计”按钮，打开“字数统计”对话框，Word 就会自动统计出文档中字数的信息；选中要统计字数的文字，用同样的方法统计出选中文字的数量，如图 3-13 所示。

图 3-13 “字数统计”对话框

[拓展任务]

拓展任务 3-1

打开“简历设计大赛”文档，按照要求完成下列操作。

（1）将“学生工作委员会”移动到文档的末尾，独立成段并右对齐，并添加“学生工作处”批注。

（2）将全文中的“同学们”替换成“学生”，并设置为楷体、小三号、红色。

（3）对正文参赛注意事项中的“个人简历”插入脚注“电子版”并添加编号①。

（4）将文档加密保存并设置每 5 分钟自动保存文档，效果如图 3-14 所示。

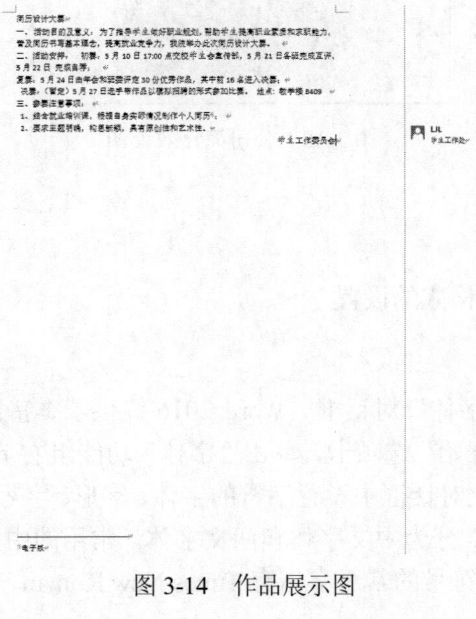

图 3-14 作品展示图

3.2 Word 2016 文档图文混排

任务 2 制作公司简介页面

[任务描述]

在现代商务活动中，公司简介对企业形象推广和产品营销的作用越来越重要，为了更好地宣传公司文化，要为公司制作公司简介页面，要求页面美观、主题鲜明，效果如图 3-15 所示。本任务通过对文档字体、字号、颜色等进行排版，对段落的分栏、首字下沉、缩进方式、对齐方式等进行排版以及对边框和底纹的设置，使读者掌握 Word 2016 的格式化操作。

[任务展示]

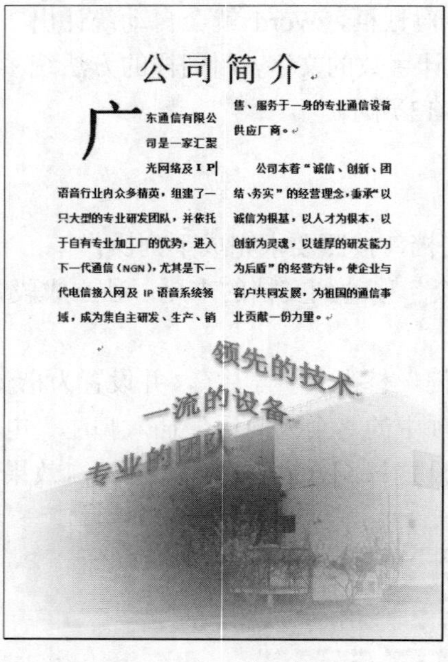

图 3-15 公司简介效果图

[相关知识与技能]

3.2.1 文档字符、段落格式的设置

1. 字符格式的设置

“字体”对话框

（1）“字体”对话框。Word 2016 提供了丰富的格式设置、排版设置等功能。选择“开始”选项卡，单击“字体”功能组右下角的 按钮，弹出“字体”对话框，在此对话框中设置字符的字体、字形、字号和颜色等，如图 3-16 所示。

“字体”分为中文字体和西文字体。常用的中文字体有宋体、仿宋、华文楷体、黑体。英文、数字和符号的常用字体有 Times New Roman、Arial 等。

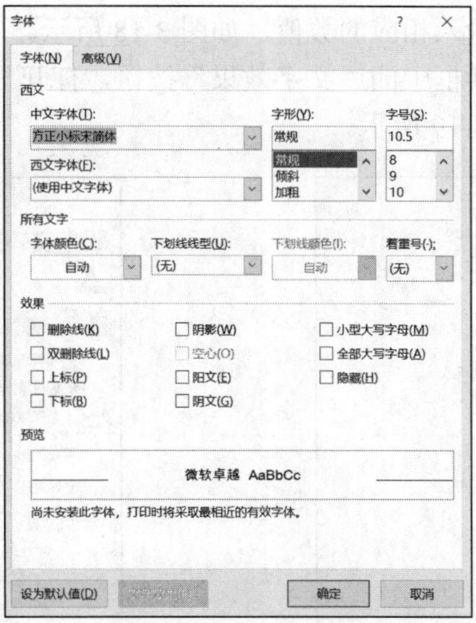

图 3-16 “字体”对话框

“字形”表示字的形态，有“常规”“倾斜”“加粗”“加粗 倾斜”四种。其中，“常规”是正规字体；“倾斜”设置字体向右稍稍倾斜；“加粗”效果一般用于比较重要的内容或标题，会让字体变粗，达到醒目的效果。

“字号”表示字体的大小，单位为数字，数字越小，字就越小；数字越大，字就越大。

“字体颜色”改变字体的颜色。单击“字体颜色”下的下三角按钮，可选择所需的颜色。如果上面的颜色没有达到要求，可以通过“其他颜色”来选择需要的字体颜色。选择“其他颜色”，打开“颜色”对话框，在“标准”选项卡的调色盘里选择需要的颜色，如图 3-17（a）所示。另外，可以选择“自定义”选项卡，通过输入颜色的三原色（红色、绿色、蓝色）的值来设置当前文本的颜色，如图 3-17（b）所示。

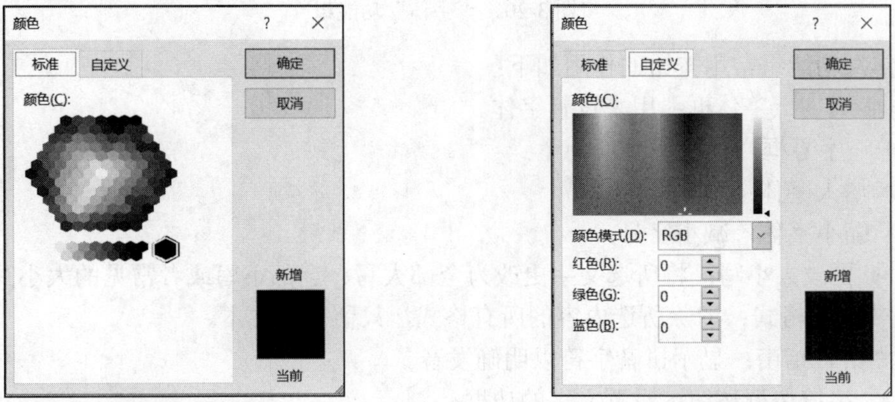

（a）“标准”选项卡　　（b）“自定义”选项卡

图 3-17 “颜色”对话框

（2）“高级”选项卡。“字体”对话框除了“字体”选项卡外，还有“高级”选项卡，其中的“字符间距”栏中包括：缩放、间距、位置。间距是用来调整字与字之间的距离的，单击“间距”右面的下三角按钮，将列出三个选项——“标准”“加宽”和“紧缩”，根据需要选择其中的一项。在“磅值”中输入相应的数值，如图 3-18 所示。

另外，单击“字体”对话框中的“文字效果”按钮，打开“设置文本效果格式”对话框，设置相应文本的效果，如图 3-19 所示。

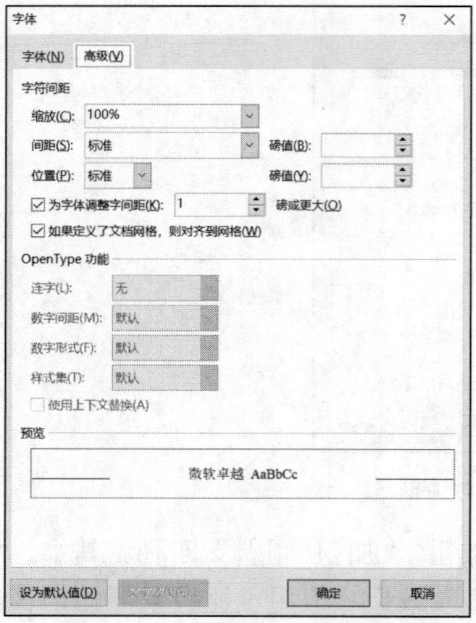

图 3-18　“高级”选项卡

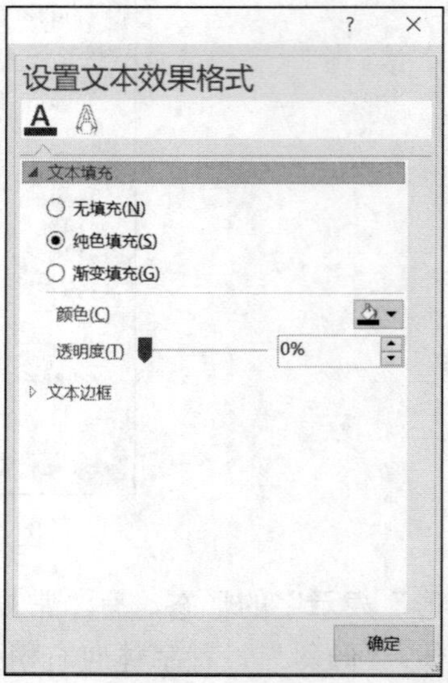

图 3-19　“设置文本效果格式”对话框

（3）“字体”功能组。对文本进行简单的字体设置时，为了更快捷地操作，通常会使用“字体”功能组中的工具按钮，如图 3-20 所示。

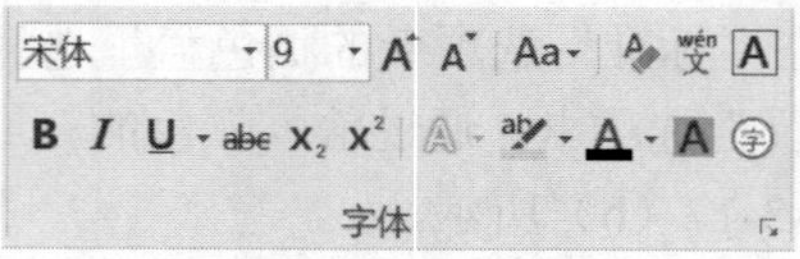

图 3-20　“字体”功能组

“字体”功能组常用按钮的作用如下：

- 宋体 字体框：用来设置字体。
- 9 字号框：设置字号。
- 增大字体：增大字号。
- 缩小字体：减小字号。
- 更改大小写：将所选文字更改为全部大写、全部小写或者常见的大小写形式。
- 清除格式：清除所选内容的所有格式，只留下纯文本。
- 拼音指南：显示拼音字符以明确发音。
- 字符边框按钮：设置文字的边框。
- **B** 加粗按钮：将文字加粗。
- *I* 倾斜按钮：使文字倾斜。
- U 下划线按钮：设置文字下画线的线形。
- 删除线：在所选文字的中间画一条线。
- 下标：在文本行下方创建小字符。

- x² 上标：在文本行上方创建小字符。
- 文本效果：对所选文本应用外观效果。
- 以不同颜色突出显示文本：使文字看上去像用荧光笔做了标记一样。
- 颜色按钮：设置字体的颜色。
- 字符底纹按钮：设置文字的底纹。
- ㊕带圈字符：在字符周围放置圆圈或边框加以强调。

对文本进行字体设置，可以通过“字体”对话框，也可以使用“字体”功能组中的按钮。

2. 文档段落格式的设置

编辑文本时，通常需要对齐文本，让它居中或者靠右，还需要让每一段的开头空两格等，这些格式都属于文本的段落格式。段落是指以按 Enter 键为结束的内容，每一段的后面都有一个段落标记符“↵”。若删除了段落标记符，则标记的前面一段就与后面一段合并为一段。文档段落格式的设置包括各种段落缩进、对齐、行距和段距的设置等。

段落格式设置

（1）段落对齐。段落对齐方式分为左对齐、右对齐、居中对齐、两端对齐和分散对齐。文档默认的对齐方式为两端对齐。

设置文档对齐的方法是利用“段落”功能组中的工具。在“段落”功能组中有四个工具按钮：“两端对齐”“居中”“右对齐”和“分散对齐”，如图 3-21 所示。

除了通过“开始”选项卡的“段落”功能组来完成对齐设置外，还可以单击“段落”功能组右下角的按钮，在弹出的“段落”对话框中设置“对齐方式”，如图 3-22 所示。

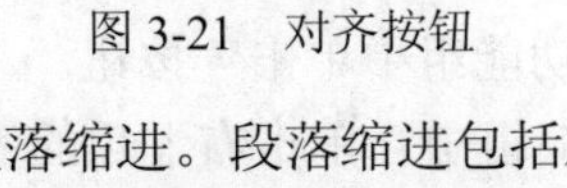

图 3-21　对齐按钮

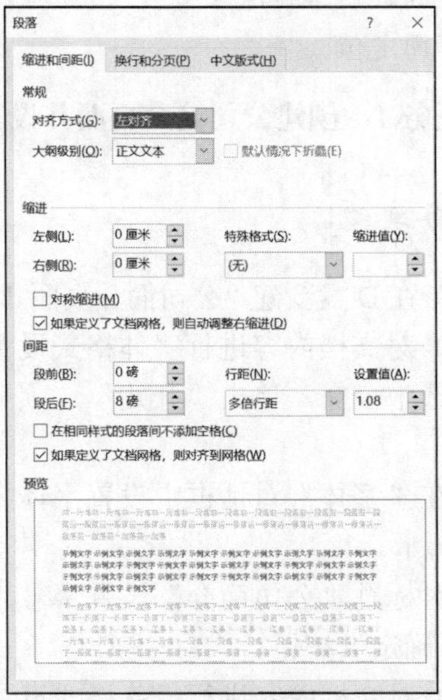

图 3-22　“段落”对话框

（2）段落缩进。段落缩进包括左缩进、右缩进、首行缩进和悬挂缩进。具体如下：

1）左缩进和右缩进。段落的左缩进（或右缩进）即从左（或从右）边缩进，也可以从左、右两边同时缩进文档，使文档与页边之间成为空白区。设置方法：①利用“段落”功能组的增加缩进量和减少缩进量；②单击“段落”功能组右下角的按钮，在弹出的“段落”对话框中选择“缩进和间距”选项卡；③利用标尺，通常会用标尺来设置段落缩进，单击“视图”选项卡的“标尺”命令，则标尺显示在屏幕上，标尺的刻度是以厘米标识的，标尺上有四个标记，如图 3-23 所示。

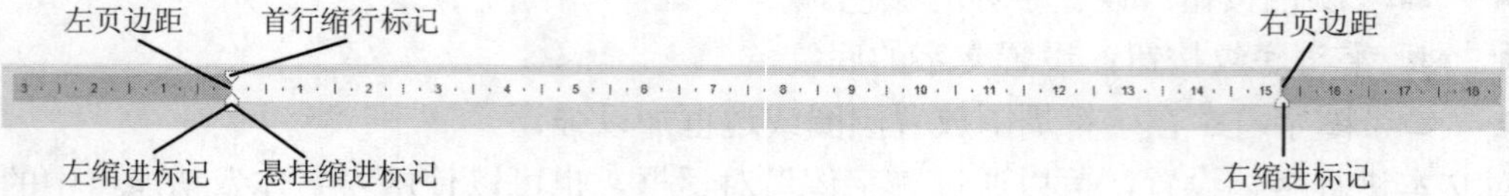

图 3-23　标尺标识

2）首行缩进。这是一般文档使用的格式，是指将光标所在段落的第 1 行向右缩进，往后退出一定位置。设置方法：打开“段落”对话框，设置“特殊格式”为“首行缩进”，在“磅值”文本框中输入数值和单位。

3）悬挂缩进。悬挂缩进与首行缩进刚好相反，会让每段的第一行突出一定的位置，其他行向右缩进，达到段落悬挂在第一行上的效果。

（3）行距和段间距。Word 2016 有一个默认的行距和段间距。行距是指行与行之间的空白距离；段间距是指段与段之间的空白距离。通常设置行距与段间距时，打开“段落”对话框，段间距分为段前和段后两种；而行距则有单倍行距、1.5 倍行距、2 倍行距、最小值、固定值、多倍行距六项选择，这里的倍数是以字体大小为基准的，如果选择固定值，将要在“设置值”栏里输入具体的磅值。

小贴士：缩进中左侧或右侧的数值单位除了“厘米”，还可设置为“字符”；间距中的段前和段后的数值单位除了“磅”，还可设置为“行”；在行距设置中，若要行距单位为“磅”，则需选择固定值。

子任务 1　创建公司简介页面并设置字体和段落格式

子任务 1 字体和段落的设置

[任务实施]

（1）在 D 盘新建“公司简介页面.docx”文档，在文档中插入“公司简介”文档内容并保存。

（2）对文档内容进行字体格式设置。

1）选中全文，单击“开始”选项卡中的“字体”功能组右下角的按钮，打开“字体”对话框。

2）在“字体”对话框中设置字体为“宋体”、字号为 14，颜色为“深蓝（标准色）”，如图 3-24 所示。

3）对标题“公司简介”设置字号为 24，字形为“加粗”，字符间距加宽 3 磅，设置完毕后单击“确定”按钮。

（3）对文档内容进行段落格式设置。

1）选中标题段文字，在“开始”选项卡的“段落”功能组中单击按钮。

2）选中正文内容，在“开始”选项卡的“段落”功能组中，单击右下角的按钮，打开“段落”对话框，在“左侧”“右侧”组合框中设置“0.2 厘米”，在“特殊格式”的下拉列表中选择“首行缩进”，设置为“2 字符”，在“段前”“段后”组合框中设置“6 磅”，在“行距”的下拉列表中选择“固定值”，在“设置值”组合框中输入“36 磅”，如图 3-25 所示。

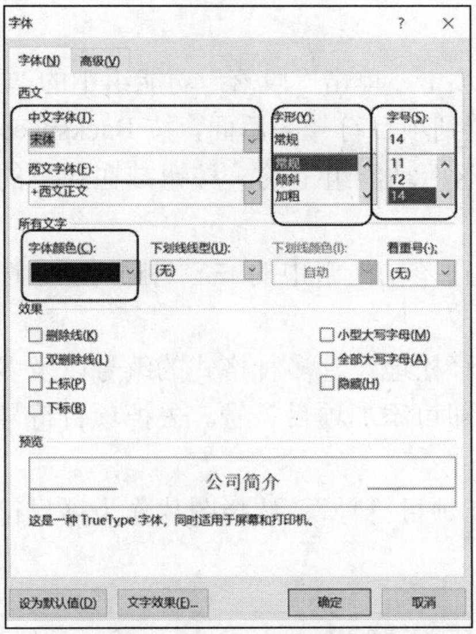

图 3-24　字体设置

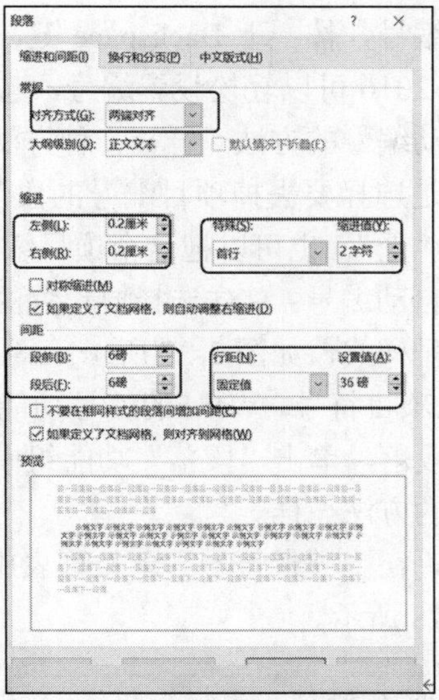

图 3-25　段落设置

（4）保存文件，效果如图 3-26 所示。

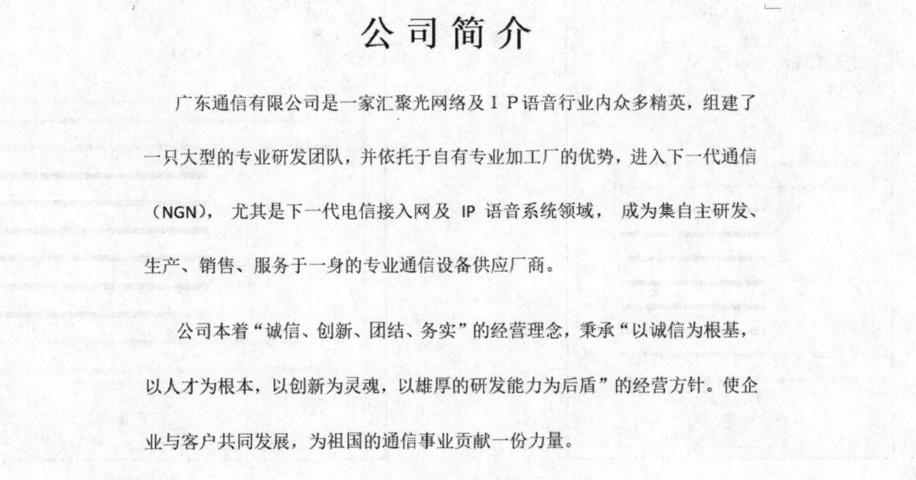
公司简介

广东通信有限公司是一家汇聚光网络及 I P 语音行业内众多精英，组建了一只大型的专业研发团队，并依托于自有专业加工厂的优势，进入下一代通信（NGN），尤其是下一代电信接入网及 IP 语音系统领域，成为集自主研发、生产、销售、服务于一身的专业通信设备供应厂商。

公司本着“诚信、创新、团结、务实”的经营理念，秉承“以诚信为根基，以人才为根本，以创新为灵魂，以雄厚的研发能力为后盾”的经营方针。使企业与客户共同发展，为祖国的通信事业贡献一份力量。

图 3-26　效果图

[拓展知识与技能]

1. 设置上、下标

在化学、数学或其他学科的文档中经常出现带上、下标的符号。例如录入文本 X2，选定要设置为上标的字符 2，选择“开始”选项卡，单击“字体”功能组右下角的 按钮，弹出“字体”对话框，选定其中的“字体”选项卡，在“字体”选项卡中勾选上标复选框，单击“确定”按钮，X2 变为 X^2。

2. 项目符号与编号

（1）自动编号。自动识别输入：输入 1 和顿号，然后输入项目，按回车键，下一行就出现了一个 2 和顿号，如果输入的是编号，就会调用编号功

项目符号、编号、格式刷、制表位

能。取消编号，按一下 Backspace 键，编号消失。

Word 2016 可以轻松设置编号，选择“开始”选项卡，单击“段落”功能组中的 ☰ 按钮。和去掉自动编号的方法一样，一种方法是把光标定位到项目符号的后面，按 Backspace 键；另一种方法是选择要去掉项目编号的段落，单击“段落”功能组上的 ▾ 按钮，在弹出的下拉列表中选择“无”，也可以把这个项目编号去掉。

改变自动编号：首先选择要设置的段落，然后在段落功能组中的 ☰ 下拉列表中选择一个需要的编号样式，如图 3-27 所示。

（2）项目符号。Word 的编号功能很强大，可以轻松地设置多种格式的编号以及多级编号等。选中段落，单击“段落”功能组中的 ☰ 按钮，即可添加项目符号。去掉项目符号与去掉自动编号的方法一样。

此外，在“项目符号”下拉列表中选择“定义新项目符号”，选择图片作为项目符号，效果如图 3-28 所示。

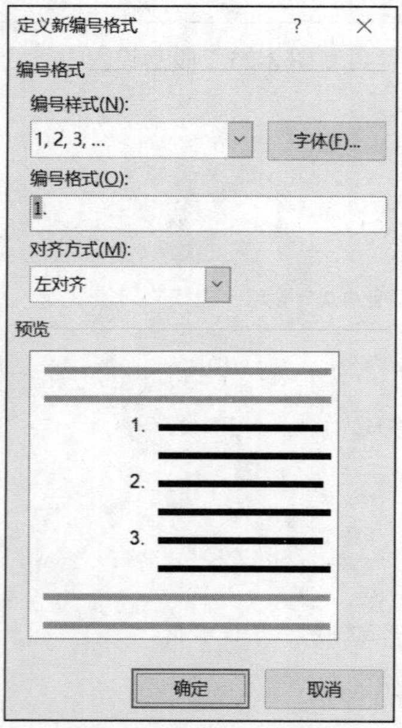

图 3-27　编号格式

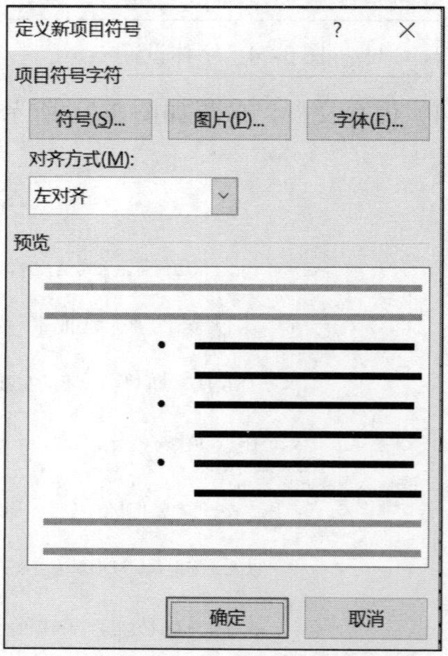

图 3-28　符号格式

3. 格式刷

设置好某一段的格式，需要将这种格式应用于其他段落，这时不需要再重新设置，只需使用格式刷。在 Word 中格式同文字一样是可以复制的，格式刷在“开始”选项卡中的“剪贴板”功能区中，是一个像刷子一样的图标。格式刷用于复制文字的格式，也可以复制整个段落的格式。

4. 制表位

在 Microsoft Word 2016 中通过设置制表位选项，可以确定制表位的位置、对齐方式、前导符等类型。具体操作如下：

（1）打开 Word 2016 文档窗口，在“开始”选项卡的“段落”选项组中打开“段落”对话框。

（2）单击“制表位”按钮，打开“制表位”对话框，如图 3-29 所示。

（3）在“制表位位置”编辑框中输入制表位的位置数值，调整“默认制表位”编辑框的数值，以设置制表位间隔，在“对齐方式”选项区域中选择制表位的类型，在“前导符”区域选择前导符样式。

（4）设置完成后单击“确定”按钮。

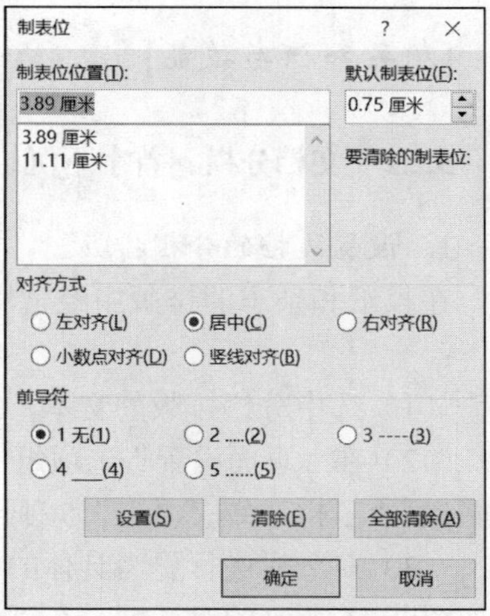

图 3-29 “制表位”对话框

[拓展任务]

打开前一拓展任务完成的“简历设计大赛”文档，对文本内容进行以下设置：

（1）设置标题为“黑体”、20、加粗、深蓝（标准色），字符间距加宽 3 磅，居中对齐。

（2）设置正文第一段字体为“华文楷体”、12、加粗、蓝色（标准色），首行缩进 2 个字符，行距为 36 磅，用格式刷工具设置其余段落格式。

（3）对第三段中的“5 月 10 日 17:00 点交校学生会宣传部”文字加上着重号，对文中的活动安排添加“➤”项目符号，并对参赛注意事项添加 1、2、…。

（4）在文档末尾添加“二〇一八年四月十日”内容并独立成段，最后两段设置右对齐并保存，如图 3-30 所示。

拓展任务 3-2

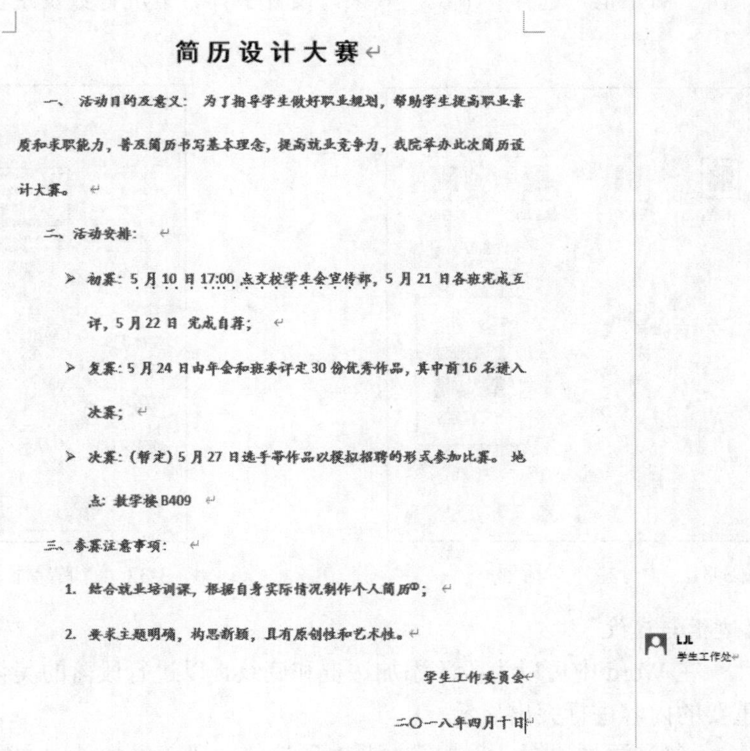
简历设计大赛

一、活动目的及意义：为了指导学生做好职业规划，帮助学生提高职业素质和求职能力，普及简历书写基本理念，提高就业竞争力，我院举办此次简历设计大赛。

二、活动安排：

➤ 初赛：5 月 10 日 17:00 点交校学生会宣传部，5 月 21 日各班完成互评，5 月 22 日 完成自荐；

➤ 复赛：5 月 24 日由年会和班委评定 30 份优秀作品，其中前 16 名进入决赛；

➤ 决赛：（暂定）5 月 27 日选手带作品以模拟招聘的形式参加比赛。地点：教学楼 B409

三、参赛注意事项：

1. 结合就业培训课，根据自身实际情况制作个人简历；

2. 要求主题明确，构思新颖，具有原创性和艺术性。

学生工作委员会

二〇一八年四月十日

LJL
学生工作处

图 3-30 项目展示图

[相关知识与技能]

3.2.2 文档分栏、首字下沉、边框和底纹的设置

分栏和首字下沉

1. 设置文档的分栏排版

在报纸和杂志的排版中经常用到分栏。所谓的分栏，就是将段落分成若干栏，具体步骤如下：

（1）选中分栏排版的文本，打开“页面布局”选项卡。

（2）在“页面设置”选项组中单击“分栏”按钮，在弹出的下拉列表中，提供了“一栏”“两栏”“三栏”“左”“右”5 种预定义的分栏方式，从中选择 1 种以实现分栏排版。

（3）对分栏进行更为具体的设置，可以在弹出的下拉列表中执行“更多分栏”命令。打开如图 3-31 所示的对话框，在“栏数”框中设置所需的分栏数值，在“宽度和间距”选项区域中设置栏宽和栏间距。如果勾选“栏宽相等”复选框，则各栏宽度相等；如果勾选“分隔线”复选框，则在栏间插入分隔线。

（4）单击“确定”按钮，完成分栏排版。

小贴士： 设置分栏文本，选中文本时注意不要选中文档末尾的换行符。

2. 设置首字下沉格式

首字下沉是突出第一个字，以达到醒目和引人注目的效果，这种格式在很多杂志和报纸上都是很常见的。选择“插入”选项卡，在“文本”功能组中选择“首字下沉”下方的 ▾ 按钮，弹出“首字下沉”对话框，选择“下沉”效果，设置字体、下沉行数及距正文的距离，如图 3-32 所示。

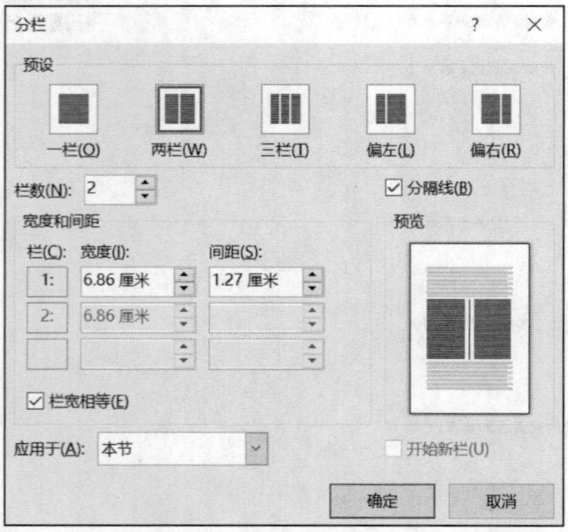

图 3-31 “分栏”对话框

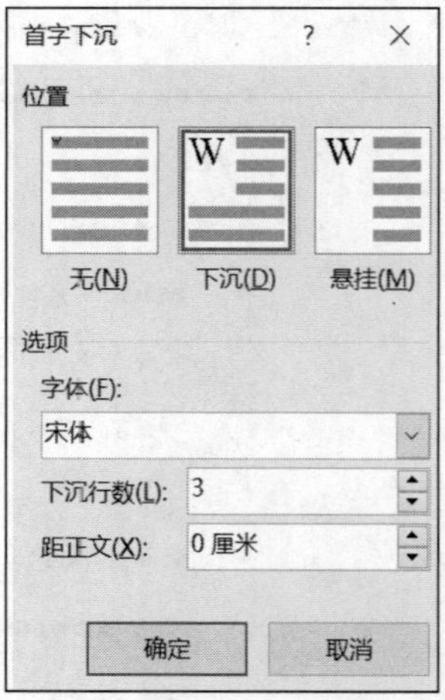

图 3-32 “首字下沉”对话框

3. 设置段落边框与底纹

边框设置

在 Word 中可以为段落添加边框和底纹，以进行段落的美化，同时可以对重要的内容进行突出显示。

（1）添加边框。添加边框是对所选择的段落添加外围方框。选定要添加边框的一段或多段文本，选择“设计”选项卡，单击“页面背景”功能组中的

“页面边框”按钮，在弹出的“边框和底纹”对话框中单击“边框”选项卡，在“设置”选项框中有5个单选项：“无”“方框”“阴影”“三维”和“自定义”。其中“无”是默认设置项，即没有边框，通过单击选定其余4个选项之一并在其右边的“样式”“颜色”和“宽度”下拉列表中分别选择不同的样式、颜色和宽度。在“应用于”下拉列表中选择“文字”，即可对字符添加边框，若选择“段落”，则对段落添加边框，如图3-33所示。

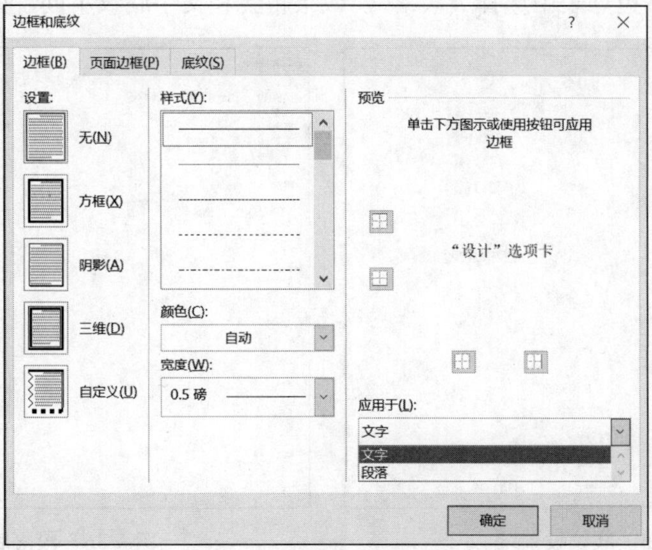

图3-33　“边框”选项卡

若选定“自定义”选项来自己设置边框，则可使用“预览”框中的左、下两侧的4个按钮，为段落分别添加上、下、左、右边框。

若为整个页面添加边框，则单击“页面边框”选项卡，设置方法如同段落边框的设置，如图3-34所示。

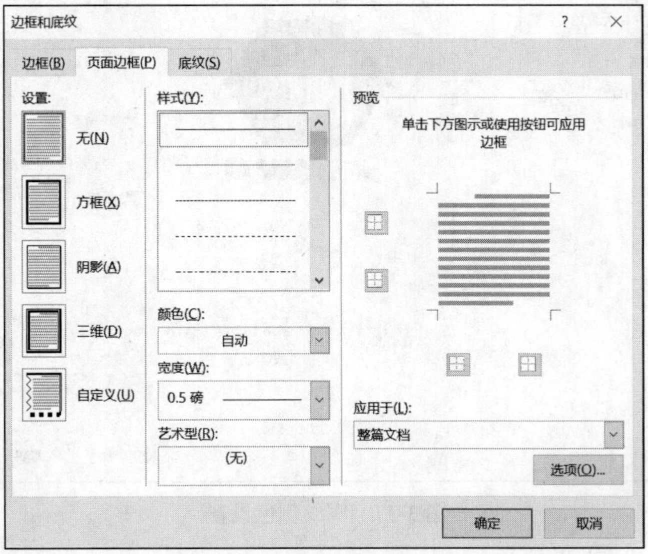

图3-34　“页面边框”选项卡

（2）添加底纹。为段落设置底纹效果，选定要添加底纹的一段或多段文本，颜色可以只有填充色，也可以既有填充色，又添加图案样式。选择“页面布局”选项卡，单击“页面边框”按钮，在弹出的“边框和底纹”对话框中选择“底纹”选项卡，在“填充”下拉列表框中选择填充色，在“样式”下拉列表中选择图案的样式并在“颜色”下拉列表中为选定的样式选定合适的颜色，在“预览”框中观察选定的底纹的效果，如图 3-35 所示。若在“底纹”选项卡中右下角“应用于”下拉列表中选择“段落”，效果将会和文字底纹不同，如图 3-36 所示。

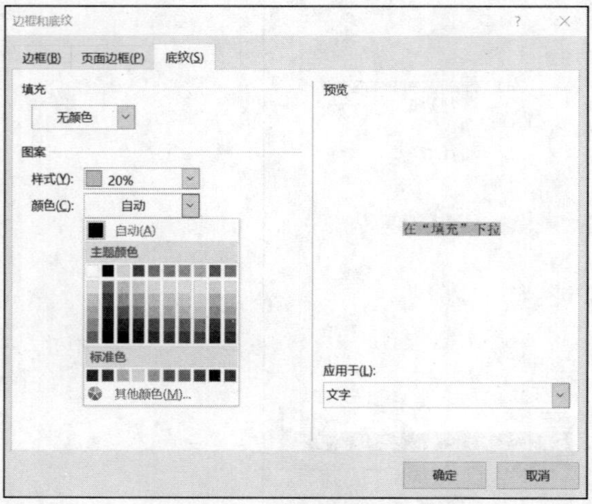

图 3-35　底纹设置

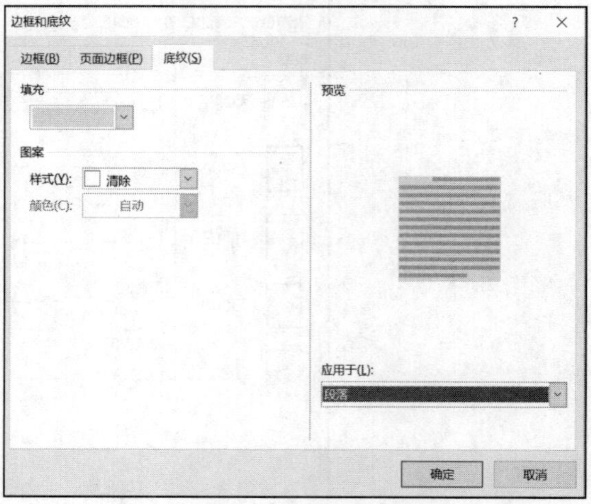

图 3-36　段落底纹设置

若要在设置底纹的过程中精确地设置颜色，选择“其他颜色”，打开“颜色”对话框，在调色盘中选择喜欢的颜色，或在“自定义”选项卡中输入三原色的值，如图 3-37 所示。

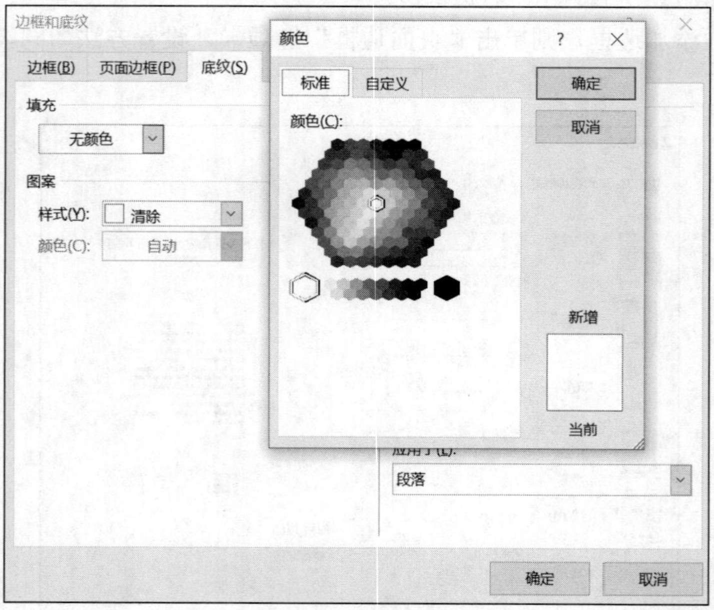

图 3-37　底纹颜色设置

小贴士：设置边框和底纹，注意应用于段落与文字的区别。

子任务 2　对公司简介进行分栏、首字下沉、边框操作

任务 2 分栏、首字下沉、页面边框设置

[任务实施]

（1）打开子任务 1 完成的“公司简介宣传页”文档。

（2）设置分栏：选中正文内容，单击“页面布局”选项卡中的“分栏”项，选择“更多分栏”项，打开“分栏”对话框，设置“栏数”为“两栏”，栏间距为 1.27 厘米，勾选“栏宽相等”复选框，如图 3-38 所示。

（3）设置首字下沉：将光标定位在第一段，选择“插入”选项卡中的“首字下沉”项，打开“首字下沉”对话框，设置“位置”为“下沉”方式，字体为“华文楷体”，下沉行数为“3”，如图 3-39 所示。

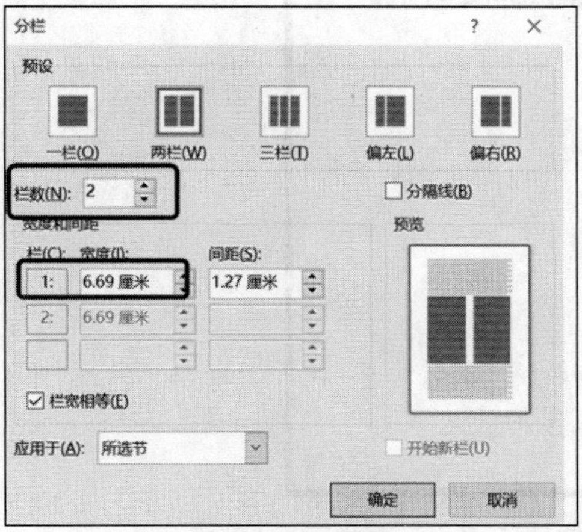

图 3-38　分栏设置

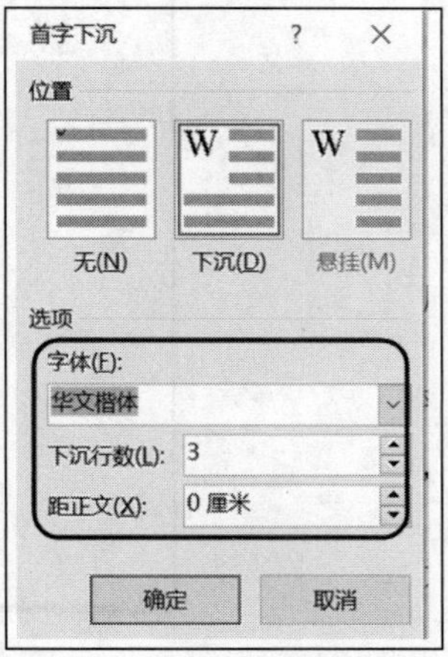

图 3-39　首字下沉设置

（4）添加页面边框：选择“设计”选项卡中的“页面边框”，在“边框和底纹”对话框中选择“页面边框”选项卡，设置“阴影”边框，线型样式选择“样式”列表框中的倒数第四种线，颜色默认，宽度为 1.5 磅，如图 3-40 所示。

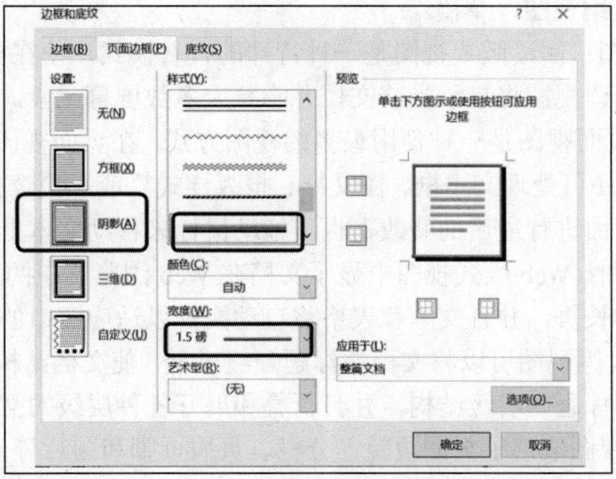

图 3-40　页面边框设置

（5）保存文档，效果如图 3-41 所示。

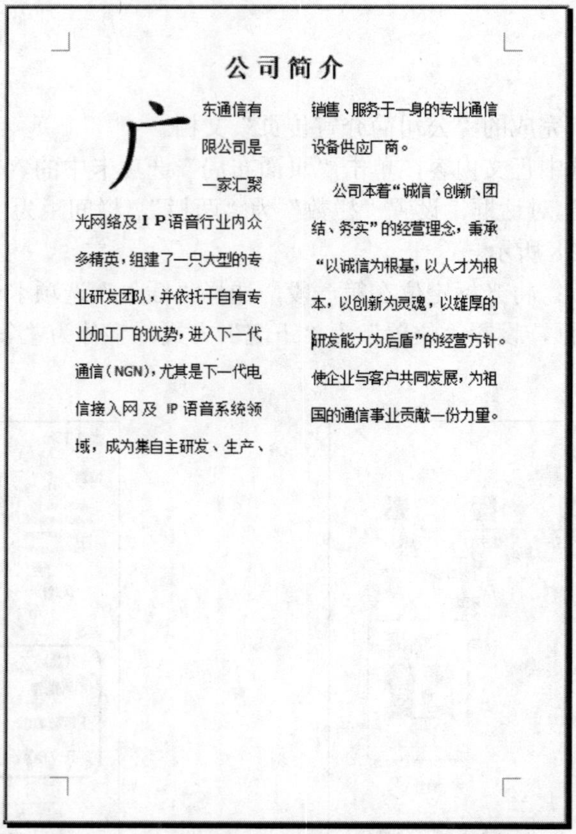
公司简介

广东通信有限公司是一家汇聚光网络及ＩＰ语音行业内众多精英，组建了一只大型的专业研发团队，并依托于自有专业加工厂的优势，进入下一代通信（NGN），尤其是下一代电信接入网及 IP 语音系统领域，成为集自主研发、生产、销售、服务于一身的专业通信设备供应厂商。

公司本着“诚信、创新、团结、务实”的经营理念，秉承“以诚信为根基，以人才为根本，以创新为灵魂，以雄厚的研发能力为后盾”的经营方针。使企业与客户共同发展，为祖国的通信事业贡献一份力量。

图 3-41　效果图

文档视图

[拓展知识与技能]

“视图”选项卡的“文档视图”功能组中共有 5 种视图，分别是阅读版式视图、页面视图、Web 版式视图、大纲视图、草稿。

（1）阅读版式视图：阅读版式视图是一种特殊的查看模式，使在屏幕上阅读扫描文档更为方便。在激活后，阅读视图将显示当前文档并隐藏大多数屏幕元素，包括功能区等。

（2）页面视图：页面视图是一种使用最多的视图方式。在页面视图中，可进行编辑排版、页眉页脚、多栏版面，还可处理文本框、图文框、报版样式栏或者检查文档的最后外观，并且可对文本、格式以及版面进行最后的修改，也可拖动鼠标来移动文本框及图文框项目。

（3）Web 版式视图：Web 版式视图中显示文档在 Web 浏览器中的外观。例如，文档将显示为一个不带分页符的长页，并且文本和表格将自动换行以适应窗口的大小。

（4）大纲视图：大纲视图可以将文档的标题分级显示，使文档结构层次分明，易于编辑；还可以设置文档和显示标题的层级结构，并且折叠和展开各种层级的文档。

（5）草稿：草稿视图取消了页面边距、分栏、页眉页脚和图片等元素，仅显示标题和正文，是最节省计算机系统硬件资源的视图方式。

[拓展任务]

拓展任务 3-3

打开前一拓展任务已完成的“简历设计大赛”文档，对文档的段落按以下要求进行设置：

（1）对文档标题（简历设计大赛）文字设置边框与底纹：方框，单实线，深蓝色（标准），1 磅，并设置为浅蓝（标准色）底纹。

（2）对正文后两段（1、结合就业……艺术性）设置边框与底纹：阴影框，双实线，蓝色（标准），1.5 磅，并设置 15%灰度底纹。

（3）对正文第三段进行分栏：等宽两栏，栏间距为 2 厘米，添加分隔线。

（4）保存文档，效果如图 3-42 所示。

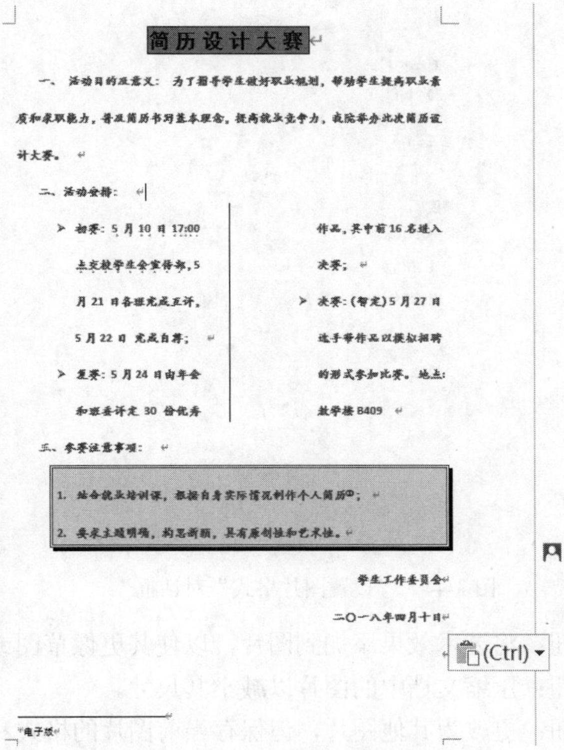
简历设计大赛

一、活动目的及意义：为了指导学生做好职业规划，帮助学生提高职业素质和求职能力，普及简历书写基本理念，提高就业竞争力，我院举办此次简历设计大赛。

二、活动安排：

➢ 初赛：5 月 10 日 17:00 之交教学生会宣传部，5 月 21 日各班完成互评，5 月 22 日完成自荐；

➢ 复赛：5 月 24 日由年会和班委评定 30 份优秀作品，其中前 16 名进入决赛；

➢ 决赛：(暂定)5 月 27 日选手带作品以模拟招聘的形式参加比赛。地点：教学楼 B409

三、参赛注意事项：

1. 结合就业培训课，根据自身实际情况制作个人简历；

2. 要求主题明确，构思新颖，具有原创性和艺术性。

学生工作委员会

二〇一八年四月十日

图 3-42　效果展示图

[相关知识与技能]

3.2.3　插入图片和艺术字

插入图片设置

1. 图片操作

在 Word 文档中插入图片不仅能使文档阅读起来不会枯燥，而且可以使 Word 文档内容更加丰富。Word 2016 允许用户在文档的任意位置插入常见格式的图片，设置图片格式。图片插入到文档后，若要对图片的相关格式进行设置，可利用图片工具中的“格式”选项卡，如图 3-43 所示。

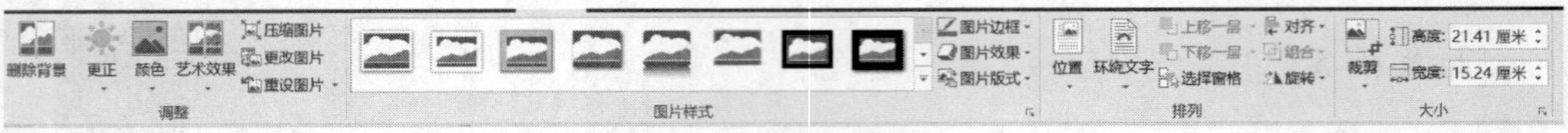

图 3-43　图片工具栏

下面分别介绍“格式”选项卡中各个按钮的功能：

- “更正”按钮：主要用于改变图片的亮度、对比度和清晰度。
- “颜色”按钮：主要用于更改颜色以提高图片质量或匹配文档内容。单击该按钮会出现下拉列表，可以选择饱和度、色调和重新着色，也可选择“图片颜色”选项，弹出“设置图片格式”对话框，如图 3-44 所示。

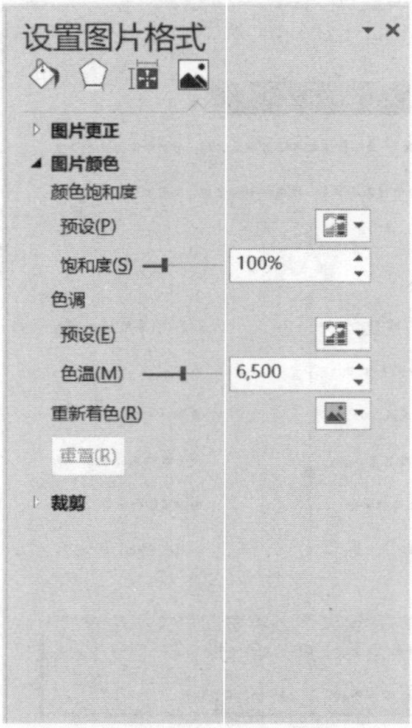

图 3-44　“设置图片格式”对话框

- “艺术效果”按钮：将艺术效果添加到图片，以使其更像草图或油画。
- “压缩图片”按钮：压缩文档中的图片以减小其尺寸。
- “更改图片”按钮：更改为其他图片，但保存当前图片的格式和大小。
- “重设图片”按钮：放弃对此图片所进行的全部格式设置。
- “裁剪”按钮：用于裁剪图片。单击“裁剪”按钮，光标就会变成两个十字交叉形状，将光标置于图片 8 个控点中的任意一个上，按住鼠标左键并拖动，会出现一个虚线框，当松开鼠标左键时，图片将只剩下虚线框内的部分。
- “旋转”按钮：旋转或翻转所选对象。
- “图片边框”按钮：指定选定形状轮廓的颜色、宽度和线型。
- “图片效果”按钮：对图片应用某种视觉效果，例如阴影、发光、映像或三维旋转。
- “图片版式”按钮：将所选的图片转换为 SmartArt 图形，可以轻松排列、添加标题并调整图片的大小。
- “位置”按钮：将所选对象放到页面上，文字将自动设置为环绕对象。

- “环绕文字”按钮：更改所选对象周围的文字环绕方式，如图 3-45 所示，选择“其他布局选项”，弹出“布局”对话框，如图 3-46 所示。

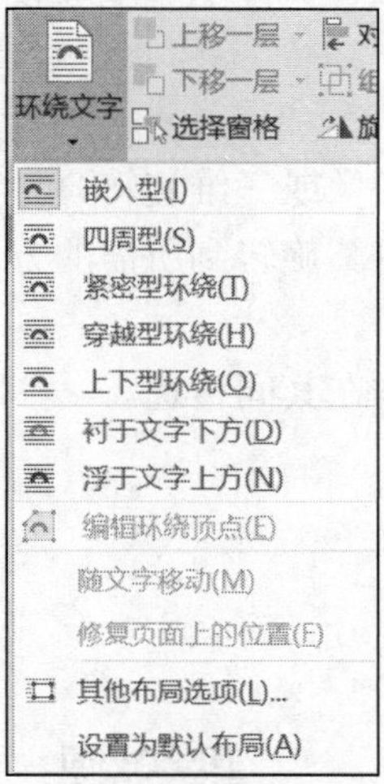

图 3-45 “环绕文字”下拉列表

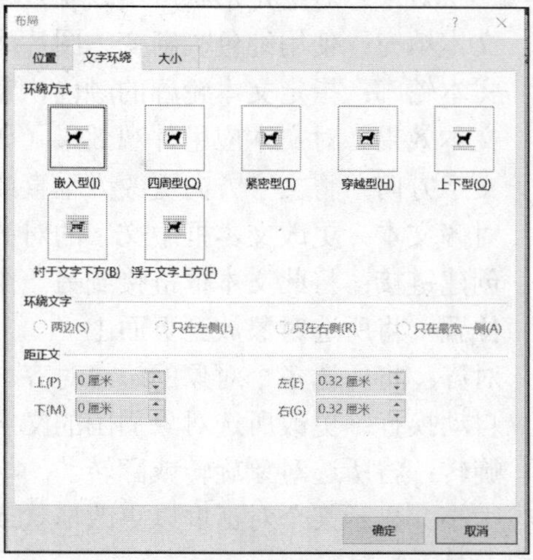

图 3-46 “布局”对话框

2. 艺术字操作

以艺术字的效果呈现文本，可以达到更加亮丽的视觉效果。在文档中插入艺术字的具体操作如下：

（1）插入艺术字：选择“插入”选项卡中的“艺术字”按钮，从打开的“艺术字库”下拉列表中选择一个样式，如图 3-47 所示，弹出“编辑艺术字文字”对话框，输入文字，单击“确定”按钮，艺术字就插入到文档中。

插入艺术字

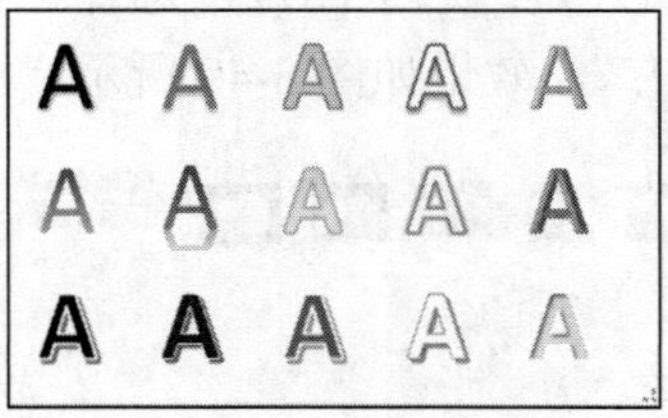

图 3-47 插入艺术字

（2）修改艺术字格式：选中艺术字，选择“格式”选项卡，显示艺术字的功能组，如图 3-48 所示。

图 3-48 艺术字工具栏

下面介绍“格式”功能组的按钮：

- 编辑形状：更改绘画的形状，将其转为任意的多边形或编辑环绕点以确定文字环绕的绘图方式。
- 文本框：在文档中插入文本框。

- 形状填充：使用纯色、渐变、图片或纹理填充选定形状。
- 形状轮廓：指定选定形状的颜色、宽度和线型。
- 形状效果：对选定形状应用外观效果（如阴影、发光、映像或三维旋转）。
- 文本填充：使用纯色、渐变、图片或纹理填充文本。
- 文本轮廓：指定文本轮廓的颜色、宽度和线型。
- 文本效果：对文本应用外观效果（如阴影、发光、映像或三维旋转）。
- 文字方向：将文字方向更改为垂直或堆积排列，或将其旋转到所需的方向。
- 对齐文本：更改文本框中文字的对齐方式。
- 创建链接：将此文本框链接到另一个文本框，使文本在其间传递。
- 位置：将所选对象放到页面上
- 对齐：将所选多个对象的边缘对齐。
- 自动换行：更改所选对象周围的文字环绕方式。
- 旋转：将所选对象旋转或翻转。
- 大小：显示某个对话框以更改形状或图片大小。

子任务 3　对公司简介插入图片和艺术字操作

子任务 3 图片和艺术字操作

[任务实施]

打开子任务 2 完成的“公司简介页面.docx”文档，进行下面的操作。

1. 为文档添加背景图片

（1）插入图片：将光标定位在第一段的后面，选择“插入”选项卡，单击“图片”按钮，弹出“插入图片”对话框，选择要插入的“背景”图片。

（2）设置图片与文字的排列方式：选中图片，选择“格式”选项卡中的“环绕文字”，在下拉列表中选择“浮于文字上方”，效果如图 3-49 所示。

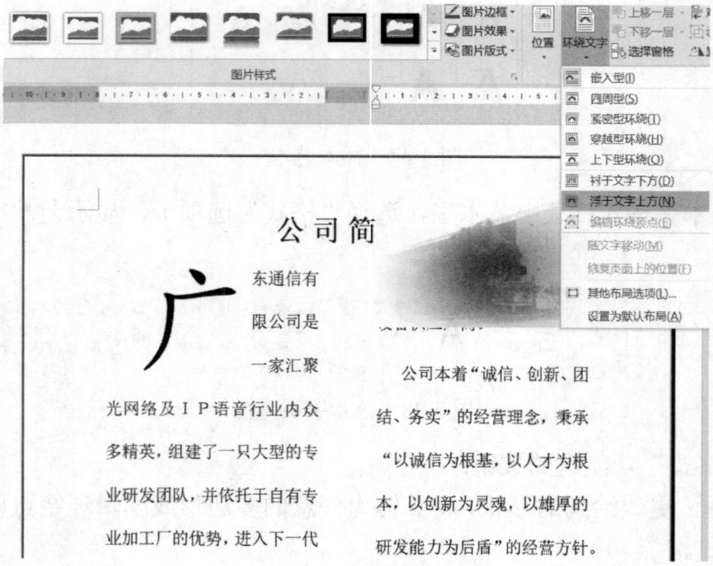

图 3-49　“环绕文字”设置

（3）设置图片大小：选择图片工具中的“格式”选项卡，在“大小”功能组中将高度和宽度分别设置为 28 厘米和 19.93 厘米，如图 3-50 所示。

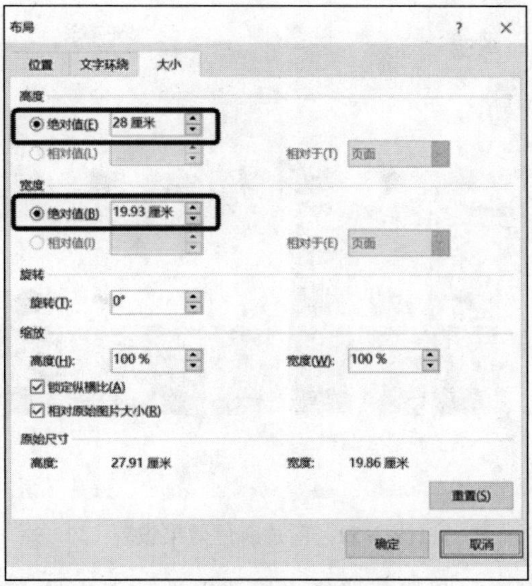

图 3-50　图片大小设置

（4）设置图片位置：选择图片工具中的“格式”选项卡，单击“大小”功能组中的 按钮，弹出“布局”对话框，设置“水平绝对位置”为“0.38 厘米”，设置“右侧”为“页面”，设置“垂直绝对位置”为“0.95 厘米”，设置“下侧”为“页面”，如图 3-51 所示。

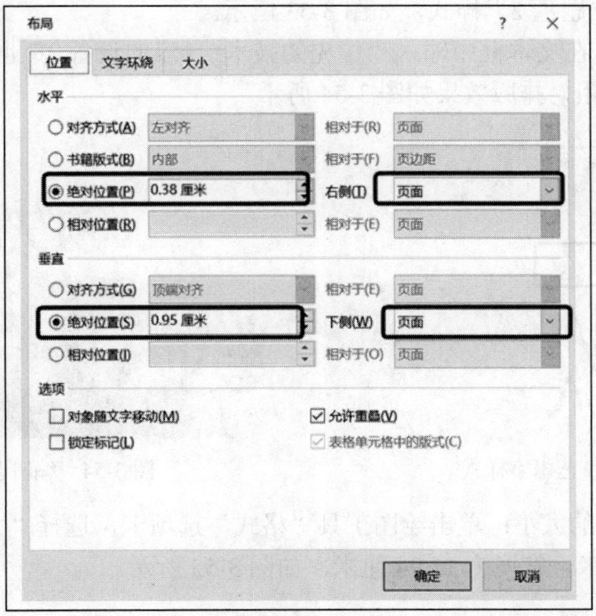

图 3-51　“布局”对话框

（5）设置图片颜色效果：选择图片工具的“格式”选项卡，单击“颜色”按钮，选择颜色饱和度（0%），如图 3-52 所示。

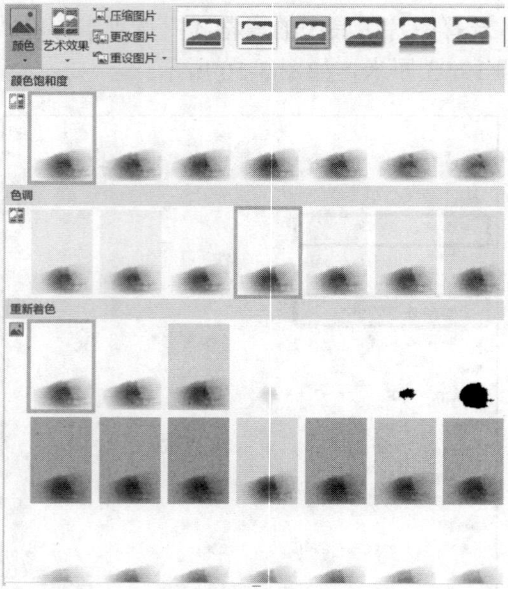

图 3-52　图片颜色效果设置

（6）设为背景图片：选中图片，选择“格式”选项卡中的“环绕文字”，在下拉列表中选择“衬于文字下方”的效果。

2. 添加艺术字

具体操作如下：

（1）插入艺术字：选择“插入”选项卡，单击“艺术字”按钮，选择“填充-橙色，主题色 2，边框：橙色，主题色 2”样式，如图 3-53 所示。

（2）输入文字：在文本框中输入“领先的技术 一流的设备 专业的团队”，设置字体为宋体，字号为 36，加粗，排版效果如图 3-54 所示。

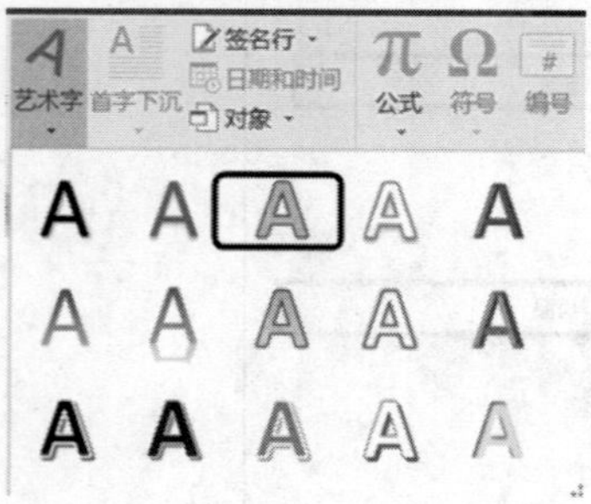

图 3-53　艺术字样式

图 3-54　编辑艺术字文字

（3）调整艺术字的大小：单击绘图工具“格式”选项卡，选择“大小”功能组，修改艺术字的高度为 6.59 厘米，宽度为 11.94 厘米，如图 3-55 所示。

图 3-55　艺术字大小设置

（4）调整艺术字的位置：选中艺术字，单击“格式”选项卡，选择“大小”功能组右下角的按钮，弹出“布局”对话框，设置“水平绝对位置”为“3.95 厘米”，设置“右侧”为“页面”，设置“垂直绝对位置”为“18.77 厘米”，设置“下侧”为“页面”，如图 3-56 所示。

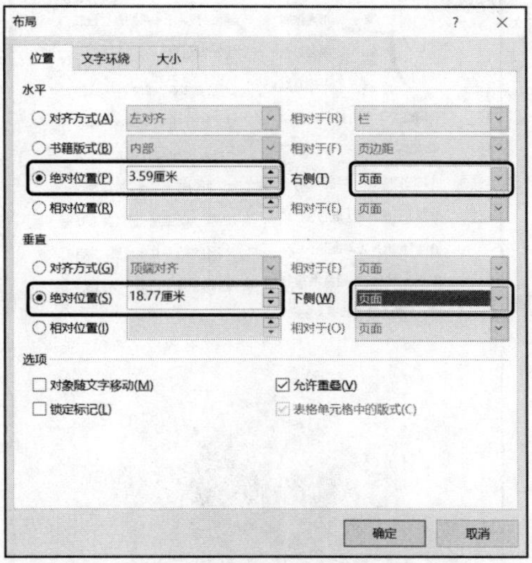

图 3-56　艺术字位置设置

（5）设置艺术字格式：在“形状样式”功能组中的“形状效果”下拉列表中选择“三维旋转（倾斜左下）”，如图 3-57 所示。

（6）调整艺术字的形状：单击绘图工具“格式”选项卡，在“艺术字样式”功能组中的“文本效果”下拉列表中选择“转换（倒 V 形）”，如图 3-58 所示。

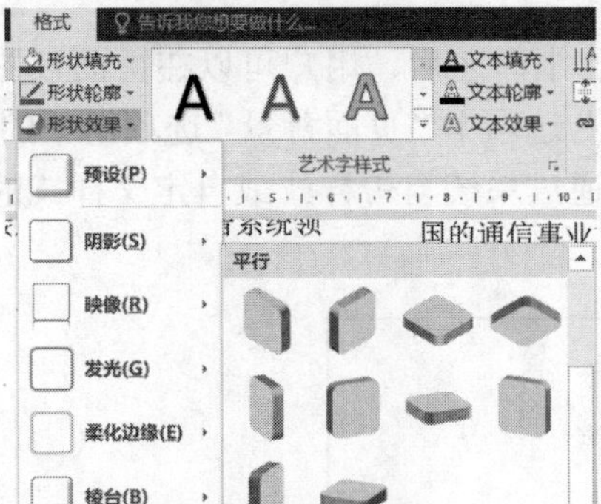

图 3-57　艺术字形状样式设置

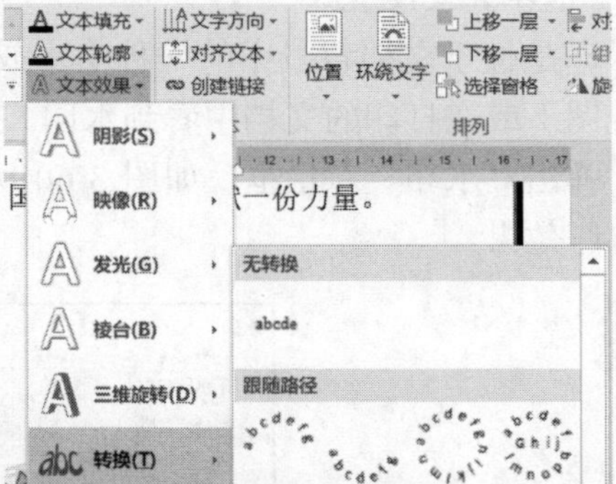

图 3-58　艺术字“更改形状”设置

（7）保存后效果如图 3-59 所示。

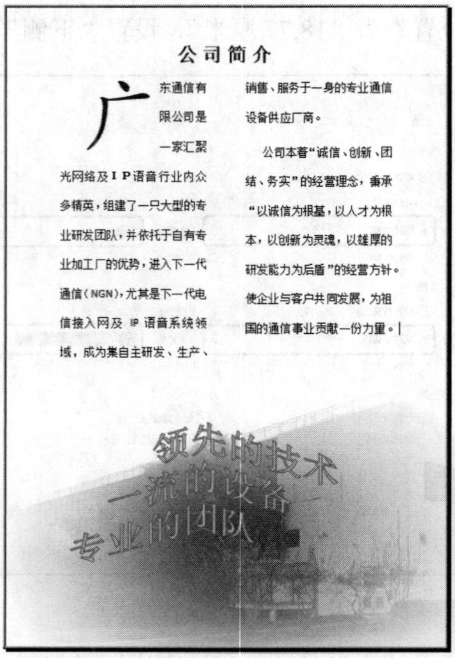

图 3-59　效果图

水印

[拓展知识与技能]

1. 水印背景设置

水印是位于文档背景中的一种文本或图片。添加水印之后，用户可以在页面视图、全屏阅读视图下或在打印的文档中看到水印。执行“设计”选项卡“页面背景”选项组中的“水印”命令，弹出“水印”对话框，如图 3-60 所示。可以通过系统自带样式或自定义样式的方法来设置水印效果。

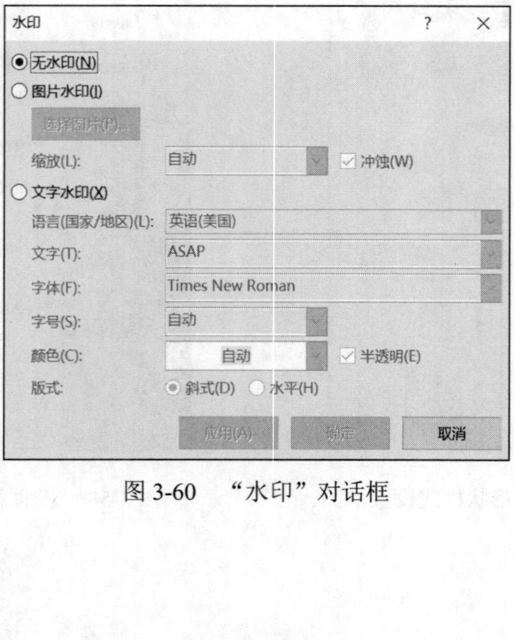

图 3-60　“水印”对话框

2. 绘制图形

利用绘图工具“格式”选项卡中的绘图按钮可以绘制出直线、矩形、椭圆形以及自选图形，并可为这些图形填充颜色、设置阴影及更改图形叠放次序。

下面以绘制图 3-61 为例，介绍绘图工具栏常用工具的用法。

自绘图形

图 3-61　自绘图形展示图

具体步骤如下：

（1）新建一个空白文档，选择“插入”选项卡，单击“插图”功能组中的“形状”按钮，在下拉列表中选择“基本形状”中的“心形”，在画布中央稍靠左处拖动鼠标指针画出一个“心”形，大小要适当。

（2）设置颜色。在绘图工具中的“格式”选项卡中，单击“形状样式”功能组中的“形状填充”按钮，选择下拉列表中的“其他渐变”命令，弹出“设置形状格式”对话框，打开“填充”选项卡，将“渐变光圈”一端设为“红色”，另一端设为“白色”，方向设为线性向下，如图 3-62 所示。选择“形状轮廓”，设置线条的颜色为“橙色”，单击“确定”按钮，复制该图形，并将第二个红心放在右边适当的位置。

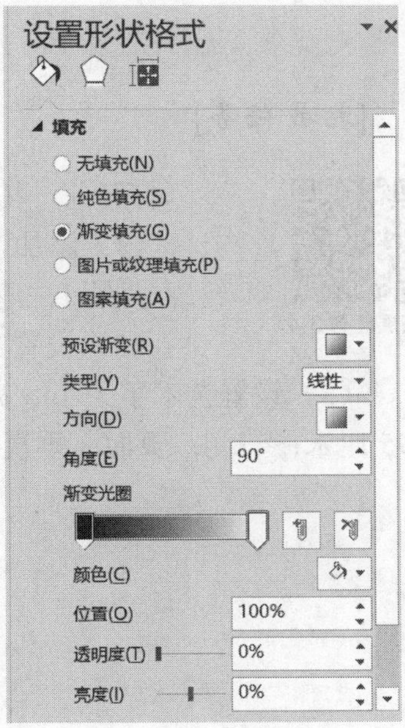

图 3-62　颜色设置

（3）调整位置。选中右边的红心，在绘图工具中的“格式”选项卡中选择“排列”功能组中的“下移一层”。

（4）绘制月亮。在“插入”选项卡中的“形状”功能组，选择“基本形状”中的“新月形”，在“红心”上画一个“月亮”，调整大小和位置并修改“月亮”的形状轮廓为“无轮廓”，形状填充为“白色，背景 1”。

（5）绘制星星。在“插入”选项卡中，单击“插入形状”功能组，在弹出的“自选图形”下拉列表中选择“星与旗帜”中的“十字星”，在“红心”上画一个“十字星”，形状轮廓为“无轮廓”，形状填充为“白色，背景 1”，复制多个十字星。

（6）绘制波浪。在“自选图形”下拉列表中选择“星与旗帜”中的“波形”，在“红心”的左边画一个“波浪”，设置形状轮廓为“无轮廓”，调整大小。设置“波浪”的填充的颜色为“渐变填充”，“渐变光圈”一端颜色为“蓝色”，另一端颜色为“白色”，类型为“矩形”，方向为从中心，单击“确定”按钮。

（7）调整波浪位置。将波浪的叠放次序设置为“置于底层”，调整大小和位置。

（8）组合。选中所有图形，选择“排列”功能组中的“组合”，将所有图形组合成一个图形。

3．绘制与编辑 SmartArt 图形

SmartArt 图形是信息和观点的视觉表示形式。可以从多种不同布局中进行选择来创建 SmartArt 图形，从而快速、轻松、有效地传达信息。

在 Word 2016 文档中创建 SmartArt 图形时，需要选择一种 SmartArt 图形类型，如“流程”“循环”“层次结构”或“关系”，如图 3-63 所示。

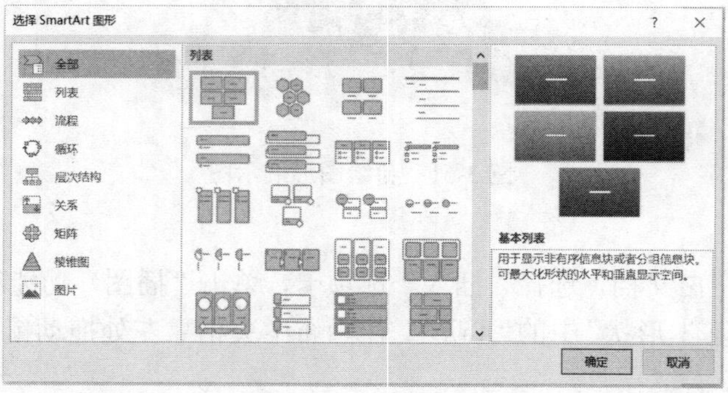

图 3-63　SmartArt 图形

[拓展任务]

拓展任务 3-4

打开前一拓展任务中完成的“简历宣传海报”文档，完成以下操作：

（1）添加艺术字标题“自信飞扬　放飞职业梦想”（填充-水绿色，着色 1，轮廓-背景 1，清晰阴影-着色 1）。

（2）设置文本效果为“上弯弧”。

（3）设置艺术字大小（宽度为 2.52 厘米，高度为 14.53 厘米）和位置（水平绝对位置：3.95 厘米；右侧：页面；垂直绝对位置：0.69 厘米；下侧：页面），效果如图 3-64 所示。

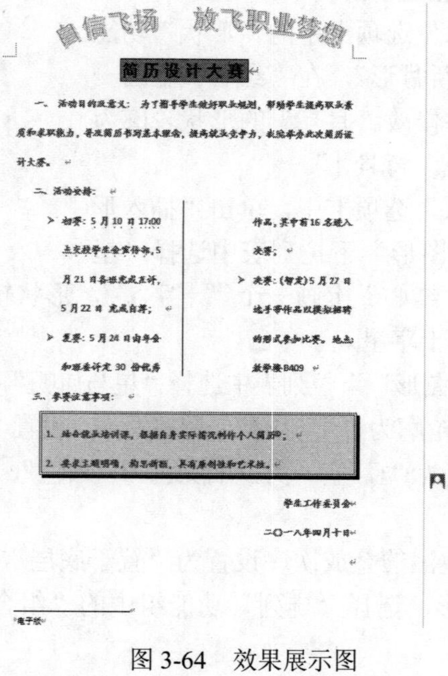

图 3-64　效果展示图

3.3 Word 2016 文档的页面排版

任务 3　公司员工手册页面排版

[任务描述]

为了更好地加强公司内部的统一管理，约束员工的行为，建立公司的文化，公司制定员工手册并进行排版，要求有封面、目录、页眉和页脚，如图 3-65 所示。本任务通过对文档的页面排版，使读者掌握 Word 2016 的页面设置。

[任务展示]

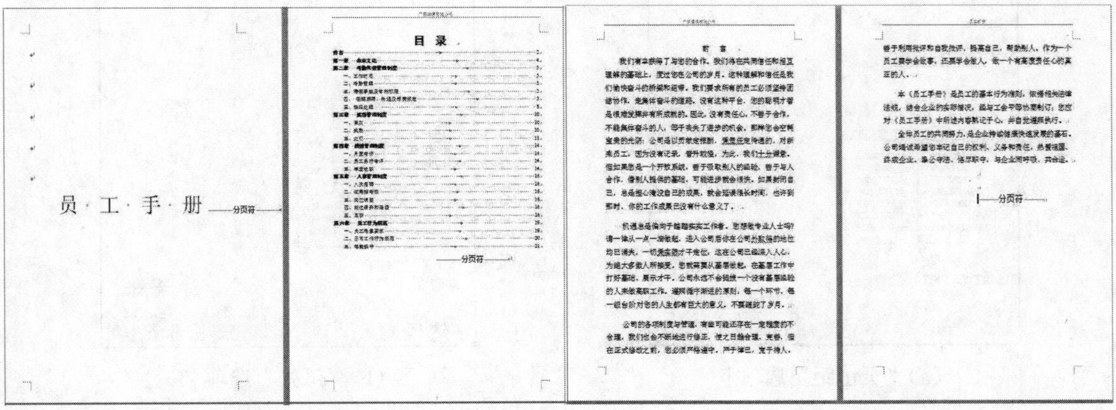

图 3-65　员工手册

[相关知识与技能]

页面设置

3.3.1　文档页面设置

1. 页面设置

文档在打印前，需要对页面进行设置。页面设置主要是对文档的页边距、纸张和版式等方面进行设置。页边距是指正文文档到页面的边缘的距离。单击“页面布局”选项卡，可以通过按钮设置页面，也可以单击“页面设置”右下角的按钮，打开“页面设置”对话框，如图 3-66（a）所示。

（1）“页边距”选项卡：单击“页边距”选项卡，输入上、下、左、右四个方向的页边距。如果文档需要装订，则需要在对话框中设置文档装订线的位置和装订线预留的位置，在“纸张方向”选择区中选择“纵向”，单击“确定”按钮。

（2）“纸张”选项卡：从“纸张大小”下拉列表中选择纸张的大小，或者手动输入纸张的大小，在“纸张来源”中可以设置纸张在打印机中的位置，如图 3-66（b）所示。

（3）“版式”选项卡：设置页眉和页脚的相关性质，如“首页不同”表示文章的第一页的页眉与页脚可以设置为与正文页不同；“奇偶页不同”是将奇数页和偶数页分开，页眉和页脚都可以独立设置。另外，还可以设置页眉和页脚距边界的距离。最后，可以设置页面的“垂直对齐方式”，有四个选项：“顶端对齐”“居中”“两端对齐”“底端对齐”，如图 3-66（c）所示。

（4）“文档网格”选项卡：通过设置每行的字数、每页的行数来规范文档的打印格式。选择“网格”选项中的“指定行和字符网格”单选按钮，可以在下面的“每行”“每页”组合框中输入每行的字数和每页的行数了，如图 3-66（d）所示。

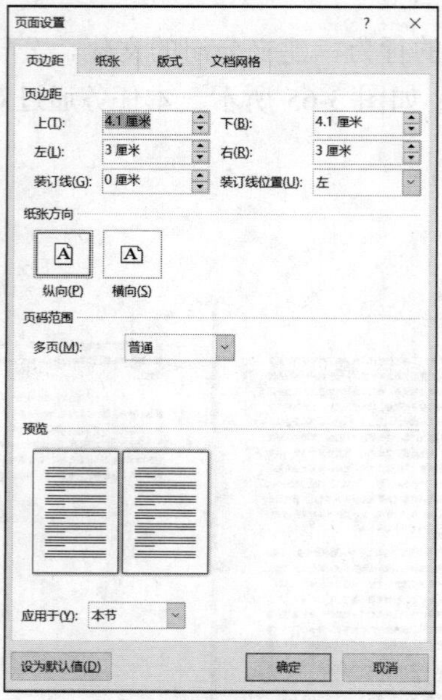

（a）“页边距”选项卡

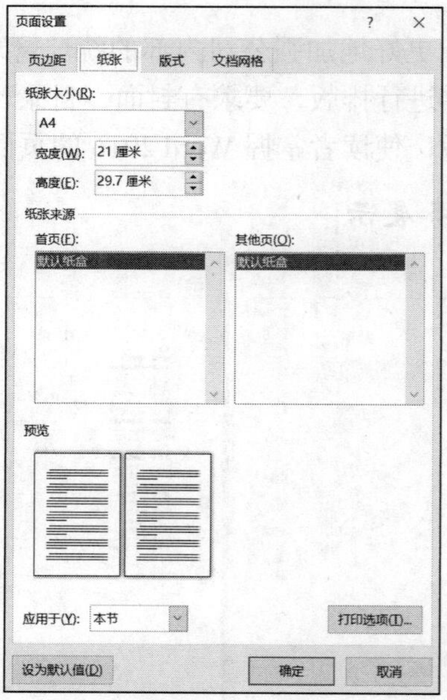

（b）“纸张”选项卡

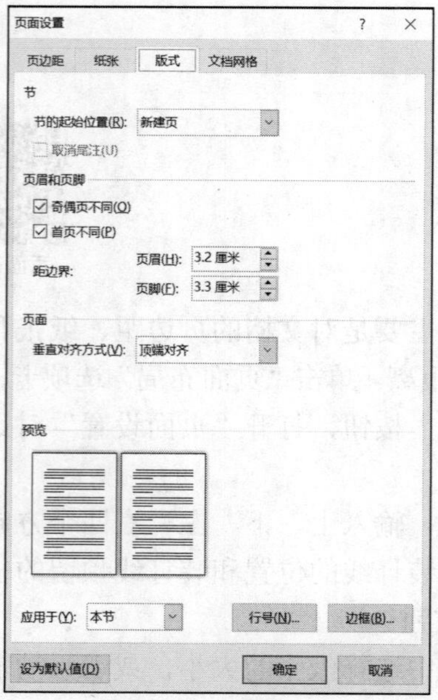

（c）“版式”选项卡

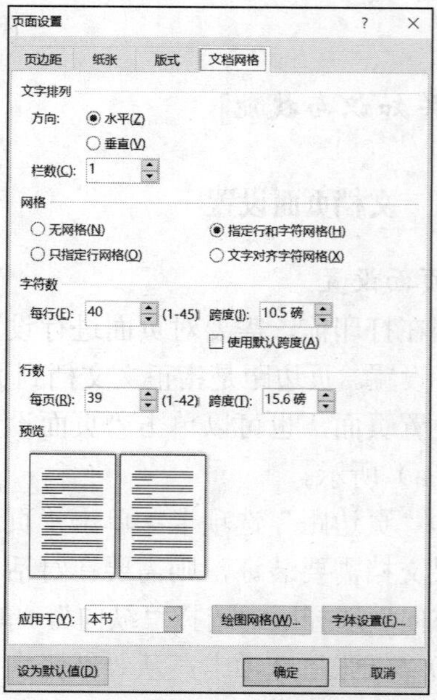

（d）“文档网格”选项卡

图 3-66　“页面设置”对话框

2. *设置页眉和页脚*

一般情况下，页眉和页脚分别出现在文档的顶部和底部，在其中可以插入页码、文件名或章节名称等内容。当一篇文档创建了页眉和页脚后，就会感到版面更加新颖，版式更具风格。

页眉和页脚的设置：单击“插入”选项卡，选择“页眉和页脚”功能组，如图 3-67 所示。

图 3-67 “页眉和页脚”功能组

下面对页眉和页脚工具的“设计”选项卡中的工具进行简单介绍。

页眉设置

（1）页眉：单击“页眉”按钮，选择内置空白，此时可以输入页眉的内容，如图 3-68 所示。

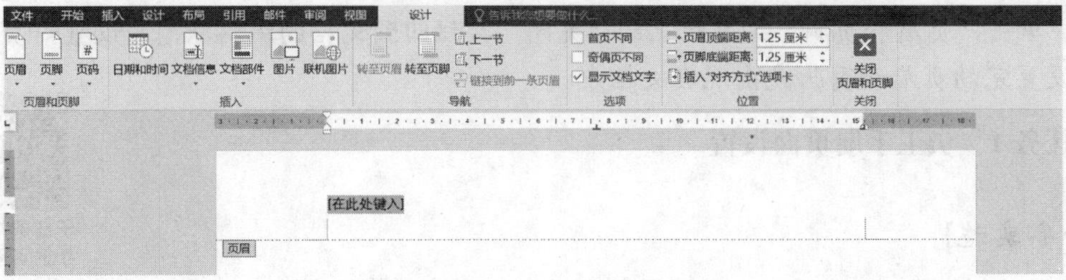

图 3-68 “页眉”格式设置

（2）页脚：单击“页脚”按钮，选择内置空白，此时可以输入页脚的内容。

（3）页码：单击“页码”按钮，选择“设置页码格式”，弹出“页码格式”对话框，在对话框中可选择页码的编号格式，如图 3-69 所示。

页码和页脚设置

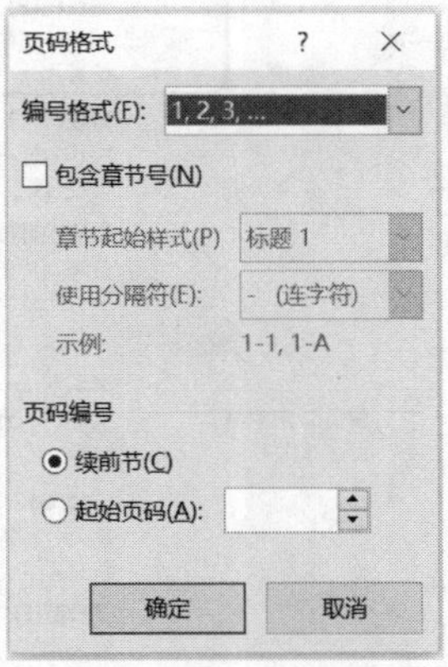

图 3-69 “页码格式”对话框

（4）日期和时间：将当前的日期或时间插入到当前文档。

（5）文档部件：插入可重复使用的内容片断，包括域、文档属性或任何创建的预设格式片断。

（6）图片：插入来自文件的图片。

（7）剪贴画：将剪贴画插入文档。

（8）转至页眉：激活此页的页眉使其可编辑。

（9）转至页脚：激活此页的页脚使其可编辑。

（10）上一节：导航至上一个页眉或页脚。

（11）下一节：导航至下一个页眉或页脚。

（12）链接到前一条页眉：链接到上一节，使当前节与上一节的页眉和页脚内容相同。

（13）首页不同：若勾选此复选框，则可以给第一页的页眉和页脚输入单独的内容。

（14）奇偶页不同：若勾选此复选框，则可以输入两种页眉和页脚。一种是奇数页的页眉和页脚相同，另一种是偶数页的页眉和页脚相同。

（15）显示文档文字：若勾选此复选框，则显示文档文字，否则，文档的内容被隐藏起来。

（16）位置：设置页眉距顶端的距离和页脚距底端的距离。

小贴士：出现页眉和页脚工具栏的同时进入页眉和页脚的编辑状态，默认的是编辑页眉，输入内容，单击“页眉和页脚”功能组中的“转至页脚”按钮，切换到页脚的编辑状态，编辑完毕后，单击“页眉和页脚”工具栏上的“关闭”按钮回到文档的编辑状态。设置好页眉和页脚后，设置完的页眉和页脚就出现在文档中。

子任务1　员工手册页面设置

子任务 1 员工手册页面设置

[任务实施]

（1）设置分页。把光标放在正文“前言”的前面，单击“布局”选项卡中的“分隔符”按钮，选择下拉列表中的“分页符”，如图 3-70 所示，依次将每章节独立成页。

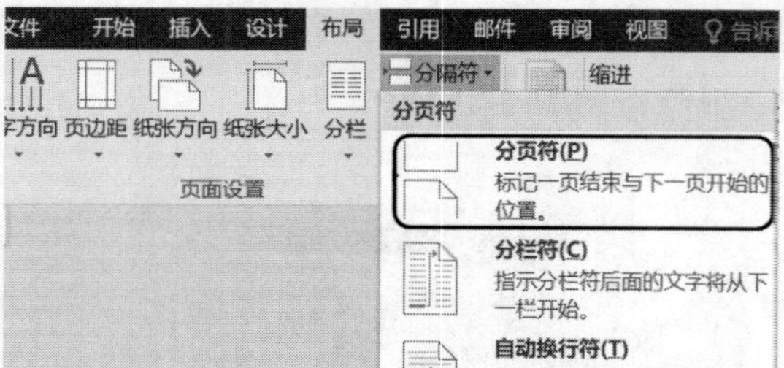

图 3-70　“分隔符”下拉列表

小贴士：单击功能选项卡里的“显示/隐藏编辑标记”按钮，可以看到插入的分页符。

（2）字符和段落格式设置。将标题“员工手册”设置为宋体、46、加粗，水平居中，段前200磅；将正文设置为宋体、16，行距为“28磅”。

（3）页面设置。单击“布局”选项卡，选择“页面设置”功能组右下角的按钮，打开“页面设置”对话框，在“页边距”选项卡中修改左、右页边距为2.5厘米，如图3-71（a）所示。选择“布局”选项卡，勾选“奇偶页不同”和“首页不同”复选框，如图3-71（b）所示，单击“确定”按钮。

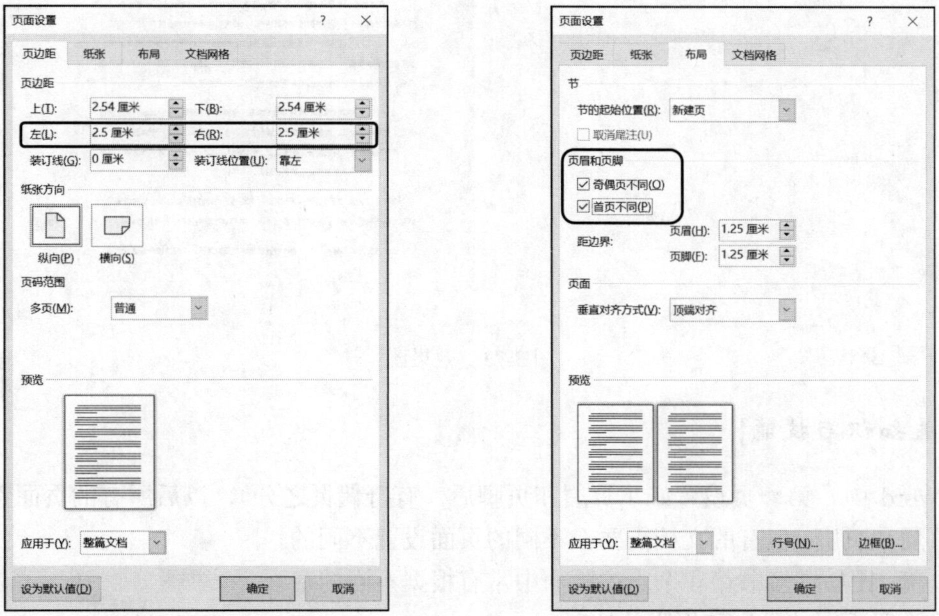

（a）“页边距”选项卡　　（b）“布局”选项卡

图3-71　“页面设置”对话框

（4）添加页眉和页脚。单击“插入”选项卡，选择“页眉和页脚”功能组中的“空白”样式页眉，首页不输入页眉，在奇数页页眉处输入“广东通信有限公司”（图3-72），在偶数页页眉处输入“员工手册”。

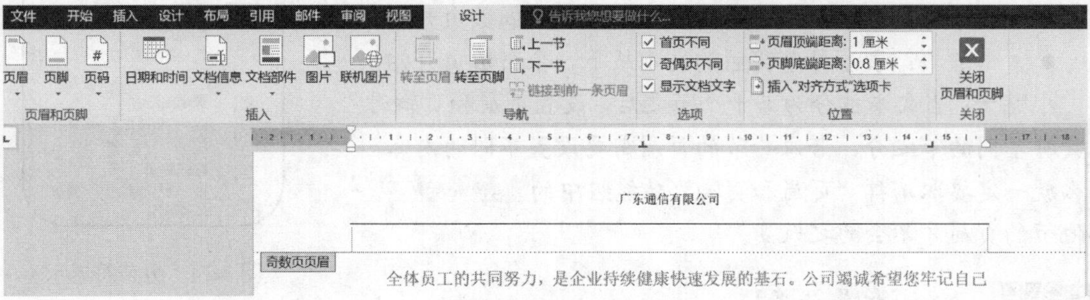

图3-72　奇数页页眉

单击“导航”功能组中的“转至页脚”按钮，选择“页码”下拉列表中的“页面底端”的“普通数字2”。单击“关闭页眉和页脚”按钮，文档恢复到编辑内容的状态。

（5）保存文档，效果如图3-73所示。

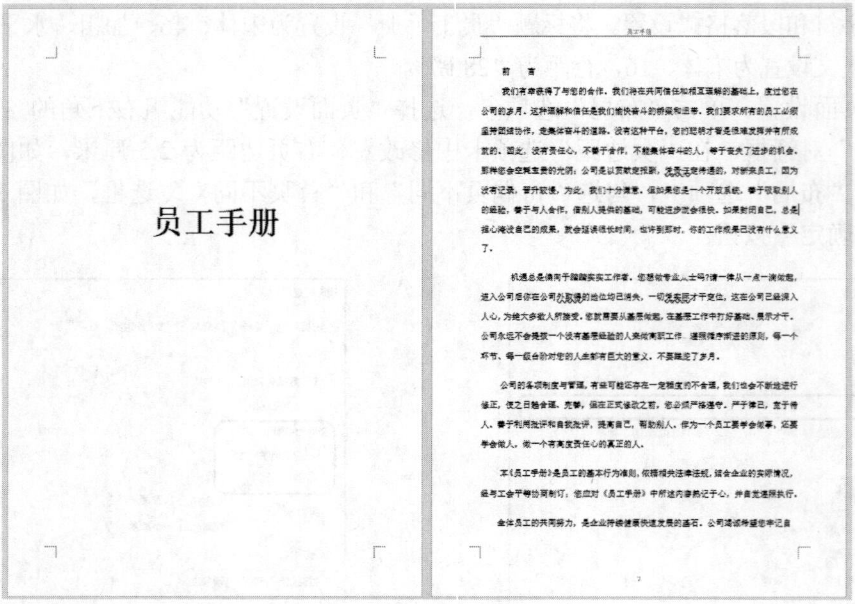

图 3-73 效果图

[拓展知识与技能]

在 Word 中，第一页设置好了页眉和页脚后（有奇偶页之分），以后所有的页面都会出现相同的页眉和页脚。但有的文档需要在不同的页面设置不同的页眉和页脚，比如许多书籍和杂志的版面中常有根据不同的章节和栏目设置不同的页眉和页脚的情况。

分节：首先将光标插入到文档中需要分节的位置，单击“布局”选项卡，打开“分隔符”下拉列表，如图 3-74 所示。其中的“分节符”有四个类型：

- 下一页：表示分节符后的文本从新的一页开始。
- 连续：表示分节符后的文本出现在同一页上。
- 偶数页：表示分节符后的文本从下一个偶数页开始。
- 奇数页：表示分节符后的文本从下一个奇数页开始。

小贴士：当文本被分为若干个节之后，设置页眉和页脚时就会有不同的节之分，若每一节的页眉需要设置不同的内容，那么就一定要取消掉“页眉和页脚”功能组中的“链接到前一条页眉”，其他节的页眉才不会随之改变。

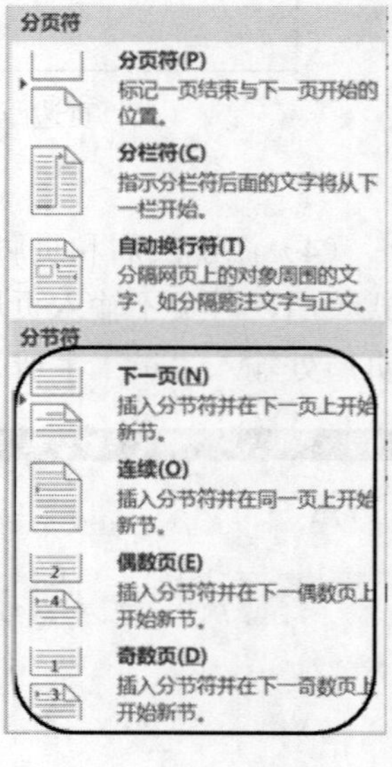

图 3-74 分节符展示

[拓展任务]

拓展任务 3-5

打开“毕业论文.docx”文档，按要求完成下列操作：

（1）页面设置：设置纸型为 A4 纸，页边距的上为 2.6 厘米、下为 3.6 厘米，左侧、右侧边距为 3.5 厘米，页眉、页脚分别为 1.75 厘米。

（2）设置论文标题为黑体、加粗、18，居中，独立成页。

（3）将论文中的“摘要”“第一章”“第二章”等每一项内容都从新的一页开始显示。

（4）设置正文字体为宋体、11，段前 12 磅，首行缩进 2 字符，行距为 22 磅。

（5）设置奇数页的页眉为“河源职业技术学院毕业论文”，偶数页的页眉为“浅谈小学教育中学生创新能力的培养”，居中对齐，首页不要页眉和页脚。

（6）在页脚处插入页码，奇数页右对齐，偶数页左对齐。

[相关知识与技能]

目录对话框

3.3.2 创建新样式

所谓样式，就是系统或用户定义并保存的一系列排版样式，包括字体、段落的对齐方式、边距等。使用样式能够轻松编排具有统一格式的段落，而且能够使文档格式严格保持一致。Word 2016 预定义了标准样式，而且用户也可以根据需要修改标准样式或重新制定样式。

（1）样式的创建。单击“开始”选项卡中的“样式”功能组右下角的按钮，在弹出的“样式”窗格中，单击左下角中的新建样式按钮，如图 3-75 所示，在弹出的“根据格式设置创建新样式”对话框中输入新建样式名称等相关参数。单击“格式”按钮，对文本或段落进行格式设置，如图 3-76 所示，单击“确定”按钮，即可实现样式的创建。

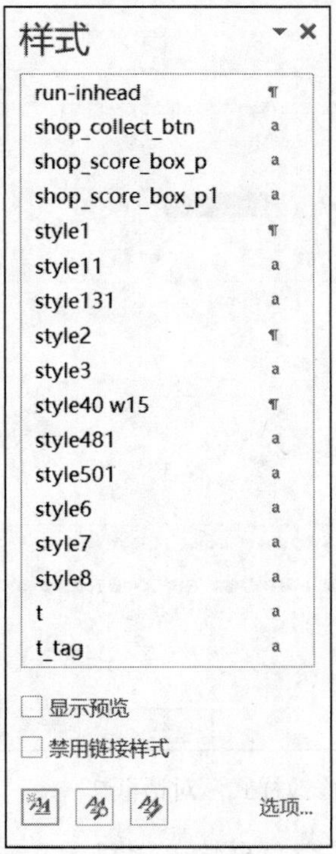

图 3-75 “样式”窗格

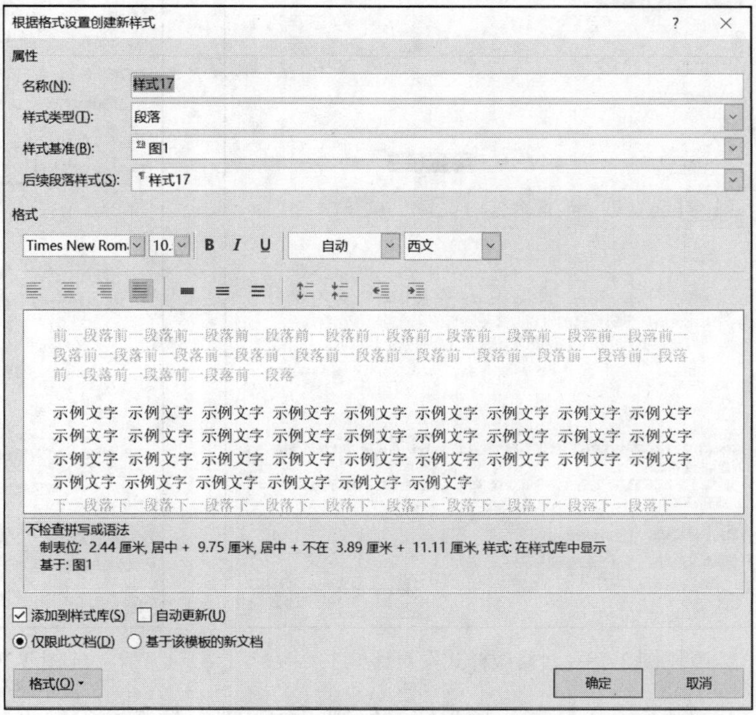

图 3-76 创建新样式

（2）样式的使用。将光标定位在需要应用样式的段落中，在“开始”选项卡中的“样式”功能组中选择相应的样式后，所选段落会按选定样式进行排版。

子任务 2　为员工手册文档添加目录

子任务 2 插入目录

[任务实施]

（1）打开子任务 1 完成的“员工手册.docx”文档。

（2）设置标题样式。选中正文中的“前言”“第一章”“第二章”等标题，选择“开始”选项卡中的“样式”功能组的“标题 1”，如图 3-77 所示，修改标题 1 样式对齐方式为“居中”，如图 3-78 所示。

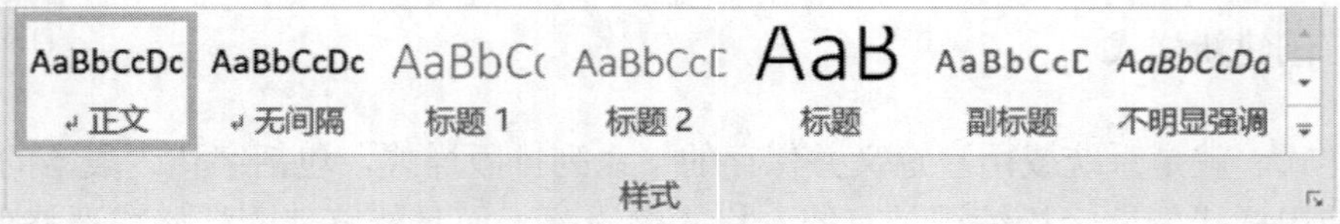

图 3-77　“样式”功能组

（3）将“一、工作时间”“二、考勤管理”“三、请假手续及审批权限”等二级标题设置为“副标题”，并将标题 1 样式字号修改为“14”，如图 3-79 所示。

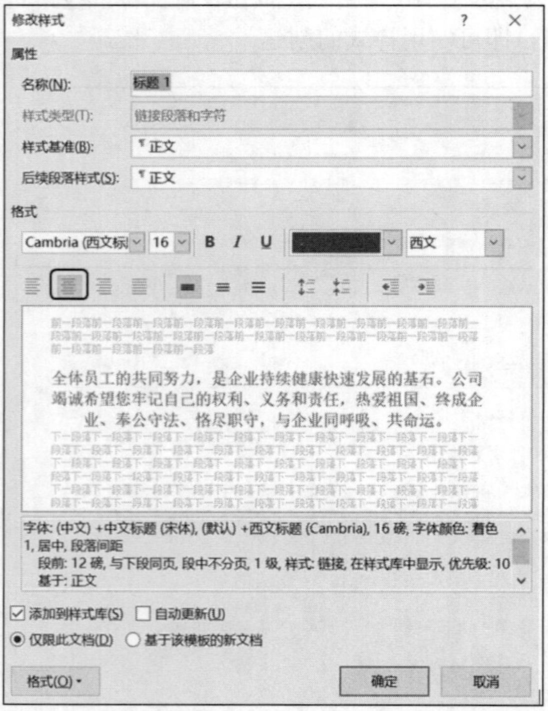

图 3-78　“修改样式”对话框 1

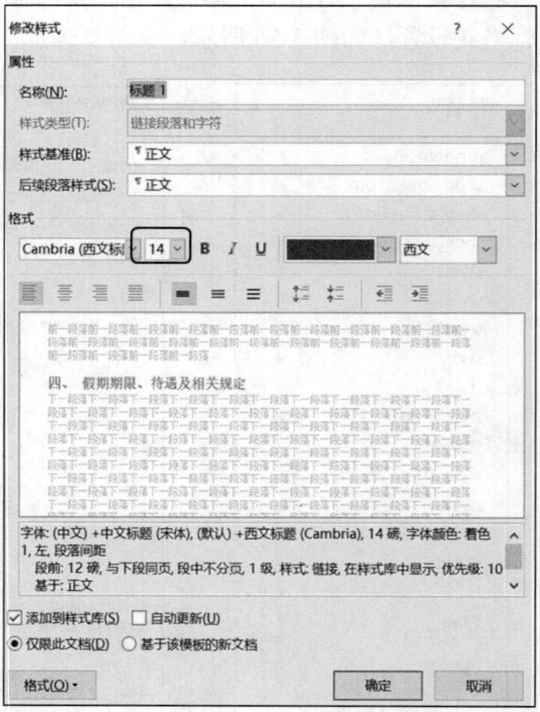

图 3-79　“修改样式”对话框 2

（4）插入目录。将光标定位到第一章前，插入一个分页符。在空白页输入“目录”。选择“引用”选项卡中的“目录”命令，在弹出的下拉列表中选择“自定义目录”命令，如图 3-80 所示。在弹出的对话框中选择“目录”选项卡，所有设置使用默认值，单击“确定”按钮，如图 3-81 所示。

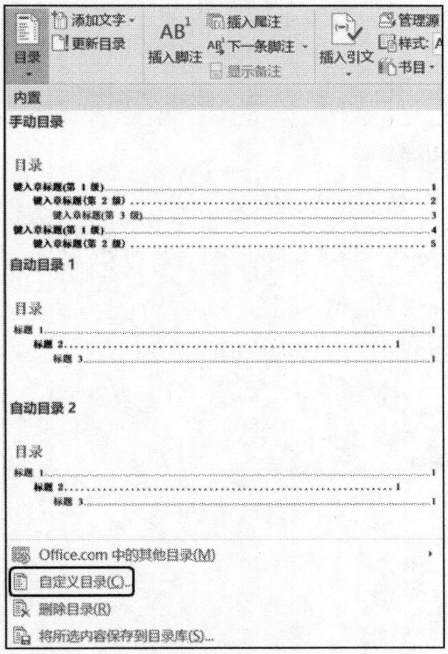

图 3-80　插入目录

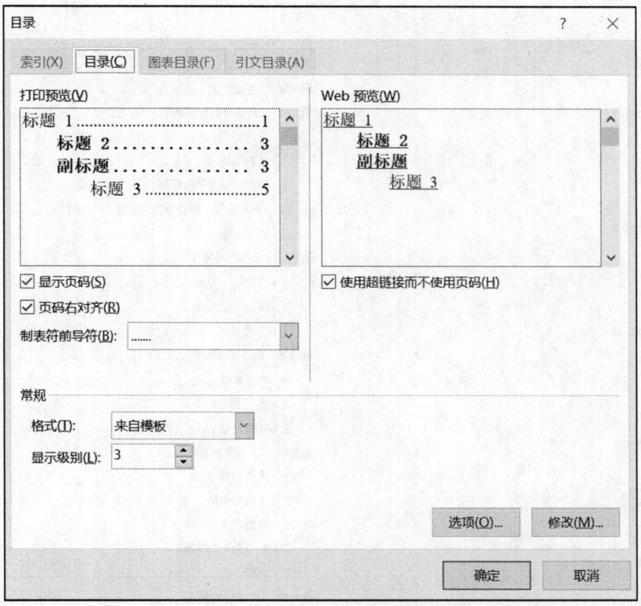

图 3-81　“目录”选项卡

（5）按住 Ctrl 键再单击标题内容，可定位到相应位置，如图 3-82 所示。

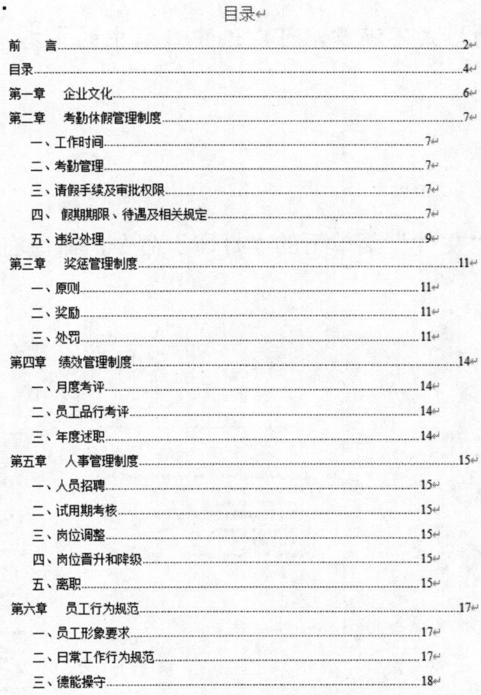
目录

前　言............2
目录............4
第一章　企业文化............6
第二章　考勤休假管理制度............7
一、工作时间............7
二、考勤管理............7
三、请假手续及审批权限............7
四、假期期限、待遇及相关规定............7
五、违纪处理............9
第三章　奖惩管理制度............11
一、原则............11
二、奖励............11
三、处罚............11
第四章　绩效管理制度............14
一、月度考评............14
二、员工品行考评............14
三、年度述职............14
第五章　人事管理制度............15
一、人员招聘............15
二、试用期考核............15
三、岗位调整............15
四、岗位晋升和降级............15
五、离职............15
第六章　员工行为规范............17
一、员工形象要求............17
二、日常工作行为规范............17
三、德能操守............18

图 3-82　目录展示

（6）设置目录格式。目录居中，选中目录，在“开始”选项卡中的“字体”功能组中设置“中文字体”为“宋体”，“西文字体”为“Times New Roman”，“字形”为“常规”，“字号”为 12，行距设置为 24 磅，目录效果如图 3-83 所示。

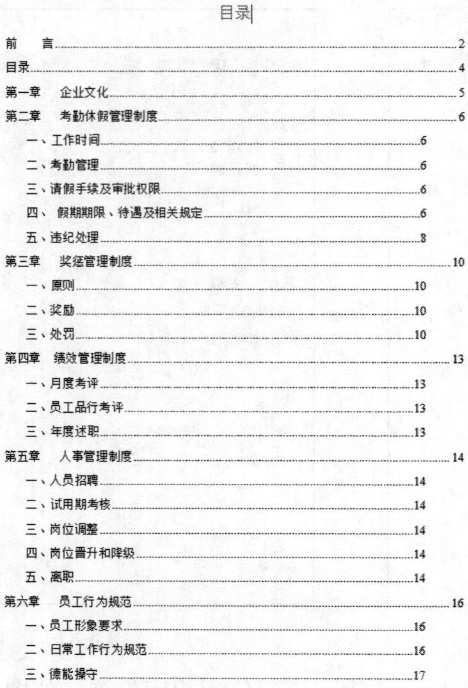

目录

前　言 2
目录 4
第一章　企业文化 5
第二章　考勤休假管理制度 6
一、工作时间 6
二、考勤管理 6
三、请假手续及审批权限 6
四、假期期限、待遇及相关规定 6
五、违纪处理 8
第三章　奖惩管理制度 10
一、原则 10
二、奖励 10
三、处罚 10
第四章　绩效管理制度 13
一、月度考评 13
二、员工品行考评 13
三、年度述职 13
第五章　人事管理制度 14
一、人员招聘 14
二、试用期考核 14
三、岗位调整 14
四、岗位晋升和降级 14
五、离职 14
第六章　员工行为规范 16
一、员工形象要求 16
二、日常工作行为规范 16
三、德能操守 17

图 3-83　目录效果图

小贴士：如果对目录的格式不满意，可以选中目录中的文本，修改它的格式和行距，方法与修改字符格式类似。

[拓展知识与技能]

1. 打印预览和打印

（1）打印预览。选择“文件”菜单下的“打印”命令，窗口右侧将出现打印预览的内容，如图 3-84 所示。

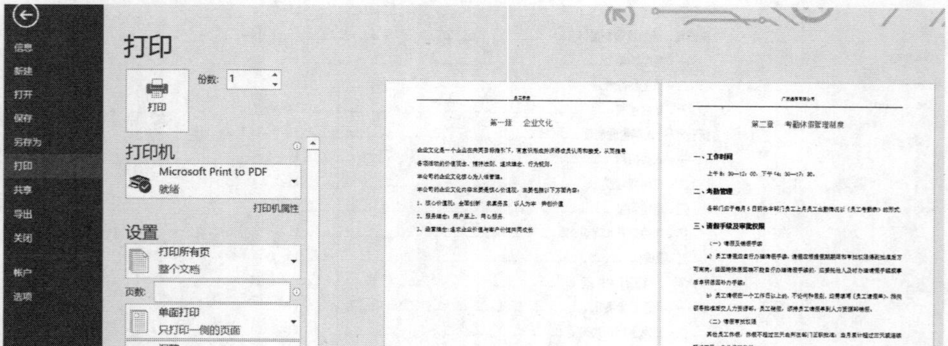

图 3-84　打印预览

（2）文档的打印。选择“文件”菜单下的“打印”命令，弹出“打印”界面，如图 3-85 所示。在“设置”中单击“打印所有页”，在下拉列表中选择“打印自定义范围”，填入要打印的页码，每两个页码之间加一个半角的逗号，连续的页码之间添加连字符即可，也可以选择打印当前页，或者打印选定的内容，还可以设置分别打印奇数页和偶数页。

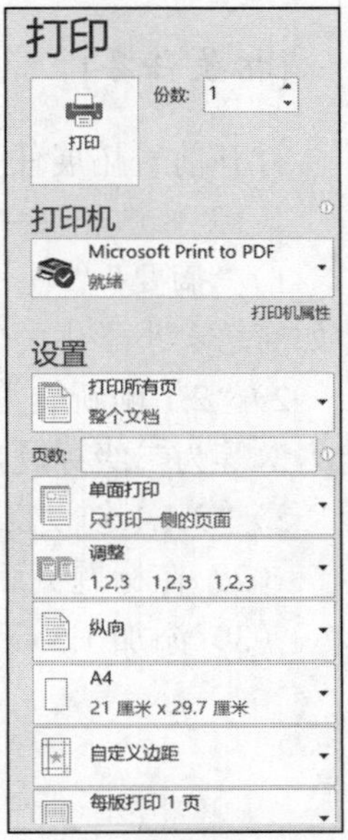

图 3-85 打印属性设置

2. 特殊排版方式

（1）竖排文字。设置竖排文字的方法有两种：一种是单击“页面布局”选项卡，选择“页面设置”功能组中的“文字方向”，在下拉列表中选择“垂直”，整篇文档的文字就变成了竖排的了，再单击这个按钮，文字方向又恢复水平；另一种是在文档的任意位置单击鼠标右键，执行快捷菜单中的“文字方向”命令，打开“文字方向”对话框，选择任一种格式。

上面讲的都是对整篇文档的文字方向进行更改，也可以选定一部分内容进行竖排：选中一段文字，在标尺的灰色部分双击，打开“页面设置”对话框，单击“文档网格”选项卡，在“文字排列”栏中选择“垂直”，单击“确定”按钮，所选择的文字就变成了竖排的格式，而且同其他的文字也分了页，如图 3-86 所示。

（2）带圈字符。单击“开始”选项卡，选择“字体”功能组中的“带圈字符”，弹出“带圈字符”对话框，在“文字”文本框中输入“A”，然后单击“确定”按钮，文档中就插入了一个带圈的“A”字（Ⓐ），如图 3-87 所示。

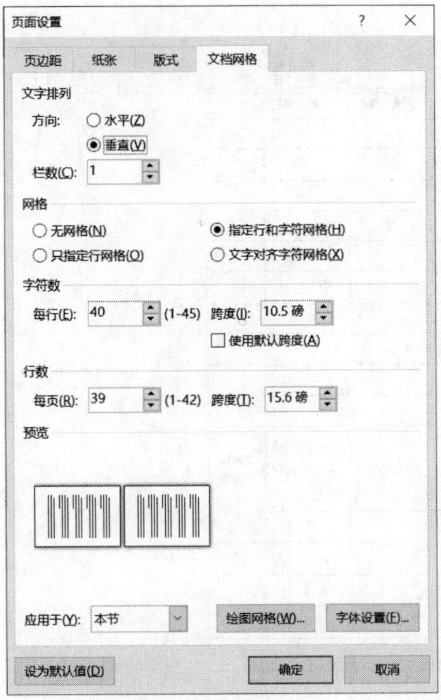

图 3-86 “文档网格”选项卡

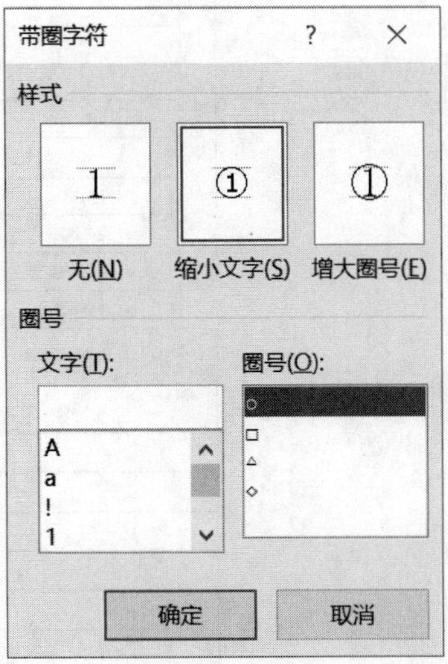

图 3-87 “带圈字符”对话框

[拓展任务]

拓展任务 3-6
毕业论文插入目录

打开前一拓展任务中完成的“毕业论文”文档，完成以下任务。

（1）修改正文中各章标题的样式。

1）“摘要”“第一章 绪论”“第二章 创新能力的概述”“第三章 教师如何培养小学生的创新能力”“结论”等为一级标题，设置“标题 1”样式。

2）“2.1 创新能力的概念”“2.2 小学生创新能力的基本特征”“3.1 从课堂教学中培养创新能力”等为二级标题，设置“标题 2”样式。

3）“3.1.1 创设良好情境”“3.1.2 打比方”等为三级标题，设置“标题 3”样式。

（2）在标题页后面自动生成目录，单独成页。

（3）添加 1.5 磅、标准色蓝色、双实线阴影页面边框。

3.4 Word 2016 文档的表格处理

任务 4 为公司创建采购月报表格

[任务描述]

为了更好地管理公司的采购制度，需要为公司创建采购月报表格，如图 3-88 所示。本任务通过对表格的创建、修改和格式化，使读者掌握 Word 2016 文档的表格处理。

[任务展示]

采购月报表

月份： 年 月 年 月 日

采购状态	部门	采购品名	采购数量	交货日期	其他问题及对策	
	下列情况：					
	1）生产状况					
	2）交货延期					
	3）存货多少					
上月销售实绩 / 部门		数量	销售金额	毛利	本月库存量	本月库存金额
合计						

图 3-88 采购月报表格

[相关知识与技能]

3.4.1 创建表格

创建表格

1. Word 表格的概念

（1）Word 表格的组成。表格一般是由粗细不同的横线和竖线构成行和列。Word 中将由行和列相交的方格称为单元格。每一个单元格都是一个独立的输入区域，可以输入正文和图形，并单独进行排版和编辑。

（2）表格行号从上至下依次为 1、2、3、…，列标签为 A、B、C、…，因此每一个单元格都有一个名称，如第一行第一列单元格的名称为 A1，第三行第四列单元格的名称为 D3。一个单元格区域可以用“:”来引用，如 A1:D3 表示第 1 行至第 3 行、第 1 列至第 4 列单元格的内容，如图 3-89 所示。

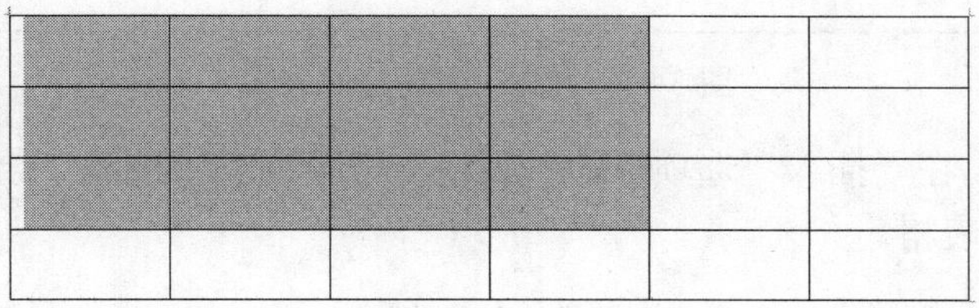

图 3-89　A1:D3 单元格区域

2. 创建表格的方法

（1）插入表格。将光标移动到插入表格的位置，选择“插入”选项卡，单击“表格”功能组中的“表格”按钮，在弹出的下拉列表中选择“插入表格”命令，弹出“插入表格”对话框，输入所需的行和列的数值，如图 3-90 所示。

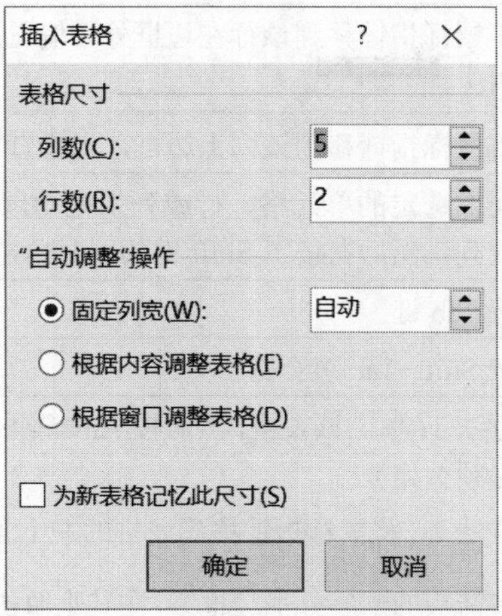

图 3-90　“插入表格”对话框

（2）表格图标。将光标移动到插入表格的位置，单击表格工具栏上的表格图标，拖动鼠标指针来选择行数和列数，如图 3-91 所示。如果用户需要插入多列，则在插入表格时按住鼠标左键，拖动鼠标指针至所需的行数和列数，然后释放鼠标即可。

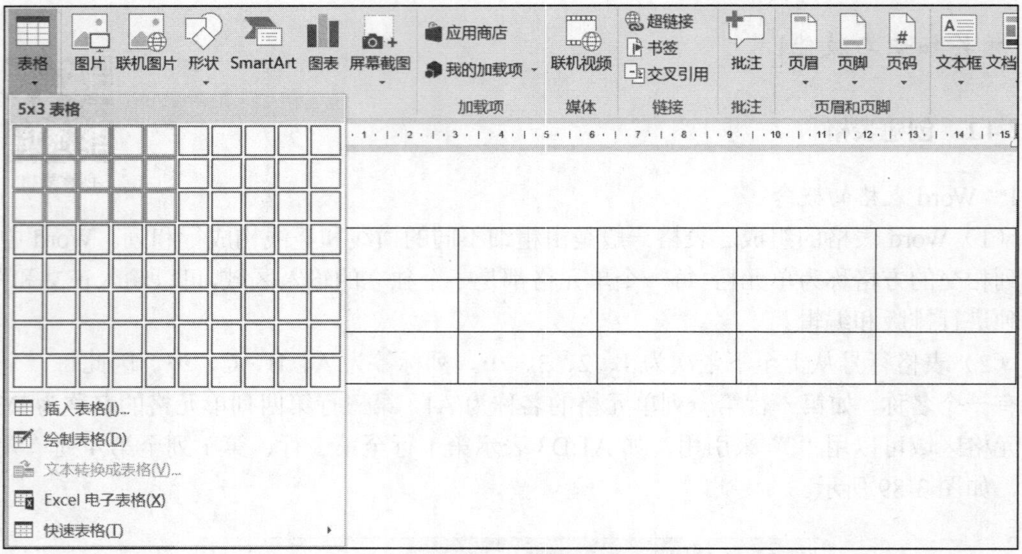

图 3-91　使用工具栏建立表格

（3）绘制表格。在“插入”选项卡的“表格”下拉列表中选择“绘制表格”命令，即可在文档中绘制所需的表格。

3. 选定表格

表格中的每一个单独的方格称为单元格，是表格中的最小单位。表格的选择操作见表 3-2。

表 3-2　表格的选择操作

选择操作	操作方法
选定一个单元格	将鼠标指针移到该单元格左边线（偏右），当指针变为向右斜的箭头时，单击
选定一行	将鼠标指针移到该行左边框外（偏左），当指针变为向右斜的箭头时，单击
选定一列	将鼠标指针移到该列上边框，当指针变为向下的箭头时，单击
选定多个单元格、多行或多列	在要选定的单元格、行或列上拖动鼠标；或者，先选定某个单元格、行或列，然后在按下 Shift 键的同时单击其他单元格、行或列
选定下一个单元格中的文本	按 Tab 键
选定上一个单元格中的文本	按 Shift+Tab 组合键
选定整张表格	方法 1：单击该表格，然后按 Alt+5 组合键（5 位于数字键盘上，Num Lock 必须关闭） 方法 2：将鼠标指针移到表格的左上角出现表格“移动控制点”图标（带有箭头的十字外加边框），在其上单击，如

此外，还可以选择表格工具中的“布局”选项卡，单击“选择”按钮，选定光标当前所在的行、列、整个表格和单元格，如图 3-92 所示。

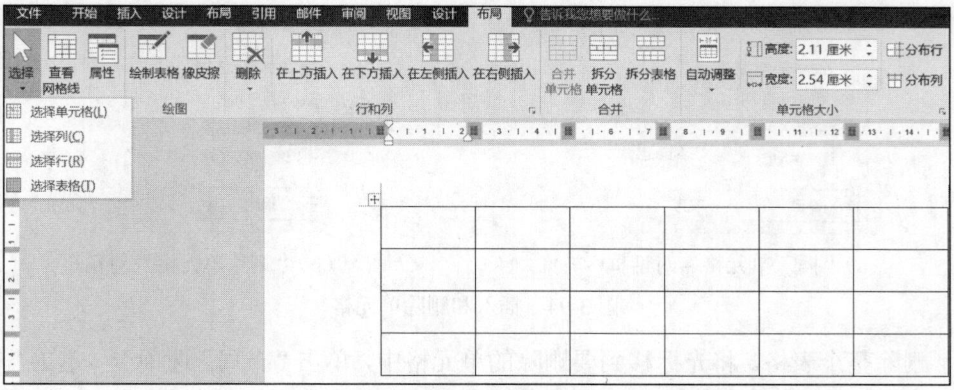

图 3-92 使用工具栏选择表格

编辑表格

4. 编辑表格

（1）插入新的行、列和单元格。

- 插入行和列。将光标移到表格中要插入行的位置，单击“布局”选项卡，选择“行和列”功能组，如图 3-93 所示，在其中选择“在上方插入”“在下方插入”“在左侧插入”“在右侧插入”，将在当前的行的上方、下方、左侧或右侧添加新的行或列。

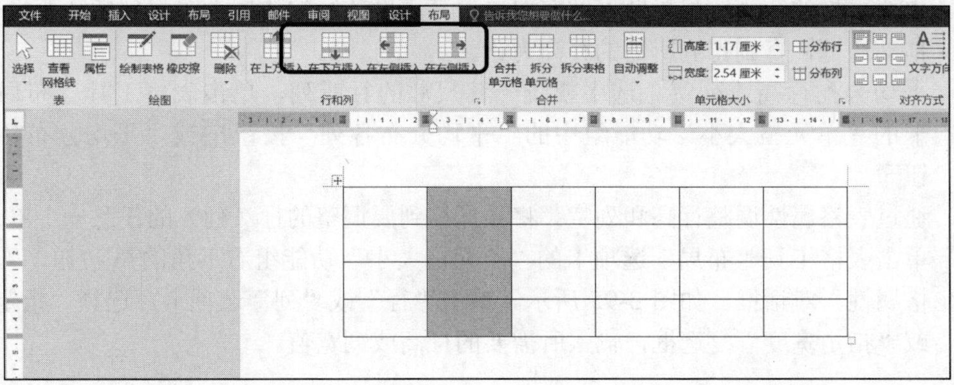

图 3-93 插入行和列操作

- 在表尾添加新行。单击表格最后一行的最后一个单元格，将光标移动到该单元格，按 Tab 键，完成操作。
- 插入单元格。将光标移到表格中要插入的单元格位置，单击“布局”选项卡，选择“行和列”功能组右下角的按钮，打开“插入单元格”对话框，如图 3-94（a）所示。

（2）删除表格的行、列和单元格。

- 删除行或列。将光标移动到要删除的行（列）中的任何一个单元格上或选定行（列），单击“布局”选项卡，选择“行和列”功能组中的“删除”命令，在弹出的下拉列表中选择“删除行”（“删除列”）命令，将删除当前光标所在的行（列）。
- 删除单元格。选中要删除的单元格并右击，在弹出的下拉列表中选择“删除单元格”命令，弹出“删除单元格”对话框，如图 3-94（b）所示。

（a）“插入单元格”对话框　　（b）“删除单元格”对话框

图 3-94　插入和删除单元格

- 删除整个表格。将光标移到要删除的单元格中，单击“布局”选项卡，单击“行和列”功能组中的“删除”按钮，在下拉列表中选择“删除表格”命令，将删除当前光标所在的表格。

（3）调整尺寸。

- 调整表格尺寸。将指针停留在表格上，直到表格尺寸控点图标“□”出现在表格的右下角，将指针停留在表格尺寸控点上，直到出现一个双向箭头，此时通过鼠标拖曳即可将表格的边框拖动到所需尺寸。
- 调整表格的列宽。将指针停留在要更改其宽度的列的边线上，直到指针变为“+||+”，拖动边线，直到得到所需的列宽为止。
- 更改表格的行高。将指针停留在要更改其高度的行的边框上，直到指针变为“÷”，拖动边框，直到得到所需的行高为止。
- 平均分配行高或列宽。选中要统一其尺寸的行或列，单击表格工具“布局”选项卡的“单元格大小”功能组中的“平均分布各列”按钮田或“平均分布各行”按钮☰。
- 通过表格属性调整行高和列宽。将光标移到要调整的行（列）的任意一个单元格上，单击表格工具“布局”选项卡的“单元格大小”功能组右下角的↘按钮，弹出“表格属性”对话框，如图 3-95 所示。单击“行”或“列”选项卡，选择“指定高度”或“指定宽度”复选框，输入所需要的行高或列宽值。

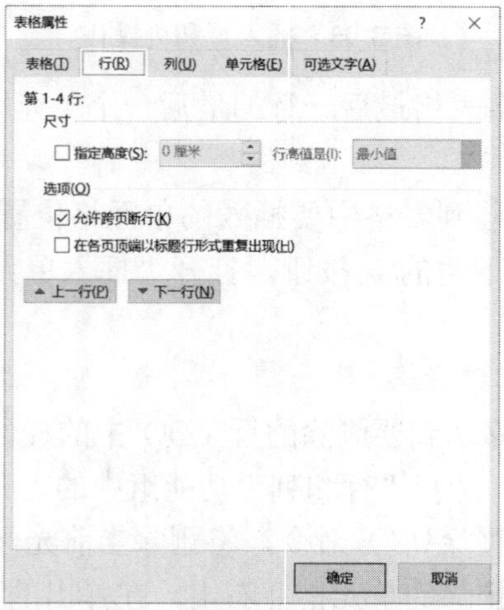

图 3-95　“表格属性”对话框

（4）改变单元格间距。单击表格工具“布局”选项卡的“对齐方式”功能组中的“单元格边距”按钮，弹出“表格选项”对话框，如图 3-96 所示。勾选“默认单元格间距”下的“允许调整单元格间距”复选框，并输入所需的数值。

（5）合并单元格。选定要合并的单元格，单击表格工具“布局”选项卡的“合并”功能组中的“合并单元格”按钮。

（6）拆分单元格。选定要拆分的单元格，单击表格工具“布局”选项卡的“合并”功能组中的“合并单元格”按钮，弹出“拆分单元格”对话框，输入要拆分的“列数”和“行数”，单击“确定”按钮，如图 3-97 所示。

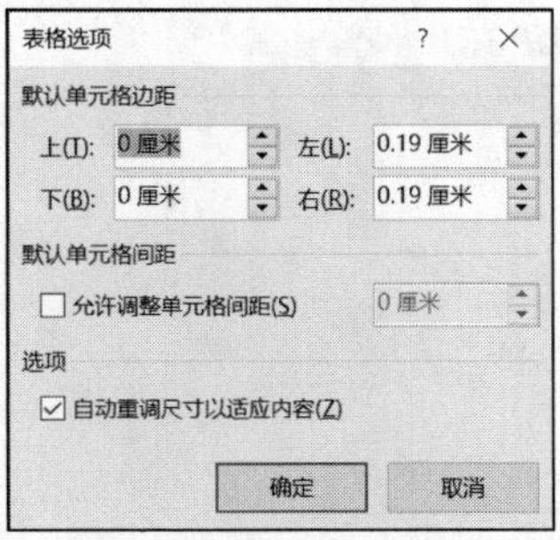

图 3-96　“表格选项”对话框

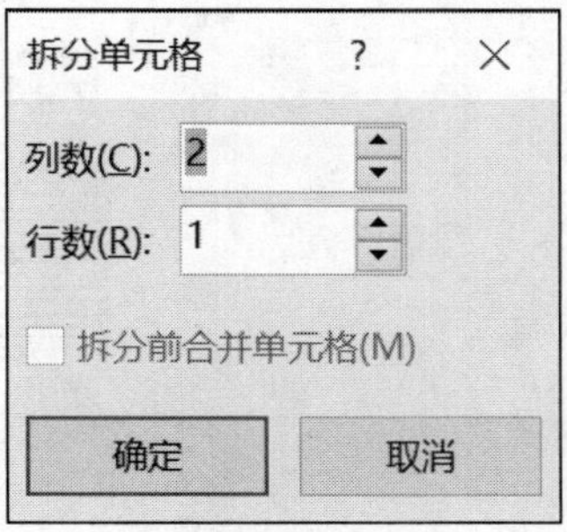

图 3-97　“拆分单元格”对话框

（7）拆分表格或在表格前插入文本。要将一个表格拆分成两个表格，请单击第二个表格的首行。要在表格中插入文本，请单击表格的第一行，再单击表格工具“布局”选项卡的“合并”功能组中的“拆分表格”按钮。

（8）合并两个表格。将光标移到要合并的表格的“回车换行符”前，按 Delete 键。

子任务 1　为公司创建采购月报表

子任务 1 采购月报表的制作

[任务实施]

（1）创建文件。新建名为“采购月报表.docx”的文档。

（2）页面设置。单击“页面布局”选项卡的“页面设置”功能组右下角的按钮，打开“页面设置”对话框，设置页边距上、下均为 2.54 厘米。

（3）输入标题。在第一行输入主标题“采购月报表”，并设置字体格式为宋体、24、加粗并居中。在第二行输入“月份　年　月”“年　月　日”，并设置字体格式为宋体、12、加粗，按效果图（图 3-100）排版。

（4）插入表格。将光标定位到第三行，单击“插入”选项卡，选择“表格”功能组，在“表格”下拉列表中选择“插入表格”，打开“插入表格”对话框，在对话框中设置行数（18）和列数（7），单击“确定”按钮。

（5）设置表格文字格式。单击表格左上方的，选择整个表格，设置字体格式为宋体、12。

（6）合并单元格。选中第一列的前 11 行，单击鼠标右键合并单元格，用同样的方法合并第一行的 6、7 列，8、9、10、11 行中的 3、4、5、6、7 列，13、14、15、16、17、18 行中的 1、2 列。

（7）合并 12 行中的 1、2 列，并单击“设计”功能组中的“页面边框”，弹出“边框和底纹”对话框，如图 3-98 所示。

（8）设置列宽。在“表格属性”对话框中设置第 1 列列宽为 1 厘米，第 2 列列宽为 4.5 厘米，单击“确定”按钮。用同样方法设置其他列列宽均为 2 厘米，如图 3-99 所示。

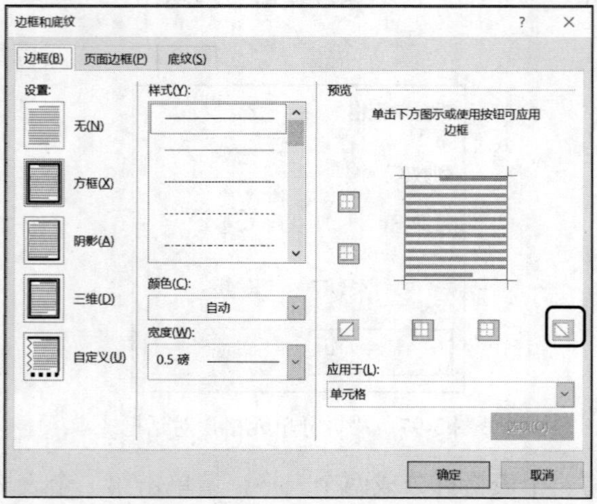

图 3-98 “边框和底纹”对话框

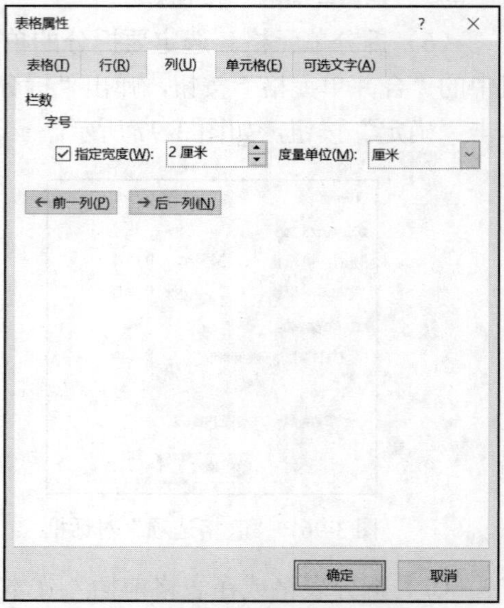

图 3-99 “表格属性”对话框

（9）设置第 12 行单元格的高度为 2.6 厘米，其他行的高度为 1 厘米。

（10）保存文档，效果如图 3-100 所示。

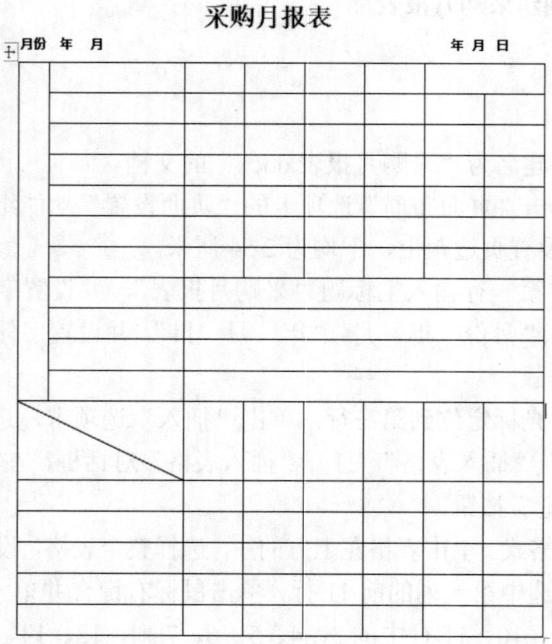

图 3-100 效果图

[拓展知识与技能]

1. 自由绘制复杂表格

在实际工作中，经常需要创建一些不规则的表格，如含有不同高度的单元格或每行包含不同列数的表格。此时可以使用 Word 的绘制表格工具来完成。选择表格工具“设计”选项卡的“边框”功能组中的“绘制表格”命令，如图 3-101 所示。

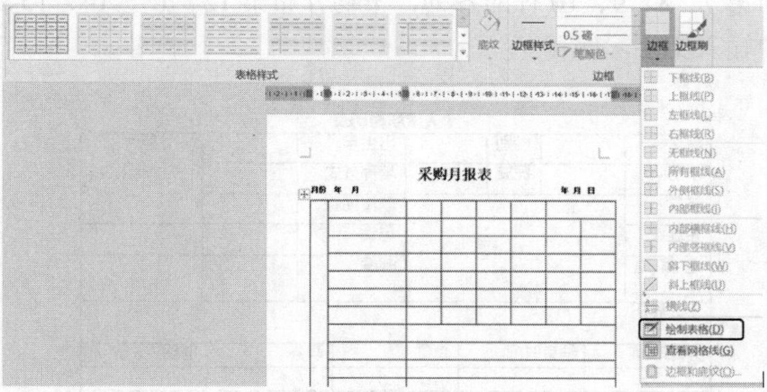

图 3-101 “绘制表格”命令

将鼠标指针在文档的指定区域拖拽出表的外边框，松开鼠标，在所绘制的边框中拖动鼠标画出 3 条横线、3 条竖线。要求从起始边框拖到鼠标指针相对的另一条边框，形成 4×4 的表格，将鼠标指针指向第二行第三列的方格的上边线，拖动鼠标指针到第三行每三列的下边线，松开鼠标指针画出中间短线。

小贴士：单击“设计”选项卡中的“绘图边框”功能组中的“擦除”按钮，鼠标指针变为橡皮状，单击线条将清除线条。

2. 绘制斜线表头

将光标定位到绘制斜线的单元格中，单击表格工具“设计”选项卡，选择“页面背景”功能组中的“页面边框”中的“边框”，选择“斜下框线”或“斜上框线”，如图 3-102 所示。

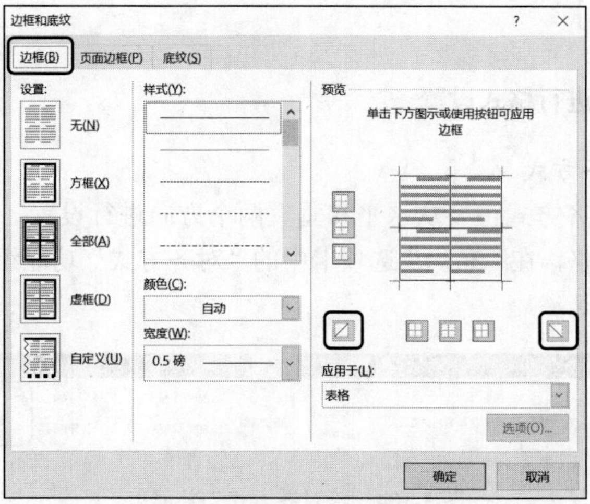

图 3-102 插入斜线

[拓展任务]

拓展任务 3-7
个人简历表

制作个人求职简历表，效果如图 3-103 所示。

（1）输入标题“个人求职简历表”，设置字体为宋体、16，并居中。

（2）插入 21 行、1 列的表格。

（3）利用布局选项卡中的绘制表格工具，绘制表格中的列。

（4）平均分布第 7、8、9、10 行的各列，平均分布第 12、13、14、15、16 行的各列。

（5）在表格中输入文字，保存。

个人求职简历表

姓名		性别		出生年月		一寸照片	
学历		民族		培养方式			
籍贯				政治面貌			
住址				电话			
通信地址				邮编			
个人履历							
开始时间	结束时间	单位	职务	证明人			
在学校期间主要课程成绩							
课程	成绩	课程	成绩	课程	成绩	课程	成绩
专业技能							
个人特长							
求职意向							
院系意见	(盖章)20 年 月 日						
学校意见	(盖章)20 年 月 日						

图 3-103 个人求职简历表

[相关知识与技能]

表格格式设置

3.4.2 对表格数据进行格式设置

1. 单元格文字对齐方式

单元格中文字的对齐方式主要从水平和垂直两个方向进行设置，有九种对齐方式。选定要设置对齐方式的单元格，在“布局”选项卡中的“对齐方式”功能组中选中对齐方式，如图 3-104 所示。

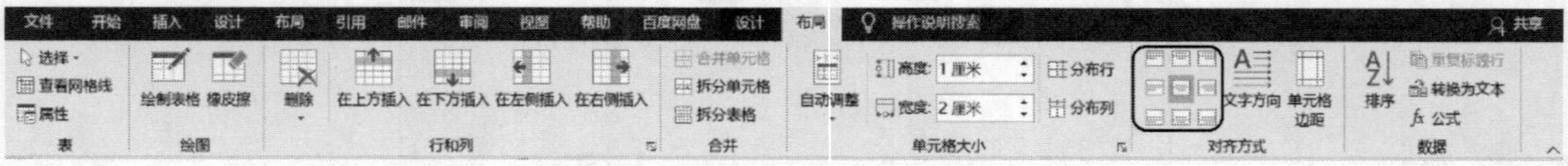

图 3-104 “对齐方式”功能组

小贴士：只有当单元格的高度大于其中的文本高度时，“垂直对齐”效果才能体现出来。

2. 设置表格的边框线

选中要设置边框线的表格，选择“设计”选项卡中的“边框”中的“边框和底纹”命令，如图 3-105 所示，弹出“边框和底纹”对话框，在“边框”选项卡中设置样式、颜色、宽度等。

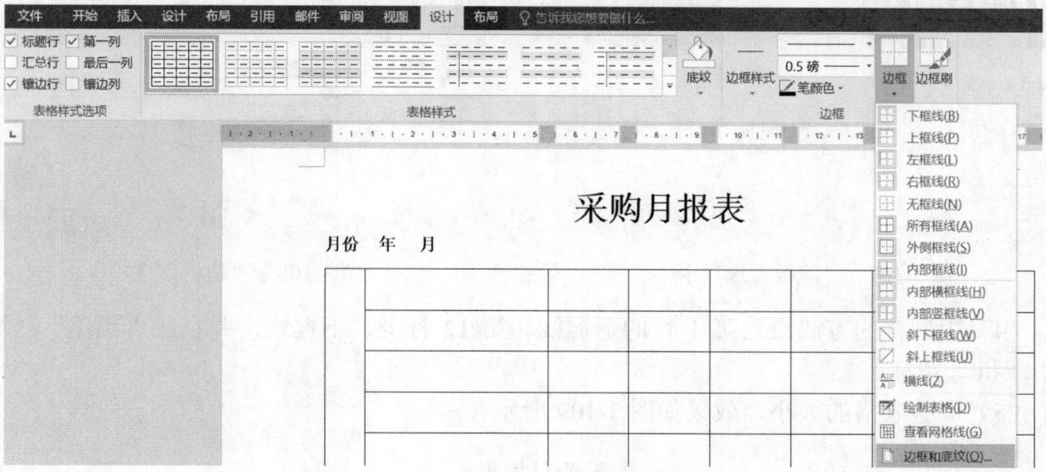

图 3-105 “边框和底纹”命令

3. 设置表格中文字的方向

选择单元格中需要更改方向的文本，单击表格工具“布局”选项卡的“对齐方式”功能组中的“文字方向”按钮，如图 3-106 所示。

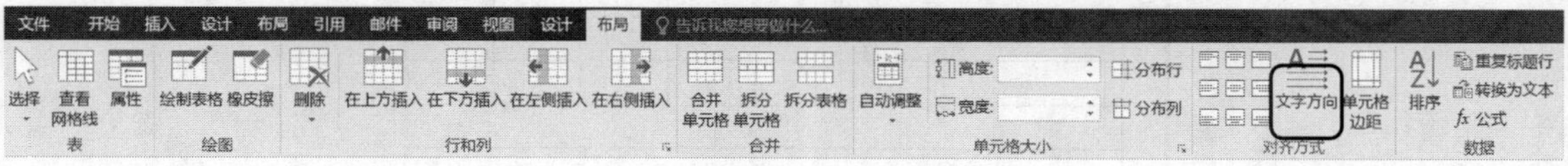

图 3-106 文字方向设置

子任务 2　对采购月报表进行格式设置

子任务 2 采购月报表格式设置

[任务实施]

（1）打开子任务 1 完成的采购月报表，选中整个表格，选择“布局”选项卡中的“对齐方式”功能组中的“水平居中”。

（2）设置底纹。选中表格的第 1 行和第 12 行，选择“设计”选项卡中的“边框”下拉菜单中的“边框和底纹”，弹出“边框和底纹”对话框，选择“底纹”选项卡，将“填充”设置为“白色 背景 1 深色 15%”，如图 3-107 所示。

（3）添加边框。选中整个表格，选择“设计”选项卡中的“边框”下拉菜单中的“边框和底纹”，弹出“边框和底纹”对话框，在“边框”选项卡中选择“方框”，分别设置样式为双实线，颜色为深蓝色（标准色）和宽度为 1.5 磅，单击预览图示中的上、下、左、右框线，可“预览”效果，如图 3-108 所示。

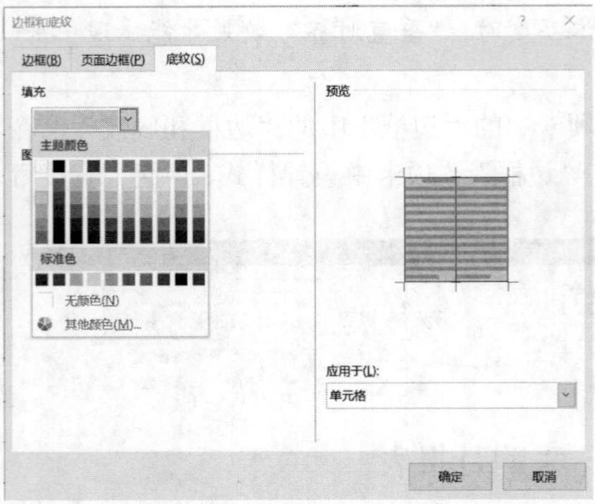

图 3-107 “底纹”选项卡

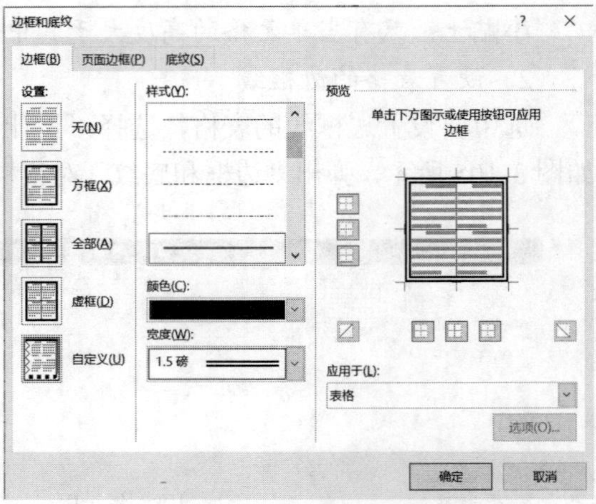

图 3-108 “边框”选项卡

（4）用同样的方法设置第 1 行的下框线和第 12 行上、下框线，并且在“预览”区域中选择和图标。

（5）调整表格的大小，效果如图 3-109 所示。

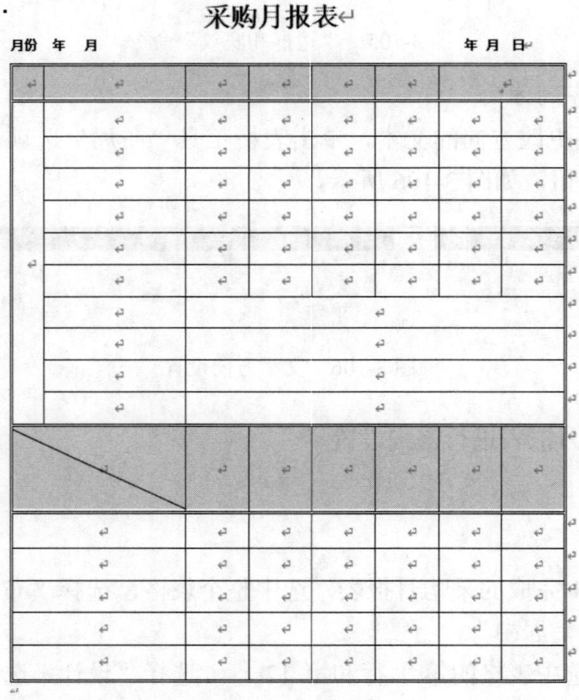

图 3-109 效果图

[拓展知识与技能]

1. 表格与文本转换

选定需要转换为文本的表格，单击表格工具中的“布局”选项卡的“数据”功能组中的“表格转换成文本”按钮，弹出“表格转换成文本”对话框，选择一种文字分隔符，单击“确定”按钮，如图 3-110 所示。

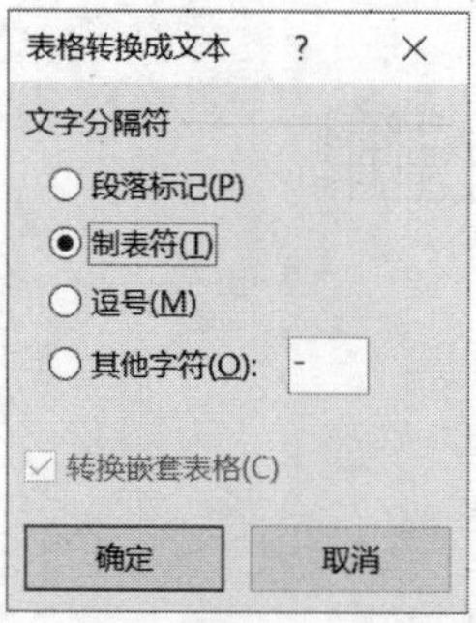

图 3-110　“表格转换成文本”对话框

小贴士：也可以将制表符、逗号或其他特定字符分隔的文本转换为表格，方法与上同。

2. 在页面上对齐表格

选中表格并右击，选择“表格属性”命令，弹出“表格属性”对话框，选择“表格”选项卡，设置“对齐方式”，如图 3-111 所示。

小贴士：若要设置左对齐表格的左缩进量，请在“左缩进”组合框中输入数值。

3. 设置表格与周围文字的排列方式

选中与周围文字排列的表格并右击，选择功能选项卡中的“表格属性”，弹出“表格属性”对话框。在弹出的“表格属性”对话框的“文字环绕”区域中选择“环绕”，同时指定表格的尺寸。选择“环绕”图标后，对话框中的“定位”按钮将被激活，单击“定位”按钮，将弹出“表格定位”对话框，如图 3-112 所示在此对话框中进行相应的设置。

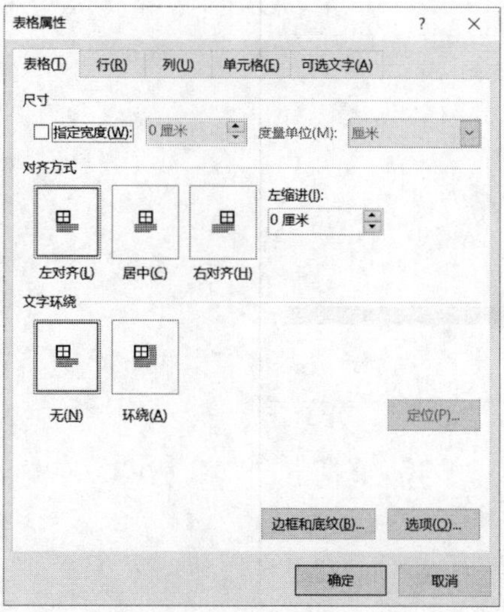

图 3-111　“表格属性”对话框

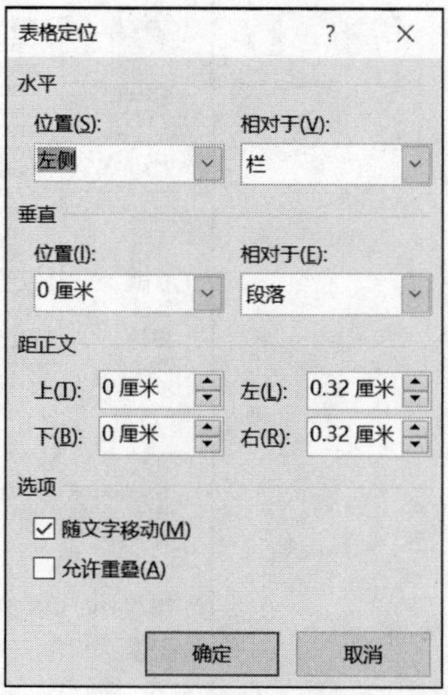

图 3-112　“表格定位”对话框

4. 套用表格样式

设置表格样式可以套用表格样式，使其达到用户所要求的效果。将插入点移到表格中，在表格工具“设计”选项卡中的“表格样式”功能组的样式列表中选择一种表格样式，单击“确定”按钮，如图 3-113 所示。

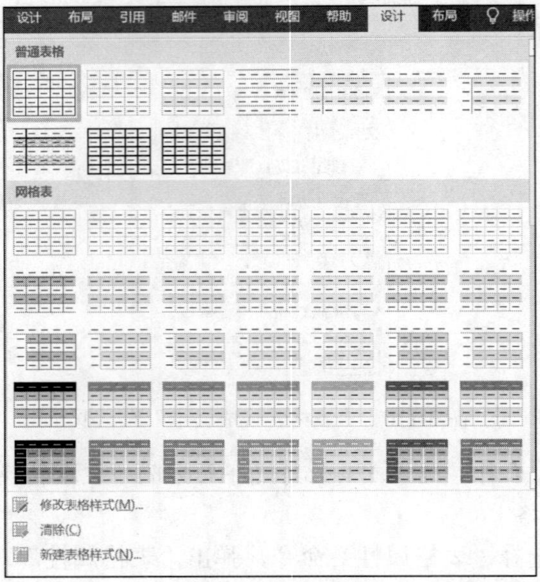

图 3-113　套用表格样式

小贴士：套用样式也可利用“新建表样式”，单击表格工具中的“设计”选项卡中的“表格样式”功能组的▼按钮，在下拉列表中选择“新建表样式”，弹出“根据格式化创建新样式”对话框，设置“样式基准”，如图 3-114 所示。

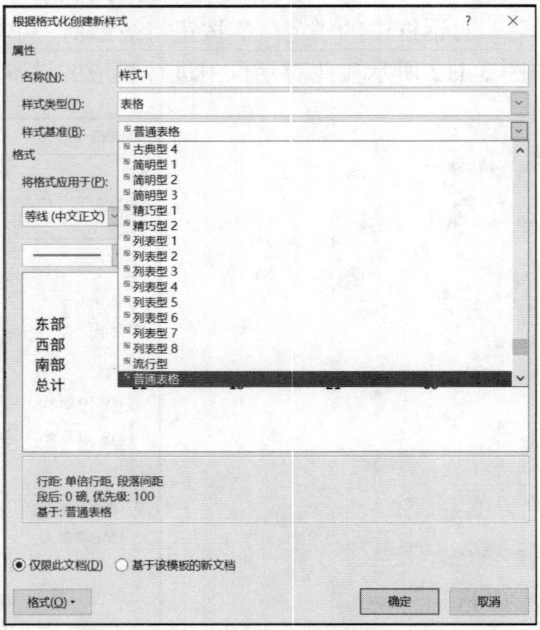

图 3-114　“根据格式化创建新样式”对话框

5. 跨页重复标题

用户在制作较长的表格的时候，表格可能会超过一页，但是到第二页后就没有了标题，阅读起来很不方便。此时用户需要使用跨页重复标题功能，即将光标移动至标题行任意位置，单击表格工具“布局”选项卡中的“数据”功能组的“标题行重复”按钮。

小贴士：如果用户设计的表格标题有两行，则需要先选择这两行，再进行功能选项卡操作。

[拓展任务]

打开前一拓展任务文档，格式化个人简历表，对表格套用“中等深浅网格 1-强调文字颜色 1”格式，效果如图 3-115 所示。

拓展任务 3-8 简历的格式设置

图 3-115　格式化个人简历表

[相关知识与技能]

3.4.3　对表格数据进行计算和排序

表格数据的计算和排序

1. 引用表格中的单元格

在表格中进行计算时，可以用像 A1、A2、B1、B2 这样的形式引用表格中的单元格，其中的字母代表列，数字代表行，如图 3-116 所示。

	A	B	C
1	A1	B1	C1
2	A2	B2	C2
3	A3	B3	C3

图 3-116　单元格引用名称

在公式中引用单元格时，用逗号分隔单个单元格，而选定区域的首尾单元格之间用冒号分隔，见表 3-3。

表 3-3　单元格的引用方式

单元格的选择方式	计算所选单元格的平均值时的引用方式
	=average(b:b) 或 =average(b1:b3)
	=average(a1:b2)
	=average(a1:c2) 或 =average(1:1,2:2)
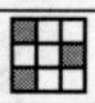	=average(a1,a3,c2)

2. 在表格中进行计算

选中放置计算结果的单元格，单击表格工具中的“布局”选项卡的“数据”功能组中的“公式”按钮，弹出“公式”对话框，如图 3-117 所示。

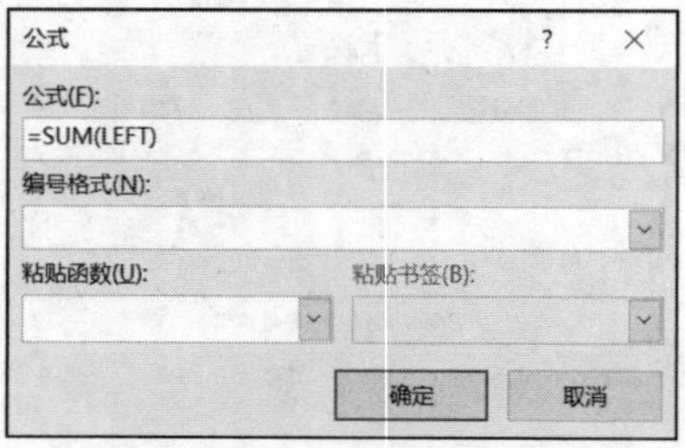

图 3-117　“公式”对话框

小贴士：若在公式的括号中输入单元格引用，可引用单元格的内容。例如，如果需要计算单元格 A1 和 B4 中数值的和，应建立这样的公式：=SUM(a1,b4)。在“编号格式”组合框中输入数字的格式。例如，要以带小数点的百分比显示数据，请单击 0.00%。在“公式”对话框中的“公式”文本框中的参数，LEFT 表示对左边的数据进行计算，RIGHT 表示对右边的数据进行计算，ABOVE 表示对上面的数据进行计算，BELOW 表示对下面的数据进行计算。

3. 表格的数据排序

选中关键列，单击表格工具“布局”选项卡的“数据”功能组中的“排序”按钮，弹出“排序”对话框，如图 3-118 所示。

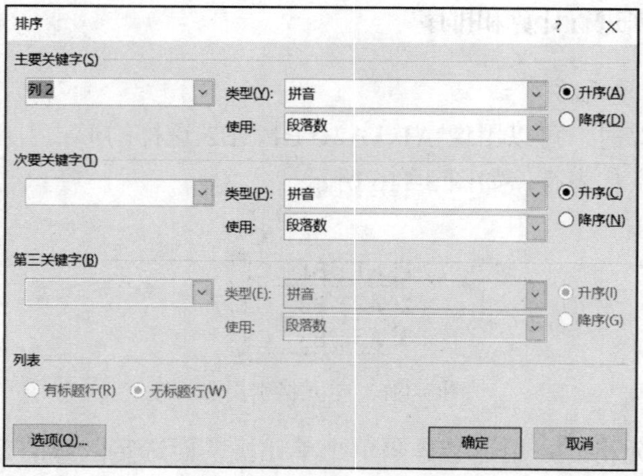

图 3-118　“排序”对话框

子任务 3　统计采购月报表

子任务 3 统计采购月报表情况

[任务实施]

（1）打开子任务 2 中完成的表格，对表格添加相应的文字和数据，如图 3-119 所示。

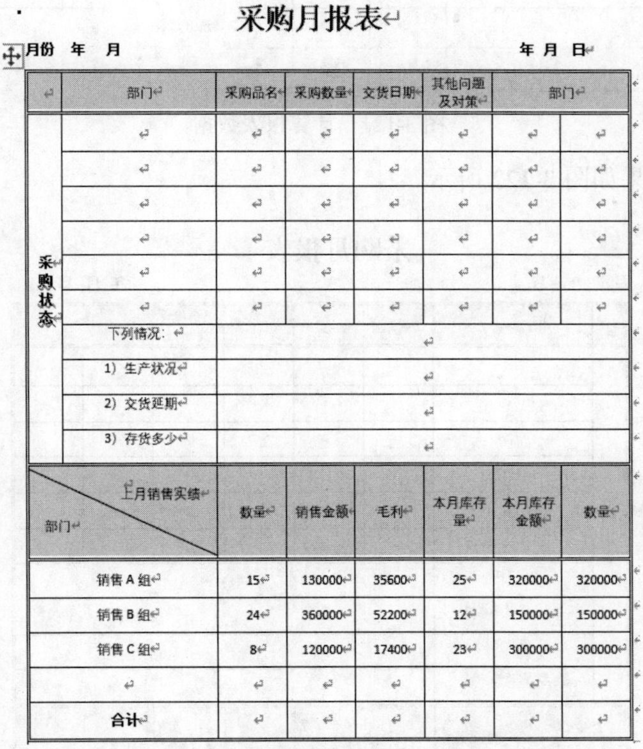

采购月报表

月份　年　月　　　　　　　　　　　　年　月　日

	部门	采购品名	采购数量	交货日期	其他问题及对策	部门	
采购状态							
	下列情况：						
	1）生产状况						
	2）交货延期						
	3）存货多少						
部门 \ 上月销售实绩		数量	销售金额	毛利	本月库存量	本月库存金额	数量
销售 A 组		15	130000	35600	25	320000	320000
销售 B 组		24	360000	52200	12	150000	150000
销售 C 组		8	120000	17400	23	300000	300000
合计							

图 3-119　添加文字和数据

（2）计算合计列内容。将光标放在合计行的数量列，单击表格工具“布局”选项卡的“数据”功能组中的“公式”按钮，如图 3-120 所示，确定计算结果。

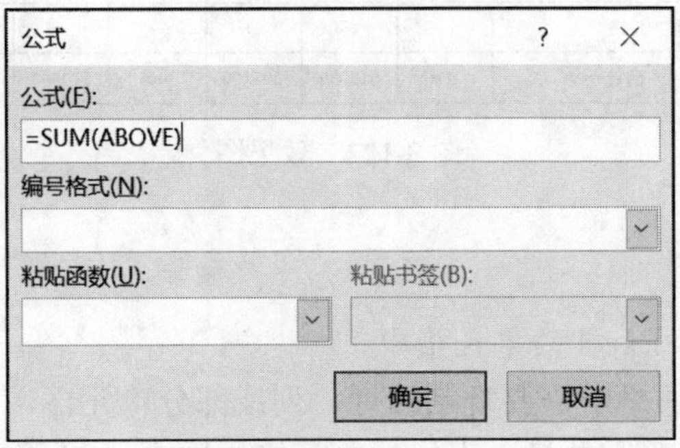

图 3-120“公式”对话框

（3）复制数量列的计算数据，粘贴到合计列的其他单元格，选中数据并右击，选择“更新域”即可，如图 3-121 所示。

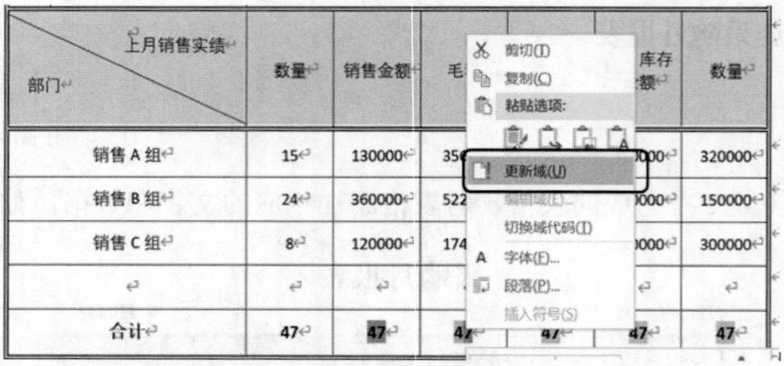

图 3-121　计算报表数据

（4）保存后效果如图 3-122 所示。

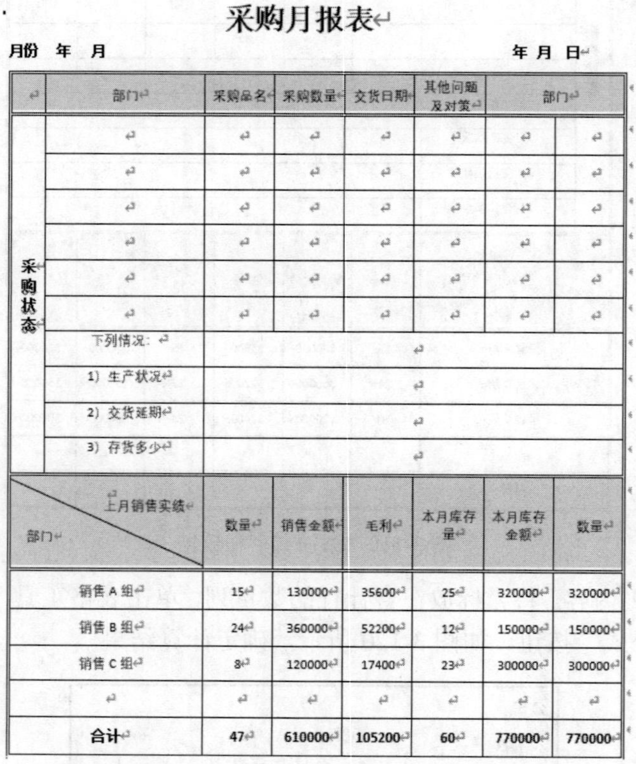

采购月报表

月份　年　月　　　　　　　　　　　　年 月 日

	部门	采购品名	采购数量	交货日期	其他问题及对策	部门
采购状态						
	下列情况：					
	1）生产状况					
	2）交货延期					
	3）存货多少					

上月销售实绩 / 部门	数量	销售金额	毛利	本月库存量	本月库存金额	数量
销售 A 组	15	130000	35600	25	320000	320000
销售 B 组	24	360000	52200	12	150000	150000
销售 C 组	8	120000	17400	23	300000	300000
合计	47	610000	105200	60	770000	770000

图 3-122　效果图

[拓展知识与技能]

1. 直接将数据复制到 Excel 的单元格中

打开目标文档，选择表格中需要复制的行、列或部分单元格，按 Ctrl+C 组合键复制所选内容。然后打开 Excel，单击需要插入表格的单元格，按 Ctrl+V 组合键，即可将从 Word 的表格复制来的内容完全复制到 Excel 工作表。

小贴士：需要调整格式，请单击数据旁自动产生的“粘贴选项”按钮，再根据实际情况选中“匹配目标格式”或“保留源格式”。

2. 将 Word 表格以图片的格式复制到 Excel 中

前两点与上同，打开 Excel 文件，打开需要输入内容的工作表，右击单元格，在右键菜单中选择“选择性粘贴”命令，弹出“选择性粘贴”对话框，如图 3-123 所示。

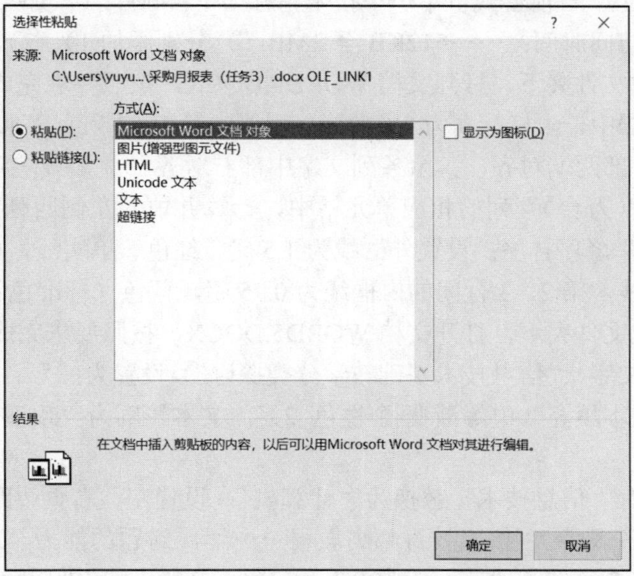

图 3-123 “选择性粘贴”对话框

习 题

练习一 打开 WORD1.DOCX，按照要求完成下列操作并以该文件名保存文档。

（1）将文中所有“最低生活保障标准”替换为“低保标准”；将标题段文字（“低保标准再次调高”）设置为三号楷体、居中、字符间距加宽 3 磅，并添加 1.5 磅蓝色（标准色）阴影边框。

（2）将正文各段文字（“本报讯……从 2001 年 7 月 1 日起执行。”）设置为五号、宋体；首行缩进 2 字符，段前间距为 0.5 行；正文“本报讯”和“又讯”两字设置为小四号、黑体。

（3）将第二行重复的“的执行”删除一个。再将正文第三段（“又讯……从 2001 年 7 月 1 日起执行。”）分为等宽的两栏，栏间距为 1 字符，栏间加分隔线。

练习二 打开 WORD2.DOCX，按照要求完成下列操作并以该文件名保存文档。

（1）在表格最后一行的“学号”列中输入“平均分”，在最后一行相应单元格内填入该门课的平均分。将表中的第 2 行至第 6 行按照学号的升序排列。

（2）表格中所有内容设置为五号、宋体、水平居中；设置表格列宽为 3 厘米，表格居中；设置外框线为 1.5 磅蓝色（标准色）双窄线，内框线为 1 磅蓝色（标准色）单实线；表格第一行底纹为“橙色，强调文字颜色 6，淡色 60%”。

练习三 在考生文件中下，打开 WORD3.DOCX，按照要求完成下列操作并以该文件名保存文档。

（1）将文中所有的“传输速度”替换为“传输率”；将标题段文字（“硬盘的技术指标”）

设置为小二号、红色、黑体、加粗、居中，并添加黄色底纹；段后间距设置为 1 行。

（2）将正文各段文字（“目前台式机中……512KB 至 2MB。”）的中文设置为五号、仿宋，英文设置为五号、Arial 字体；各段落左、右各缩进 1.5 字符，各段落设置为 1.4 行距。

（3）正文第一段（“目前台式机中……技术指标如下：”）首字下沉两行，距正文 0.1 厘米；正文后五段（“平均访问时间：……512KB 至 2MB。”）分别添加 1)、2)、3)、4)、5)。

练习四 在考生文件夹下，打开文档 WORD4.DOCX，按照要求完成下列操作并保存。

（1）设置表格居中，表格行高为 0.6 厘米；表格中第 1、2 列文字水平居中，其余各行文字中，第 1 列文字中部两端对齐，其余各列文字中部右对齐。

（2）在“合计（万台）”列的相应单元格中，计算并填入左侧四列的合计数量，将表格后 4 行内容按“列 6”降序排序；设置外框线为 1.5 磅、红色、单实线，内框线为 0.75 磅、蓝色（标准色）、单实线，第 2、3 行间的内框线为 0.75 磅、蓝色（标准色）、双窄线。

练习五 在考生文件夹下，打开文档 WORD5.DOCX，按照要求完成下列操作并保存。

（1）将标题段文字（“信息技术基础教学分类探讨”）设置为三号、楷体、倾斜、居中，文本效果设置为“文本填充（中等渐变-个性色 2）”，文本轮廓为“玫瑰红（红色 255，绿色 100，蓝色 100）”。

（2）将文中所有“信息技术”替换为“计算机”；设置左、右页边距各为 3.5 厘米。

（3）设置正文各段落（“按照教育部高教司……解决问题的能力与水平。”）左、右各缩进 2 字符，首行缩进 2 字符，段前间距为 0.3 行，将正文第三段（“后续课的内容……解决问题的能力与水平。”）分为等宽两栏，栏间添加分隔线（注意：分栏时，段落范围包括本段末尾的回车符）。

（4）将文中后 7 行文字转换成 7 行 2 列的表格，设置表格居中、表格列宽为 5 厘米、行高为 0.7 厘米，设置表格中第一行文字水平居中，其余文字中部右对齐。

（5）设置表格外框线和第一行与第二行的内框线为 3 磅、标准色（绿色）、单实线，其余内框线为 1 磅、标准色（绿色）、单实线，设置表格为浅黄色（红色 255，绿色 255，蓝色 100）底纹。

第 4 章　Excel 2016 的基本操作与应用

本章导读

Excel 是微软公司的 Office 办公软件的组件之一，是一个功能强大的电子表格程序。Excel 不仅可以将整齐而美观的表格呈现给用户，还可以用来进行数据的分析和预测，完成许多复杂的数据运算，帮助使用者做出更加有根据的决策。同时它还可以将表格中的数据通过各种各样的图形、图表表现出来，增强表格的表达力和感染力。它功能强大、操作简单，广泛地应用于管理、统计财经、金融等众多领域。本章以“星星服装连锁店管理”为贯穿项目，通过四个任务的实施，掌握日常工作中 Excel 的常用功能、使用方法和使用技巧，提高表格的制作水平，从而提高工作效率。

4.1　Excel 2016 电子表格数据的创建与编辑

任务 4.1　员工基本信息表和员工销售业绩表的制作

[任务描述]

为了掌握员工的基本信息，以及记录员工 2020 年上半年销售业绩情况，王经理要求助理小王利用 Excel 2016 制作一份电子表格，里面包括员工的基本信息和 2020 年上半年销售业绩。图 4-1 和图 4-2 分别为制作完成后的效果。

[任务展示]

	A	B	C	D	E	F	G
1	员工基本信息明细表						
2	序号	工号	姓名	身份证号	联系电话	入职时间	邮箱
3	1	02017080201	李清秀	441602199	18712345678	2015/6/7	liqingxiu@163.com
4	2	02017080202	刘畅	425632198	13756983562	2016/6/5	liuchang@163.com
5	3	02017080203	程功	421523198	15645236852	#######	chenggong@126.com
6	4	02017080204	王丽丽	425612198	13452354214	#######	wanglili@163.com
7	5	02017080205	白远清	425625198	13325623636	#######	baiyuanqing@163.com
8	6	02017080206	张小欢	432532198	13252684253	#######	zhangxiaohuang@126.com
9	7	02017080207	陈阳	425625198	13542511325	#######	chenyang@163.com
10	8	02017080208	刘佳佳	442556198	13657852621	2016/7/2	liujiajia@163.com
11	9	02017080209	张方	445258198	13852414253	#######	zhangfang@126.com
12	10	02017080210	白清清	442532198	13756232353	2018/2/8	baiqingqing@163.com
13	11	02017080211	李海	425425198	13825632542	#######	lihai@163.com
14	12	02017080212	罗依依	425632198	13965234525	2016/4/5	luoyiyi@126.com
15	13	02017080213	王国	425653198	15955325241	#######	wangguo@163.com
16	14	02017080214	刘然	421253198	13856234588	#######	liuran@163.com
17	15	02017080215	李来	432353198	15963258454	#######	lilai@126.com
18	16	02017080216	江茹海	445256198	15845236521	#######	jiangruhai@163.com
19	17	02017080217	廖发辉	441602199	18312345678	2015/4/6	liaofahui@163.com
20	18	02017080218	林旭珊	425632199	13556983562	2017/6/5	linxushan@163.com

图 4-1　员工基本信息表

图 4-2　员工销售业绩表

[相关知识与技能]

Excel 2016 工作界面

4.1.1　Excel 2016 的工作界面

Excel 2016 的工作界面主要由标题栏、快速访问工具栏、控制按钮栏、功能区、名称框、编辑栏、工作区、状态栏组成。某些区还包含选项卡、命令按钮等，如图 4-3 所示。

图 4-3　Microsoft Excel 2016 工作界面

其中快速访问工具栏、功能区、标题栏、控制按钮栏的功能与操作方法同 Word 2016 中的区域功能的操作方法一致，在此不再详述。下面介绍 Excel 中特有的功能区域。

1. 名称框

名称框用于显示当前活动对象的名称信息，包括单元格的列标和行号、图表名称、表格名称等。名称框也可用于定位到目标单元格或其他类型对象。在名称框中输入单元格的列表和行号，即可定位到相应的单元格。例如：当单击 C3 单元格时，名称框中显示的是“C3”；当在名称框中输入“C3”时，光标将定位到 C3 单元格。

2. 编辑栏

编辑栏用于显示和编辑当前活动单元格中的数据或公式。默认情况下，编辑栏中包括“插入函数”按钮 fx 和编辑框。在单元格中输入数据或插入公式与函数时，编辑栏中将显示“取消”按钮 × 和“输入”按钮 ✓。

- “取消”按钮 ×：表示取消输入的内容。
- “输入”按钮 ✓：表示确定并完成输入的内容。
- “插入函数”按钮 fx：单击该按钮，将快速打开“插入函数”对话框，在其中可选择相应的函数插入到单元格中。
- 编辑框：显示单元格中输入或编辑的内容，也可在其中直接输入或编辑单元格内容。

3. 工作表区域

工作表区域用于编辑工作表中各单元格内容，一个工作簿可以包含多个工作表。每个工作表包括行号与列标、单元格和工作表标签等部分，如图 4-4 所示。

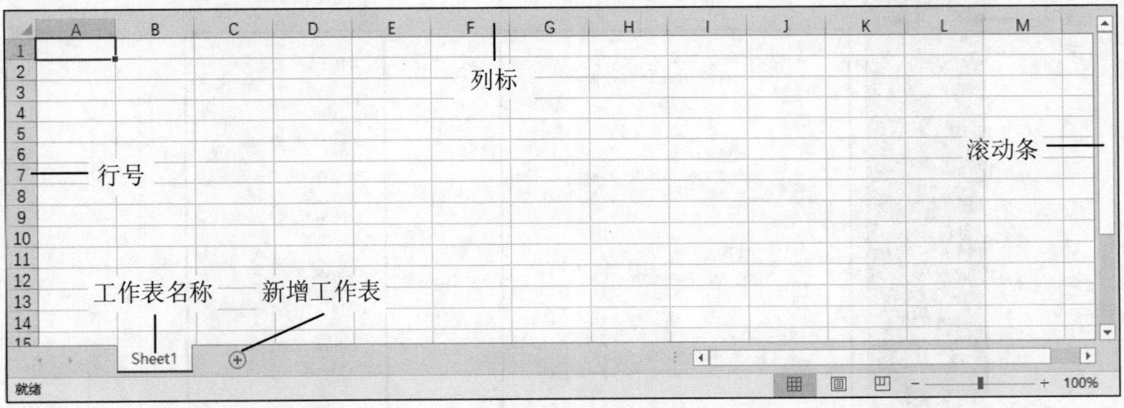

图 4-4　工作表区域

- 行号：使用“1、2、3、…”等数字标识，从 1 到 1048576，共 1048576 行。
- 列标：使用“A、B、C、…”等大写英文字母标识，从 A 到 XFD，共 16384 列。
- 工作表标签：显示工作表的名称，如 Sheet1、Sheet2、Sheet3 等。双击工作表名称或单击鼠标右键，可对工作表进行重命名。单击工作表，拖动鼠标，可更改工作表位置。按 Ctrl+鼠标左键，拖动鼠标，可复制选中工作表。

4. 状态栏

状态栏用于显示当前的工作状态，如图 4-5 所示，包括公式计算进度、选中区域的汇总值、平均值、当前视图模式、显示比例等。若需更改状态栏显示内容，可将光标放在状态栏，单击鼠标右键，自定义状态栏。

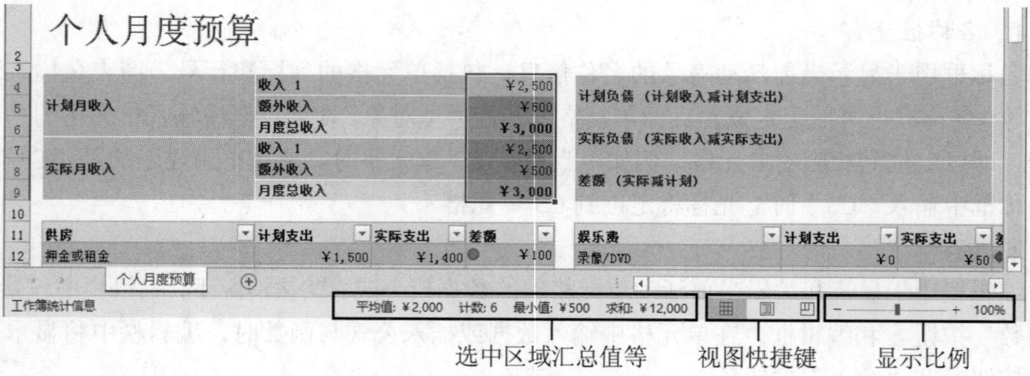

图 4-5 工作表的状态栏

5. 后台视图

在 Excel 2016 中单击功能区左上角“文件”按钮可进入后台视图界面，如图 4-6 所示。后台视图采用三栏式设计，分别是操作栏、信息栏和属性栏。

- 操作栏可以完成新建、打开、保存、另存为、打印、共享和导出等工作。
- 信息栏可完成保护工作簿、检查工作簿、管理版本等工作。
- 属性栏可对工作簿的属性、日期、人员信息等进行修改设置。

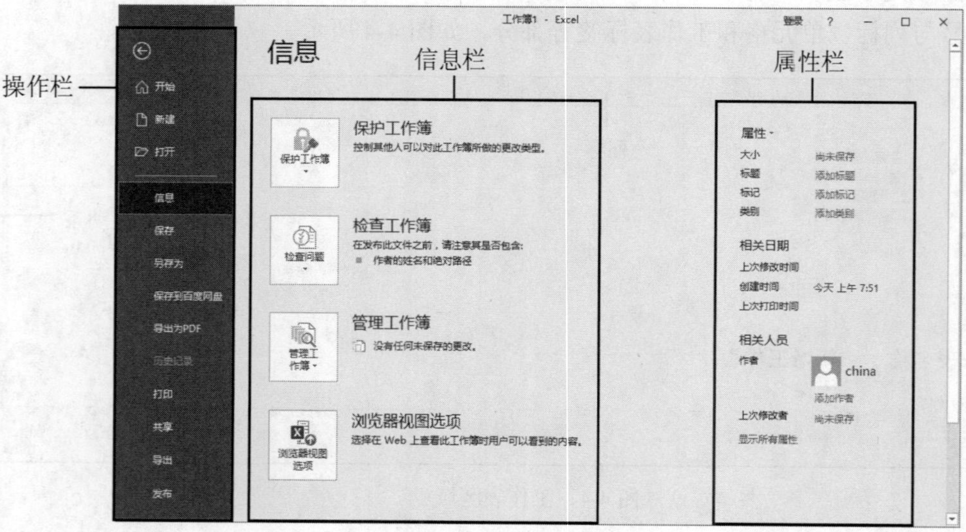

图 4-6 Excel 的后台视图

4.1.2 专业术语

Excel 专业术语

在 Excel 中，工作簿、工作表和单元格是 Excel 的重要术语，同时它们之间存在着包含与被包含的关系。了解其概念和相互之间的关系，有助于在 Excel 中执行相应的操作。

（1）工作簿。是处理和存储数据的文件。标题栏上显示的是当前工作簿的名字。Excel 默认的工作簿名称为“工作簿 1”，默认扩展名为 xlsx。每个工作簿可以包含多个工作表。

（2）工作表。是显示和分析数据的工作区，是工作簿中的一张表，由很多单元格组成。

（3）单元格。Excel 中的每一张工作表都是由多个长方形的“存储单元”组成的，这些长方形的“存储单元”即是单元格，这是 Excel 中处理数据的最小单位。输入的数据就保存在这些单元格中，这些数据可以是字符串、数字、公式、图形、声音等不同类型的内容。

（4）单元格名称。即单元格的地址。每个单元格通过“列标+行号”来表示单元格的位置。例如：B1 就表示 B 列第 1 行的单元格。

（5）区域。多个单元格可组成一个区域，其地址表示为“单元格:单元格”，如 A2 单元格与 D5 单元格之间连续的单元格可以表示为 A2:D5 单元格区域。

4.1.3 工作簿的基本操作

工作簿的基本操作

1. 新建工作簿

新建工作簿包括新建空白工作簿和根据模板新建工作簿两种。

方法 1：从程序或者以快捷方式打开 Excel 软件即可新建一个空白的工作簿。

方法 2：选择“文件”→“新建”命令，即可新建一个空白工作簿。

方法 3：根据模板新建工作簿。先单击工具栏的“新建”，再单击选择右侧的模板。此时，根据已有模板建立一个新的工作簿，只需要输入内容即可。

2. 保存工作簿

方法 1：工作簿编辑完成后，在主程序界面上单击左上角的“保存”按钮，或者依次选择“文件”→“保存”命令，即可将工作簿保存到原来的位置。

方法 2：如果要更改保存位置或者对文件名等进行编辑，可依次选择“文件”→“另存为”命令，弹出“另存为”窗口，双击“这台电脑”选项，打开“另存为”对话框，选择好保存位置后，在“文件名”文本框中重新设置文件的保存名称；单击“保存类型”文本框右侧的下三角按钮，可选择保存类型。设置完成后单击“保存”按钮即可将工作簿以指定的名称保存到指定的位置。

小贴士：用户可以将建立完成的工作簿保存为模板，以便下次新建工作簿时套用此模板。只需要在“另存为”对话框中的“保存类型”下拉菜单中选择“Excel 模板”，设置完成后单击“保存”按钮即可将该工作簿保存为 Excel 模板。

3. 打开工作簿

方法 1：双击 Excel 文档图标。

方法 2：启动 Excel，选择“文件”→“打开”命令，可以打开最近使用的 Excel 文件，也可以打开一个已经存在的 Excel 文件。

4. 关闭工作簿

选择“文件”→“关闭”命令，或者单击“控制按钮栏”的“关闭”按钮，即可只关闭当前工作簿而不影响其他正在打开的 Excel 文档。

5. 切换工作簿视图

在 Excel 中，可根据需要在状态栏的右侧视图栏中选择相应按钮，或单击“视图”→“工作簿视图”功能组中相应的按钮来切换工作簿视图。

- 普通视图：Excel 默认的视图，在其中可以输入数据、计算数据和制作图表等。
- 页面布局视图：每一页都会显示页边距、页眉和页脚，用户可以在此视图下编辑数据、添加页眉和页脚，并可以通过拖动标尺上边或左边的滑块设置页面边距。

- 分页预览视图：可以显示蓝色的分页符，用户可以用鼠标拖动分页符以改变显示的页数和每页的显示比例。

4.1.4 工作表的基本操作

工作表的基本操作

1. 工作表的选择操作

通过选择工作表标签来选择工作表。

（1）选择单张工作表：单击工作表标签。

（2）选择连续多张工作表：单击第一张工作表标签，按住 Shift 键不放的同时单击最后一张工作表标签。

（3）选择不连续的多张工作表：单击第一张工作表标签，按住 Ctrl 键不放的同时单击其他工作表标签。

（4）选择全部工作表：在任意工作表上单击鼠标右键，在弹出的快捷菜单中选择“选定全部工作表”命令。

2. 工作表之间的切换

单击工作表标签就可以切换到相应的工作表。

3. 插入工作表

方法 1：在现有工作表的末尾插入新工作表。单击窗口底部工作表标签右侧的“插入工作表”按钮 ⊕ 。

方法 2：右键单击现有工作表的标签，在快捷菜单中选择“插入”命令，在弹出的“插入”对话框的“常用”选项卡中选择“工作表”，然后单击“确定”按钮。

方法 3：单击“开始”→“单元格”→“插入”按钮，在其下拉列表中选择“插入工作表”，就可以在当前编辑的工作表前面插入一个新的工作表。

4. 删除工作表

方法 1：在要删除的工作表标签上单击鼠标右键，在弹出的快捷菜单中选择“删除”命令。

方法 2：选中要删除的工作表，单击“开始”→“单元格”→“删除”按钮，在其下拉列表中选择“删除工作表”选项，即可删除当前编辑的工作表。

5. 重命名工作表

方法 1：选中工作表标签，单击鼠标右键，在弹出的快捷菜单中选择“重命名”，然后在标签处输入新的工作表名。

方法 2：双击要重命名的工作表标签，使工作表标签处于可编辑状态，然后输入新的工作表名称。

6. 设置工作表标签颜色

为工作表标签设置颜色可以突出显示某张工作表，主要有以下两种方法。

方法 1：在要改变颜色的工作表标签上单击鼠标右键，弹出快捷菜单，选择“工作表标签颜色”命令。

方法 2：单击“开始”→“单元格”→“格式”下拉列表，从“组织工作表”下选择“工作表标签颜色”命令，从随后显示的颜色列表中选择一种颜色。

7. 移动与复制工作表

为了避免重复制作相同的工作表，用户可根据需要移动或复制工作表，即在原表格的基础上改变表格位置或快速添加多个相同的表格。复制整个工作表不仅要复制工作表中的所有单元格，还包括该工作表的页面设置参数及自定义的区域名称等。工作表可以在同一个 Excel 工作簿或不同的工作簿之间进行移动或复制。

（1）移动工作表。

方法 1：直接拖拽法。在要移动的工作表的标签上按下鼠标左键，拖动鼠标到达新的位置，松开鼠标左键，即可改变工作表的位置。

方法 2：快捷菜单法。选择要移动的工作表并单击鼠标右键，在打开的快捷菜单中选择“移动或复制工作表”命令，弹出“移动或复制工作表”对话框，如图 4-7 所示。在该对话框中选定工作表的移至位置，单击“确定”按钮。

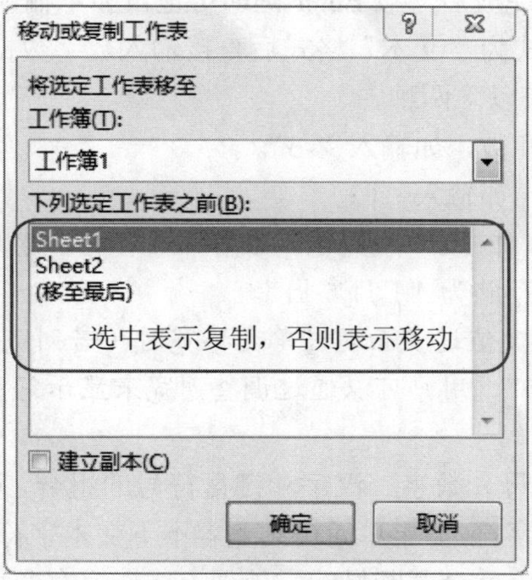

图 4-7　“移动或复制工作表”对话框

（2）复制工作表。

方法 1：直接拖拽法。用鼠标拖动要复制的工作表的标签，同时按下 Ctrl 键，此时鼠标指针上的文档标记会增加一个小的加号，拖动鼠标到要增加新工作表的地方，就制作了一个选中的工作表的副本。

方法 2：快捷菜单法。选中要复制的工作表，打开“移动或复制工作表”对话框，勾选“建立副本”复选框，确定选定工作表的复制位置后，单击“确定”按钮。

小贴士：若要在不同的工作簿中移动或复制工作表，必须先将这些工作簿同时打开。

4.1.5　单元格数据的输入

单元格数据的输入

当工作簿建立之后，就可以在工作簿的每一个工作表中输入数据了。在 Excel 工作表的单元格中可以输入的数据有文本、数字、日期、时间和公式等。

1. 输入数值型数据

在 Excel 中，数值除了数字（0～9）组成的数字串外，还包括正号（+）、负号（-）、百分号（%）、货币符号（￥、$）、小数点（.）、千位分隔符号（,）以及科学记数符号（E、e）等。默认的情况下，输入的数值自动以右对齐方式显示。一般输入数字时，只要选中需要输入数字的单元格，按键盘上的数字键即可。另外，在输入时还要注意以下事项。

（1）处理非正常显示的数值数据。在 Excel 中，输入的数字数据长度在 12 位及以上时，会自动转变为科学记数格式。例如，输入 123456789012，显示为 1.23457E+11。当数据以 0 开头时则自动舍弃前面的 0。数字的最大精度是 15 位有效数字，当整数超过 15 位时，系统会自动将 15 位之后的数字变成 0。例如，输入 123456789123456789，单元格中的值是 123456789123456000。当小数超过 15 位时，系统会自动将 15 位之后的舍去。例如，输入 0.123456789123456789，单元格中的值是 0.123456789123456。如果要让以上三种数字正常显示，可以通过下面两种方法来实现。

方法 1：使用“'”符号辅助输入。在单元格中，先输入“'”（英文输入状态下的单引号），接着再输入数字数据。输入完成后，按 Enter 键即可正常显示输入的数字数据。

方法 2：设置单元格格式为“文本”格式后直接输入数字数据。

（2）负数的输入方法有以下两种。

方法 1：直接输入负号和数，如输入“-3”。

方法 2：输入括号和数，如输入“(3)”。

（3）分数的输入方法：如 1/5，应先输入 0 和一个空格，然后输入 1/5，否则 Excel 会把该数据当作日期格式处理，存储为“1 月 5 日”。

小贴士：当用户输入的数值过多而超过单元格宽时（若列宽已被规定，输入的数值无法完整显示），则显示为“####”，用户可以通过调整列宽来显示完整数值。

2. 输入文本

单元格中的文本包括字母、数字、汉字和键盘符号的组合，输入后默认为左对齐。每个单元格最多可包含 32000 个字符，如果单元格列宽容不下文本字符串，就要占用相邻的单元格。如果相邻单元格中已有数据，就会截断显示。处理上述情况有两种方法。

方法 1：文本自动换行。选中长文本的单元格，单击“开始”→“对齐方式”→“自动换行”按钮即可完成自动换行，将文本内容全部显示出来。

方法 2：文本强制换行。文本自动换行中每行的字符数会自适应列宽，如果用户需要按照文本内容控制换行的位置，则需要选中长文本的单元格后，将鼠标指针定位到文本中需要强制换行的位置，按“Alt+Enter”组合键插入换行符，实现定点换行。

3. 输入日期时间

日期和时间也是数字，但它们有特定的格式。

（1）在输入日期时用斜线或短线分隔日期的年、月、日。例如，可以输入“2010/01/26”或“2010-03-26”。如果要输入当前的日期，按 Ctrl + ;（分号）组合键即可。

（2）在输入时间时，如果按 12 小时制输入时间，需在时间数字后空一格，并输入字母 a 或 p，分别表示上午或下午。例如，输入 10:40 p，按 Enter 键后显示的结果是 22:40:00；如果只输入时间数字，Excel 将按 AM（上午）处理；如果要输入当前的时间，按 Ctrl+Shift+;（分号）组合键即可。

（3）若在一个单元格中同时输入日期和时间，可以使用空格来分隔。例如，输入“2018/10/1 10:08:50”。

（4）若需要动态更新日期和时间，可以使用 TODAY()函数或 NOW()函数，输入格式为“= TODAY()”或“= NOW()”。

（5）无论是日期还是时间数据，当输入的数据值不符合格式时，单元格中的数据将被视为文本。

小贴士：在同一数据列中自动填写重复录入项。Excel 具有数据记忆式输入功能，在同一行或同一列中，如果前面的单元格中已有数据输入，即在某单元格输入一个与前面单元格相同的数据时，Excel 会自动显示出该单元格后面的数据。但 Excel 只能自动完成包含文字的录入项，或包含文字与数字的录入项。

【实例操作 1】打开“数据的输入.xlsx”工作簿，按图 4-8 所示输入或填充各种数据。

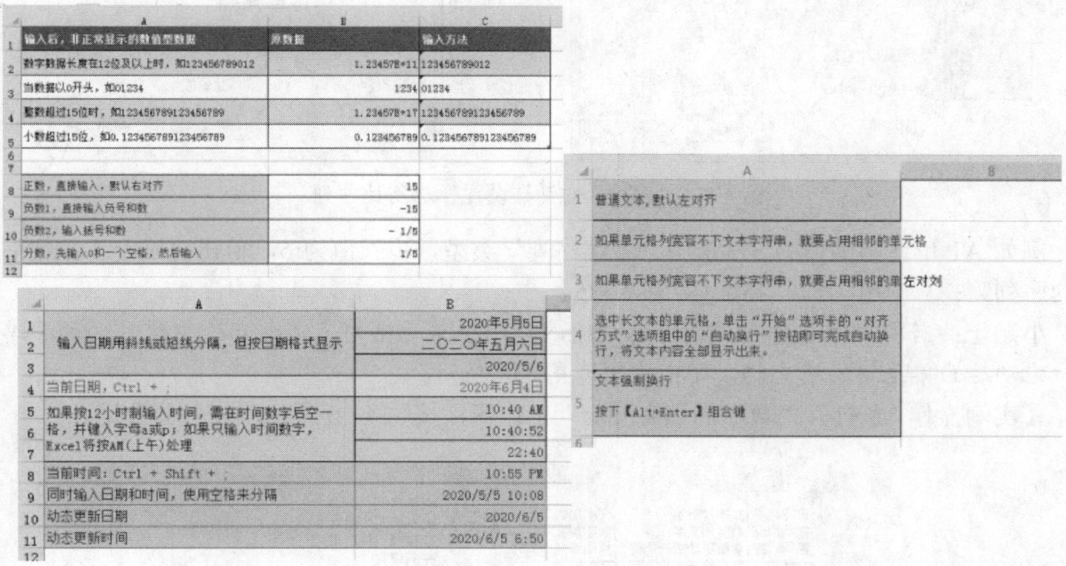

图 4-8　各种类型数据的输入

4.1.6　数据的填充

数据的填充

1. 自动填充单元格数据

利用自动填充功能，可以快速地复制数据、复制公式，加快数据的输入速度。在此只先介绍复制数据，复制公式可查看后面的内容。

方法 1：在一个单元格内输入数据后，与其相邻的单元格可以填充相同或序列的数据，操作方法为，选定已输入数据的单元格，拖动该单元格右下方的填充柄，鼠标指针将改变形状为十字型。按下鼠标左键并横向或纵向拖动鼠标到需要填充的范围，然后松开鼠标，即可自动填充数据。如果填充的数据不是所希望的数据可以在拖动鼠标的同时按住 Ctrl 键。

方法 2：利用填充命令。选定含有数值的单元格，选择“开始”→“编辑”→“填充”，在其下拉菜单中选择相应的命令。

2. 自定义序列

用户可以创建等差或等比序列的数据，其操作步骤如下：

（1）在待填充区域的第一个单元格中输入序列的初值。

（2）选定包含序列初始区域的单元格区域。

（3）单击“开始”→“编辑”→“填充”→“序列”。

（4）在打开的“序列”对话框中选择“序列产生在”项下的“行”或“列”单选按钮，选择序列的类型，设置步长值和终止值，如图 4-9 所示。

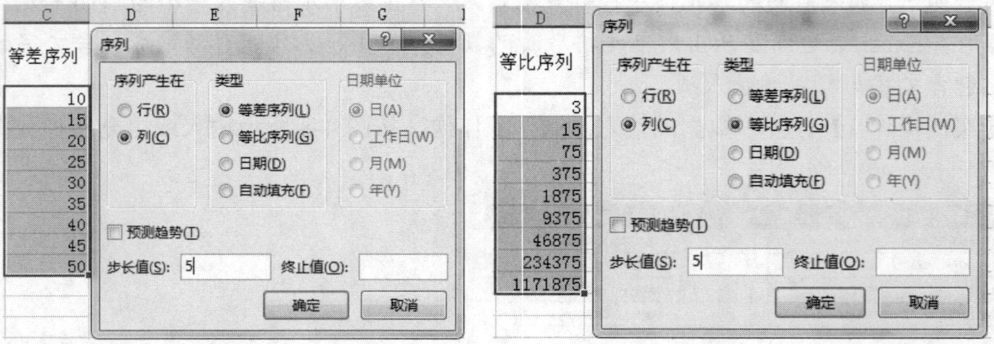

图 4-9 “序列”对话框设置等差/等比序列

例如 A1 单元格的值为 3，采用“等比序列”类型，步长值为 5，单击“确定”按钮后产生的序列为：3、15、75、375、1875、9375。

小贴士：若输入等差序列，还可以先输入前两个单元格内容，然后选中输入的两个单元格，拖动后面单元格的填充柄，即可快速填充等差序列。

【实例操作 2】打开“数据的填充.xlsx”工作簿，按图 4-10 所示填充各种数据。

	A	B	C	D	E	F
1	相同序号直接拖动填充柄	递增序号拖动填充柄同时按CTRL键	文本加数字数字加文本直接拖动填充柄则有序填充		文本加数字数字加文本拖动填充柄同时按CTRL键	
2	1	1	星期一	1月	星期一	1月
3	1	2	星期二	2月	星期一	1月
4	1	3	星期三	3月	星期一	1月
5	1	4	星期四	4月	星期一	1月
6	1	5	星期五	5月	星期一	1月
7	1	6	星期六	6月	星期一	1月
8	1	7	星期日	7月	星期一	1月
9	1	8	星期一	8月	星期一	1月
10	1	9	星期二	9月	星期一	1月

	A	B	C	D
1	等差序列输入前两个单元格数据，拖动填充柄填充		等差序列	等比序列
2	1	1	10	3
3	3	4	15	15
4	5	7	20	75
5	7	10	25	375
6	9	13	30	1875
7	11	16	35	9375
8	13	19	40	46875
9	15	22	45	234375
10	17	25	50	1171875

图 4-10 各种序列数据的输入

4.1.7 单元格数据的复制与移动

单元格数据的复制与移动

1. 当前工作表内数据的移动或复制

（1）选定要移动或复制的单元格或数据区。

（2）将鼠标指针指向选定对象的边框，鼠标指针呈现四个方向箭头形状。

（3）按住鼠标左键，将选定对象拖拽到目的单元格即可实现移动操作；如果在拖拽的同时按住 Ctrl 键则是复制操作。

2. 不同的工作表之间、不同的工作簿之间数据的移动或复制

（1）选定要移动或复制的单元格或区域。

（2）在“开始”→“剪贴板”中，若要移动则单击“剪切”按钮；若要复制则单击“复制”按钮。

（3）选定目的单元格或数据区，若要将所选单元格移动或复制到其他工作表或工作簿中，可单击另一个工作表标签或切换至另一个工作簿，然后单击“粘贴”按钮，完成移动或复制操作。

小贴士：若选择“选择性粘贴”命令，将打开“选择性粘贴”对话框，如图 4-11 所示，可按如下选项进行设置。

- 粘贴：全部、公式、数值、格式等。
- 运算：如果将复制区域的内容与目的内容进行数学运算，可以指定运算符，如加、减、乘、除。
- 跳过空单元格：可以避免在目标区域中出现空单元格。
- 转置：将行和列相互交换。

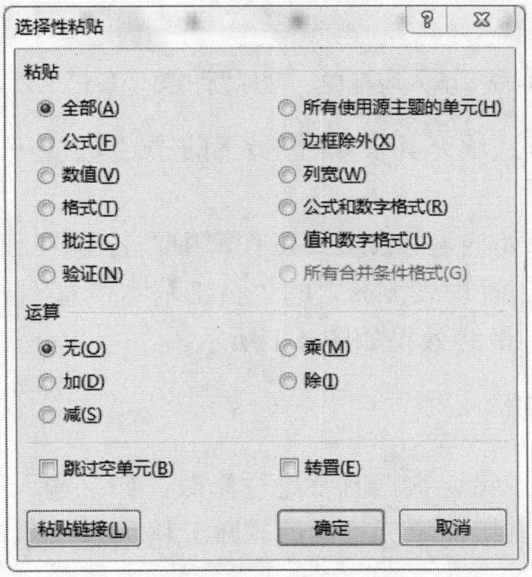

图 4-11 “选择性粘贴”对话框

[任务实施]

任务 4-1-1 实施
制作员工基本信息表

要求：制作员工基本信息表。

实施步骤：

（1）启动 Excel 2016，将工作簿以“任务 4-1 星星服装连锁店管理表.xlsx”文件名保存在“E:\星星服装连锁店”文件夹中。

（2）将工作表标签 Sheet1 修改为“员工基本信息”。

（3）在 A1 单元格输入表标题 “员工基本信息明细表”。

（4）分别在 A2:G2 中输入列标题：“序号”“工号”“姓名”“身份证号”“联系电话”“入职时间”“邮箱”。

（5）在 A3:G3 中输入第 1 位员工的信息：1，02017080201，李清秀，44160219910306××××，18712345678，2015-6-7，liqingxiu@163.com（注意：正确的邮箱地址会自动设置为超链接、蓝色并加下划线），效果如图 4-12 所示。

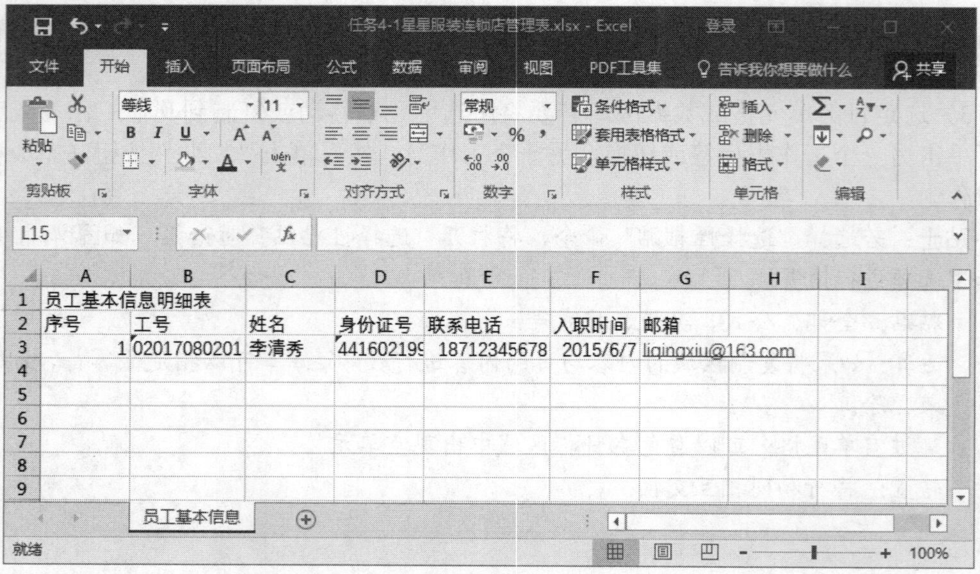

图 4-12　输入表标题、列标题和第一条记录效果图

（6）使用填充数据的方式填充其余 49 位员工的序号（2,3,…,50）与工号（02017080202～02017080250）。

（7）将“员工信息（原始内容）.xlsx”工作簿中“名册”工作表的 49 位员工的信息复制到“任务 4-1 星星服装连锁店管理表.xlsx”的“员工基本信息”工作表中。

（8）保存并关闭文件，最终效果如图 4-1 所示。

4.1.8　单元格数据的编辑

单元格数据的编辑

在 Excel 中，如果输入了错误数据就要进行修改，如果输入了多余的数据就要进行删除。可以直接在单元格中编辑单元格内容，也可以在编辑栏中编辑单元格内容。

1. 修改数据

- 替换单元格内容：选择要修改数据的单元格，然后直接输入修改后的数据，即可使用输入的内容替换单元格中原来的数据。
- 修改单元格部分内容：双击单元格，然后使用鼠标指定光标的位置，再输入需要的数据；或者在指定光标的位置后，删除单元格中的部分数据，最后按下 Enter 键进行确定即可；也可在单元格的编辑框中定位光标，再进行修改。

小贴士：在编辑模式下，许多功能区命令将处于非活动状态，无法使用。

2. 删除数据

删除数据是指清除单元格中的内容、格式和批注。清除后的单元格还保留在工作表中。注意应与删除单元格区分开来。清除单元格的操作方法如下：

方法 1：先选定需要清除的单元格或区域，然后单击右键，选择快捷菜单中的“清除内容”命令；或直接按 Delete 键。这两种操作效果一样，都是只删除内容，不删除格式。

方法 2：先选定需要清除的单元格或区域，然后单击“开始”→“编辑”→“清除”按钮，如图 4-13 所示，在弹出的列表中选择需要的命令，即可清除相应的对象。

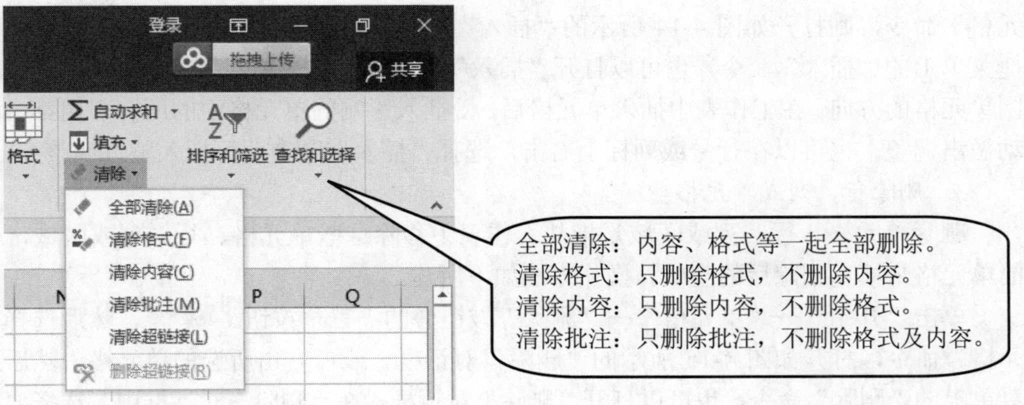

图 4-13 清除单元格内容

4.1.9 单元格、行、列的编辑

单元格、行、列的编辑

在单元格中输入数据后，有时还需要对行、列和单元格进行相应的编辑操作，如根据需要调整工作表内单元格的行高和列宽，或是合并和删除单元格等。

1. 选择单元格、行、列

对单元格、行、列操作时，首先要选择编辑对象，见表 4-1。

表 4-1 编辑对象的选取

选择	操作
一个单元格	单击某个单元格，使该单元格成为活动单元格。除了用鼠标和键盘外，还可以在名称框中输入单元格地址来选取单元格
单元格区域	单击该区域中的第一个单元格，然后拖动鼠标至最后一个单元格
工作表中的所有单元格	要选择整个工作表，单击“全选”按钮（“全选”按钮），或者按 Ctrl+A 组合键
不相邻的单元格或单元格区域	选择第一个单元格或单元格区域，然后按住 Ctrl 键的同时再选择其他单元格或单元格区域
整行或整列	单击某一行的行号或某一列的列标
相邻行或列	单击某一行的行号（或列标签），按住鼠标左键向上（向左）或向下（向右）拖拽可以选中多行（多列）区域。也可选择第一行或第一列，然后按住 Shift 键的同时再选择最后一行或最后一列
不相邻的行或列	单击选定区域中第一行的行号或第一列的列标签，然后按住 Ctrl 键的同时再单击要添加到选定区域中的其他行的行号或其他列的列标签

小贴士： 如果工作表包含数据，按 Ctrl+A 组合键可选择当前区域，按住 Ctrl+A 组合键一秒钟可选择整个工作表。要取消选择的单元格区域，单击工作表中的任意单元格即可。

2. 插入单元格、行、列

单击“开始”→“单元格”→“插入”按钮旁的下三角按钮（插入），然后选择“插入单元格”命令，则打开如图 4-14 所示的“插入”对话框。或者右击所选的单元格，然后选择快捷菜单上的“插入”命令，也可以打开“插入”对话框。在“插入”对话框中，选择要移动周围单元格的方向。在工作表中插入单元格后，受插入影响的单元格中的所有引用都会相应地自动做出调整。也可以在行号或列标上右击，选择“插入”命令即可插入整行或整列。

3. 删除行、列或单元格

删除单元格、行、列或区域是指从工作表中移除这些单元格、行、列或区域，并用周围的单元格来填充删除后的空缺。操作方法如下所述。

单击“开始”→“单元格”→“删除”按钮旁的下三角按钮 删除 ，然后选择“删除单元格”命令，打开如图 4-15 所示的“删除”对话框。或者右击所选的单元格，然后选择快捷菜单上的“删除”命令，也可以打开“删除”对话框。在“删除”对话框中，选择要移动周围单元格的方向。在工作表中删除单元格后，受删除影响的单元格中的所有引用都会相应地自动做出调整。也可以在行号或列标上右击，选择“删除”命令即可删除整行或整列。

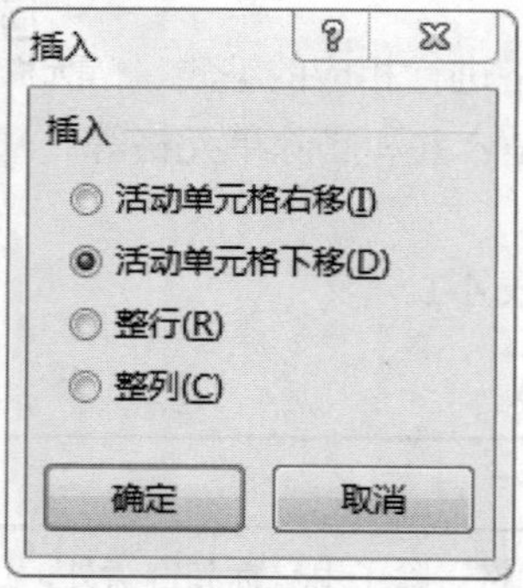

图 4-14 “插入”对话框

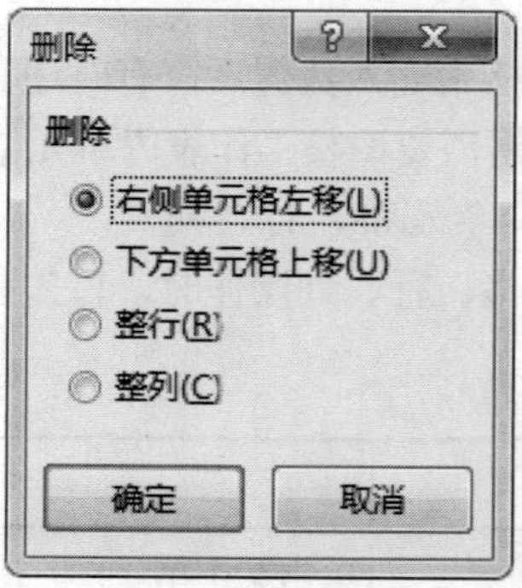

图 4-15 “删除”对话框

小贴士：选定的单元格（行或列）的数量即是插入或删除单元格（行或列）的数量。

4. 删除空行

某些工作表中可能包含多个空行，可以对工作表中的空行进行批量删除。具体操作步骤如下：

（1）选中包含空行的单元格区域。

（2）单击“开始”→“编辑”→“查找和选择”→“定位条件”。

（3）如图 4-16 所示，在打开的“定位条件”对话框中选中“空值”单选按钮，单击“确定”按钮后，就选中了数据区中的全部空白单元格。

（4）单击鼠标右键，在弹出的快捷菜单中选择“删除”命令，将会打开“删除”对话框，选择“整行”单选按钮，然后单击“确定”按钮，所有包含空值的行便全部被删除了。

5. 合并与拆分单元格

（1）合并单元格操作方法：选择要合并的相邻单元格，单击“开始”→“对齐方式”→“合并后居中”按钮 合并后居中 即可。合并后的单元格引用是选定区域的左上角单元格，其他单元格中的数据都被删除。

（2）拆分合并的单元格：选择已合并的单元格，单击“合并后居中”旁的下三角按钮，选择“取消单元格合并”命令，即可拆分合并的单元格。

6. 调整行高与列宽

当增大单元格中的字体时，行高会自动适应字体的大小而增加到合适的高度；当单元格中的数据超过了单元格的宽度时，单元格不会自动增加宽度，这样就导致部分内容不能显示出来，这时需要调整行高或列宽，操作步骤如下：

（1）选择要更改的行或列（可以选择多行或多列）。

（2）单击“开始”→“单元格”→“格式”按钮，如图 4-17 所示。

图 4-16 “定位条件”对话框

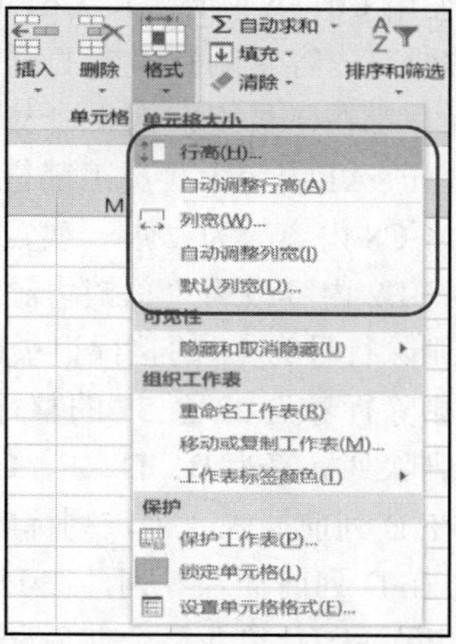

图 4-17 行高与列宽调整命令

（3）在“单元格大小”下拉选项中，如果需要指定“行高”或“列宽”的值，则选择“行高”或“列宽”选项，弹出如图 4-18 与图 4-19 所示的“行高”与“列宽”对话框，然后输入具体值；也可以选择“自动调整行高”或“自动调整列宽”选项，那么系统会根据单元格的内容自动调整行高或列宽。

图 4-18 设置行高值

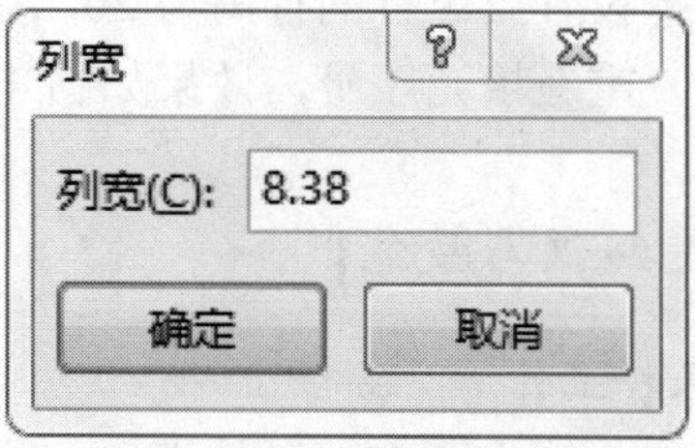

图 4-19 设置列宽值

小贴士：也可以使用以下方法调整行高与列宽。

- 粗略调整行高与列宽：将鼠标指针放到两个行或列标之间，鼠标指针变成双向箭头形状，按下鼠标左键并拖动，即可调整行高或列宽。
- 调整为最合适的行高与列宽：将鼠标指针放到行的下框线或列的右框线处，鼠标指针变成双向箭头形状，双击即可调整行高或列宽为最合适的高度或宽度。
- 精确调整行高与列宽：选定行或列，单击鼠标右键，在弹出的快捷菜单中选择“行高”或“列宽”命令，在弹出的如图 4-16 与图 4-17 所示的“行高”或“列宽”对话框中输入具体值。

[任务实施]

任务 4-1-2 实施
制作员工销售业绩表

要求：制作员工销售业绩表。

实施步骤：

（1）打开“任务 4-1 星星服装连锁店管理表.xlsx”工作簿，添加一个工作表，并将工作表标签改名为“员工销售业绩表”。

（2）使用 Ctrl+A（全选）、Ctrl+C（复制）、Ctrl+V（粘贴）快捷键，将“员工基本信息”工作表中的所有内容复制到“员工销售业绩表”中。

以下操作都在“员工销售业绩表”中进行。

（3）修改 A1 内容为“员工销售业绩表（2020 年度上半年）”。

（4）将 C8 内容改为“张一欢”。

（5）将 E2 内容改为“总销售额”，并清除 E3:E52 单元格区域内容。

（6）删除行号为 11 的整行记录。

（7）删除行号为 23 至 51 的整行记录。

（8）删除列标签为 B、D、F、G 的整列内容。

（9）在 B 列前插入一列，列标题为“分店”。

（10）在 D 列前插入 6 列，在 D2 中输入“一月”，并填充 E2:I2 为“二月”至“六月”。

（11）将 A1:J1 单元格合并后居中；使用 Alt+Enter 键方式将“（2020 年度上半年）”在 A1 单元格中换行；将光标放到行号 1 的下线处，按住鼠标左键不放，往下拖动鼠标，粗略调整第 1 行的行高，使 A1 单元格的内容完全显示出来，再放开鼠标。

（12）在第 2 行前插入一空行，并在 A2 中输入“记录人：　　　　　　　　审核人：”文本。

（13）先将 A2:J2 合并后居中；然后再将 A2 设置左对齐；调整第 2 行为最适合的行高。

（14）设置 A 列的列宽为 6，调整 B、C、J 列的列宽为 10。

（15）设置第 3 行的行高为 20，第 4:23 行的行高为 18。

（16）重新填充序号，效果如图 4-2 所示。

[拓展知识与技能]

拓展知识与技能 4-1

1. 保护工作簿

保护工作簿主要有两种情况：一是防止他人非法打开或对表内数据进行编辑，设置工作簿的打开和修改权限；二是需要限制对工作簿结构和窗口的操作。

（1）限制打开、修改工作簿：可以在保存工作簿文件时为其设置打开或修改密码，以保证数据的安全性。

（2）限制对工作簿结构和窗口操作：当用户不希望他人对工作簿的结构或窗口进行改变时，可以设置工作簿保护。

（3）隐藏工作簿：当在 Excel 中同时打开多个工作簿时，为了方便操作，可以暂时隐藏其中的一个或几个，当需要时再显示出来。

2. 显示或隐藏工作表

在 Excel 2016 中，可以将工作表隐藏起来，在需要的时候再把工作表显示出来。

（1）隐藏工作表：在要隐藏的工作表标签上单击鼠标右键，从弹出的快捷菜单中选择“隐藏”命令；或者单击“开始”→“单元格”→“格式”→“隐藏和取消隐藏”→“隐藏工作表”。

（2）显示工作表：如果要取消隐藏，只需选择“取消隐藏”命令，在打开的“取消隐藏”对话框中选择相应的工作表即可。

3. 保护工作表

为了防止他人对单元格的格式或内容进行修改，用户除了要对工作簿进行保护外，还可以对指定的单个工作表进行保护。默认情况下，当工作表被保护后，该工作表中的所有单元格都会被锁定，他人不能对锁定的单元格进行任何更改。

4. 同时对多张工作表进行操作

Excel 允许同时对一组工作表进行相同的操作，如输入数据、修改格式等，利用这一功能可以快速处理一组结构和基础数据相同或相似的表格。多张工作表组合之后，工作簿标题栏中的文件名后会增加“[工作组]”字样。建立工作表组合后，在一张工作表中输入数据并进行格式化操作，可以将这张工作表中的内容及格式填充到同组的其他工作表中，并且后续在其中一张工作表中所进行的任何操作都会同时反映到同组的其他工作表中。

5. 隐藏行或列

隐藏行或列的方法：选中要隐藏的行或列，单击鼠标右键，在弹出的快捷菜单中选择“隐藏”命令。

取消隐藏行或列的方法：选中要取消隐藏的行或列，单击鼠标右键，在弹出的快捷菜单中选择“取消隐藏”命令。

6. 冻结窗格

在编辑很长或很宽的 Excel 表格时，为了方便查看表头与数据的对应关系，可通过冻结工作表窗格来随意查看工作表的其他部分而不移动表头所在的行或列。方法：单击“视图”→“窗口”→“冻结窗格”→“冻结拆分窗格”，则当前单元格上方的行标题和左侧的列标题始终保持可见，不会随着操作滚动条而消失。还可以选择“冻结首行”或者“冻结首列”来单独锁定行或列标题。如果要取消窗口冻结，只需从“冻结窗格”下拉列表中选择“取消冻结窗格”命令即可。

7. 设置工作表页面

可以在“页面布局”下的“页面设置”工具组中进行设置，也可以在“页面设置”对话框中对页面、页边距、页眉/页脚和工作表进行设置。

（1）设置页面：在“页面”选项卡中，可将方向调整为纵向和横向，可以调整打印的“缩放比例”，可以选择需要的打印纸类型，可以只打印某一页之后的部分。

（2）设置页边距：在“页边距”选项卡，分别在“上”“下”“左”“右”编辑框中设置页边距，在“页眉”“页脚”编辑框中设置页眉、页脚的位置。“居中方式”有“水平居中”和“垂直居中”两种方式可选。

（3）设置页眉/页脚：在“页眉/页脚”选项卡，单击“页眉”下拉列表可选定一些系统定义的页眉，在“页脚”下拉列表中可以选定一些系统定义的页脚，单击“自定义页眉”或“自定义页脚”可以自定义编辑页眉、页脚。

（4）设置打印（在“工作表”选项卡）：

- 如果要打印某个区域，则可在“打印区域”文本框中输入要打印的区域。

- 如果打印的内容较长，要打印在两张纸上且要求在第二页上具有与第一页相同的行标题和列标题，则在“打印标题”框中的“顶端标题行”“左端标题列”指定标题行和标题列的行与列。
- 可以指定打印顺序等。

8. 打印工作表

打印数据报表前需要检查、设置页面，经预览达到理想的页面效果后再进行打印设置，最后打印报表。在 Excel 中根据打印内容的不同，打印可分为两种情况：一是打印整个工作表；二是打印区域数据。

（1）设置打印区域。系统默认整个工作表作为打印区域。可以设置打印区域，只将工作表的某一部分或整个工作表、工作簿打印出来，操作方法如下：

方法 1：首先选定工作表或选择需要打印的工作表区域，选择“文件”→“打印”→“设置”选项，在打开的“设置”下拉列表中选择打印区域（打印活动工作表、打印整个工作簿、打印选定区域）。

方法 2：选定需要打印的工作表区域，单击“页面布局”→“页面设置”→“打印区域”→“设置打印区域”。

（2）打印预览。在打印前，一般先进行预览，因为打印预览看到的内容和打印到纸张上的结果是一模一样的，这样可以防止由于没有设置好报表的外观而使打印的报表不合要求，从而造成浪费。操作方法：选择“文件”→“打印”，可根据选定的区域在右侧直观地显示打印预览状态。

（3）打印工作表。预览完成后，当符合用户要求时，即可打印。操作方法：单击“文件”→“打印”→“打印按钮”，系统按默认设置进行打印。用户还可以设置打印的份数。

9. Excel 2016 新功能及新功能特性介绍

（1）Office 助手——Tell me。Tell me 是全新的 Office 助手，用户可以在“告诉我您想要做什么……”文本框中输入需要提供的帮助，Tell me 能够引导至相关命令，利用带有“必应”支持的智能查找功能检查资料，如输入“表格”关键字，在下拉菜单中即会出现插入表格、套用表格样式、表格样式等，另外也可以获取有关表格的帮助和智能查找等。

（2）大数据时代——数据分析功能的强化。如今，大数据早已成为一个热门的技术和话题，Excel 也在适应大数据时代的发展，不断强化数据分析的功能。Excel 2016 增加了多种图表，如用户可以创建表示相互结构关系的树状图、分析数据层次占比的旭日图、判断生产是否稳定的直方图、显示一组数据分散情况的箱形图和表达数个特定数值之间的数量变化关系的瀑布图等。用户可以根据需求创建图表。Excel 2016 增加了 Power Map 的插件，可以用三维地图的形式编辑和播放数据演示。也可以使用三维地图，绘制地理和临时数据的三维地球或自定义的映射，显示一段时间，并创建可以与其他人共享的直观漫游。Excel 2016 数据选项卡增加了 Power Query 工具，用户可以跨多种源查找和连接数据，从多个日志文件导入数据等；还增加了预测功能和预测函数，根据目前的数据信息，可预测未来数据发展态势。另外，Excel 与 Power BI 相结合，可用于访问大量的企业数据，数据分析功能更为强大。

（3）跨平台应用。从 Office 2013 开始，微软公司就实现了电脑端与手机移动端的协作，用户可以随时随地实现移动办公。而在 Office 2016 中，微软公司强化了 Office 的跨平台应用，用户可以在很多电子设备上审阅、编辑、分析和演示 Office 2016 文档。

4.2 Excel 2016 电子表格数据的美化

任务 4.2 员工基本信息表和销售业绩表的格式化

[任务描述]

在现代化办公中，制作数据报表不仅要追求数据的完整性、准确性及查找数据的便捷性，还要注重表格的外观效果，使数据表格更加精美。因此，王经理要求助理小王继续美化“员工基本信息表”和“销售业绩表”，图 4-20 和图 4-21 所示分别为美化完成后的效果。

[任务展示]

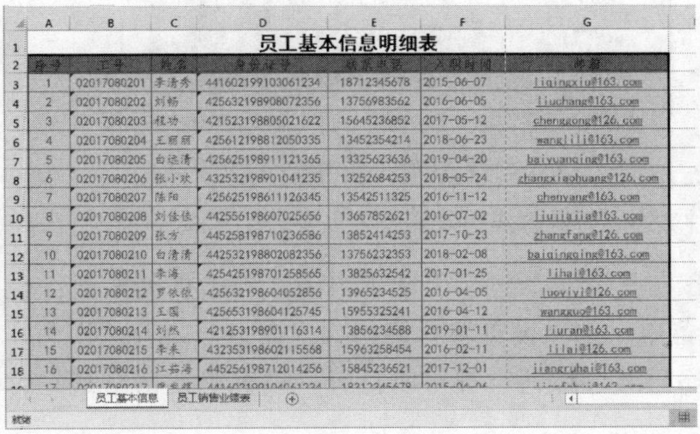

图 4-20 员工基本信息表格式化效果图

图 4-21 员工销售业绩表格式化效果图

[相关知识与技能]

设置数字、对齐、字体格式

4.2.1 设置单元格格式

在工作表中输入编辑数据后，需要对单元格的格式进行设置，通过“开始”选项卡可实现字体、对齐方式、数字格式的快速设置，如图 4-22 所示。如果要清除单元格数据格式，可以选择“开始”→“编辑”→“清除”→“清除格式”命令。

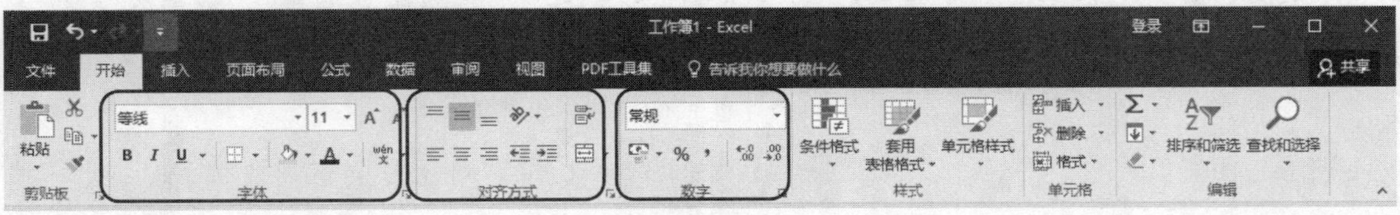

图 4-22 快速设置单元格的格式

【实例操作 3】打开“单元格的格式设置.xlsx”工作簿，按图 4-23 单元格中标注的意思设置格式。

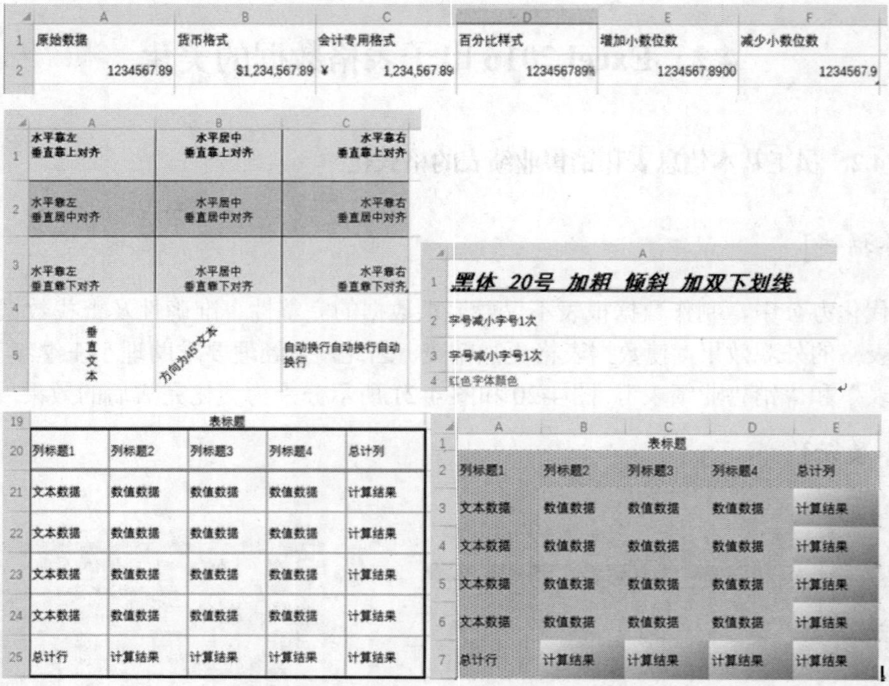

图 4-23　设置各种数字、对齐方式的效果

可以在“开始”选项卡的“字体”“对齐方式”或“数字”选项组中，单击扩展按钮；也可以右击要设置格式的单元格，再选择快捷菜单中的“设置单元格格式”命令，或者单击“开始”→“单元格”→“格式”→“设置单元格格式”按钮，都可以打开“设置单元格格式”对话框。该对话框中有 6 个选项卡。

1. “数字”选项卡

如图 4-24 所示，单元格的数字格式是指单元格中存放的数据类型或数据样式，有常规、数值、货币、会计专用、日期、时间、百分比、分数、科学记数、文本和自定义等。

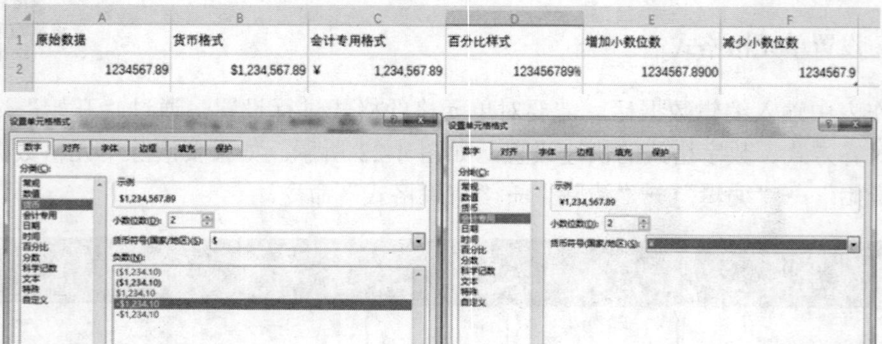

图 4-24　“数字”选项卡

2. “对齐”选项卡

在默认情况下，输入单元格的数据是按照文字左对齐、数字右对齐的。可以通过有效的设置对齐方法，使版面更加美观，如图 4-25 所示。

- 单元格对齐主要包括：水平对齐和垂直对齐。
- “方向”是指单元格中内容的排列显示方向，默认为水平横排，可以输入角度值。“自动换行”是经常使用的功能，当某个单元格中文字内容过多时，内容不能完全显示，设置“自动换行”后，内容可以全部显示。

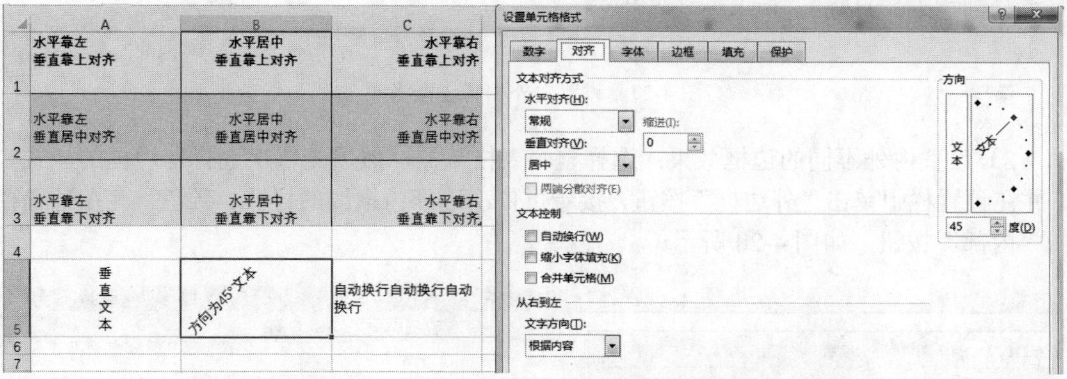

图 4-25　“对齐”选项卡设置各种对齐方式

3. “字体”选项卡

Excel 2016 在默认的情况下，输入的字体为“宋体”，字形为“常规”，字号为“12 磅”。用户可以根据需要在如图 4-26 所示的“字体”选项卡中设置字体、字形、字号、颜色等。

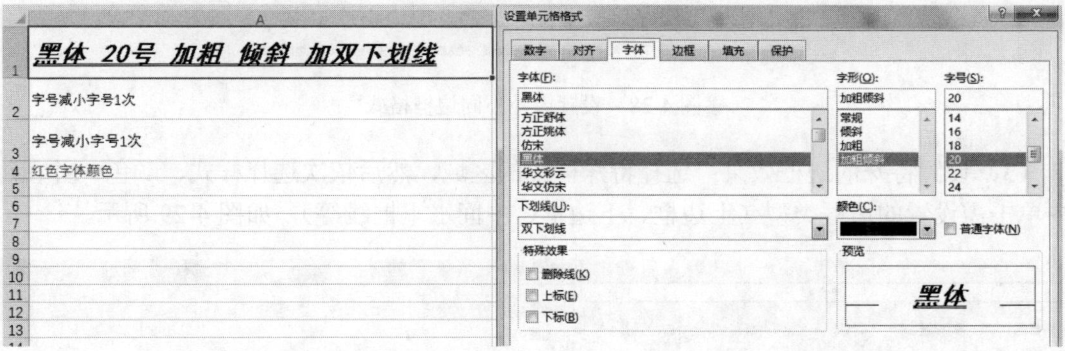

图 4-26　“字体”选项卡设置字体格式

4. “边框”选项卡

工作表中显示的网格线是为输入、编辑方便而预设的，无法打印。如果需要打印网格线，除了可以在“页面设置”的“工作表”选项卡中勾选“网格线”复选框，还可以在如图 4-27 所示的“边框”选项卡内设置线条样式、颜色等。

设置边框与填充格式

（1）可以对表格所有框线设置相同效果：选择整个表格数据，然后依次选择“样式”“颜色”项，再在预置栏中单击“外边框”和“内部”按钮即可，如图 4-27 所示。

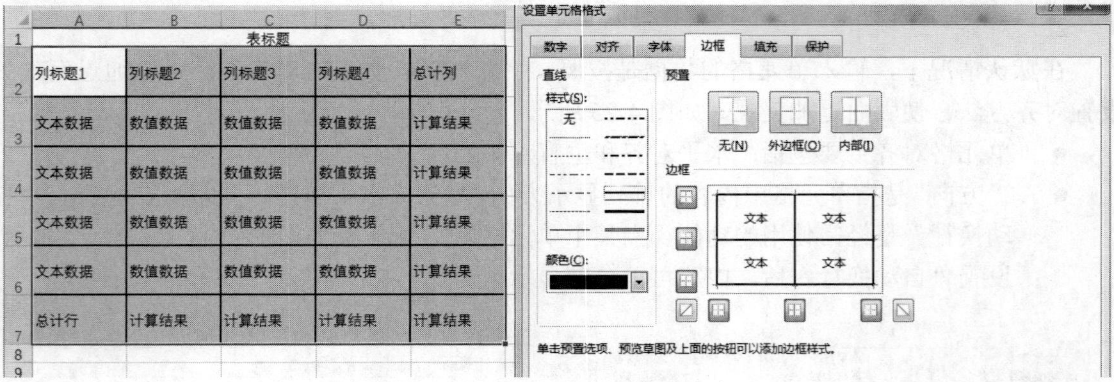

图 4-27　设置内外相同边框格式

（2）设置内外不同的边框效果：选择整个表格数据，然后先依次选择外边框的样式、颜色，并在预置栏中单击“外边框”按钮，接着再依次选择内框线的样式、颜色，并在预置栏中单击“内部”按钮，如图 4-28 所示。

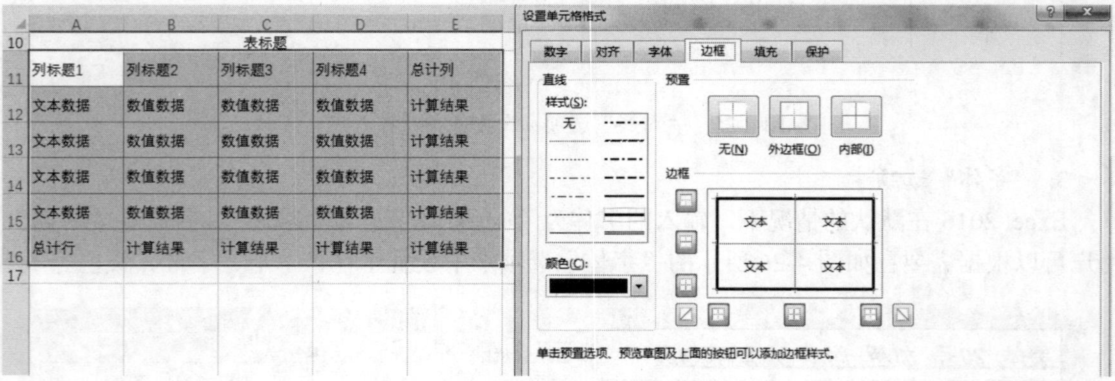

图 4-28　设置内外不同边框格式

（3）设置特殊的边框效果：选择特殊框线的区域，然后依次选择样式、颜色，并在边框栏中单击需设置的边框类型（上边框、下边框、中间水平框线等），如图 4-29 所示。

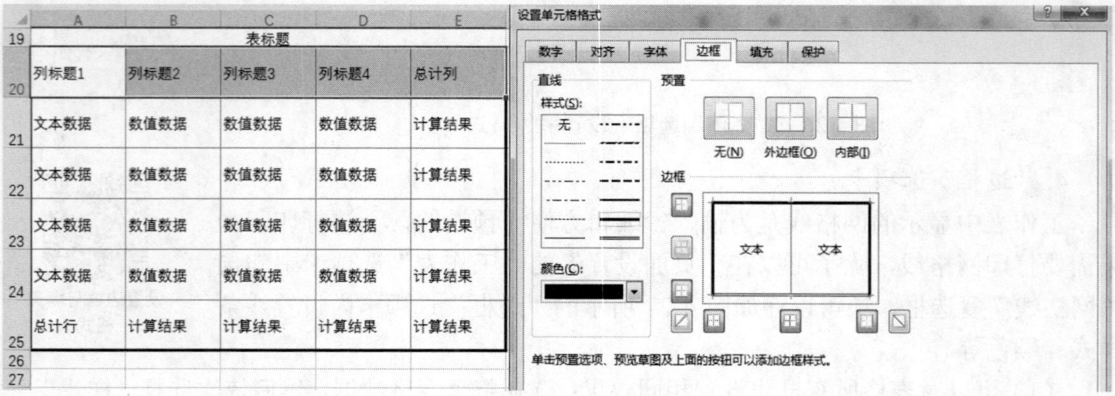

图 4-29　设置特殊的边框效果

5. “填充”选项卡

在“填充”选项卡内可使用纯色背景色填充、渐变填充效果、图案样式填充等方式为单元格或单元格区域添加底纹，如图 4-30 所示。

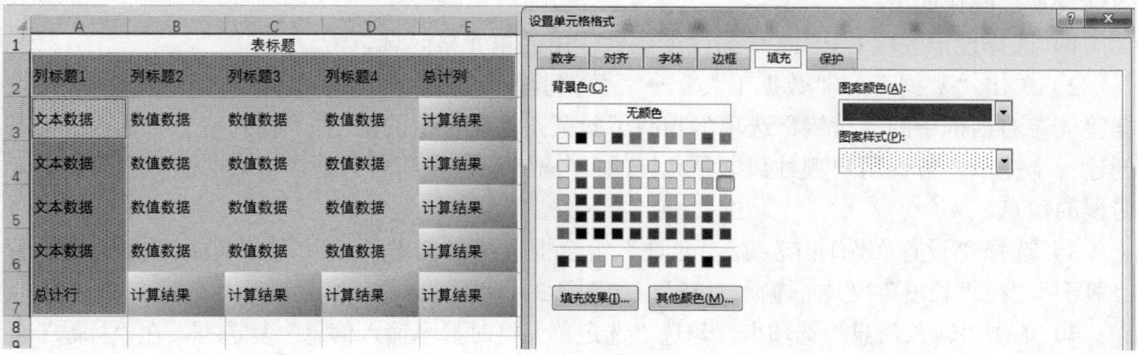

图 4-30　设置图案样式及颜色填充

小贴士：可以用“格式刷”复制单元格的格式。

[任务实施]

任务 4-2-1 实施
美化员工基本信息表

要求：打开“任务 4-2 星星服装连锁店管理表.xlsx”，按下列要求美化“员工基本信息表”。

实施步骤：

（1）设置 A 列的列宽为 6，B:G 列为最合适的列宽。

（2）设置 3:52 行的行高为 18。

（3）将 A1:G1 合并后居中，设置 A1 单元格字体格式：黑体、18 号、加粗，深蓝色（标准色）。

（4）设置 A2:G2 单元格格式：仿宋、13 号、加粗，字体颜色为“蓝色，个性色 5，深色 25%”的主题颜色；图案样式为“6.25%灰色”，图案颜色为“橙色，个性色 2，深色 25%”的主题颜色，背景色为“浅蓝色”。

（5）设置 A3:G52 单元格格式：楷体、12 号，自定义字体颜色（R:57 G:113 B:181），填充颜色为“白色，背景 1，深色 15%”的主题颜色。

（6）设置 A2:G52 单元格格式：文本对齐方式为“水平居中、垂直居中对齐”，外边框为“深蓝色、粗线”，内边框为“蓝色、细线”。

（7）设置第 2 行的下框线为“双线、红色”。

（8）设置 C3:C52 和 F3:F52 文本对齐方式为水平左对齐。

（9）设置 F3:F52 的日期格式为自定义“yyyy-mm-dd”。

（10）保存效果如图 4-20 所示。

4.2.2　设置数据验证

设置数据验证

数据验证是对单元格或单元格区域输入的数据从内容到数量上的限制。对于符合条件的数据，允许输入；对于不符合条件的数据，则禁止输入。这样就可以依靠系统检查数据的正确性，避免输入错误的数据。

【实例操作 4】打开“数据的验证设置.xlsx”工作簿，为工资表设置数据验证。

（1）要求身份证号码的输入长度必须是 18 位，可以利用数据验证的功能进行数据的有效性设置。操作如下：

1）选择设定区域 C3:C12 作为接受条件作用的单元格区域。

2）单击“数据”→“数据工具”→“数据验证”按钮，弹出“数据验证”对话框，“数据验证”对话框中的“设置”选项卡指明了验证条件允许值的范围；“输入信息”选项卡能够创建一个提示，告诉用户哪种数据是允许的；“出错警告”选项卡是在输入非法数据时，显示错误的信息。

3）选择“设置”选项卡，在“允许”组合框选择“文本长度”，在“数据”组合框选择“等于”，在“长度”文本框输入“18”，如图 4-31 所示。

4）单击“输入信息”选项卡，勾选“选定单元格时显示输入信息”复选框，在“标题”项输入“友情提醒”，在“输入信息”文本框中输入“请输入 18 位的身份证号”，如图 4-32 所示。

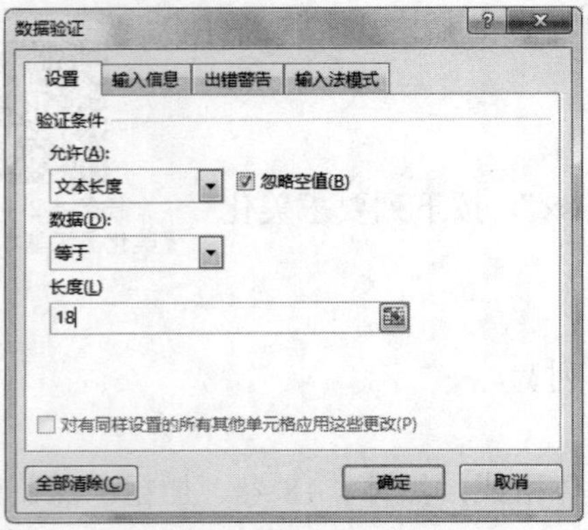

图 4-31 “数据验证”对话框

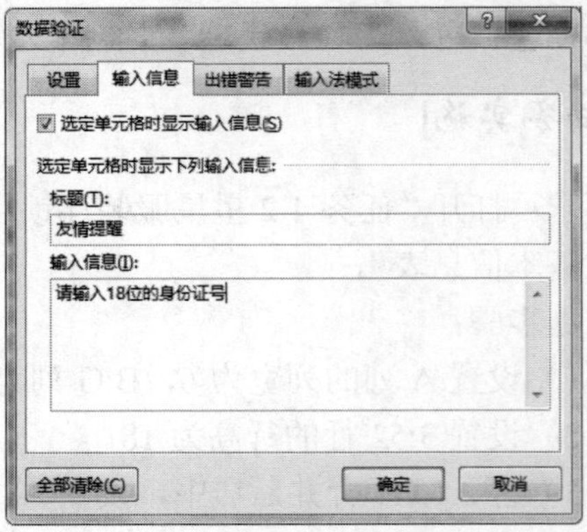

图 4-32 “输入信息”选项卡

5）单击“出错警告”选项卡，设置警告提示信息，如图 4-33 所示。

6）单击“确定”按钮，完成“身份证号码”列数据项的验证设定，此时选定“身份证号码”列（区域 C3:C12）中的任一单元格，都会出现提示信息，如果输入的身份证号少于 18 位则会出现错误提示，效果如图 4-34 所示。

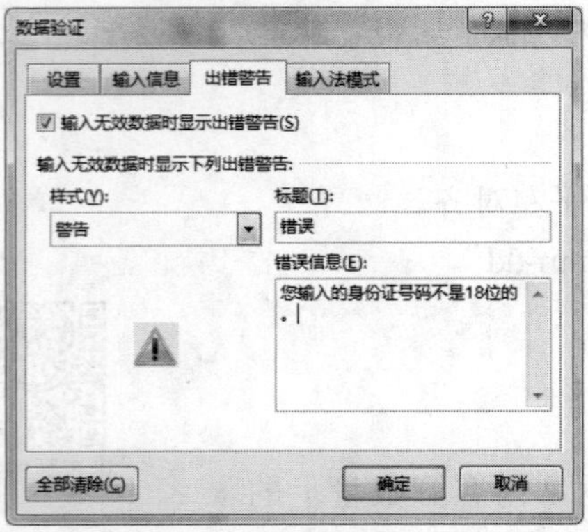

图 4-33 “出错警告”选项卡

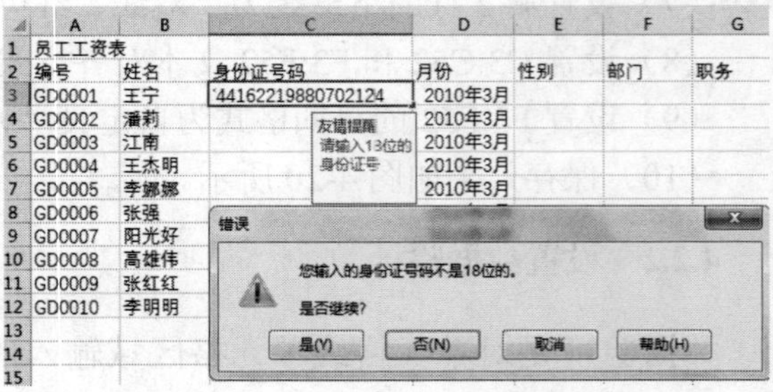

图 4-34 数据验证为“长度”的效果图

7）完成其他单元格的身份证号码的输入。

（2）利用数据验证设定“奖金”输入值范围为 0 至 5000 之间，操作如下：

1）在“工资表”中选择区域 K3:K12 作为接受条件作用的单元格区域。

2）在“数据验证”对话框中单击“设置”选项卡，在“允许”组合框选择“整数”，在“数据”组合框选择“介于”，在“最小值”文本框输入“0”，在“最大值”文本框输入“5000”，如图 4-35 所示。

3）单击“输入信息”选项卡，勾选“选定单元格时显示输入信息”复选框，在“标题”文本框中输入“友情提醒”，在“输入信息”文本框中输入“输入值在 0 至 5000 之间”。

4）单击“出错警告”选项卡，设置警告提示信息，在“样式”组合框中选择“警告”，在“标题”文本框中输入“错误”，在“错误信息”文本框中输入“超出值范围”。

5）单击“确定”按钮，完成“奖金”列数据项的验证设定。

6）在 K 列中输入数据时，效果如图 4-36 所示。

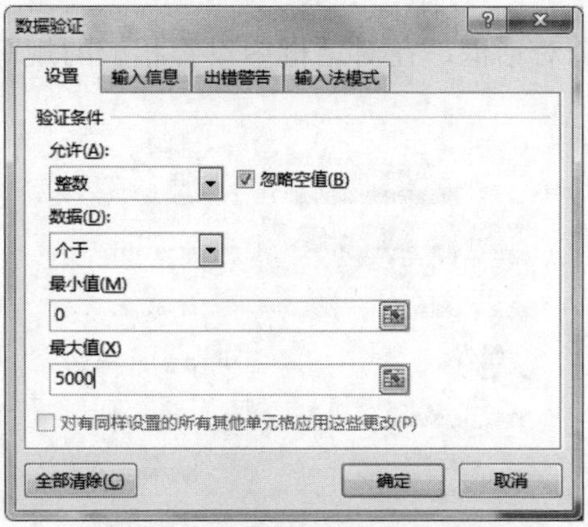

图 4-35　设置数据验证为整数

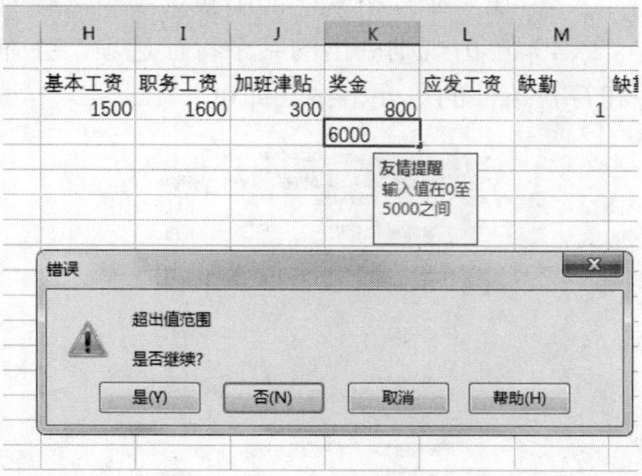

图 4-36　设置数据验证为“整数”范围效果图

（3）利用数据验证设定“性别”输入值范围为“男或女”，在“允许”组合框中选择“序列”，在“来源”文本框中输入“男,女”，如图 4-37 所示。单击“确定”按钮后，对于“性别”数据的输入只需要在单元格的下拉选项中进行选择即可。效果如图 4-38 所示。

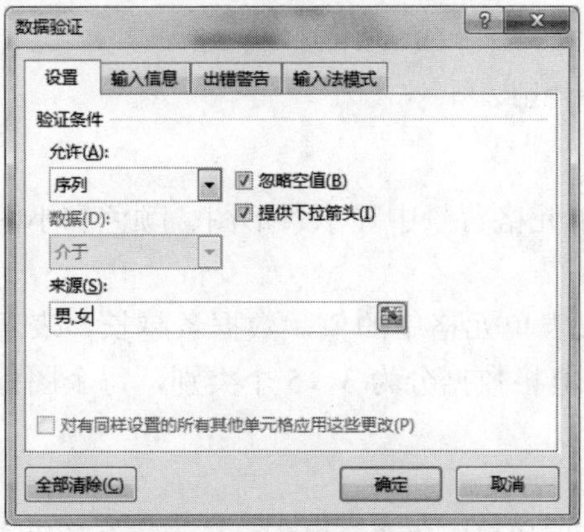

图 4-37　“设置”选项卡

图 4-38　数据验证为“序列”的效果图

4.2.3 设置条件格式

设置条件格式

在 Excel 中提供了一个功能非常独特的数据处理功能，它就是“条件格式”。通过数据条件格式的设置，可以将单元格中满足指定条件的数据进行特定标记。条件格式基于条件更改单元格区域的外观。如果条件为“真”，则按照该条件设置单元格区域的格式；如果条件为“假”，则不设置单元格区域的格式。使用条件格式可以达到的效果有：突出显示所关注的单元格或单元格区域、强调异常值、使用数据条、颜色刻度和图标集来直观地显示数据。

1．“突出显示单元格规则”和“项目选取规则”

“突出显示单元格规则”和“项目选取规则”是常用的条件格式，如图 4-39 所示，操作步骤如下：

（1）选择一个单元格区域。

（2）单击“开始”→“样式”→“条件格式”按钮。

（3）在“条件格式”的下拉选项中选择一种。

（4）单击规则列出的某个特征选项，会弹出一个对话框，在对话框中设置相应的规则条件和符合条件的单元格格式即可。

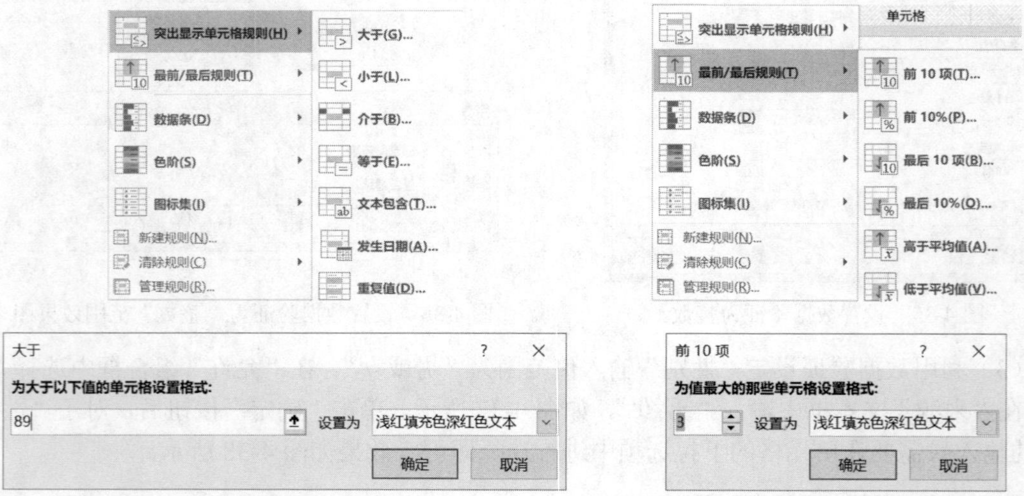

（a）突出显示单元格规则　　（b）项目选取规则

图 4-39　条件格式中常用规则选项

2．“数据条”“色阶”“图标集”

如图 4-40 所示，这三个条件格式选项是通过在单元格背景中显示条形图、颜色和小图标来展示数据值的大小。

这三个选项只针对数值型数据。数据条的长度代表单元格中的值，数据条越长，表示值越高；数据条越短，表示值越低。图标集可以按照阈值将数据分为 3～5 个类别，每个图标代表一个值的范围。

3．新建规则

用户可以通过新建格式规则选择规则类型，设置数据的显示格式。操作时单击“条件格式”→“新建规则”，在打开的“新建格式规则”对话框中选择需要的规则类型，并设置规则格式。

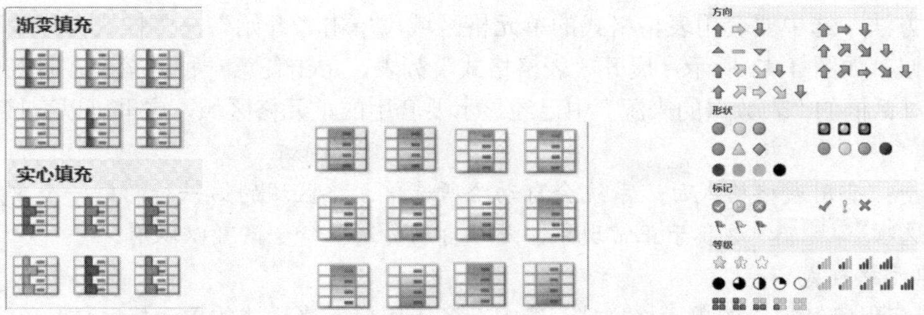

（a）数据条　　（b）色阶　　（c）图标集

图 4-40　条件格式中数据条、色阶、图标集规则选项

4. 清除规则

当不需要突出显示数据时，可以清除规则。单击“条件格式”→“清除规则”→“清除所选单元格的规则”按钮即可。

【实例操作 5】打开“条件格式设置.xlsx”工作簿，为工资表设置条件格式。

（1）在工资表中，设置“基本工资”大于 3000 元的以“红色”显示，“基本工资”大于等于 2000 元且小于等于 3000 的以“蓝色”显示。操作提示：可以先使用“突出显示单元格规则”设置好第 1 个条件格式，再一次使用“突出显示单元格规则”设置第 2 个条件格式。

（2）设置奖金为前 3 名的单元格格式为“浅红填充色深色文本”。

（3）设置缺勤大于 2 次的单元格填充为黄色，缺勤为 0 的设置单元格填充为绿色。

（4）使用实心填充中的绿色数据条设置 I3:I12 单元格的条件区域。

（5）使用灰色的三向箭头设置 J3:J12 单元格的条件区域。

（6）效果如图 4-41 所示。

	A	B	C	D	E	F	G	H	I	J	K	L	M	N	O
1	员工工资表														
2	编号	姓名	身份证号码	月份	性别	部门	职务	基本工资	职务工资	加班津贴	奖金	应发工资	缺勤	缺勤扣款	实发工资
3	GD0001	王宁	441622198807021234	2010年3月	男	销售	职员	1400	1200	600	1000		1		
4	GD0002	潘莉	441632199811021256	2010年3月	女	市场	经理	3300	3200	300	600		2		
5	GD0003	江南	432622198707141259	2010年3月	男	科研	主管	2300	2300	400	800		0		
6	GD0004	王杰明	450622199803223434	2010年3月	女	综合	职员	1400	1500	500	800		3		
7	GD0005	李娜娜	412622198505023675	2010年3月	男	公关	主管	2300	2400	800	1000		2		
8	GD0006	张强	414622198703123214	2010年3月	男	文秘	经理	3600	3200	800	500		3		
9	GD0007	阳光好	444622198907156634	2010年3月	女	市场	职员	1600	1500	600	800		4		
10	GD0008	高雄伟	443622198808231298	2010年3月	男	销售	经理	3500	3400	600	1200		1		
11	GD0009	张红红	421622198611232108	2010年3月	男	销售	主管	2000	2200	500	900		0		
12	GD0010	李明明	441622198912021387	2010年3月	女	科研	职员	1500	1600	300	800		2		
13															
14															
15															

图 4-41　条件格式设置效果图

4.2.4　套用表格格式和单元格样式

套用表格格式
和单元格样式

在 Excel 中处理数据时，都会涉及设置表格的格式的操作。如果手动设置表格格式，不仅费时，而且效果不一定好。Excel 提供了大量的样式，我们只需要套用样式就可以制作美观的报表，提高工作效率。

1. 套用表格格式

套用表格格式是指应用内置的表格方案，在方案中已经对表格中的各个组成部分定义了特定的格式。

操作方法：选中要套用表格格式的单元格区域，单击“开始”→“样式”→“套用表格格式”按钮，如图 4-42 所示，展开“表格格式”列表，单击任意一种方案。在打开的“套用表格式”对话框的“表数据的来源”中已经显示要套用的单元格区域，这里可以直接单击“确定”按钮。

小贴士：套用表格格式时，系统会自动给所选单元格区域的第一行的每一个单元格添加一个下拉选项序号，这属于正常现象，是“自动筛选”命令，可以取消。

2. 单元格样式

（1）套用已经定义的单元格样式：选中准备应用单元格样式的单元格区域，单击“开始”→“样式”→“单元格样式”按钮，展开如图 4-43 所示的“单元格样式”列表，单击任意一种方案。

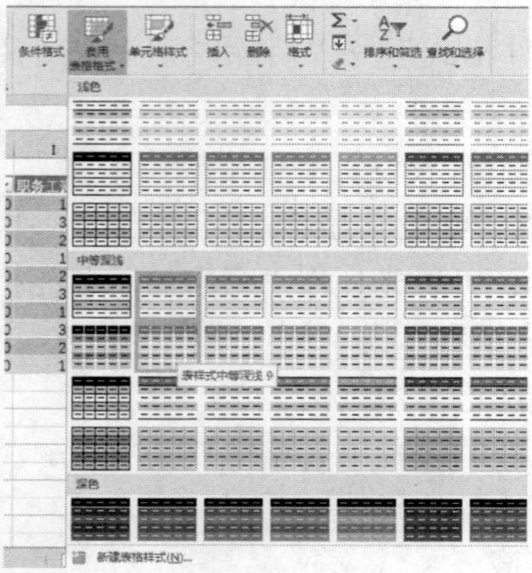

图 4-42 “表格样式”列表

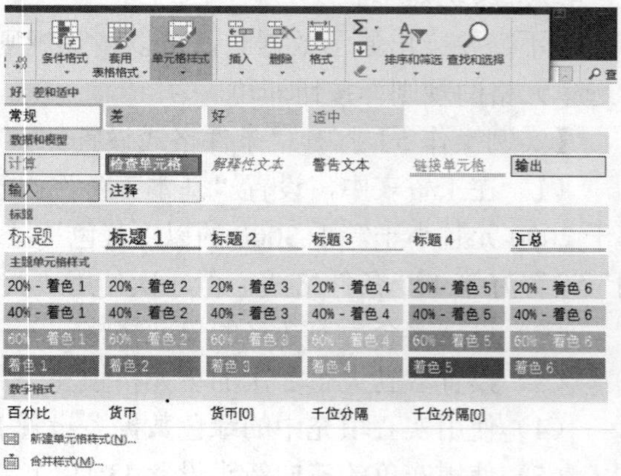

图 4-43 “单元格样式”列表

（2）自定义单元格样式：在 Excel 2016 中有时候需要有特点的单元格格式，如果每次都单独编辑会比较耗时间，实际上可以通过自定义单元格样式的方式设置格式。

[任务实施]

任务 4-2-2 实施
美化员工销售业绩表

要求：打开“任务 4-2 星星服装连锁店管理表.xlsx”，按下列要求美化“员工销售业绩表”。

（1）设置 B4:B23 单元格区域的数据验证：设置允许为“序列”，来源为“1 分店”“2 分店”“3 分店”，并自行给各员工选择分店。

（2）设置 D4:I23 单元格区域的数据验证：设置允许为“整数”，数据为“介于”，最小值为 0，最大值为 100000；设置输入信息的标题为“提示”，输入信息为“请输入 0-100000 之间的整数”；设置出错警告的样式为“警告”，标题为“出错”，错误信息为“只能输入 0-100000 之间的整数”。

（3）将“销售业绩原始数据.xlsx”中的数据复制到“员工销售业绩表”工作表中。

（4）设置 D4:I23 单元格区域的条件格式：使用红色加粗突出显示单元格中超过 10000 的数据，使用黄色填充低于 5000 的数据。

（5）设置 A3:I23 单元格区域：套用表格格式为“表样式中等深浅 13”，再取消列标题的“筛选按钮”。

（6）设置 A1 的单元格样式为“标题 1”样式，设置 A2 的单元格样式为“20% -着色 3”的主题单元格样式，设置 J3:J23 的单元格样式为“数据与模型”中的“计算”。

（7）保存，效果如图 4-21 所示。

[拓展知识与技能]

拓展知识与技能 4-2

在 Excel 中可以通过如图 4-44 所示的“插入”选项卡下的“艺术字”“文本框”“形状”“图片”“SmartArt”功能插入一些特殊的对象，丰富与美化工作表的内容。

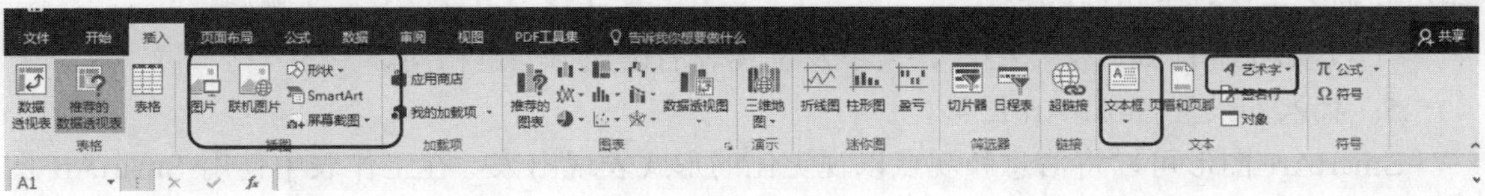

图 4-44 “插入”选项卡

1. 插入艺术字

在使用 Excel 过程中，有时可能需要插入广告或者其他的文字内容，而这些文字内容如果设计为艺术效果，能够帮助我们得到更好的视觉体验。Excel 中插入艺术字普遍用在一个工作簿的封面或者封底，当然我们也可以用在工作表中（比如 Excel 报表的标题），只要放在合适的位置，选对合适的艺术字样式就可以了，要搭配合理，这样才可以体现出 Excel 表格的专业性。插入艺术字的具体操作步骤：

（1）在“插入”→“文本”→“艺术字”中，选择一种艺术字样式，此时在工作表中出现“艺术字编辑文本框”，提示“请在此键入自己的内容”。在艺术字文本框中输入文字内容即可。

（2）单击艺术字，按住鼠标左键不放拖动鼠标可移动图片。单击艺术字边角的小圆点，按住鼠标左键不放拖动鼠标可改变艺术字的大小。单击艺术字上方的按钮，按住鼠标左键不放拖动鼠标可旋转图片。

（3）Excel 把艺术字作为图形对象来处理，可以通过“绘图”工具栏上的按钮来设置艺术字的形状样式（形状填充、形状轮廓和形状效果设置）、艺术字样式（文本填充、文本轮廓和文本效果设置）等，通过这些按钮可对艺术字进行美化，让艺术字达到最佳的效果。

2. 插入文本框

Excel 单元格最大特点是固定了文本出现的位置，但也限制了文件的自由性，而文本框在 Excel 里可以自由移动，随意更改文字位置及方向等，合理利用好文本框的特性，在排版的时候可以变得随心所欲，让工作更有效率。插入文本框的具体操作步骤：

（1）在“文本”→“文本框”的下拉选项可以选择“横排文本框”或“垂直文本框”选项，选好后在任意位置按住鼠标左键并拖动。

（2）在“文本框”中录入所需文字内容。

（3）选择“文本框”中的文字内容，可以设置“字体”格式。

（4）“文本框”也像艺术字一样作为图形处理，处理方法同上。

3. 插入图片

我们大部分时候用 Excel 2016 来编辑数据，但是实际上 Excel 中是可以插入图片的。单击

Excel 2016 的“插入”→“图片”按钮，在弹出的浏览窗口中打开要添加图片所在的文件夹，双击文件夹中要添加的图片，即可将图片就添加到 Excel 2016 页面。其他的操作与艺术字操作类似。

4. 插入形状

如果要在工作表中插入形状，并更改插入的形状效果，可通过以下方法。

（1）在“插入”→“形状”展开的列表中选择要插入的形状。

（2）在合适的位置按住鼠标左键拖动，即可绘制形状。

（3）选中要更改的形状，单击“绘图工具”→“格式”→“编辑形状”→“更改形状”，在级联列表中选择要更改的形状。

（4）形状的样式、文本格式、大小及位置等的设置与上述相同。

5. 插入和设置 SmartArt 图形

SmartArt 图形可以将信息和观点以视觉化的形式表现出来，在工作表中使用 SmartArt 图形可以生动地说明各种信息。SmartArt 图形不仅可以使 Excel 表格专业化，还可以美化整个 Excel 工作簿。在 Excel 中插入和设置 SmartArt 图形的操作步骤如下：

（1）单击“插入”→“插图”→SmartArt，在弹出的“选择 SmartArt 图形”对话框中根据自己的需要选择 SmartArt 图形。

（2）在工作表中显示插入的 SmartArt 图形，并在文本框中输入文字。

（3）调整 SmartArt 图形的位置只需要拖动 SmartArt 图形即可。

（4）选中 SmartArt 图形，可以利用“SmartArt 工具组”设置图形的样式。

4.3 Excel 2016 工作表数据的统计

任务 4.3 员工销售业绩表的统计

[任务描述]

王经理需要统计各位员工的上半年的总销售额、所拿提成数、月平均销售额，最高和最低销售额、排名情况等数据。图 4-45 所示为计算完成后“员工销售业绩表”的效果。

[任务展示]

员工销售业绩表（2020年度上半年）

记录人： 审核人：

序号	分店	姓名	一月	二月	三月	四月	五月	六月	总销售额	平均销售额	最高销售额	最低销售额	提成	排名	备注
1	1分店	李清秀	1524	2536	5862	5362	2413	2563	20260	3377	5862	1524	2026.0	9	取消评优
2	1分店	刘畅	4523	15543	4564	7452	5214	31231	68527	11421	31231	4523	6852.7	7	取消评优
3	2分店	程功	76543	65665	45453	14522	2322	12345	216850	36142	76543	2322	21685.0	1	
4	3分店	王丽丽	45654	5214	31231	6332	7896	4521	100848	16808	45654	4521	10084.8	3	
5	2分店	白远清	1232	2322	12345	2521	58456	8652	85528	14255	58456	1232	8552.8	5	
6	3分店	张一欢	53456	7896	4521	2365	4521	2365	75124	12521	53456	2365	7512.4	6	
7	1分店	陈阳	2356	58456	8652	22533	8652	22533	123182	20530	58456	2356	12318.2	2	
8	2分店	刘佳佳	5412	22566	3652	25544	3652	25544	86370	14395	25544	3652	8637.0	4	
9	3分店	白清清	3269	2635	2415	2222	2415	2222	15178	2530	3269	2222	1517.8	10	取消评优
10	1分店	李海	2635	2563	5663	3263	5663	3263	23050	3842	5663	2563	2305.0	8	取消评优
总计人数		10													
月销售额未达到5000人数			6	4	4	4	5	5							

分店	总销售额	平均销售额
1分店	235019	58754.8
2分店	388748	129582.7
3分店	191150	63716.7

图 4-45 员工销售业绩表计算效果图

[相关知识与技能]

Excel 作为优秀的电子表格处理软件，除了能进行一般的表格处理外，还具有数据计算能力，允许使用公式对数值进行计算。公式是对 Excel 工作表中的数据进行计算和操作的等式。它由前导符等号（=）、常量、单元格引用、区域名称、函数、括号及相应的运算符组成。

4.3.1 公式中的运算符

运算符即公式中的运算符号，用于对公式中的元素进行特定类型的运算。Excel 2016 包含四种类型的运算符：算术、比较、文本连接和引用运算符。

公式中的运算符

1. 算术运算符

算术运算符完成基本的数学运算。算术运算符优先级：-（负数，如-1）、%（百分比）、^（乘方）、*和/（乘和除）、+和－（加和减）。基本的算术运算符见表 4-2。

表 4-2 基本的算术运算符

算术运算符	含义（示例）
+（加号）	加法运算（5+12）
-（减号）	减法运算（25-11）负（-23）
*（星号）	乘法运算（4*13）
/（正斜线）	除法运算（14/2）
%（百分号）	百分比（20%）
^（插入符号）	乘幂运算（3^2）

2. 比较运算符

比较运算符用来比较两个值的大小关系。当用运算符比较两个值时，结果是一个逻辑值，不是 True（真）就是 False（假）。这些比较运算符属同级运算。比较运算符见表 4-3。

表 4-3 比较运算符

比较运算符	含义（示例）
=（等号）	等于（A1=B1）
>（大于号）	大于（A1>B1）
<（小于号）	小于（A1<B1）
>=（大于等于号）	大于或等于（A1>=B1）
<=（小于等于号）	小于或等于（A1<=B1）
<>（不等于号）	不相等（A<>B1）

3. 文本连接运算符

文本连接运算符见表 4-4。

表 4-4　文本连接运算符

文本连接运算符	含义（示例）
&（和符号）	将两个文本值连接或串起来产生一个连续的文本值 例如："hello"&"abc"产生结果"helloabc"

4. 引用运算符

引用运算符将单元格区域合并计算。引用运算符见表 4-5。

表 4-5　引用运算符

引用运算符	含义（示例）
:（冒号）	区域运算符，产生包括在两个引用之间的所有单元格引用，例如：A1:D6
,（逗号）	联合运算符，将多个引用合并为一个引用 例如：SUM(A1:A4,C1:C4)
（空格）	交叉运算符，产生对两个引用共有的单元格的引用 例如：（B1:D6　E5:E10）

5. 运算符的优先级

如果公式中同时用到多个运算符，应遵循从高到低的优先级进行计算。运算符的优先级：引用运算符、算术运算符、文本连接运算符、比较运算符。如果公式中包含相同优先级的运算符，则 Excel 将从左到右进行计算。在有小括号时，与平常的数学运算一样，会优先计算最里一层中的数据，即最里一层的数据优先。因此，将公式中要先计算的部分用括号括起来就可以更改运算的顺序。注意括号一定要成对出现。

4.3.2　单元格的引用

单元格的引用

引用的作用在于标识工作表上的单元格或单元格区域，并指明公式中所使用的数据的位置。通过引用，可以在公式中使用工作表不同部分的数据，或者在多个公式中使用同一个单元格的数值。还可以引用同一个工作簿中不同工作表上的单元格和其他工作簿中的数据。引用不同工作簿中的单元格称为链接。

1. 单元格的引用样式

（1）A1 引用样式。默认情况下，Excel 使用 A1 引用样式，此样式引用字母标识列（从 A 到 XFD，共 16384 列）以及数字标识行（从 1 到 1048576）。要引用某个单元格，请输入列标，后跟行号。例如，B2 引用列 B 和行 2 交叉处的单元格。A1 引用样式见表 4-6。

表 4-6　A1 引用样式

引用表示	含义
A10	列 A 和行 10 交叉处的单元格
A10:A20	在列 A 和行 10 到行 20 之间的单元格区域
B15:E15	在行 15 和列 B 到列 E 之间的单元格区域
5:5	行 5 中的全部单元格

续表

引用表示	含义
5:10	行 5 到行 10 之间的全部单元格
H:H	列 H 中的全部单元格
H:J	列 H 到列 J 之间的全部单元格
A10:E20	列 A 到列 E 和行 10 到行 20 之间的单元格区域

（2）引用同一工作簿中另一个工作表上的单元格或单元格区域。下面的示例中，AVERAGE工作表函数将计算同一个工作簿中名为 Marketing 的工作表的B1:B10区域内的平均值。

工作表名称　对工作表上单元格或单元格区域的引用

=AVERAGE(Marketing!B1:B10)

分隔工作表引用和单元格引用

请注意，工作表的名称和感叹号（!）应位于区域引用之前。

小贴士：套用表格格式时，如果引用的工作表中有空格或数字，则需要在工作表名称前后添加单撇号（'），如='123'!A1 或 ='January Revenue'!A1。

（3）引用不同工作簿中的单元格。

引用格式：[工作簿名字]工作表引用!单元格引用

2. 单元格的引用方法

（1）相对引用。公式中的相对单元格引用（如 A1）是基于包含公式和单元格引用的单元格的相对位置。如果公式所在单元格的位置改变，引用也随之改变。如果多行或多列地复制或填充公式，引用会自动调整。默认情况下，新公式使用相对引用。如图 4-46 所示，如果将单元格 B2 中的相对引用复制或填充到单元格 B3，将自动从=A1 调整到=A2。

（2）绝对引用。绝对引用的形式是在单元格的行、列号前加上符号“$”。单元格中的绝对单元格引用（例如$A$1）总是在引用指定位置单元格。如果公式所在单元格的位置改变，绝对引用保持不变。如果多行或多列地复制公式，绝对引用将不作调整。如图 4-47 所示，如果将单元格 B2 中的绝对引用复制到单元格 B3，则在两个单元格中一样，都是$A$1。

（3）混合引用。混合引用具有绝对列和相对行，或是绝对行和相对列。绝对引用列采用$A1、$B1 等形式；绝对引用行采用 A$1、B$1 等形式。如果公式所在单元格的位置改变，则相对引用改变，而绝对引用不变。如果多行或多列地复制公式，相对引用自动调整，而绝对引用不作调整。如图 4-48 所示，如果将一个混合引用从 A2 复制到 B3，它将从=A$1 调整到=B$1。

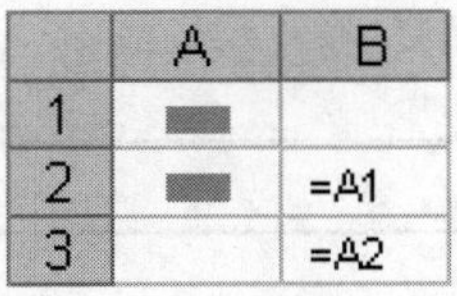

图 4-46　相对引用

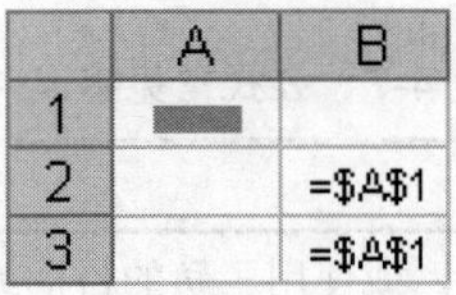

图 4-47　绝对引用

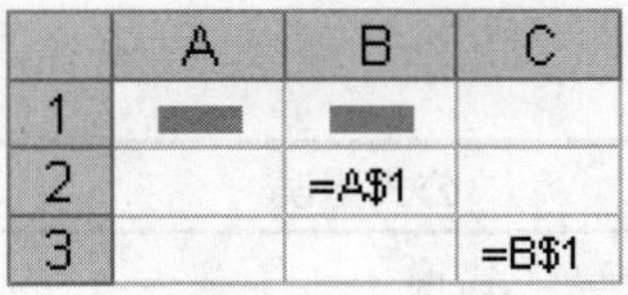

图 4-48　混合引用

4.3.3 使用公式计算数据

使用公式计算数据

Excel 中的公式是对工作表中的数据进行计算的等式，使用公式可以对工作表中的数值进行加法、减法、乘法、除法等计算。所有的公式必须以符号“=”或“+”开始。一个公式是由运算符和参与计算的元素（操作数）组成的。

1. 输入公式

在 Excel 中输入公式的方法为：将光标定位在要输入公式的单元格，在单元格或编辑栏的输入框中输入一个“=”，接着输入公式表达式，然后按 Enter 键或单击编辑栏上的“确定”按钮 ✔ 就可以得到计算结果。

（1）输入简单公式，如“=12*45”。单击需要输入公式的单元格，直接输入公式内容“=12*45”，然后按 Enter 键，即可得到单元格内容为 540。

（2）输入包含单元格引用的公式，如“=A1+B1*10”。

方法一：单击需输入公式的单元格，在编辑栏上直接输入“=A1+B1*10”并按 Enter 键。

方法二：单击需输入公式的单元格，直接先输入“=”，然后单击 A1 单元格并输入“+”，再单击 B1 单元格并输入“*10”，最后按 Enter 键，即可得到“=A1+B1*10”计算后的结果。

（3）输入一个包含函数的公式，如“=SUM(A1:A10)。具体操作可以参看关于函数的插入方法。

2. 复制公式

在 Excel 中复制公式是快速计算数据的最佳方法，因为在复制公式的过程中，Excel 会自动改变引用单元格的地址，可避免手动输入公式的麻烦，提高工作效率。通常通过拖动单元格的填充柄进行复制，也可以选择添加了公式的单元格，按 Ctrl+C 组合键，然后再将插入点定位到要复制的单元格，按 Ctrl+V 组合键进行粘贴即可完成公式的复制。

3. 修改公式

选择含有公式的数据，将插入点定位在编辑栏输入框中或单元格中需要修改的位置，按 Backspace 键删除多余或错误的内容，再输入正确的内容。按 Enter 键即可完成公式的编辑，Excel 自动对新公式进行计算。

4. 删除公式

按 Delete 键将删除包括数值和公式在内的所有内容。

5. 显示公式

单击“公式选项卡”→“显示公式”或按 Ctrl+~组合键可以在显示公式与计算结果之间进行切换查看。

6. 公式常见出错原因与排错方法

公式中的错误不仅使计算结果出错，而且会产生某些意外的结果。如果公式不能正确计算出结果，Excel 将显示一个错误的值。常见的出错原因及其解决方法见表 4-7。

表 4-7 公式常见错误

公式错误	出错原因
“#####”错误	列宽不够，或使用了负的日期或时间
“#VALUE!”错误	使用的参数或操作数类型错误

续表

公式错误	出错原因
“#DIV/0！”错误	数字被零（0）除
“#NAME？”错误	未能识别公式中的文本
“#N/A”错误	数值对函数或公式不可用
“REF！”错误	单元格引用无效

【实例操作 6】打开“计算工资表 1.xlsx”，计算员工的“应发工资”“缺勤扣款”“实发工资”等列的数据。操作如下：

（1）单击工作表中的 L3 单元格，在单元格中输入公式“=H3+I3+J3+K3”，按回车键得出应发工资。

（2）选定 L3 单元格，拖动该单元格右下方的填充句柄至 L12 单元格，完成“应发工资”列数据的计算。

（3）在 N3 单元格中输入公式“=H3/30*M3”，按回车键得出缺勤扣款。

（4）在 O3 单元格中输入公式“=L3-N3”，按回车键得出实发工资。

（5）设置 N3 和 O3 单元格“小数位数”为保留 2 位。

（6）选定 N3:O3 单元格，拖动 O3 单元格右下方的填充句柄至 O12 单元格，同时完成“缺勤扣款”和“实发工资”列数据的计算。

（7）保存，效果如图 4-49 所示。

	A	B	C	D	E	F	G	H	I	J	K	L	M	N	O
1	员工工资表														
2	编号	姓名	身份证号码	月份	性别	部门	职务	基本工资	职务工资	加班津贴	奖金	应发工资	缺勤	缺勤扣款	实发工资
3	GD0001	王宁	441622198807021234			销售	职员	1400	1200	600	1000	4200	1	46.67	4153.33
4	GD0002	潘莉	441632199811021256			市场	经理	3300	3200	300	600	7400	2	220.00	7180.00
5	GD0003	江南	432622198707141259			科研	主管	2300	2300	400	800	5800	0	0.00	5800.00
6	GD0004	王杰明	450622199803223434			综合	职员	1400	1500	500	800	4200	3	140.00	4060.00
7	GD0005	李娜娜	412622198505023675			公关	主管	2300	2400	800	1000	6500	2	153.33	6346.67
8	GD0006	张强	414622198703123214			文秘	经理	3600	3200	800	500	8100	3	360.00	7740.00
9	GD0007	阳光好	444622198907156634			市场	职员	1600	1500	600	800	4500	4	213.33	4286.67
10	GD0008	高雄伟	443622198808231298			销售	经理	3500	3400	600	1200	8700	1	116.67	8583.33
11	GD0009	张红红	421622198611232108			销售	主管	2000	2200	500	900	5600	0	0.00	5600.00
12	GD0010	李明明	441622198912021387			科研	职员	1500	1600	300	800	4200	2	100.00	4100.00
13															

图 4-49　工资表的计算

4.3.4　函数

函数的输入

函数是一种 Excel 已定义好的复杂公式，也可以认为是公式的简写形式。可以单独使用函数，也可以在公式中调用函数。Excel 中提供了多种函数。

Excel 中共有 11 类函数，分别是财务函数、日期与时间函数、数学与三角函数、统计函数、查询和引用函数、数据库函数、文本函数、逻辑函数、信息函数、工程函数以及用户自定义函数。每个函数的功能、语法结构及其参数的含义各不相同。

1. 函数的语法规定

函数使用一些被称为参数的数据按规定的顺序或结构进行计算，参数可以是数字、常量、逻辑值或单元格的引用等。函数执行后一般给出一个结果，这个结果称为返回值。

函数的结构为：函数名(参数1,参数2,参数3,……)

2. 函数的输入

（1）手工输入函数。首先单击选定要输入函数的单元格，单击 Excel 编辑栏，输入一个等号“=”，此时单元格进入公示编辑状态，在等号后按照公式的组成顺序依次输入各个部分，公式输入完毕后，单击编辑栏中的“输入”（即“ √”）按钮或按回车键即可。

（2）粘贴函数。对于不熟悉的函数或较复杂的函数，手工输入时容易出错，可以使用粘贴函数的方法输入函数。方法：单击编辑栏中的“插入函数”命令按钮 *fx*，或者单击“公式”→“插入函数”按钮，都可以打开如图 4-50 所示的“插入函数”对话框。“插入函数”对话框是 Excel 输入公式的重要工具。如果对于所用的函数不确定，可以在“搜索函数”对应的文本框中输入需求的简单描述，单击“转到”按钮，则在“选择函数”列表中会列出一些函数。单击某个函数，在“插入函数”对话框窗口的下部会出现该函数的相关说明，可根据相关说明选择适用的函数。

（3）使用“自动求和”按钮 Σ▾ 快速插入常用函数。单击“开始”→“编辑”→“自动求和”按钮 Σ▾，或者单击“公式”→“自动求和”按钮，弹出的下拉选项包括如图 4-51 所示的几个使用频繁的函数，默认为“求和”函数。

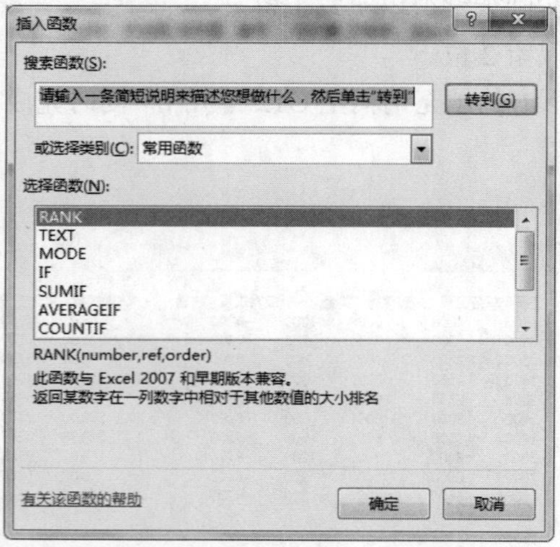

图 4-50 “插入函数”对话框

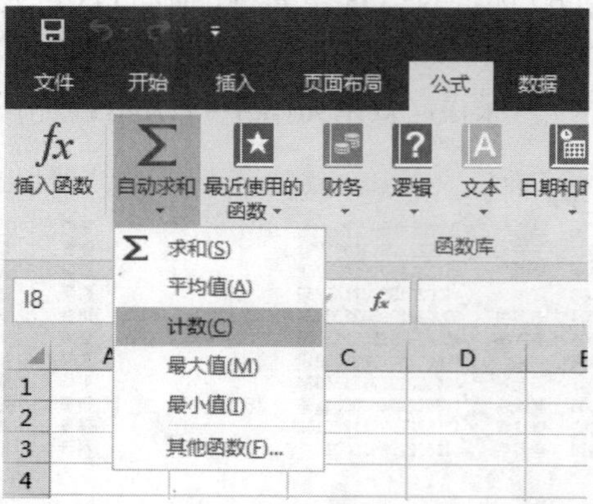

图 4-51 “自动求和”命令按钮

【实例操作 7】打开“计算工资表.xlsx”，计算员工的“性别”“月份”“实发工资”等列的数据。操作如下：

（1）在 D3 单元格内输入“=now()”，按回车结束输入，D3 单元格内将自动显示系统当前时间。

（2）设定 D3 单元格的“数字”格式为“日期”格式“2012 年 3 月”。

（3）根据身份证号求出性别的值。在 E3 单元格中输入公式“=IF(MOD(MID(C3,17,1),2)=1,"男","女")”，按 Enter 键得到计算结果。其中 MID(C3,17,1)的作用是将 C3 单元格中的字符串从第 17 位起，取 1 位。MOD(MID(C3,17,1),2)=1，其作用是判断身份证号的第 17 位能否被 2 整除，即判断是奇数还是偶数，如果 MOD(MID(C3,17,1),2)=1，则 C3 单元格中第 17 位为奇数，否则为偶数。IF(MOD(MID(C3,17,1),2)=1,"男","女")，其作用是如果 MOD(MID(C3,17,1),2)=1 成立，返回“男”；否则，返回“女”。

（4）使用公式填充的方式计算人员的“性别”与“月份”列数据。

（5）对于“应发工资”列的计算，除了可以用之前的公式以外，还可以用函数实现计算。先清空 L3:L12 单元格内容，再选定 L3 单元格，单击“自动求和”按钮，L3 单元格中显示求和函数，默认参数选定 H3:K3 单元格区域，按“Enter”键，系统将自动完成求和运算并显示求和结果。最后使用填充方式计算其他人员的“应发工资”列数据。也可以直接选定 H3:L12 单元格区域，然后单击“自动求和”按钮，快速计算所有人员的“应发工资”列数据。

（6）在 A14 单元格中输入“总人数”，单击选定 B14 单元格。单击“自动求和”按钮。选择“计数”命令选项后，在 B14 单元格中会显示“=COUNT()”，参数默认为空，选择 A3:A12 单元格作为计数参数，B14 单元格变成“=COUNT(A3:A12)”时按回车键确认公式的计算，会发现计算结果为 0。这是因为 COUNT 函数是统计数值数据个数，修改方法可以重新选择参数为 H3:H12 单元格区域，或者在编辑栏输入框中修改公式中的函数名为“COUNTA”，此函数是统计文本型数据个数。

（7）在 A15 单元格中输入“全勤人数”，选定 B15 单元格，插入“COUNTIF”（此函数为条件统计函数），打开如图 4-52 所示的“函数参数”对话框，填写相应的参数，单击“确定”按钮，得出全勤人数，如图 4-53 所示。

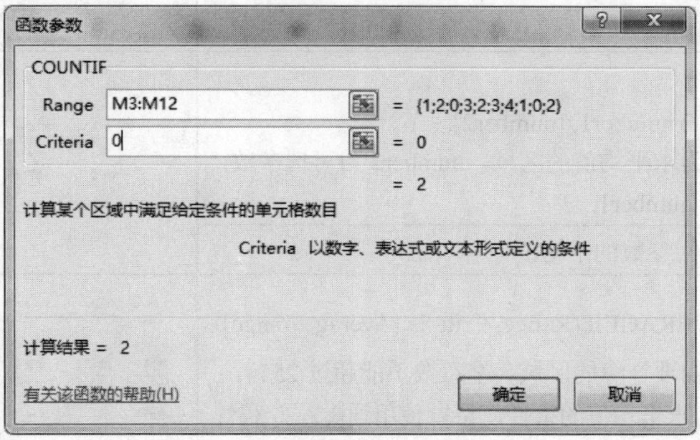

图 4-52 “函数参数”对话框

	A	B	C	D	E	F	G	H	I	J	K	L	M	N	O
1	员工工资表														
2	编号	姓名	身份证号码	月份	性别	部门	职务	基本工资	职务工资	加班津贴	奖金	应发工资	缺勤	缺勤扣款	实发工资
3	GD0001	王宁	441622198807021234	2020年5月	男	销售	职员	1400	1200	600	1000	4200	1	46.67	4153.33
4	GD0002	潘莉	441632199811021256	2020年5月	男	市场	经理	3300	3200	300	600	7400	2	220.00	7180.00
5	GD0003	江南	432622198707141259	2020年5月	男	科研	主管	2300	2300	400	800	5800	0	0.00	5800.00
6	GD0004	王杰明	450622199803223434	2020年5月	男	综合	职员	1400	1500	500	800	4200	3	140.00	4060.00
7	GD0005	李娜娜	412622198505023675	2020年5月	男	公关	主管	2300	2400	800	1000	6500	2	153.33	6346.67
8	GD0006	张强	414622198703123214	2020年5月	男	文秘	经理	3600	3200	800	500	8100	3	360.00	7740.00
9	GD0007	阳光好	444622198907156634	2020年5月	男	市场	职员	1600	1500	600	800	4500	4	213.33	4286.67
10	GD0008	高雄伟	443622198808231298	2020年5月	男	销售	经理	3500	3400	600	1200	8700	1	116.67	8583.33
11	GD0009	张红红	421622198611232108	2020年5月	女	销售	主管	2000	2200	500	900	5600	0	0.00	5600.00
12	GD0010	李明明	441622198912021387	2020年5月	女	科研	职员	1500	1600	300	800	4200	2	100.00	4100.00
13															
14	总人数	10													
15	全勤人数	2													

图 4-53 工资表计算效果图

3. 常用函数

Excel 中常用的函数见表 4-8。

常用函数

表 4-8 常用的 Excel 函数

函数名	语法结构、功能、说明	举例说明
SUM	语法：SUM(number1,[number2],...) number1,number2,…表示若干个需要求和的参数。可以是单元格地址，也可以是单元格的引用，还可以是数值 作用：返回参数的总和	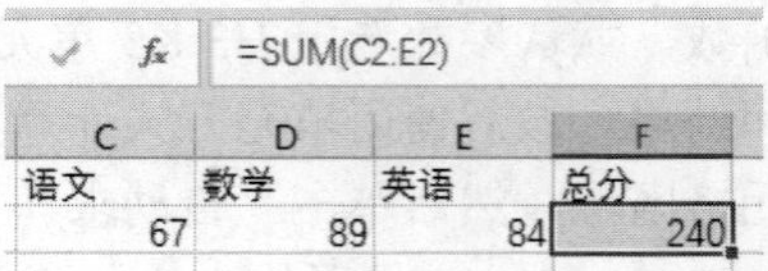
SUMIF	语法： SUMIF(Range, Criteria,[Sum_range]) Range 为需要计算的区域，字符数不能超过 255 个； Criteria 为求和的条件，可以使用通配符？和*； Sum_range 为可选条件，指定实际求和的区域 作用：对符合条件的值求和	 H6 单元格的参数设置如下： 
AVERAGE	语法： AVERAGE(number1, [number2], ...) number1 为求平均值的区域，number2 为可选参数，作用等同 number1 作用：返回参数的平均值	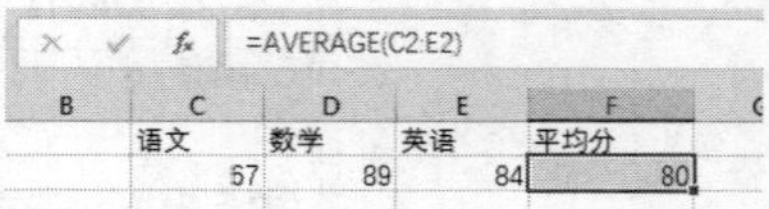
AVERAGEIF	语法：AVERAGEIF(Range, Criteria,[Average_range]) Range 为需要计算的区域，字符数不能超过 255 个； Criteria 为求平均值的条件，可以使用通配符？和*； Average_range 为可选条件，指定实际求平均值的区域 作用：对符合条件的值求平均值	 H6 单元格的函数参数设置如下： 
COUNT	语法：COUNT(value1, [value2], ...) value1 为要计算数字个数的第一项、单元格应用或区域，value2 可选参数，作用同 value1 作用：计算包含数字的单元格个数以及参数列表中数字的个数 说明：参数为数字、日期、代表数字的文本（如“1”）、逻辑值和直接输入参数列表中的数字将被计算在内	

续表

函数名	语法结构、功能、说明	举例说明
COUNTIF	语法：COUNTIF(Range,Criteria) Range 表示要计算其中非空单元数目的区域；Criteria 表示以数字、表达式或文本形式定义的条件 作用：用于统计满足某个条件的单元格的数量	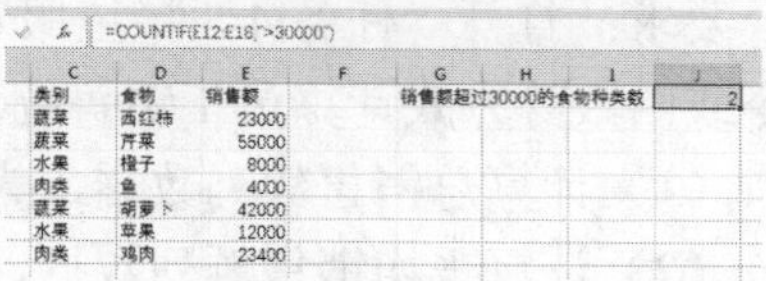 J11 单元格的函数参数设置如下： 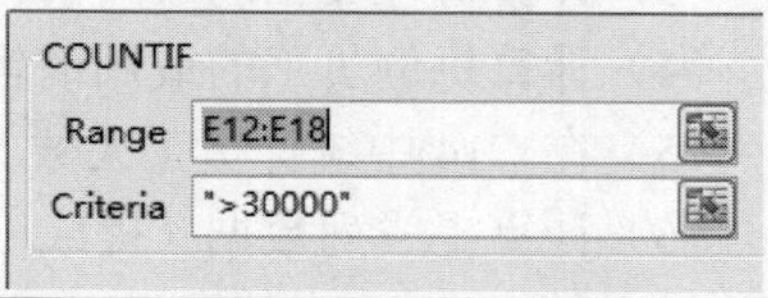
MAX	语法：MAX(number1, [number2], ...) 作用：计算参数的最大值	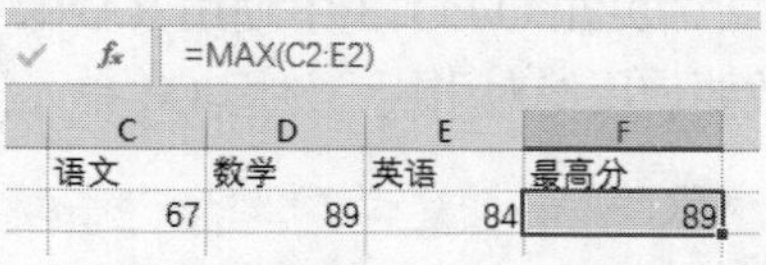
MIN	语法：MIN(number1, [number2], ...) 作用：计算参数的最小值	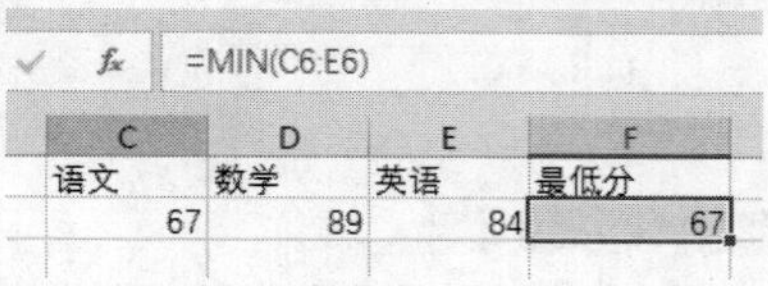
RANK RANK.EQ	语法：RANK(Number,Ref,[Order]) Number 为需要排位的数字；Ref 为数字排列的数组；Order 为可选参数，=0 或省略表示降序排列，=不为零表示升序排列 作用：返回一列数字的数字排位，数字的排位是其相对于列表中其他值的大小 说明：以一列垂直数组返回一组数据的频率分布	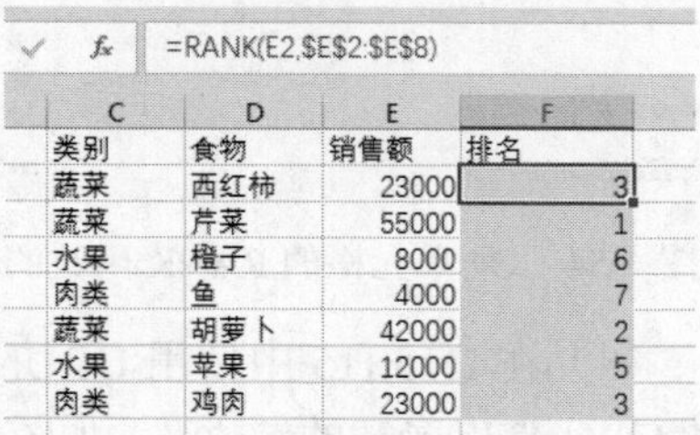 F2 单元格中函数的参数设置如下： 
IF	语法：IF(Logical_test, Value_if_true, [Value_if_false]) 当 Logical_test 成立时，返回 Value_if_true；当 Logical_test 不成立时，返回 Value_if_false。IF 函数最多嵌套 64 个 作用：对值和期待值进行逻辑比较	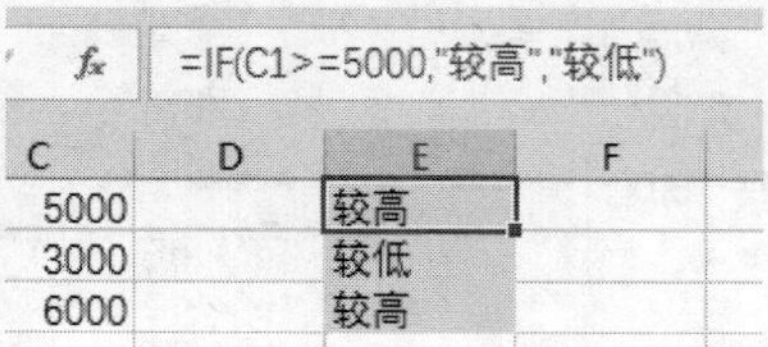 E1 单元格中函数的参数设置如下： 

[任务实施]

任务4-3实施统计员工销售业绩表

要求：打开“任务4-3 星星服装连锁店管理表”，使用公式、自动求和命令或函数等方式计算员工销售统计表。

（1）计算总销售额列数据，为一月至六月的销售总和。

（2）计算平均销售额列数据，为一月至六月的销售平均值，取整。

（3）计算每位员工的最高销售额。

（4）计算每位员工的最低销售额。

（5）在 C14 中统计员工人数。

（6）计算提成列数据（提成=员工总销售额*10%），保留 1 位小数位。

（7）在 O4:O13 中使用 RANK 函数按总销售额降序方式计算员工的排名列数据，注意第 2 个参数要使用绝对引用，注意 O4 单元格的 RANK 函数的参数设置如图 4-54 所示。

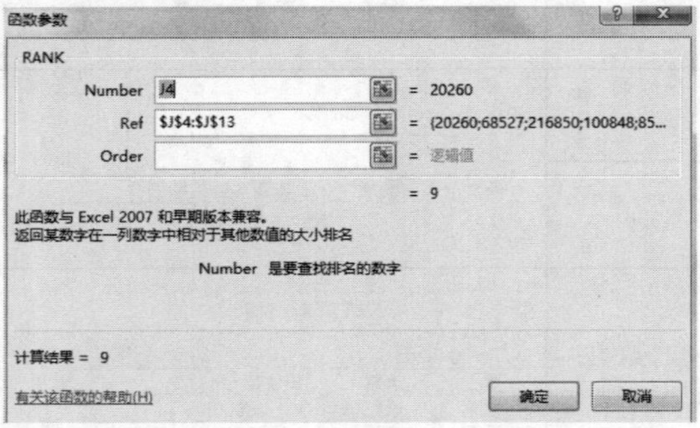

图 4-54　O4 单元格的 RANK 函数的参数设置

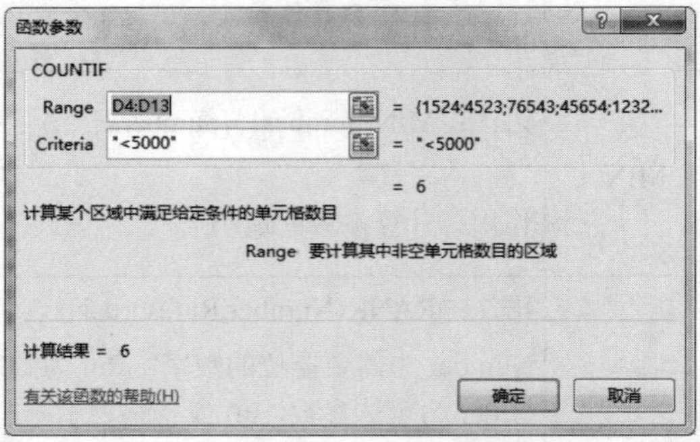

图 4-55　D15 单元格 COUNTIF 函数的参数设置

（8）在 D15:I15 中使用 COUNTIF 函数统计月销售额低于 5000 的人数。注意 D15 的单元格的 COUNTIF 函数的参数设置如图 4-55 所示。

（9）使用 IF 函数计算备注项。如果平均销售额低于 12000，则“取消评优”。注意 P4 单元格 IF 函数的参数设置如图 4-56 所示。

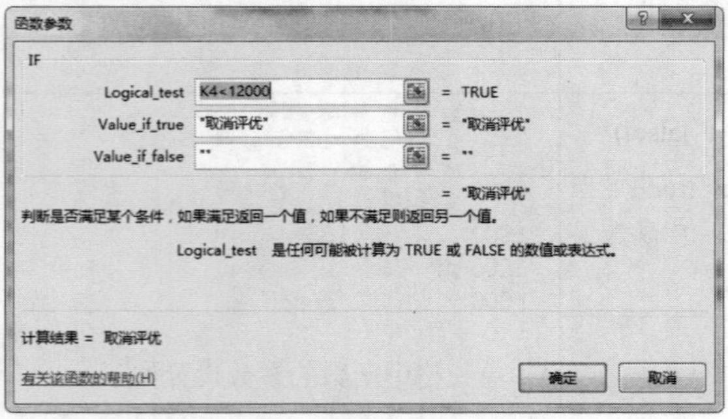

图 4-56　P4 的单元格 IF 函数的参数设置

图 4-57　T4 单元格 SUMIF 函数的参数设置

（10）在 T4:T6 中使用 SUMIF 函数统计各分店的总销售额。注意 T4 单元格 SUMIF 函数的参数设置如图 4-57 所示。

（11）在 U4:U6 中使用 AVERAGEIF 函数统计各分店的平均销售额，保留 1 位小数位。

注意 U4 单元格 AVERAGEIF 函数的参数设置如图 4-58 所示。

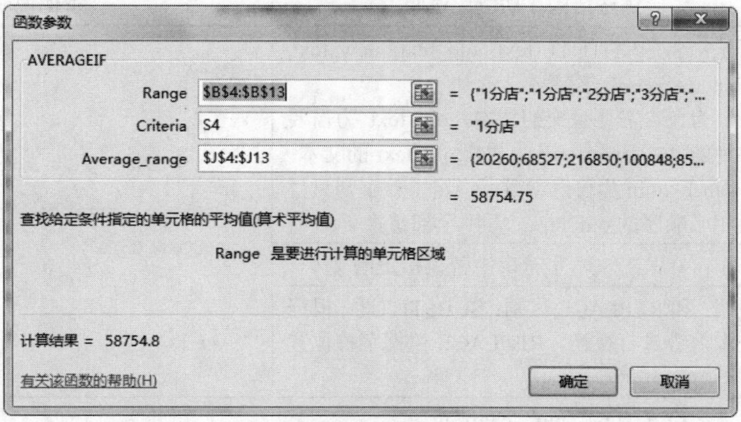

图 4-58　U4 单元格 AVERAGEIF 函数的参数设置

（12）保存，效果如图 4-45 所示。

[拓展知识与技能]

拓展知识与技能 4-3 一

下面介绍 Excel 中的一些其他常用的函数。

（1）文本处理函数。常用的文本处理函数见表 4-9。

表 4-9　常用文本处理函数

函数名	语法结构、功能、说明	举例说明
TRIM	语法：TRIM(text) text 为必需项，为要移除空格的文本 作用：除了单词之间的单个空格之外，移除文本中的所有空格	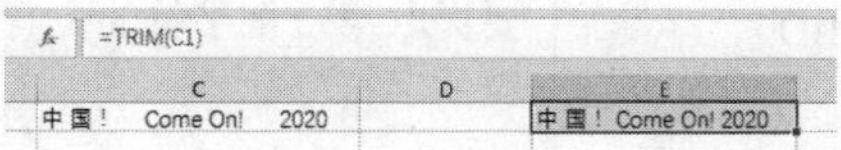
CONCATENATE	语法：CONCATENATE(text1, [text2], ...) 至少包含一个项目，最多 255 个项目，最多支持 8192 个字符，项目可以是文本值、数字、或单元格引用 作用：将两个或多个文本字符串连接为一个字符串 说明：可以利用连接符&实现相同的功能	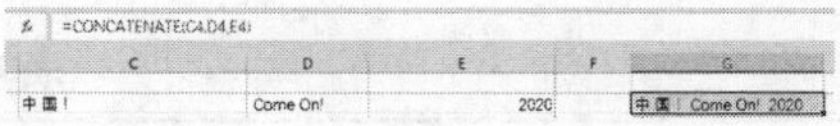 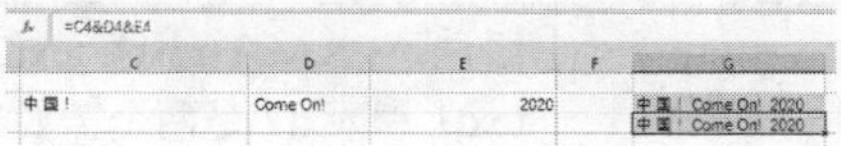
REPLACE	语法: REPLACE(old_text, start_num, num_chars, new_text) old_text 为需要替换的文本，start_num 替换字符的位置，num_chars 利用 new_text 替换的字符数，new_text 要替换 old_text 的新文本 作用：将特定位置的字符串替换为不同的文本字符	

续表

函数名	语法结构、功能、说明	举例说明
SUBSTITUTE	语法：SUBSTITUTE(text, old_text, new_text, [instance_num]) text 为包含需要替换的文本，old_text 为需要替换的文本，new_text 为替换 old_text 的文本，instance_num 为可选参数，指定了数字则只替换相应顺序的 old_text，否则全部替换 作用：在某一文本字符串中替换指定的文本 说明：和 REPLACE 区别：SUBSTITUTE 根据文本内容进行替换，REPLACE 根据字符位置进行替换	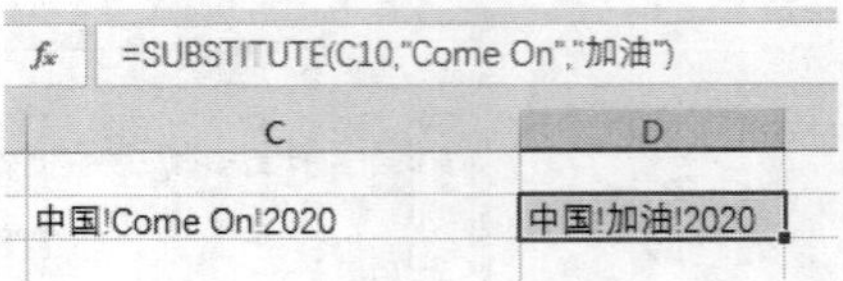
LEFT	语法：LEFT(text, [num_chars]) text 包含要提取的字符，num_chars 为指定要提取的字符数量，必须≥0，如果大于文本长度，则返回全部文本，如果省略则假定其值为 1 作用：从文本字符串的第一个字符开始返回指定个数的字符	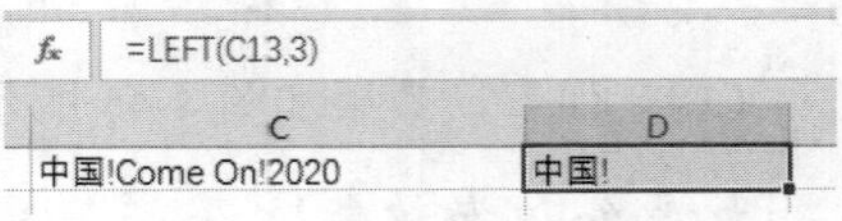
RIGHT	语法：RIGHT(text, [num_chars]) 作用：从一个文本字符串的最后一个字符开始返回指定个数的字符	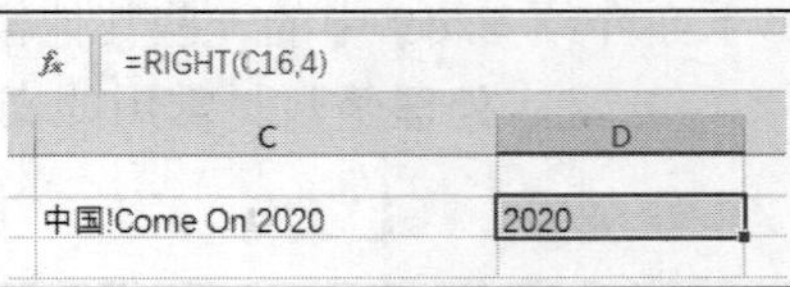
MID	语法：MID(text, start_num, num_chars) text 包含要提取字符的文本，start_num 文本中要提取第一个字符的位置，num_chars 希望提取的字符个数 作用：从指定位置开始提取特定数目的字符	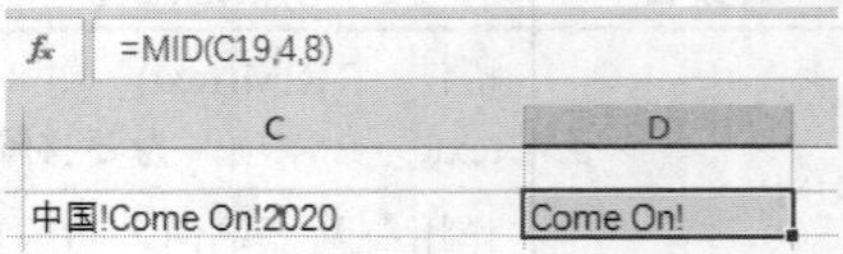

（2）信息反馈函数。常用的文本处理函数见表 4-10。

表 4-10　常用的文本处理函数

函数名	语法结构、功能、说明	举例说明
EXACT	语法：EXACT(text1, text2) text1 和 text2 是两个需要比较的字符串 作用：比较两个文本字符串，如果它们完全相同，则返回 TRUE，否则返回 FALSE。函数 EXACT 区分大小写，但忽略格式上的差异。使用 EXACT 可以检验在文档中输入的文本	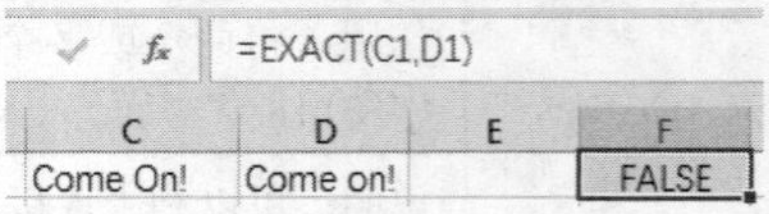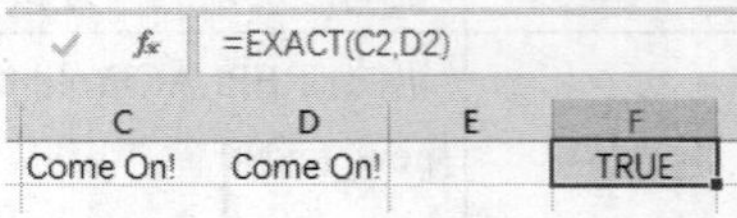
LEN	语法：LEN(text)，text 为需要查询长度的文本，空格将作为字符进行计数 作用：返回文本中字符的个数，一般和其他函数配合使用 说明：从指定位置开始提取特定数目的字符	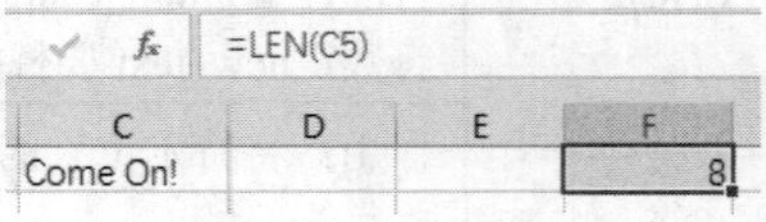

（3）查找引用函数：常用的查找引用函数见表 4-11。

表 4-11　常用的查找引用函数

函数名	语法结构、功能、说明	举例说明
VLOOKUP	语法： VLOOKUP(lookup_value,table_array,col_index_num,range_lookup) lookup_value 为要查找的值，table_array 为要在其中查找值的区域，col_index_num 为区域中包含返回值的列号，range_lookup 为精确匹配或近似匹配（分别对应 0/FALSE 或 1/TRUE）	要求：在 G2 中单击并选择不同人的姓名，在 H2 单元格中将显示其销量值 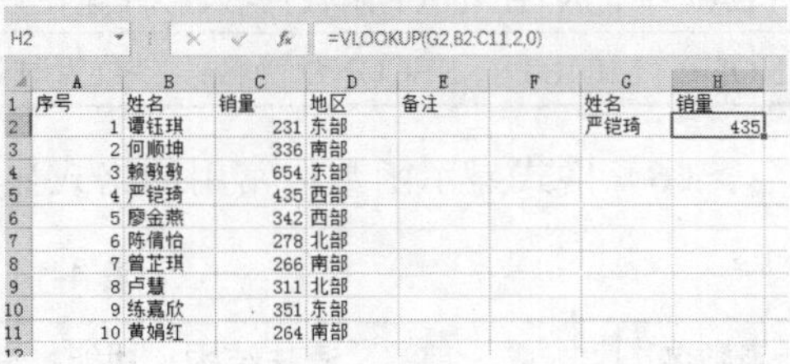
	作用：在表格区域中按行查找对应内容	
	说明：要查找的值需要始终位于所在区域的第一列	提示步骤： 将 B1:C1 列标题复制到 G1:H1 中 设置 G2 单元格的数据验证为序列，来源为“=$B$2:$B$11” 在 H2 单元格中使用 VLOOKUP 函数

（4）逻辑运算函数：常用的逻辑运算函数见表 4-12。

拓展知识与技能 4-3 二

表 4-12　常用的逻辑运算函数

函数名	语法结构、功能、说明	举例说明
AND	语法：AND(logical1,logical2, ...) Logical1, logical2, ... 表示待检测的 1～255 个结果为 TRUE 或 FALSE 的检测条件	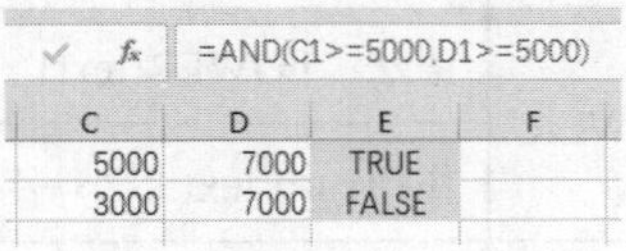
	作用：用于确定测试中的所有条件是否均为 TRUE	
OR	语法：OR(logical1,logical2, ...) Logical1, logical2, ... 表示待检测的 1～255 个结果为 TRUE 或 FALSE 的检测条件	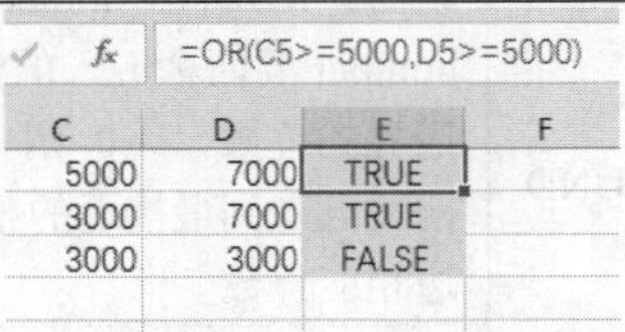
	作用：用于确定测试中的任一条件是否为 TRUE	

（5）日期时间函数。常用的日期时间函数见表 4-13。

表 4-13　常用的日期时间函数

函数名	语法结构、功能、说明	举例说明
NOW	语法：NOW() 无参数	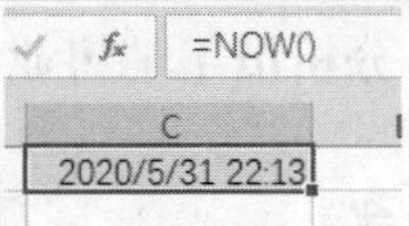
	作用：返回当前的日期和时间，每次打开工作表时间会更新	
TODAY	语法：TODAY() 无参数	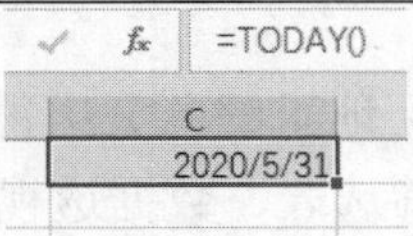
	作用：返回当前日期，打开工作簿时自动更新日期	

续表

函数名	语法结构、功能、说明	举例说明
DATE	语法：DATE(year,month,day) year 表示年，month 表示月，day 表示天 作用：将三个独立的值合并为一个日期	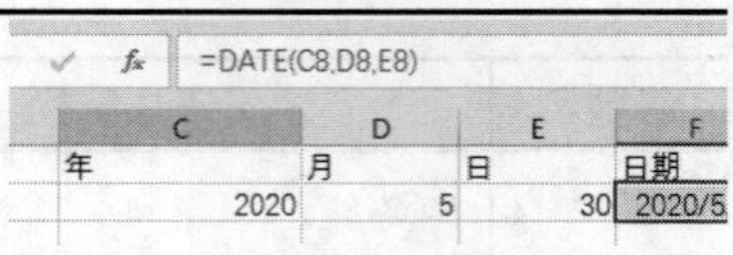
YEAR / MONTH / DAY 函数：参数为日期，分别可以得到年、月、日信息		
HOUR / MINUTE / SECOND 函数：参数为时间，分别可以得到小时、分钟、秒		

（6）格式显示函数：常用的格式显示函数见表 4-14。

表 4-14　常用的格式显示函数

函数名	语法结构、功能、说明	举例说明
TEXT	语法：value 为数值、计算结果是数字值的公式，或对包含数字值的单元格的引用。 format_text 为“单元格格式”对话框中“数字”选项卡上“分类”框中的文本形式的数字格式。 作用：将数字按指定方式显示，常和其他函数配合使用，例如合并文本数值，需要数值以特定的格式显示，这时候可以使用 TEXT 函数	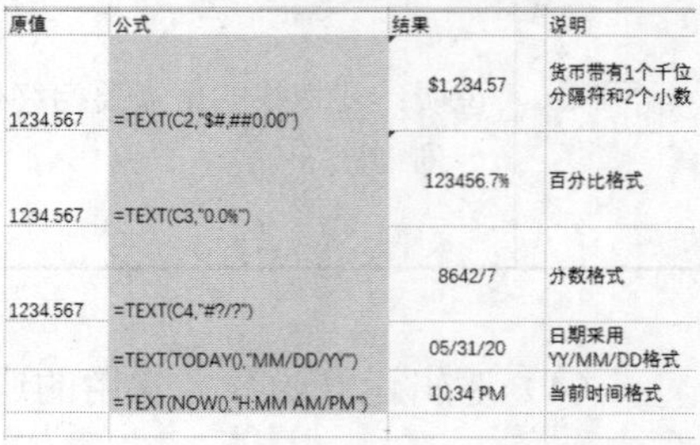
UPPER	语法：UPPER(text) 作用：将 text 以大写字母的形式输出	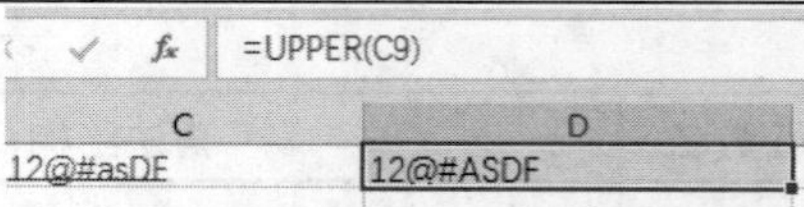
LOWER	语法：LOWER(text) 作用：将 text 以小写字母的形式输出	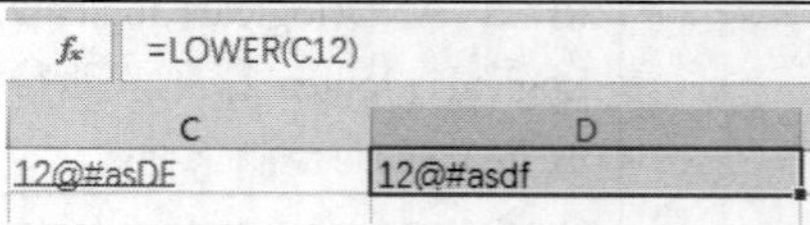
ROUND	语法：ROUND(number, num_digits) number 要四舍五入的数字，num_digits 需要四舍五入运算的位数，＞0 四舍五入到指定的小数位数，＝0 四舍五入到最接近的整数，＜0 四舍五入到小数点左边相应位数 作用：将数字四舍五入到指定的位数	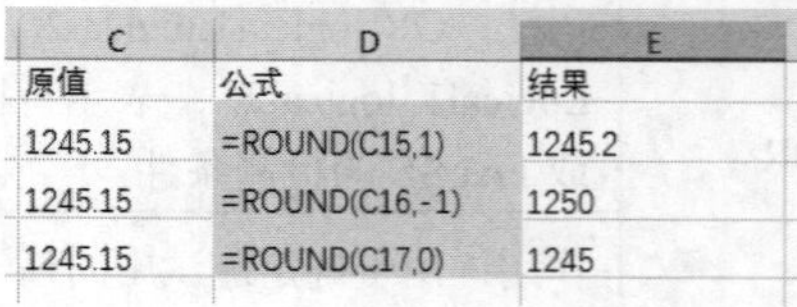

4.4　Excel 2016 电子表格数据的处理与分析

任务 4　分析员工销售业绩表

[任务描述]

为了方便地了解各分店每位员工的上半年销售额情况，总经理要求助手制作排序表、分类汇总表、筛选表、数据透视表和图表。图 4-59 为制作完成后的一个效果图，其他的效果图在具体操作过程中展示。

[任务展示]

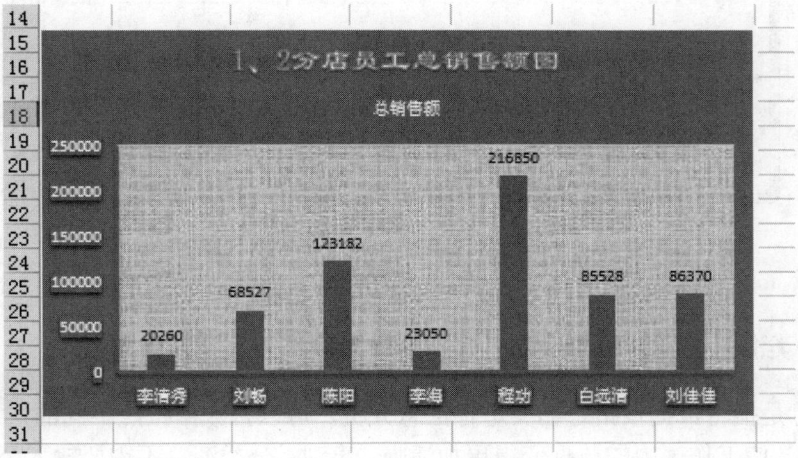

图 4-59　员工销售业绩分析表效果图

[相关知识与技能]

在实际工作中常常面临着大量的数据且需要及时、准确地对其进行处理，这时可借助 Excel 的数据排序、数据筛选、分类汇总、数据透视表、图表等功能来处理。

4.4.1　排序

排序

“排序”功能是将数据按照特定的关键字进行排列，从而直观地反映数据间的区别。用户可以根据数据区域中的数值对数据的行/列进行排序。排序时，Excel 将按照指定的排序方式重新排列行/列或单元格。排序的方式有升序（1～9，A～Z）、降序（9～1，Z～A）。一般情况下，数据排序方法可分为两种情况。

1. 单列数据排序

单列数据排序指在工作表中以一列单元格中的数据为依据，对工作表中的所有数据进行排序。操作方法如下：

方法一：快速排序。将光标定位在要排序的任意单元格，单击“开始”→“编辑”→“排序和筛选”按钮的下拉选项选择 升序(S) 或 降序(O) 命令；或者单击“数据”→“排序和筛选”→“升序”按钮或者“降序”按钮，都可快速排序。

方法二：自定义排序。单击 自定义排序(U)... 或按钮，都可以打开如图 4-60 所示的“排序”对话框。设置自定义排序的“主要关键字”“排序依据”和“次序”。

2. 多关键字排序

在排序时，排序关键字列中可能会有相同的数据，此时可以再设置按次要关键字排序。这样会在主要关键字相同的情况下再按照次要关键字的大小来排序。

操作方法：在如图 4-60 所示的“排序”对话框中，单击“添加条件”按钮可以创建多个排序条件，用户在排序条件中指定排序的主要关键字、次要关键字、排序依据和次序等。

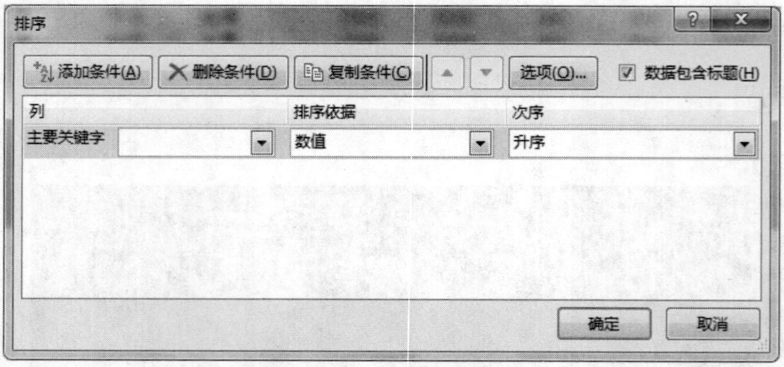

图 4-60 “排序”对话框

4.4.2 分类汇总

分类汇总

分类汇总是指将数据按指定的类进行汇总分析，可以将数据按照不同的类别进行统计，使工作表中的数据变得更加清晰、直观。分类汇总不需要输入公式，也不需要使用函数，Excel 将自动处理并插入分类结果。在进行分类汇总前先要对所汇总数据进行排序，且排序的条件最好是需要分类汇总的相关字段，这样汇总的结果将更加清晰。如果没有进行排序，汇总的结果就没有意义。

操作方法：先按分类字段列进行排序，选择“数据”→“分级显示”→“分类汇总”命令 分类汇总，打开“分类汇总”对话框，然后按要求设置分类字段（也称分类的依据）、汇总方式、待定汇总项（即汇总的对象）等选项。如果对汇总结果不满意，可以重新设置分类汇总数据并替换当前分类汇总。如果想要删除汇总的结果，可以单击 全部删除(R) 按钮，该操作只删除汇总结果，对原有的数据不删除。

小贴士：“分类汇总”对话框左侧显示了分类汇总的标志，其中 + 是“显示明细数据符号”，- 是“隐藏明细数据符号”；1 2 3 是分级显示标记。单击 1 只显示总的汇总值，单击 2 显示各类汇总值，单击 3 显示所有的明细数据。

[任务实施]

任务 4-4-1 实施
制作排序与分类汇总表

要求：打开“任务 4-4-1 星星服装连锁店管理表.xlsx”，使用排序与分类汇总方法管理员工销售业绩表。

实施步骤如下所述。

（1）在“排序表 1”中，按“总销售额”升序排序。

操作方法：单击“总销售额”列的任意单元格，单击工具栏中的“升序”按钮后，“总销售额”列中的数据自动按升序排列显示，效果如图 4-61 所示。

操作方法：选择“排序表 2”工作表的 A2:J12 单元格数据区域，打开“排序”对话框，在主要关键字中选择“分店”按“升序”排序；单击“添加条件”按钮后在次要关键字中选择“总销售额”按降序排序，如图 4-62 所示。单击“确定”按钮后效果如图 4-63 所示。

（2）在“排序表 2”中，按分店升序排序，分店相同情况下再按总销售额的降序排序。

	A	B	C	D	E	F	G	H	I	J
1	员工销售业绩表（2020年度上半年）									
2	序号	分店	姓名	一月	二月	三月	四月	五月	六月	总销售额
3	9	3分店	白清清	3269	2635	2415	2222	2415	2222	15178
4	1	1分店	李清秀	1524	2536	5862	5362	2413	2563	20260
5	10	1分店	李海	2635	2563	5663	3263	5663	3263	23050
6	2	1分店	刘畅	4523	15543	4564	7452	5214	31231	68527
7	6	3分店	张一欢	53456	7896	4521	2365	4521	2365	75124
8	5	2分店	白远清	1232	2322	12345	2521	58456	8652	85528
9	8	2分店	刘佳佳	5412	22566	3652	25544	3652	25544	86370
10	4	3分店	王丽丽	45654	5214	31231	6332	7896	4521	100848
11	7	1分店	陈阳	2356	58456	8652	22533	8652	22533	123182
12	3	2分店	程功	76543	65665	45453	14522	2322	12345	216850
13										

图 4-61　“排序表 1”效果图

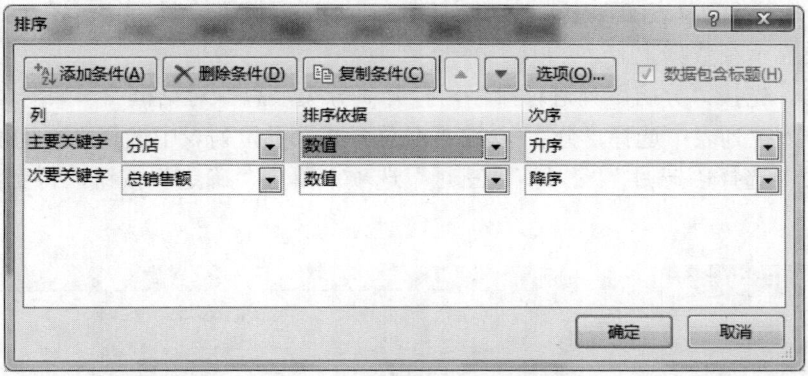

图 4-62　设置主要关键字与次要关键字排序条件

	A	B	C	D	E	F	G	H	I	J
1	员工销售业绩表（2020年度上半年）									
2	序号	分店	姓名	一月	二月	三月	四月	五月	六月	总销售额
3	7	1分店	陈阳	2356	58456	8652	22533	8652	22533	123182
4	2	1分店	刘畅	4523	15543	4564	7452	5214	31231	68527
5	10	1分店	李海	2635	2563	5663	3263	5663	3263	23050
6	1	1分店	李清秀	1524	2536	5862	5362	2413	2563	20260
7	3	2分店	程功	76543	65665	45453	14522	2322	12345	216850
8	8	2分店	刘佳佳	5412	22566	3652	25544	3652	25544	86370
9	5	2分店	白远清	1232	2322	12345	2521	58456	8652	85528
10	4	3分店	王丽丽	45654	5214	31231	6332	7896	4521	100848
11	6	3分店	张一欢	53456	7896	4521	2365	4521	2365	75124
12	9	3分店	白清清	3269	2635	2415	2222	2415	2222	15178
13										

图 4-63　“排序表 2”效果图

（3）在“分类汇总表 1”中，按“分店”统计“总销售额”的总值。

操作方法：将光标定位在“分店”列的任一单元格，单击工具栏上的“升序”或“降序”按钮，按“分店”进行排序。然后打开“分类汇总”对话框 1，如图 4-64 所示，在“分类字段”下拉列表中选择“分店”，在“汇总方式”下拉列表中选择“求和”，在“选定汇总项”列表中选定“总销售额”选项。单击“确定”按钮，得到汇总结果如图 4-65 所示。

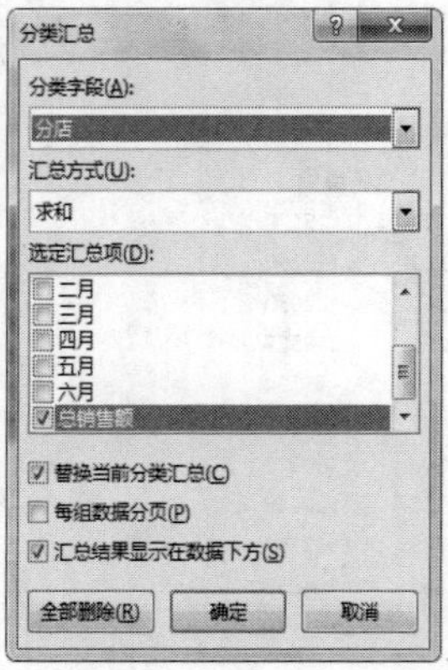

图 4-64 “分类汇总”对话框 1

员工销售业绩表（2020年度上半年）

行	序号	分店	姓名	一月	二月	三月	四月	五月	六月	总销售额
3	1	1分店	李清秀	1524	2536	5862	5362	2413	2563	20260
4	2	1分店	刘畅	4523	15543	4564	7452	5214	31231	68527
5	7	1分店	陈阳	2356	58456	8652	22533	8652	22533	123182
6	10	1分店	李海	2635	2563	5663	3263	5663	3263	23050
7		1分店 汇总								235019
8	3	2分店	程功	76543	65665	45453	14522	2322	12345	216850
9	5	2分店	白远清	1232	2322	12345	2521	58456	8652	85528
10	8	2分店	刘佳佳	5412	22566	3652	25544	3652	25544	86370
11		2分店 汇总								388748
12	4	3分店	王丽丽	45654	5214	31231	6332	7896	4521	100848
13	6	3分店	张一欢	53456	7896	4521	2365	4521	2365	75124
14	9	3分店	白清清	3269	2635	2415	2222	2415	2222	15178
15		3分店 汇总								191150
16		总计								814917

图 4-65 “分类汇总表 1”效果图

（4）在“分类汇总表 2”中，按“分店”统计“一月”“二月”“三月”的销售业绩平均值，汇总结果显示在数据上方。

操作方法：先按“分店”列进行排序，打开“分类汇总”对话框 2，如图 4-66 所示。在“分类字段”下拉列表中选择“分店”，在“汇总方式”下拉列表中选择“平均值”，在“选定汇总项”列表中选择“一月”“二月”“三月”选项。单击“确定”按钮，得到汇总结果如图 4-67 所示。

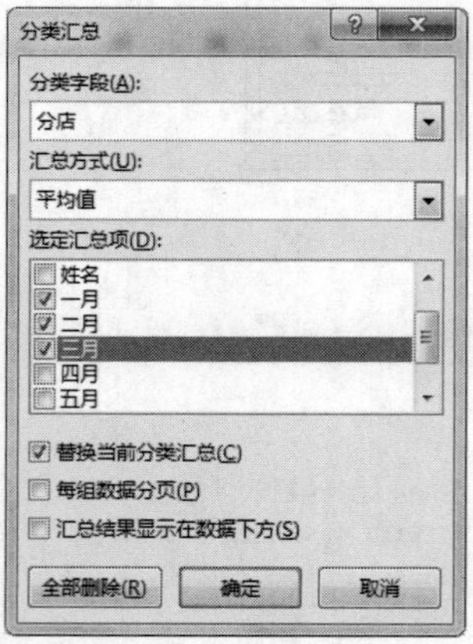

图 4-66 “分类汇总”对话框 2

员工销售业绩表（2020年度上半年）

行	序号	分店	姓名	一月	二月	三月	四月	五月	六月	总销售额
3		总计平均值		19660.4	18539.6	12435.8				
4		1分店 平均值		2759.5	19774.5	6185.25				
5	1	1分店	李清秀	1524	2536	5862	5362	2413	2563	20260
6	2	1分店	刘畅	4523	15543	4564	7452	5214	31231	68527
7	7	1分店	陈阳	2356	58456	8652	22533	8652	22533	123182
8	10	1分店	李海	2635	2563	5663	3263	5663	3263	23050
9		2分店 平均值		27729	30184.33	20483.33				
10	3	2分店	程功	76543	65665	45453	14522	2322	12345	216850
11	5	2分店	白远清	1232	2322	12345	2521	58456	8652	85528
12	8	2分店	刘佳佳	5412	22566	3652	25544	3652	25544	86370
13		3分店 平均值		34126.33	5248.333	12722.33				
14	4	3分店	王丽丽	45654	5214	31231	6332	7896	4521	100848
15	6	3分店	张一欢	53456	7896	4521	2365	4521	2365	75124
16	9	3分店	白清清	3269	2635	2415	2222	2415	2222	15178

图 4-67 “分类汇总表 2”效果图

小贴士：在默认状态下，套用表格样式后将无法进行数据“分类汇总”操作，需要将套用表格格式的表格转换为普通区域后才能进行“分类汇总”操作。转换方法为：选中被套用表格格式的表格，在“设计”主菜单下的“工具”选项组中，单击“转换为区域”按钮，弹出提示框，单击“是”按钮即可转换为普通区域。

4.4.3 筛选

筛选

数据管理时经常需要从众多的数据中挑选出一部分满足条件的记录进行处理。筛选是 Excel 提供的最为实用的数据处理功能之一，查找和处理区域中数据子集的快捷方法。筛选区域仅显示满足条件的行，该条件由用户针对某列指定。Excel 提供了两种筛选区域的命令：自动筛选和高级筛选。与排序不同，筛选并不重排区域。筛选只是暂时隐藏不必显示的行。

1. 自动筛选

自动筛选是一种快速的筛选方法，根据用户设定的筛选条件自动将表格中符合条件的数据显示出来，而将表格中的其他数据隐藏。“自动筛选”适用于简单条件。

操作方法：单击数据清单中任一单元格或选中整张数据清单，然后单击“数据”→“排序和筛选”→“筛选”按钮，或者选择“开始”→“编辑”→“排序和筛选”→“筛选”命令后，在数据清单的每个字段名右侧都会出现一个三角形按钮，单击要筛选列的三角形按钮，根据单元格数据类型显示与该类型相关的可选条件项，用户根据需要选择相关的命令进行设置即可。

对于文本值数据的筛选，可直接在图 4-68 所示中选择 1 个或多个条件值，也可以在“文本筛选”项中选择可选条件项，在弹出的对话框中设置相应的值即可筛选出满足条件的记录。对于数值型数据的筛选一般在图 4-69 所示的“数字筛选”选项中选择相应的可选条件项，在打开的对话框中设置相应的条件值，即可筛选出满足条件的记录。

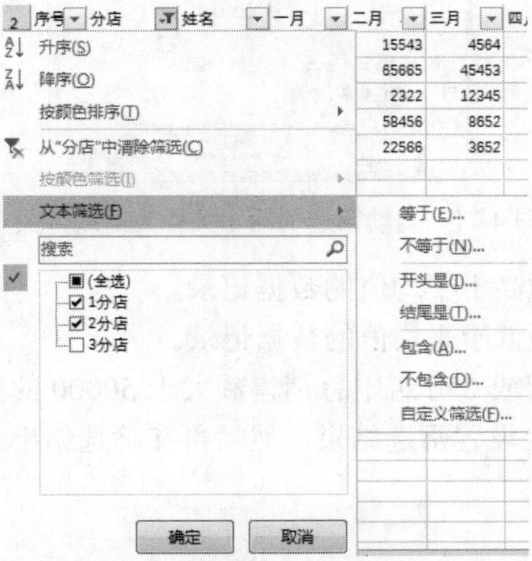

图 4-68　自动筛选的“文本筛选”选项

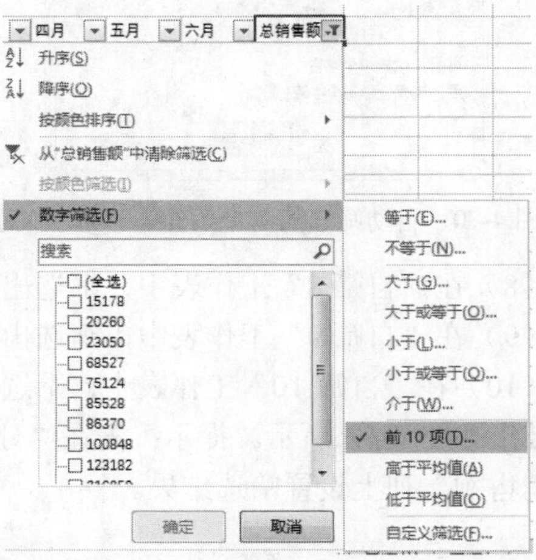

图 4-69　自动筛选的“数字筛选”选项

如果要在筛选表结果中显示所有数据，则单击三角形按钮，选择“全选”；如果要退出自动筛选状态，则再次选择“筛选”命令可取消自动筛选，且字段名右侧的向下箭头也会消失。

2. 高级筛选

高级筛选可以一次性对多个条件进行筛选。高级筛选要求在一个工作表区域内单独指定筛选条件，称为条件区域。条件区域由条件标题行（一般使用复制的方式复制标题行）和条件表达式组成，如果条件表达式是在同一行的不同单元格中，Excel 使用 AND 运算符连接，表示将返回匹配所有单元格中条件的数据；如果表达式是在条件区域中的不同行中，Excel 使用 OR 运算符连接，表示匹配任何一个单元格中条件的数据都将返回。注意：条件区域要与数据区域分开（即和数据区域隔开至少一行或一列）。

[任务实施]

要求：打开“任务 4-4-2 星星服装连锁店管理表.xlsx”，使用自动筛选与高级筛选方法处理员工销售业绩表。

任务 4-4-2 实施
制作自动筛选与高级筛选表

（1）在“自筛 1”工作表中，筛选出 1 分店的数据记录。

（2）在“自筛 2”工作表中，筛选出 1 分店和 2 分店的数据记录。

（3）在“自筛 3”工作表中，筛选出总销售额最大的 3 条数据记录。

（4）在“自筛 4”工作表中，筛选出总销售额最小的 3 条数据记录。

（5）在“自筛 5”工作表中，筛选出总销售额在 50000 及以上的数据记录。

（6）在“自筛 6”工作表中，筛选出总销售额大于 50000 且小于 100000 的数据记录，筛选条件如图 4-70 所示。

（7）在“自筛 7”工作表中，筛选出总销售额在 30000 及以下或者 100000 以上的数据记录。筛选条件如图 4-71 所示。

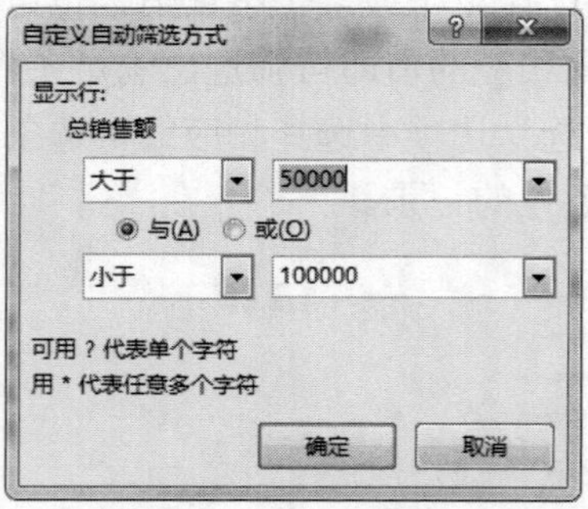

图 4-70　自动筛选的两个条件为“与”关系

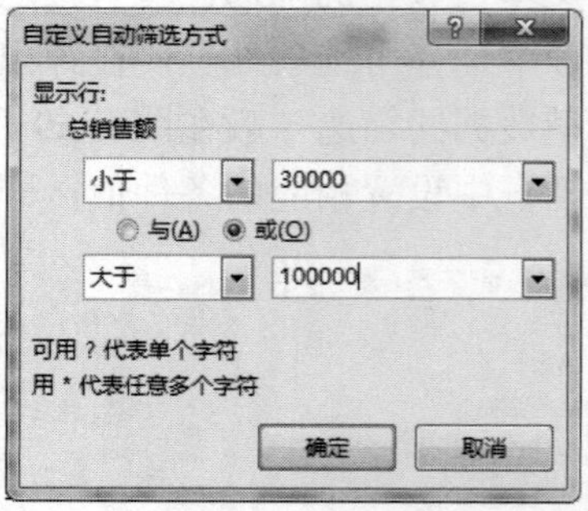

图 4-71　自动筛选的两个条件为“或”关系

（8）在“自筛 8”工作表中，筛选出总销售额高于平均值的数据记录。

（9）在“自筛 9”工作表中，筛选出总销售额低于平均值的数据记录。

（10）在“自筛 10”工作表中，筛选出 1 分店或 2 分店中总销售额大于 50000 的数据记录，结果如图 4-72 所示。提示：先在“分店”列上设置筛选结果，然后再在筛选结果表上的“总销售额”列上设置筛选结果。

	A	B	C	D	E	F	G	H	I	J
1	员工销售业绩表（2020年度上半年）									
2	序号	分店	姓名	一月	二月	三月	四月	五月	六月	总销售额
4	2	1分店	刘畅	4523	15543	4564	7452	5214	31231	68527
5	3	2分店	程功	76543	65665	45453	14522	2322	12345	216850
7	5	2分店	白远清	1232	2322	12345	2521	58456	8652	85528
9	7	1分店	陈阳	2356	58456	8652	22533	8652	22533	123182
10	8	2分店	刘佳佳	5412	22566	3652	25544	3652	25544	86370
13										

图 4-72　在两列上的自动筛选效果图

（11）在“高筛 1”工作表中，筛选出 1 分店或 2 分店中总销售额大于 50000 的数据记录。

操作方法：

1）在任意空白单元格填写条件区域，如图 4-73 所示中的方框 B15:C17，含义为分店为“1 分店”并且销售额大于 50000，或者分店为“2 分店”并且销售额大于 50000。

2）单击数据区域的任意一个单元格，单击“数据”→“排序和筛选”→“高级”按钮 高级，弹出“高级筛选”对话框。

3）在“高级筛选”对话框中，选定“将筛选结果复制到其他位置”选项，分别选取列表区域、条件区域和复制到的位置，复制到其他位置可选取“A19”单元格，设置如图 4-74 所示。注意，选取的列表区域和条件区域内必须包含标题行。

	A	B	C	D	E
1			员工销售业绩表		
2	序号	分店	姓名	一月	二月
3	1	1分店	李清秀	1524	253
4	2	1分店	刘畅	4523	1554
5	3	2分店	程功	76543	6566
6	4	3分店	王丽丽	45654	521
7	5	2分店	白远清	1232	232
8	6	3分店	张一欢	53456	789
9	7	1分店	陈阳	2356	5845
10	8	2分店	刘佳佳	5412	2256
11	9	3分店	白清清	3269	263
12	10	1分店	李海	2635	256
13					
14					
15		分店	总销售额		
16		1分店	>50000		
17		2分店	>50000		

图 4-73　创建高级筛选条件区域

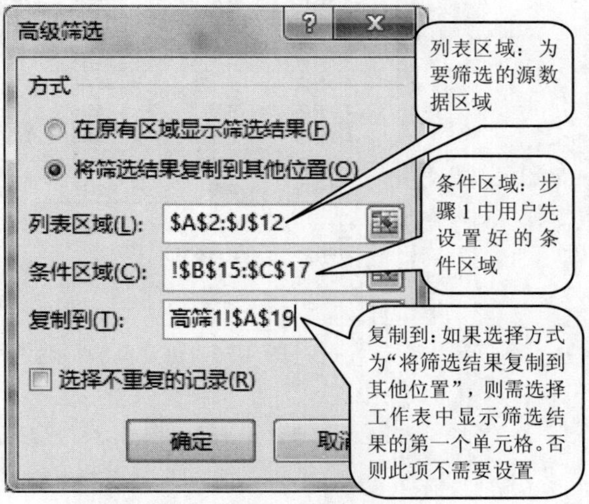

图 4-74　“高级筛选”对话框

4）单击确定按钮，效果如图 4-75 所示。

	A	B	C	D	E	F	G	H	I	J
1				员工销售业绩表（2020年度上半年）						
2	序号	分店	姓名	一月	二月	三月	四月	五月	六月	总销售额
3	1	1分店	李清秀	1524	2536	5862	5362	2413	2563	20260
4	2	1分店	刘畅	4523	15543	4564	7452	5214	31231	68527
5	3	2分店	程功	76543	65665	45453	14522	2322	12345	216850
6	4	3分店	王丽丽	45654	5214	31231	6332	7896	4521	100848
7	5	2分店	白远清	1232	2322	12345	2521	58456	8652	85528
8	6	3分店	张一欢	53456	7896	4521	2365	4521	2365	75124
9	7	1分店	陈阳	2356	58456	8652	22533	8652	22533	123182
10	8	2分店	刘佳佳	5412	22566	3652	25544	3652	25544	86370
11	9	3分店	白清清	3269	2635	2415	2222	2415	2222	15178
12	10	1分店	李海	2635	2563	5663	3263	5663	3263	23050
13										
14										
15		分店	总销售额							
16		1分店	>50000							
17		2分店	>50000							
18										
19	序号	分店	姓名	一月	二月	三月	四月	五月	六月	总销售额
20	2	1分店	刘畅	4523	15543	4564	7452	5214	31231	68527
21	3	2分店	程功	76543	65665	45453	14522	2322	12345	216850
22	5	2分店	白远清	1232	2322	12345	2521	58456	8652	85528
23	7	1分店	陈阳	2356	58456	8652	22533	8652	22533	123182
24	8	2分店	刘佳佳	5412	22566	3652	25544	3652	25544	86370

图 4-75　高级筛选中条件为与关系的效果图

（12）在“高筛 2”工作表中，在原有区域筛选出 1 分店数据记录或者总销售额大于 10000 的数据记录。操作方法与上面基本相同，其中条件区域和“高级筛选”对话框的设置如图 4-76 所示。筛选结果如图 4-77 所示。

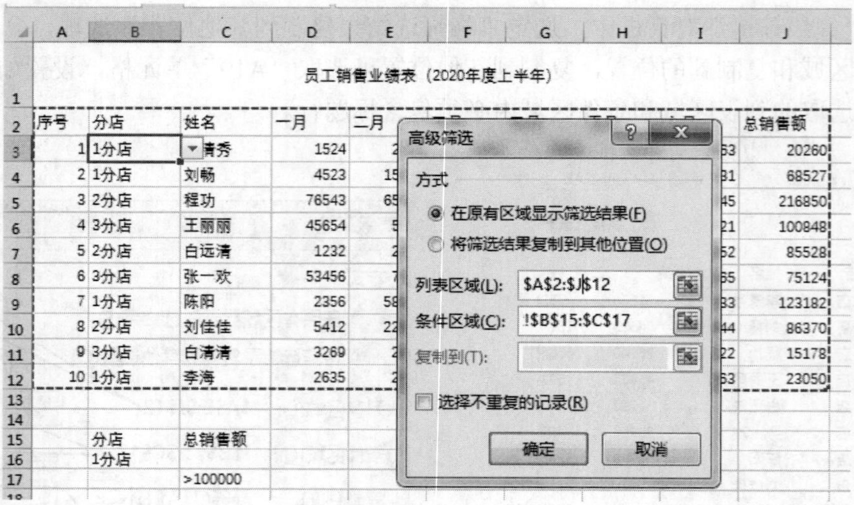

图 4-76　创建高级筛选条件区域与“高级筛选”对话框

图 4-77　高级筛选中条件为或关系的效果图

4.4.4　数据透视表

数据透视表

数据透视表是一种可以快速计算、汇总和分析大量数据和建立交叉列表的交互式报表的强大工具，可帮助用户了解数据中的对比情况、模式和趋势。我们可以动态地改变数据透视表的版面布置，以便按照不同方式分析数据，也可以重新安排行号、列标和页字段。每一次改变版面布置时，数据透视表会立即按照新的布置重新计算数据。另外，如果原始数据发生更改，则可以更新数据透视表。

（1）创建数据透视表。首先选择要创建数据透视表的单元格。注意：数据不应有任何空行或列，且必须只有一行标题。然后单击“插入”→“表格”→“数据透视表”按钮，弹出如图 4-78 所示的“创建数据透视表”对话框。在该对话框中的“请选择要分析的数据”下，选择“选择一个表或区域”单选按钮；在“选择放置数据透视图的位置”下，选择“新工作表”单选按钮，将数据透视图放置在新工作表中；或选择“现有工作表”单选按钮，然后选择要显示数据透视表的位置。单击“确定”按钮，会在工作表中新建一个插页存放数据透视表，如图 4-79 所示。

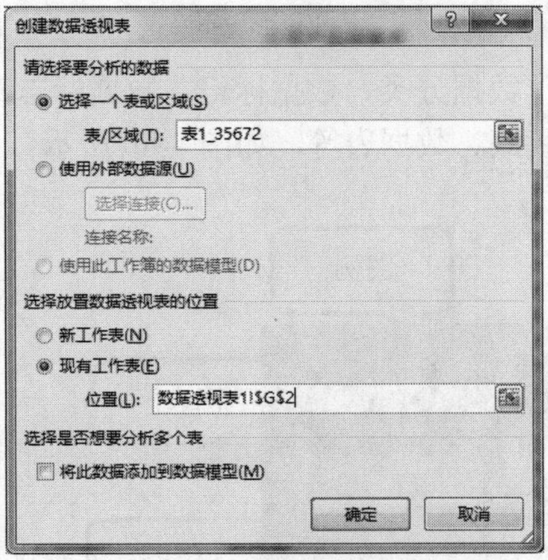

图 4-78　创建数据透视表

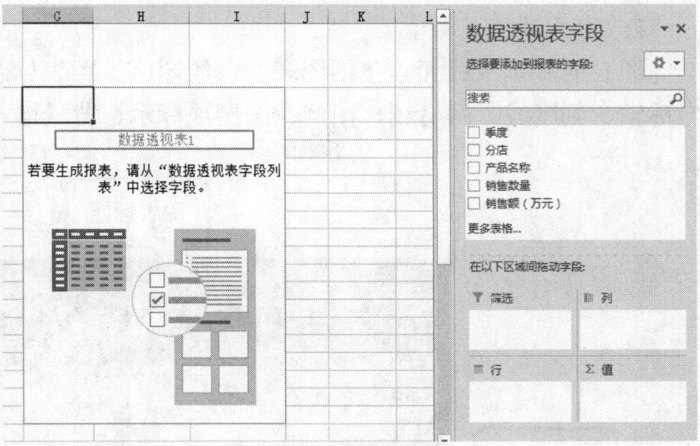

图 4-79　创建数据透视表效果图

（2）构建数据透视表。新建的数据透视表有报表展示区域和透视表字段区域。透视表字段区域一共有四个方框：

- 筛选框：利用筛选框中的字段对透视表进行筛选。
- 列框：列框中的列字段数据将以列的形式展示，分布在各列中。
- 行框：行框中的行字段数据将以行的形式展示，分布在各行中。
- 值框：主要用来进行统计，数字字段可进行数学运算（求和、平均值、计数等），文本字段可计数。

通过拖动不同的字段到不同的框中，可以展示不同的结果。还可以单击值字段的下拉选项，选择“值字段设置”，可修改值字段的汇总方式和显示方式。

（3）美化数据透视表。用户可以使用“数据透视表”工具对数据透视表进行参数修改和格式设置，使数据透视表变得更加适用和美观。

4.4.5　图表

图表

图表是通过图形的表达方式将复杂的数据表现出来，能够更加直观地比较数据之间的变化，以及变化趋势，提高信息整理价值及表达信息和观点。图表和工作表是互相链接的，当工作表中的数据发生改变时，图表中对应项的数据也自动改变。

1. 图表的类型

Excel 中提供了多种图表类型，包括柱形图、条形图、折线图、饼图、XY（散点图）、面积图、圆环图、雷达图、曲面图、气泡图、股价图、圆柱图、圆锥图和棱锥图等。Excel 默认图表类型为柱形图。用户可根据不同的情况选用不同类型的图表。下面介绍 5 种常用图表类型及其适用情况。

（1）柱形图：常用于进行几个项目之间数据的对比。

（2）条形图：与柱形图相似，但数据位于 Y 轴，值位于 X 轴，位置与柱形图相反。

（3）折线图：多用于显示时间间隔的变化趋势，它强调的是数据的时间性和变动率。

（4）饼图：用于显示一个数据系列中各项的大小与各项总和的比例。

（5）面积图：用于显示每个数值的变化量，强调数据随时间变化的幅度，还能直观地体现整体和部分的关系。

2. 图表的组成元素

图表的基本组成元素包括图表区、绘图区、图表标题、数据分类、数据标记、数据标志、坐标轴、刻度线、网格线、图例、图例项标示、背景墙及基底、数据表等，如图 4-80 所示。

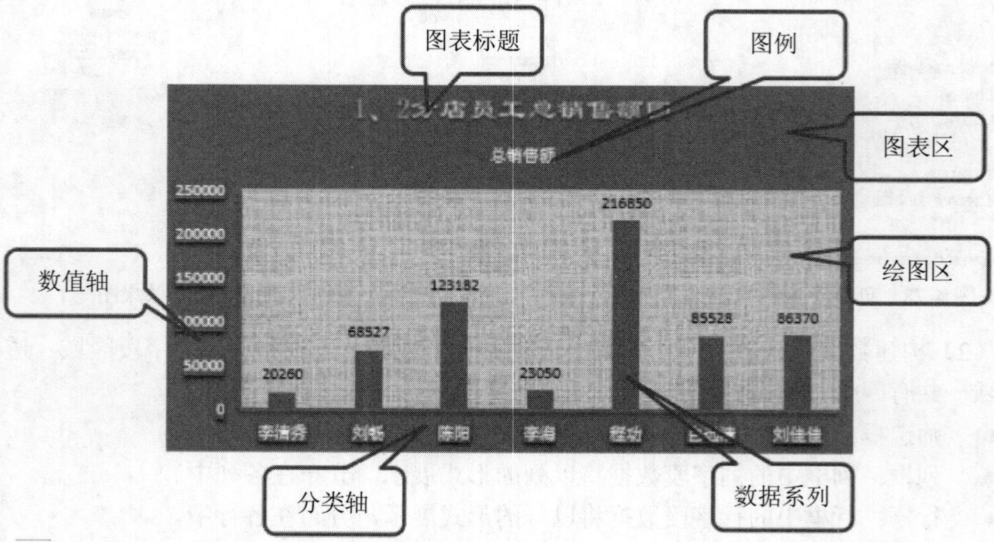

图 4-80　图表的组成元素

3. 使用图表的注意事项

制作的图表除了要具备必要的元素，还需让人一目了然。制作图表前应该注意以下几点。

（1）如果需制作表格，应根据前期收集的数据制作出相应的电子表格，并对表格进行一定的美化。

（2）根据表格中某些数据项或所有数据项创建相应形式的图表。选择电子表格中的数据时，可根据图表的需要视情况而定。

（3）检查创建的图表中的数据有无遗漏，及时对数据进行添加或删除。然后对图表形状样式和布局等内容进行相应的设置，完成图表的创建与修改。

（4）不同的图表类型能够进行的操作可能不同。

（5）图表中的数据较多时，应该尽量将所有数据都显示出来，因此一些非重点的部分如图表标题、坐标轴标题、数据表格等都可以省略。

（6）办公文件讲究简单明了，对于图表的格式和布局等最好使用 Excel 自带的格式，除非有特定的要求，否则没有必要设置复杂的格式影响图表的阅读。

4. 创建图表

首先选择生成图表的数据区域，然后选择“插入”→“图表”→“推荐的图表”命令，在弹出的对话框中选择所需要的图表类型，也可以在“图表”功能组中单击选择所需要的图表类型，都可以快速创建图表，如图 4-81 所示。

5. 编辑图表

图表创建后，可以根据需要对图表进行编辑与设置。可以通过如图 4-82 所示的“图表工具”→“设计”功能区命令编辑图表，在“格式”功能区设置图表的格式。

图 4-81　创建图表

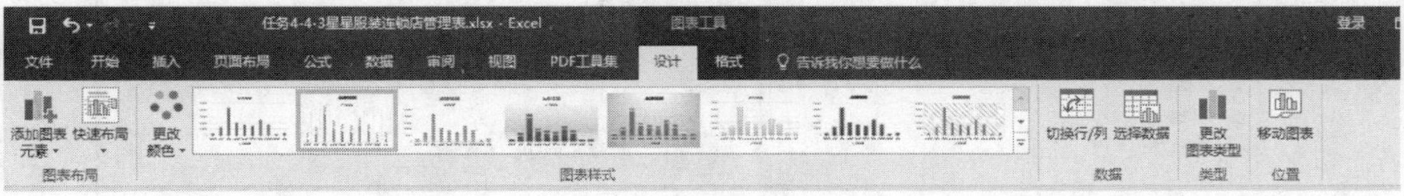

图 4-82　“图表工具”选项卡

（1）移动图表。可以移动图表到恰当的位置，让工作表看起来更美观。操作方法：单击图表的边框，这时图表的四角和四边上将出现 8 个白色的小圆形。按住鼠标左键不放，移动鼠标，这时鼠标指针会变成四向箭头，移动鼠标，此时图表的位置随着鼠标的移动而改变。将图移动到恰当的位置时放开鼠标即可。注意：在移动图表时，如果希望图表的左上角与最近的单元格边框对齐时，则可以在两者几乎对齐时按一下 Alt 键。

（2）调整图表的大小。调整图表的大小的操作方法：单击图表的边框，将鼠标指针移动到某个白色的小圆形上，然后拖动它就可以改变图表的大小。注意：在调整图表大小时，如果希望所调整的图表边框与最近的单元格边框对齐时，则可以在两者几乎对齐时按一下 Alt 键。

（3）重新选择数据。选择“图表工具”→“设计”→“数据”→“选择数据”命令，打开如图 4-83 所示的“选择数据源”对话框。单击“图表数据区域”右边的拾取器按钮，在工作表中重新选取单元格区域。另外，在此对话框中可以添加、编辑、删除数据，还可以切换行/列的数据。

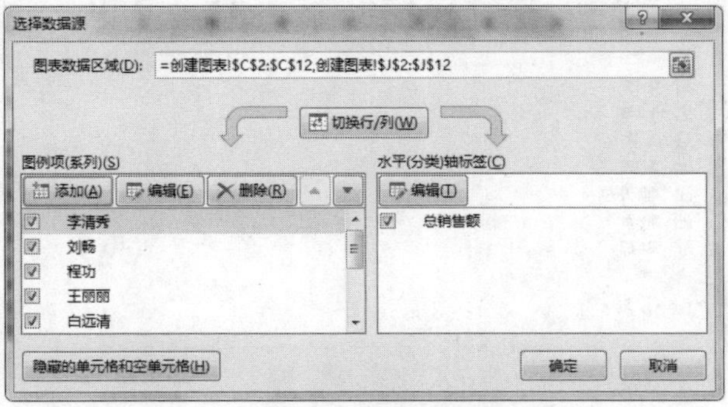

图 4-83　“选择数据源”对话框

（4）删除图表数据。在图表中可直接删除数据，工作表中的数据不发生任何变化。操作方法：右击要删除的数据，在打开的快捷菜单中选择“删除”命令即可在图表中清除该数据。

（5）重新设置图表元素。选择“图表工具”→“设计”→“图表布局”→“添加图表元素”命令，提供的控制图表细节的选项中可以选择更合乎需求的图表，如图 4-84 所示。

（6）改变图表位置。默认情况下，生成的图表是作为对象插入到当前工作表的。可以选择“图表工具”→“设计”→“位置”→“移动图表”命令，打开如图 4-85 所示的“移动图表”对话框。在“选择放置图表位置”中选择“新工作表”单选按钮，单击“确定”按钮，即可将图表放在一个独立的工作表中。

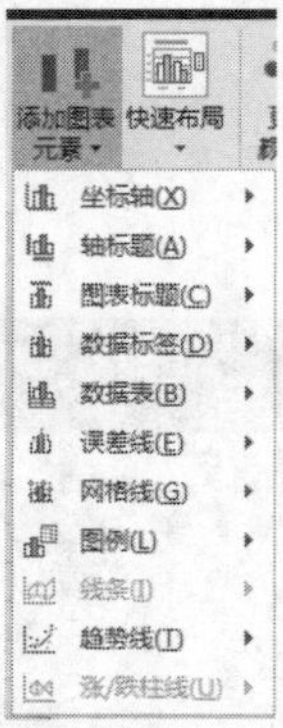

图 4-84 “添加图表元素”命令

图 4-85 “移动图表”对话框

（7）更改图表类型。生成图表后，可以更换当前图表的类型来查看数据在不同图表类型下的显示效果。操作方法：选择“图表工具”→“设计”→“更改图表类型”命令，打开如图 4-86 所示的“更改图表类型”对话框。在对话框的左边选择图表类型，在对话框的右边选择子类型，即可预览该图表类型得到的效果图。如果觉得满意，单击“确定”即可完成图表类型的修改。

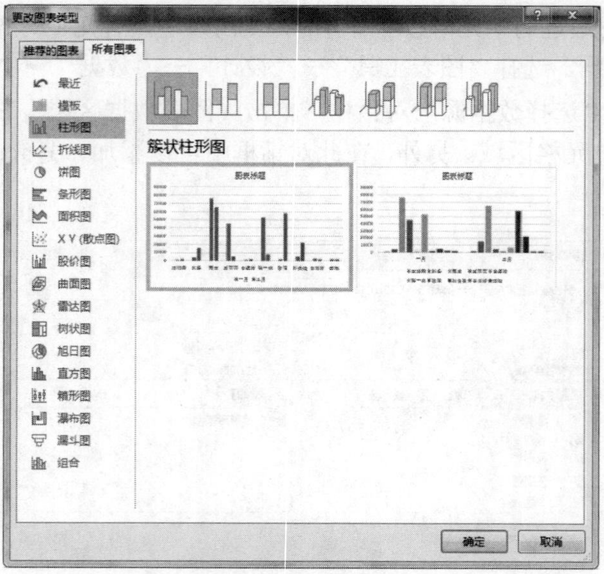

图 4-86 “更改图表类型”对话框

小贴士：同样的数据在不同的图表类型下，显示的效果可以有很大的差别，而具体选择哪种图表类型，则由我们希望向观众表达的意思来决定。

（8）删除图表。单击图表的边框，按 Delete 键即可删除图表。

6．设置图表格式

在图表上单击要设置的图表部分，或者在图 4-87 中选择“图表工具”→“格式”中所需要设置的图表部分。可以设置图表区、绘图区、数据系列、坐标轴、网格线 、图例、标题等的形状样式和文本的艺术字样式。

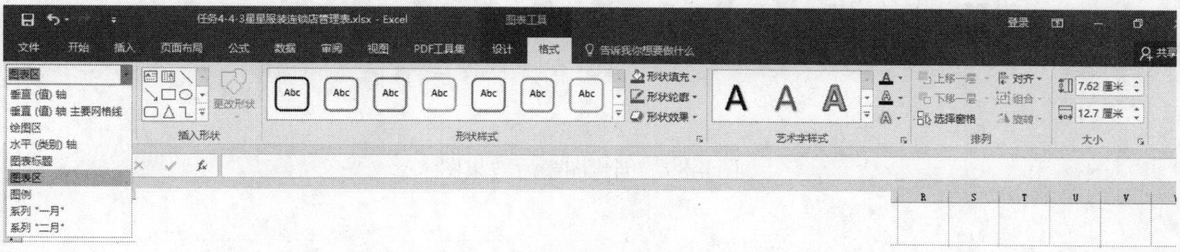

图 4-87　“图表工具”→“格式”功能组

[任务实施]

要求：打开“任务 4-4 星星服装连锁店管理表.xlsx”，使用数据透视表和图表方法分析产品销售情况。

任务 4-4-3 实施
制作数据透视表与图表

实施过程：

（1）在“数据透视分析表”工作表创建数据透视表，效果如图 4-88 所示。

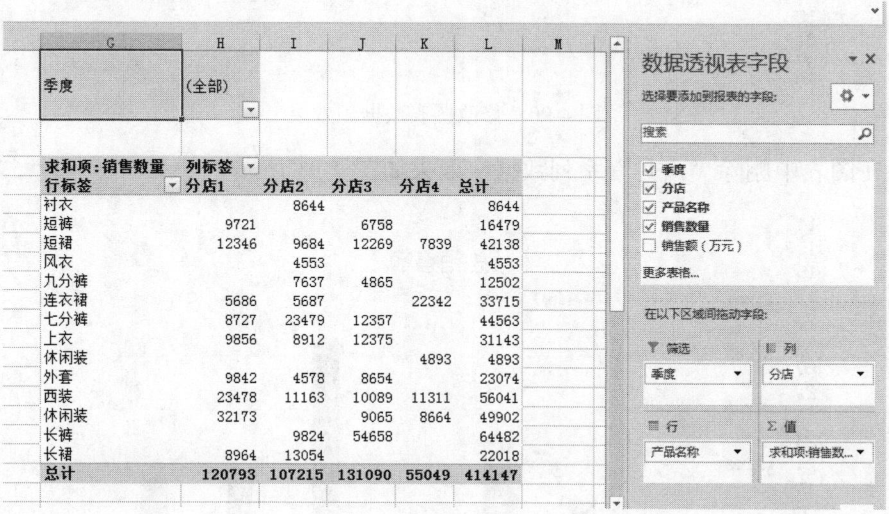

季度　(全部)

求和项:销售数量	列标签				
行标签	分店1	分店2	分店3	分店4	总计
衬衣		8644			8644
短裤	9721		6758		16479
短裙	12346	9684	12269	7839	42138
风衣		4553			4553
九分裤		7637	4865		12502
连衣裙	5686	5687		22342	33715
七分裤	8727	23479	12357		44563
上衣	9856	8912	12375		31143
休闲装				4893	4893
外套	9842	4578	8654		23074
西装	23478	11163	10089	11311	56041
休闲装	32173		9065	8664	49902
长裤		9824	54658		64482
长裙	8964	13054			22018
总计	120793	107215	131090	55049	414147

图 4-88　创建数据透视表效果图

（2）选择“图表分析表”工作表中的“姓名”与“总销售额”列创建簇状柱形图，置于工作表的 A15:G30，效果如图 4-89 所示。

（3）修改数据源为分店 1 和分店 2 的“姓名”列、“六月”列和“总销售额”列，效果如图 4-90 所示。

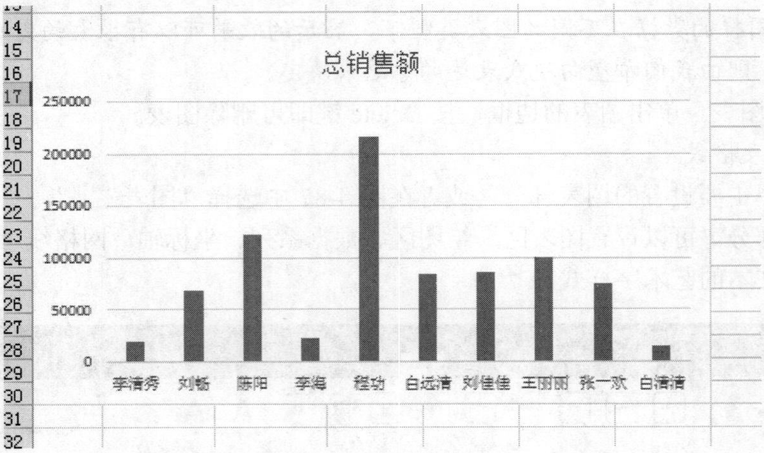

图 4-89　创建图表后效果图

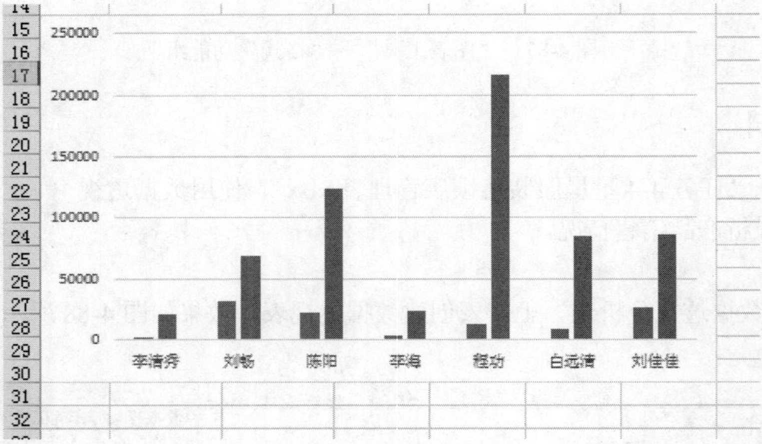

图 4-90　修改图表数据源效果

（4）在图表中删除“六月”系列数据，效果如图 4-91 所示。

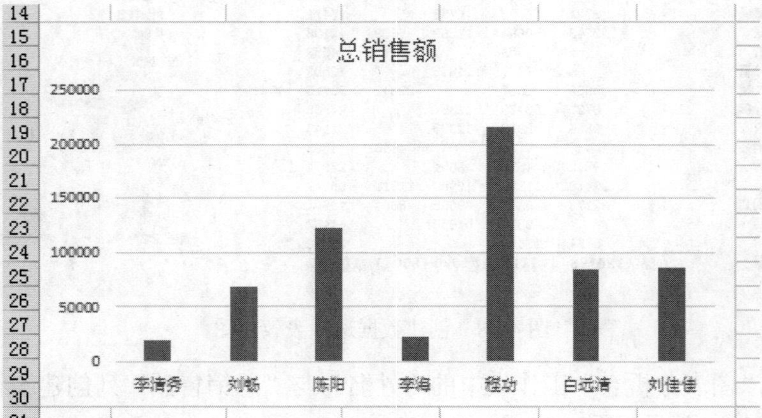

图 4-91　删除“六月”系列后的效果图

（5）修改图表标题为“1、2 分店员工总销售额图”，设置为“隶书，16 号，加粗格式”，并设置“填充-白色，轮廓-主题色 5，阴影”的艺术字样式。

（6）设置水平（类别）轴的形状样式为“中等线-强调颜色 1”，字体格式为“楷体，10 号，加粗，深蓝色”。

（7）设置垂直（值）轴的形状样式为“中等线-强调颜色 4”。

（8）设置图表区的形状样式为“浅色 轮廓，彩色填充-蓝色，强调颜色 1”，并添加“红色，11 pt 发光，个性色 2”的形状效果。

（9）使用“画布”纹理填充图区。

（10）添加“数据标签外”的数据标签，并设置“填充-蓝色，着色 1，阴影”的艺术字样式效果，黑色，加粗的字体格式。

（11）在顶部添加“图例”项标识，效果如图 4-92 所示。

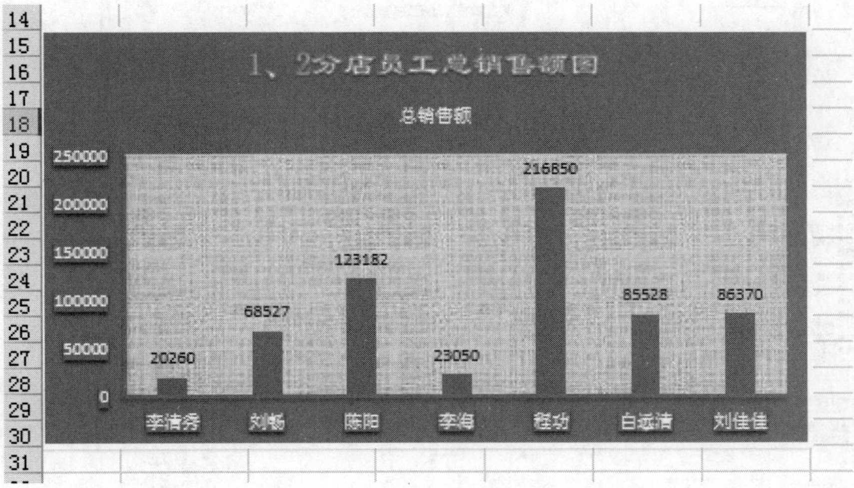

图 4-92　设置图表格式后的效果图

拓展知识与技能 4-4

[拓展知识与技能]

1. 数据透视图

数据透视图通过对数据透视表中的汇总数据添加可视化效果来对其进行补充，以便用户轻松查看比较模式和趋势。借助数据透视表和数据透视图，用户可根据企业中的关键数据做出明智决策。数据透视图为关联数据透视表中的数据提供其图形表示形式。数据透视图也是交互式的。创建数据透视图时，会显示数据透视图筛选窗格，可使用此筛选窗格对数据透视图的基础数据进行排序和筛选。对关联数据透视表中的布局和数据的更改将立即体现在数据透视图的布局和数据中，反之亦然。

2. 创建数据透视图的方法

（1）从工作表数据创建数据透视图的方法：在表格中选择一个单元格，选择“插入”→“图表”→“数据透视图” 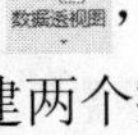，打开如图 4-93 所示的“创建数据透视图”对话框，单击“确定”按钮，会在工作表新建两个插页，分别存放数据透视表和数据透视图，如图 4-94 所示；将数据透视图字段区域的字段分别拖入到下方的框后，得到如图 4-95 所示的效果图。

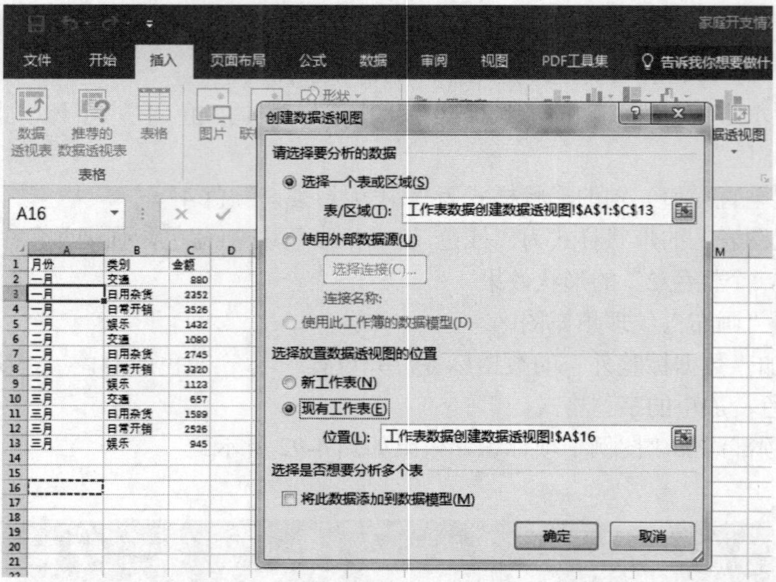

图 4-93 “创建数据透视图”对话框

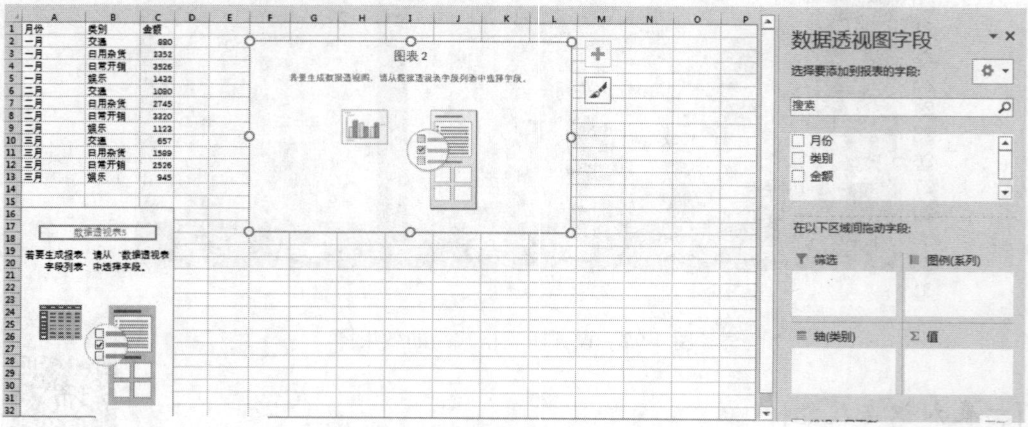

图 4-94 创建数据透视图后的插页

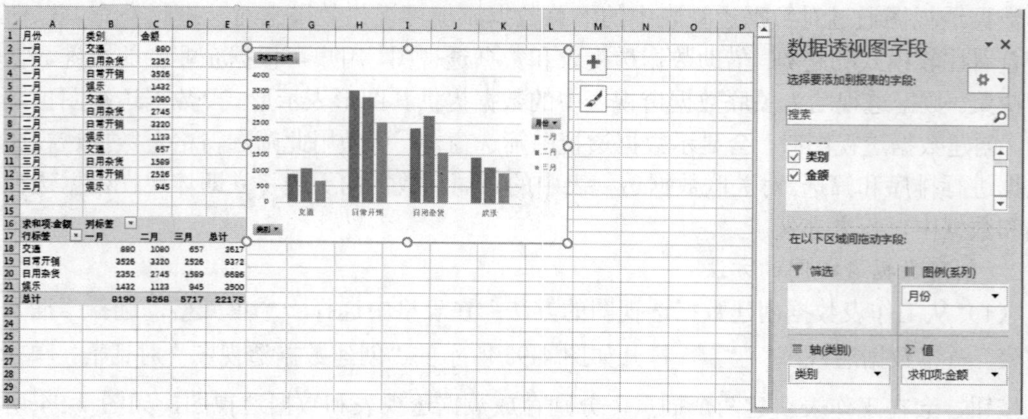

图 4-95 从工作表数据创建数据透视图的效果图

（2）从数据透视表创建数据透视图的方法：在表格中选择一个单元格，选择“数据透视表工具”→“分析”→“工具”→“数据透视图”命令，打开如图 4-96 所示的“插入图表”对话框，在此对话框中选择图表类型，单击“确定”按钮后会在工作表中插入如图 4-97 所示的数据透视图。

图 4-96　选择数据透视图的图表类型

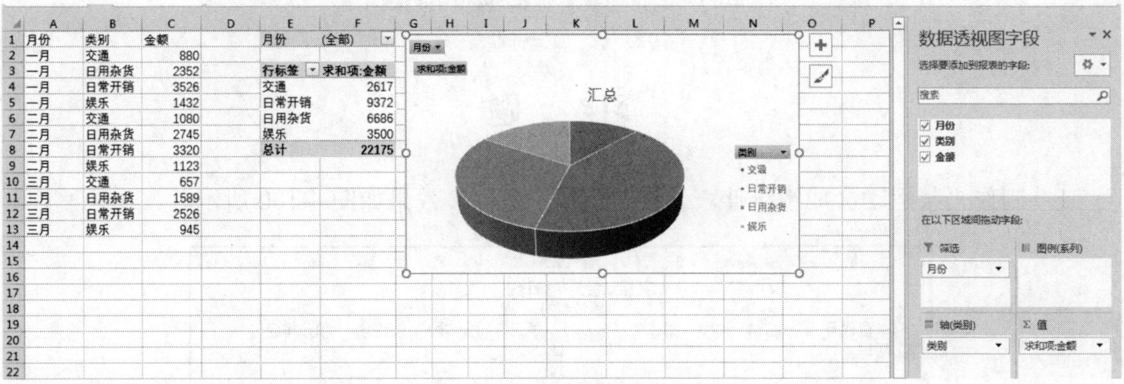

图 4-97　从数据透视表创建数据透视图的效果图

3. 编辑与设置数据透视图

数据透视图与标准图表一样显示数据系列、类别、数据标记和坐标轴等元素。也可以通过“数据透视图工具”选项卡中的“分析”→“设计”→“格式”命令编辑图表和设置图表格式，操作方法与标准图表的操作方法类似，效果分别如图 4-98 和图 4-99 所示。

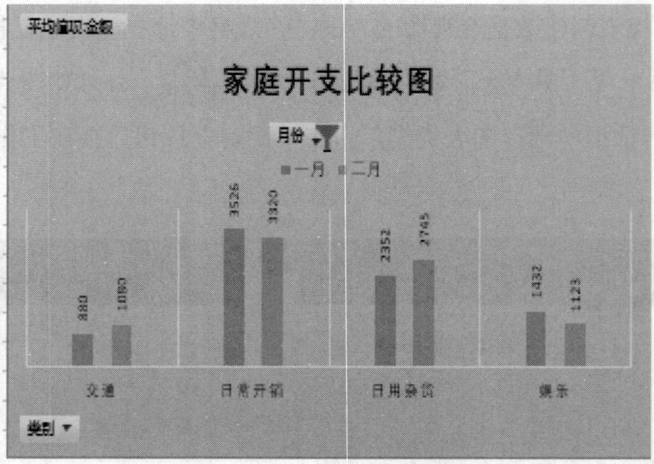

图 4-98　编辑与设置数据透视图效果图 1

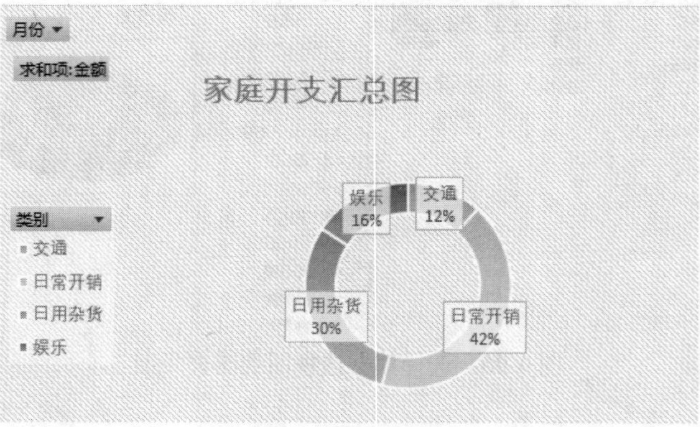

图 4-99　编辑与设置数据透视图效果图 2

习　题

1．制作“某运动会成绩统计表.xlsx”工作簿文件，效果如图 4-100 所示。

	A	B	C	D	E	F	G
1	某运动会成绩统计表 (单位:项)						
2	单位代号	第一名(8分/项)	第二名(5分/项)	第三名(3分/项)	总积分	积分排名	
3	A01	12	10	11			
4	A02	11	14	9			
5	A03	9	11	13			
6	A04	7	4	8			
7	A05	19	5	12			
8	A06	9	16	6			
9	A07	7	13	9			
10	A08	8	9	14			
11							

图 4-100　练习 1 效果图

（1）在 A1 中输入表标题，将 A1:F1 区域合并为一个单元格，内容水平居中，并且在 A1 单元格中分两行显示标题内容。

（2）在 A2、B2、E2、F2 中输入表列标题。

（3）使用自动填充的方式输入 C2:D2 内容，并修改单元格内容。

（4）使用自动填充的方式填充 A4:A10。

（5）输入 B3:D10 区域内容，数值自由输入 1～20 之间的数据。

（6）将工作表命名为“运动会成绩统计表”，保存文件。

2．按下列要求编辑修改“习题 2.xlsx”工作簿文件，效果如图 4-101 所示。

	A	B	C	D	E	F	G	H
1	某单位人员情况表							
2	职工号	性别	年龄	职称				
3	E001	男	34	工程师				
4	E002	男	45	高工		职称	人数	
5	E003	女	26	助工		高工		
6	E004	男	29	工程师		工程师		
7	E005	男	31	工程师		助工		
8	E006	女	36	工程师				
9	E007	男	50	高工				
10	E008	男	42	高工				
11	E009	女	34	工程师				
12	E010	女	28	助工				
13	平均年龄							
14								

图 4-101　练习 2 效果图

（1）使用自动填充的方式输入 A4:A12 单元格区域的职工号（E002，E003，…，E010）。

（2）设置 B3:B12 单元格区域的数据验证为：允许为序列，来源为男、女，提供下拉箭头，通过选择方式输入每位职工的性别。

（3）设置 C3:C12 单元格区域的数据验证为：允许为整数；数据在 20～50 之间，并输入每位职工的年龄。

（4）设置 D3:D12 单元格区域的数据验证为：允许为序列，来源于 F5:F7 区域，并通过选择方式输入每位职工的职称。

（5）将 A1:G1 单元格合并为一个单元格，内容水平居中。

（6）将 A13:B13 单元格合并为一个单元格，内容水平居中。

（7）以原文件名保存文件。

3．打开“习题 3.xlsx”工作簿文件，按下列要求格式化“图书销售情况表”工作表。

（1）将 A1:F1 区域合并后居中；设置字体格式为“宋体，16 号，加粗”，设置主题颜色为“橙色，个性色 6，深色 50%”。

（2）设置 A 列宽度为 10，B 列为最合适列宽，C、D、E、F 列宽为 15。

（3）设置 A2:F44 单元格区域为仿宋，11 号，深蓝色，红色粗外框线，深红色细内框线。

（4）粗略调整第 1 行的行高，设置第 2 行的行高为 20，3～44 行的行高为 18。

（5）设置 A2:F2 单元格区域为倾斜，加粗，浅蓝色底纹，中部居中对齐。

（6）设置 A3:B44 单元格区域为垂直居中，水平靠左对齐，添加填充效果为“细 对角线条纹”图案样式，图案颜色为浅绿色，背景色为“白色，背景 1，深色 5%”。

（7）设置 C3:F44 单元格区域为垂直居中，水平靠右对齐，添加填充效果为“橄榄色，个性色 3，淡色 60%”。

（8）设置 E3:E44 单元格区域小数位数保留 1 位，前面加人民币符号，并设置销售额超过 20000 元为红色文本，低于 10000 元为绿色文字。

4．打开“习题 4.xlsx”工作簿文件，按下列要求格式化“图书销售情况表”工作表。

（1）将表标题跨列合并居中对齐，并设置“标题 1”的单元格样式。

（2）为 A2:F44 区域套用表格样式“表样式中等深浅 18”，并取消筛选按钮。

（3）冻结第 2 行。

（4）打印预览后发现表格严重偏左，没有网络线，一页太拥挤，解决办法：粗略调整 A:F 列的列宽到虚线框内；粗略调整第 1 行的行高，同时粗略调整 2:44 行的行高为 20；给 A2:F44 添加网格线。

（5）再打印预览，发现表格还是有些偏左，第 2 页没有表列标题，严重偏上，解决办法：调整 2:44 行的行高为 25，设置打印顶端标题行为第 2 行，设置左边距为 2.8。

（6）打印预览，效果可以后以原文件名保存。

5．打开“习题 5.xlsx”工作簿文件，完成下列要求。

（1）将“运动会成绩统计表”工作表的 A1:F1 区域合并及居中；计算“总积分”列的内容（利用公式：“总积分=第一名项数*8+第二名项数*5+第三名项数*3”），按总积分的降序次序计算“积分排名”列的内容（利用 RANK 函数）；利用套用表格格式将 A2:F10 数据区域设置为“表样式中等深浅 19”。

（2）计算“学校学生成绩表”工作表中“平均成绩”列的内容（数值型，保留小数点后 2 位），计算一组学生人数（置 H2 单元格内，利用 COUNTIF 函数）和一组学生平均成绩（置 H4 单元格内，利用 SUMIF 函数）。

6．打开“习题 6.xlsx”文件，完成下列要求。

（1）计算“单位人员情况表”工作表中职工的平均年龄（置 C13 单元格内，数值型，保留小数点后 1 位）；计算职称为高工、工程师和助工的人数（置 G5:G7 单元格区域，利用 COUNTIF 函数）；利用条件格式的“数据条”下的“实心填充-绿色”修饰 F4:G7 单元格区域。

（2）分别计算“企业人员情况表”工作表中各部门的人数（利用 COUNTIF 函数）和平均年龄（利用 SUMIF 函数），置于 F4:F6 和 G4:G6 单元格区域；利用套用表格格式将 E3:G6 数据区域设置为“表样式浅色 17”。

（3）根据“人员浮动工资情况表”工作表中提供的工资浮动率计算工资的浮动额，再计算浮动后工资；为“备注”列添加信息，如果员工的浮动额大于 800 元，在对应的备注列内填入“激励”，否则填入“努力”（利用 IF 函数）；设置“备注”列的单元格样式为“40%-着色 4”；使用条件格式将“浮动率”列内大于或等于 11%的值设置为红色、加粗。

7．打开“习题 7.xlsx”文件，完成下列要求。

（1）选取“运动会成绩统计表”工作表中的“单位代号”列（A2:A10）和“总积分”列（E2:E10）数据区域的内容，建立“簇状条形图”，图表标题为“总积分统计图”，删除图例；将图插入到表的 A12:D28 单元格区域内。

（2）复制“图书销售情况表”工作表为“透视表”，对工作表内数据清单的内容建立数据透视表，行标签为“经销部门”，列标签为“图书类别”，值标签为“数量（册）”，求平均值，并置于现工作表的 H2:L7 单元格区域。

（3）复制“图书销售情况表”工作表为“筛选 1”，对工作表内数据清单的内容进行自动方式筛选，条件为各分部第一或第四季度、社科类或少儿类图书，对筛选后的数据清单按主要关键字“经销部门”的升序次序和次要关键字“销售额（元）”的降序次序进行排序。

（4）复制“图书销售情况表”工作表为“筛选 2”，对工作表内数据清单的内容进行筛选，条件为第一或第二季度的销售量排名在前 20 名（请使用小于或等于 20）。

8．打开“习题 8.xlsx”文件，完成下列要求。

（1）对“学生成绩表 1”工作表内的数据清单的内容进行分类汇总，设置分类字段为“系别”，汇总方式为“平均值”，汇总项为“考试成绩”，汇总结果显示在数据下方。

（2）对“学生成绩表 2”工作表内的数据清单的内容进行高级筛选，条件为“系别为计算机并且课程名称为计算机图形学”（在数据表前插入三行，前二行作为条件区域），筛选后的结果显示在原有区域。

9．打开“习题 9.xlsx”文件，完成下列要求。

（1）选取“单位人员情况表”工作表中的“职称”列（F4:F7）和“人数”列（G4:G7）数据区域的内容建立“三维簇状柱形图”；图标题为“职称情况统计图”，并设置“红色，11pt 发光，个性色 2”的文字效果；删除图例；显示数据标签为“数据标注”，并设置“填充-白色，轮廓-着色 2，清晰阴影-着色 2”的艺术字样式；将图插入到表的 A15:G28 单元格区域内。

（2）选取“学校学生成绩表”的“学号”和“平均成绩”列内容，建立“簇状条形图”，图标题为“平均成绩统计图”，并设置楷体、加粗、蓝色字；在顶部显示图例；设置系列格式为“中等效果-橄榄色，强调颜色 3”的形状样式；设置图表区的形状填充为“花束”纹理填充；将图插入到表的 A14:G29 单元格区域内。

（3）选取“人员浮动工资情况表”工作表中的“职工号”“原来工资”和“浮动后工资”列的内容，建立“堆积面积图”，设置图表样式为“样式 4”，图例位于底部，删除图表标题，将图插入到表的 A14:G33 单元格区域内。

（4）选取“某地区经济增长指数对比表”工作表的 A2:L5 数据区域的内容建立“带数据标记的折线图”（系列产生在“行”），图表标题为“经济增长指数对比图”，居中覆盖，设置主要横坐标轴标题为“月份”，应用“布局 5”的快速布局样式，更改颜色为“颜色 3”；将图插入到表的 A8:L20 单元格区域内。

（5）选取“资助额情况表”工作表的“单位”“资助额”两列数据，建立一个三维饼图的图表，嵌入在数据表格下方（存放在 A7:E17 的区域内）。图表标题设置为“资助额比例图”，图例位置在左侧，添加数据标签：数据标签外。

第 5 章　PowerPoint 2016 演示文稿的制作

本章导读

PowerPoint 是微软推出的制作演示文稿的专用工具，利用 PowerPoint 可以创建、查看和演示组合了文本、图片、图形、动画、图表、视频等各种内容的幻灯片。演示文稿的主要用途是辅助演讲，是进行学术交流、产品展示、工作汇报和阐述计划、实施方案的重要工具，能够形象直观并极富感染力地表达出演讲者所要表述的内容。

本章以职场工作汇报为教学载体，以制作福源珠宝年中工作汇报演示文稿为项目，主要包含以下两个任务：

- 任务 1 制作简易福源珠宝年中工作汇报演示文稿
- 任务 2 制作动态福源珠宝年中工作汇报演示文稿

通过完成以上两个任务，掌握 PowerPoint 2016 的基本操作、设置演示文稿的动画及多媒体效果、掌握演示文稿的放映和打印等操作。

5.1　PowerPoint 2016 的基本操作

任务 1　制作简易福源珠宝年中工作汇报演示文稿

[任务描述]

赵青是福源珠宝公司的大区销售经理，转眼间，今年已经过去一半，为了进一步提升公司效益，总部要求各区销售经理对今年上半年的工作做一个总结，并规划下一季度的营销计划，提出今后的工作重点，分享较好的营销方案。赵青希望用 PowerPoint 来完成这个任务，并希望在简单操作的情况下实现演示文稿的效果。图 5-1 所示为制作完成后的“工作汇报”演示文稿。

[任务展示]

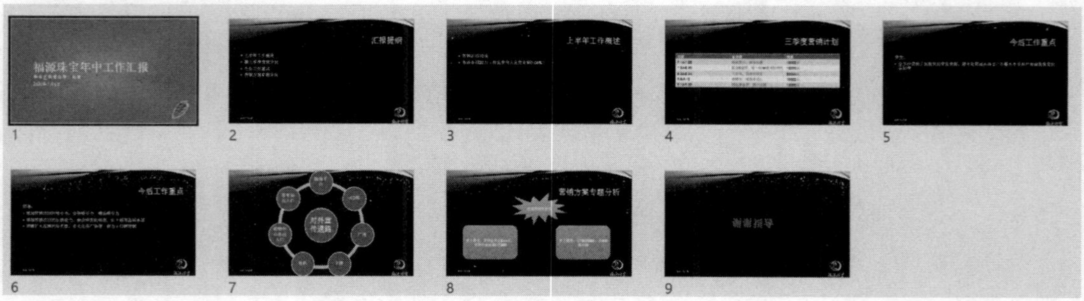

图 5-1　福源珠宝年中工作汇报

[相关知识与技能]

5.1.1 PowerPoint 2016 的新功能及界面介绍

特点及界面介绍

PowerPoint 2016 是针对视频和图片编辑新增功能和增强功能而发行的版本。PowerPoint 2016 的工作界面与 Word 2016、Excel 2016 有很多相似之处，同样包括标题栏、快速访问工具栏、功能区和状态栏及“大纲”窗口、幻灯片编辑区、“备注”窗口等部分。相比较以前的版本，PowerPoint 2016 更注重与他人共同协作创建、使用演示文稿，在处理面向团队的项目时，使用 PowerPoint 2016 中的共同创作功能，可以集思广益，切换效果和动画运行起来比以往更为平滑和丰富，并且现在它们有了自己的功能区。

（1）PowerPoint 2016 的新功能主要有以下 10 个。

1）增加智能搜索框。在 PowerPoint 2016 功能区上有一个搜索框（操作说明搜索），通过该搜索框可以快速获得你想要使用的功能和想要执行的操作，还可以获取相关的帮助，使得该软件更人性化和智能化了。

2）新增部分图表类型。PowerPoint 2016 添加了新的图表功能，可帮助创建一些最常用的数据可视化的财务或层次结构的信息，展示统计数据中的属性。新增图表功能特别适合于数据可视化。

3）智能查找。选择某个字词或短语、右击它，并选择智能查找，窗格将打开定义，定义来源于维基百科和网络相关搜索。

4）墨迹公式。墨迹公式是 PPT 中输入各种公式的利器。选择“插入”→“公式”→“墨迹公式”命令，可以输入任何复杂的数学公式。如果有一个触摸设备，使用手指或触摸手写笔手写数学方程，PowerPoint 会将其转换为文本。

5）屏幕录制。选择“插入”→“屏幕录制”命令，你可以进行屏幕录制，也可以插入事先准备好的录制内容。

6）简单共享。若要与其他人共享你的演示文稿，可以单击功能区上的“共享”选项卡。

7）更好的冲突解决方法。与他人协作制作演示文稿时，当所做的更改与其他用户所做的更改之间发生冲突时，可以看到相互冲突的更改幻灯片的并排比较，可以帮助你轻松选择想要保留的版本。

8）Office 主题的更多选择。有三种可应用于 PowerPoint 的 Office 主题：色彩丰富、暗灰色和白色。若要访问这些主题，可以单击“文件”→“账户”，然后单击 Office 主题旁边的下拉菜单。

9）更好的视频分辨率。作为视频导出演示文稿时，可以选择创建一个文件，分辨率高达 1920×1080px，它非常适合在大屏幕上演示文稿。

10）改进的智能参考线。插入表格，智能参考线将不再关闭，可以确保所包含的表格在幻灯片上正确对齐。

（2）PowerPoint 2016 的工作界面是由“文件”按钮、快速访问工具栏、标题栏、功能选项卡和功能组、“幻灯片”窗格、“幻灯片编辑”窗格、“备注”按钮、“批注”按钮、状态栏、视图切换按钮、显示比例标识等组成，具体分布如图 5-2 所示。

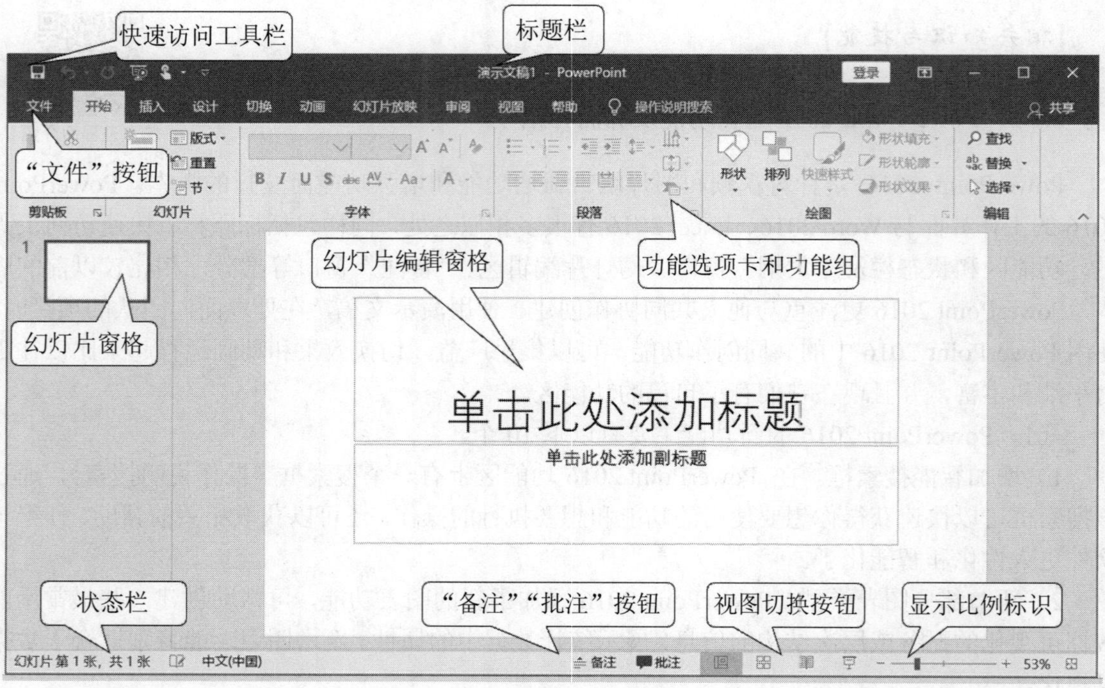

图 5-2　PowerPoint 2016 工作界面

1）"文件"按钮：单击该按钮可弹出下拉菜单，在下拉菜单里选择所需要的命令，即可进行相应的操作。下拉菜单的右侧列出了最近使用的文档。下拉菜单的下方有"选项"按钮，单击该按钮可对 PowerPoint 2016 进行高级设置，如自定义文档保存方式和校对属性等。

2）快速访问工具栏：以图像按钮方式显示功能区命令，操作方便快捷。可自定义需要显示的功能区命令按钮。

3）标题栏：显示当前工作窗口中的文稿名称、软件名称及相应窗口控制工具（如"最小化""还原"和"关闭"按钮）。

4）功能选项卡和功能组：单击其中的一个功能选项卡，可打开相应的功能组。功能组由工具组组成，用来存放常用的命令按钮或列表框等。

5）幻灯片窗格：用于显示当前演示文稿的幻灯片数量及位置。

6）幻灯片编辑窗格：是用于编辑、修饰幻灯片的主体工作区。

7）"备注"和"批注"按钮："备注"按钮用于书写每张幻灯片的演讲备注内容，"批注"按钮用于书写幻灯片中某处的注释。

8）状态栏：显示当前幻灯片编号等信息。

9）视图切换按钮：用于快速选择并切换至不同的工作视图，包括普通视图、幻灯片浏览、阅读视图和幻灯片放映。

10）显示比例：显示缩放比例。

5.1.2　创建演示文稿

创建、保存演示文稿及视图方式

演示文稿的创建过程：一般首先创建新演示文稿，然后创建新幻灯片页，以制作出完整的演示文稿。

1. 创建新演示文稿

单击“文件”按钮，选择“新建”选项，打开 PowerPoint 2016“新建演示文稿”窗口，该窗口提供了“空白演示文稿”和用在线模板创建新演示文稿的方法，可以从中选择一种，单击右侧的“创建”按钮，创建新的演示文稿。

2. 创建新幻灯片

在“开始”选项卡的“幻灯片”功能组中，单击“新建幻灯片”按钮的下三角，然后在打开的下拉列表中选择所需的幻灯片版式，即可创建新的幻灯片，如图 5-3 所示。

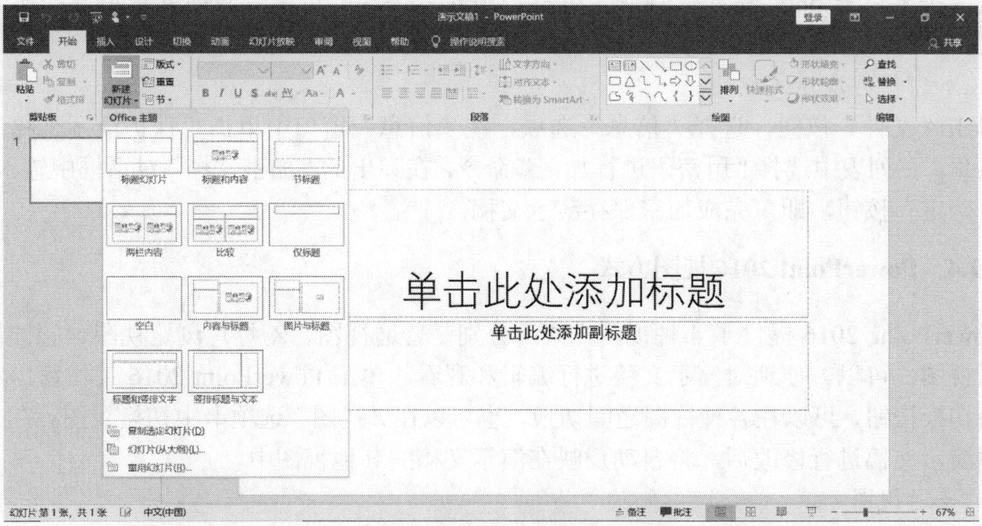

图 5-3　新建幻灯片

3. 修改幻灯片版式

若插入新幻灯片后想修改幻灯片版式，在“开始”选项卡的“幻灯片”功能组中，单击“版式”按钮的下三角，然后在打开的下拉列表中选择所需的幻灯片版式，即可修改幻灯片的版式，如图 5-4 所示。

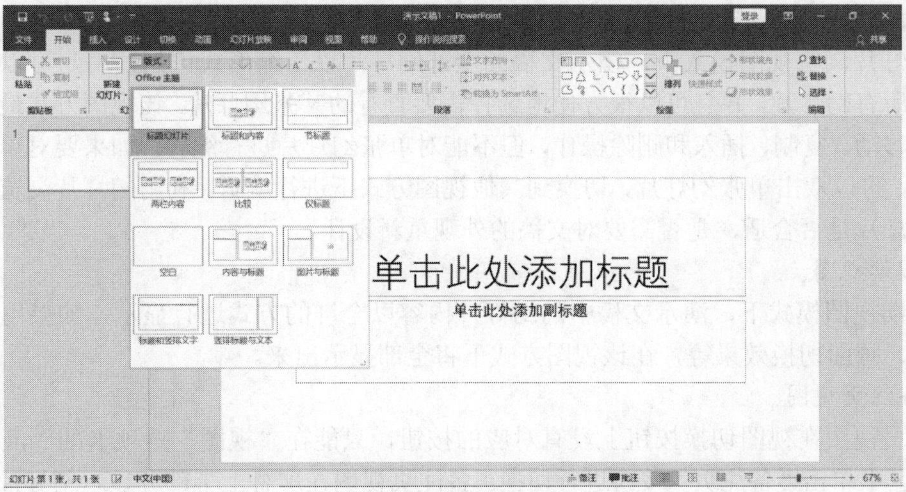

图 5-4　修改幻灯片版式

5.1.3 保存演示文稿

1. 简单保存演示文稿

建立演示文稿后不要急于录入内容，先进行保存，防止因意外导致内容丢失。

单击“文件”按钮，选择“另存为”选项，选择“浏览”命令，在打开的“另存为”对话框中对演示文稿命名，选择合适的保存位置，再单击“保存”按钮即可。

小贴士：默认情况下，PowerPoint 2016 将文件保存为 PowerPoint 演示文稿（.pptx）文件格式。若要以非.pptx 格式保存演示文稿，则在“保存类型”下拉列表框中选择所需的文件格式。

2. 加密保存演示文稿

单击“文件”按钮，选择“信息”选项，在“信息”窗口中单击“保护演示文稿”右侧的下三角，在列表中选择“用密码进行加密”命令，在弹出的“加密文档”对话框中输入密码，单击“确定”按钮，即可完成加密保存演示文稿。

5.1.4 PowerPoint 2016 视图方式

PowerPoint 2016 提供了 4 种视图方式，分别是普通视图、幻灯片浏览视图、阅读视图和备注页视图，可以方便地对演示文稿进行编辑和观看。单击 PowerPoint 2016 工作窗口右下方的视图切换按钮，可以在各种视图之间切换，也可以在“视图”选项卡中切换视图。在一种视图中对演示文稿进行修改后，将自动反映在演示文稿的其他视图中。

1. 普通视图

普通视图是 PowerPoint 2016 默认的视图方式，主要用来编辑演示文稿的总体结构、编辑单张幻灯片或大纲。普通视图左侧是幻灯片窗格，右侧是幻灯片编辑窗格（见图 5-2）。默认情况下，幻灯片编辑窗格较大，幻灯片窗格较小，但可以通过拖动窗格边框来改变窗格大小。

在幻灯片窗格中，能显示演示文稿的缩略图。

在幻灯片编辑窗格中，可以查看每张幻灯片中的文本外观；可以向单张幻灯片添加图形和声音；可以创建超链接和为其中的对象设置动画。

2. 幻灯片浏览视图

在幻灯片浏览视图模式下，演示文稿的全部幻灯片以压缩形式排列，用户可以查看演示文稿中的所有幻灯片，并且可以很方便地选择需要查看的某张幻灯片。该视图方式最容易实现幻灯片的移动、复制、插入和删除操作，但不能对单张幻灯片进行编辑。如果要对单张幻灯片进行编辑，可以双击单张幻灯片，切换到其他视图方式下进行编辑。利用幻灯片浏览视图可以检查各幻灯片是否合适，是否需要对文稿的外观重新设计。

3. 阅读视图

在阅读视图模式下，演示文稿中的幻灯片内容以全屏的方式进行显示，如果用户设置了动画效果、画面切换效果等，在该视图方式下将全部显示出来。

4. 备注页视图

备注页视图在视图切换按钮上没有对应的按钮，只能在“视图”选项卡的“演示文稿视图”功能区中单击“备注页”按钮进行切换。备注页视图在屏幕上半部分显示幻灯片，下半部分用于添加备注。在普通视图下“备注”窗格只能添加文本内容，而在备注页视图下，用户可以在备注中插入图形、图片等。

5. 大纲视图

大纲视图在视图切换按钮上没有对应的按钮，只能在“视图”选项区的“演示文稿视图”功能区中单击“大纲视图”按钮进行切换。大纲视图与普通视图类似，但增加了一个“备注”窗格，且左侧的“幻灯片窗格”只能显示幻灯片的页码，不能显示缩略图了。

5.1.5 设置幻灯片的主题和背景

幻灯片的主题和背景设计

PowerPoint 2016 提供了设置主题效果和背景样式的功能，使幻灯片具有丰富的色彩和良好的视觉效果，并可通过设置母版来按照自己的意愿统一改变演示文稿的外观风格。

1. 应用幻灯片主题

通常情况下，一份演示文稿中各幻灯片的背景图案和配色应当相对统一，以突出演讲专题效果。PowerPoint 2016 提供了多种内置的主题效果，用户可以直接选择内置的主题效果为演示文稿设置统一的外观。如果对内置的主题效果不满意，用户还可以在线使用其他 Office 主题，或者配合使用内置主题颜色、主题字体、主题效果等。

选择“设计”选项卡，单击“主题”功能组中的“其他”按钮，在展开的库中选择需要的主题样式，如图 5-5 所示。

图 5-5 幻灯片主题设置

2. 设置幻灯片主题的变体格式

在 PowerPoint 2016 选择了某个设计主题后，还可以运用“设计”主题的“变体”功能对该主题的“颜色”“字体”“效果”“背景样式”作进一步的修改。

选择“设计”选项卡，单击“变体”功能组中的“其他”按钮，将会弹出相应的选项，如图 5-6 所示。

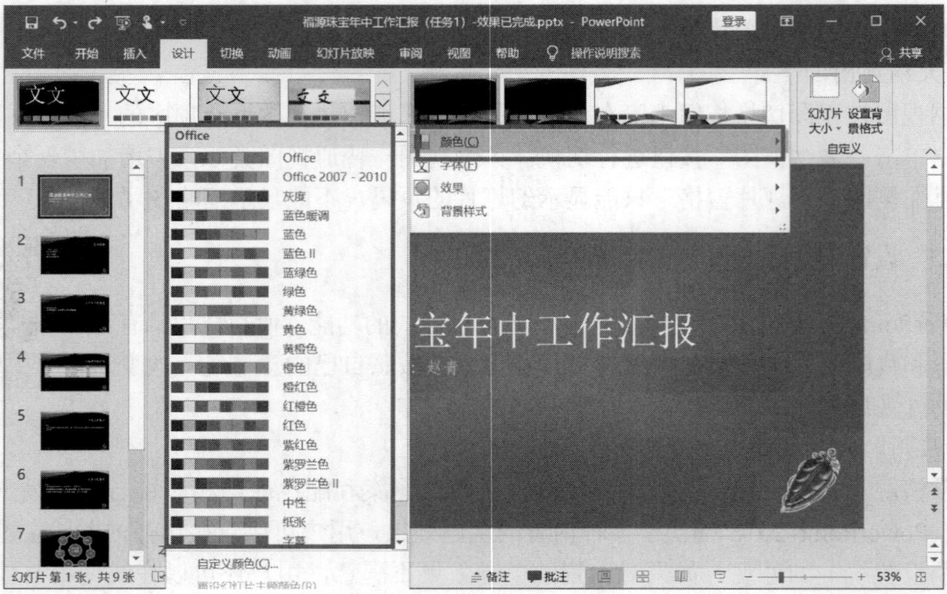

图 5-6　设置“变体”窗格

3. 设置幻灯片的背景格式

PowerPoint 2016 提供了为幻灯片设置背景格式的功能，用户可以为幻灯片添加图案、纹理、图片作为背景，也可以修改背景颜色。

选择“设计”选项卡，单击“自定义”功能组中的“设置背景格式”按钮，将会弹出“设置背景格式”窗格，如图 5-7 所示。

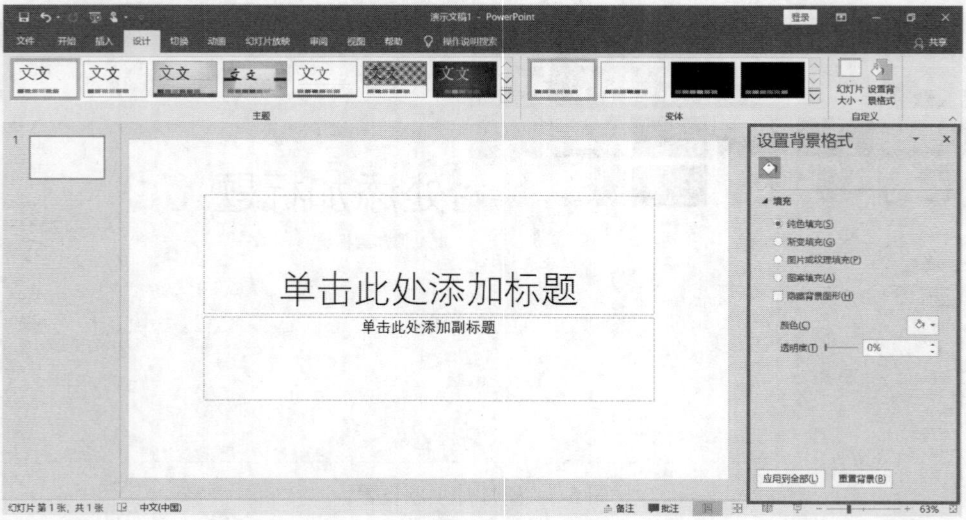

图 5-7　“设置背景格式”窗格

在“设置背景格式”窗格中单击左侧的“填充”选项卡，可以看到共有 4 种填充方式，如下所述。

（1）纯色填充：用一种单一的颜色填充背景。

（2）渐变填充：用渐变色填充背景。渐变指的是由一种颜色逐渐过渡到另一种颜色，渐变色会给人一种炫目的感觉。若用户不愿自己设置渐变色，也可使用“预设渐变”中的颜色。

（3）图片或纹理填充：对图片背景的设置，单击“插入”按钮，在弹出的“插入图片”对话框中找到要插入的图片即可；对纹理背景的设置，在“纹理”下拉列表中选择需要的纹理即可。

（4）图案填充：图案指以某种颜色为背景，以前景色作为线条色所构成的图案背景。图案背景的设置，在“图案”中选择需要的图案，在下方的“前景”和“背景”中选择前景色和背景色即可。勾选“隐藏背景图形”复选框后将完全屏蔽原有设计主题带来的影响。

4. 设置幻灯片大小

选择“设计”选项卡，单击“自定义”功能组中的“幻灯片大小”按钮，将会弹出幻灯片大小的选项，如图 5-8 所示。

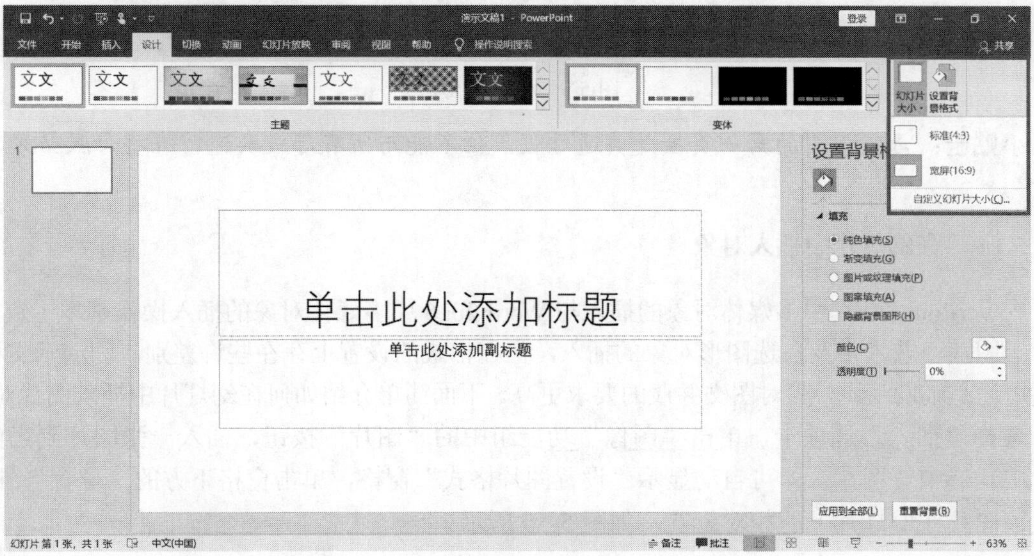

图 5-8 设置幻灯片大小

5. 设置幻灯片母版

幻灯片母版设置、对象的插入及编辑幻灯片

使用母版功能可以实现一次设置完成统一各幻灯片版式的效果。通过母版可以统一演示文稿各幻灯片的两类内容：一是各幻灯片页中的文稿格式，相当于 Word 文档中各级标题的“样式”；二是各幻灯片相同位置均需要显示的内容，如页脚信息、徽标图像等。

PowerPoint 2016 的母版有标题母版、幻灯片母版、讲义母版和备注母版 4 种。但在“视图”选项卡的“母版视图”功能组中只能看到幻灯片母版、讲义母版和备注母版 3 种。在“幻灯片母版”选项卡的“母版版式”功能组中勾选“标题”复选框后，方可切换到标题母版视图。标题母版一般是幻灯片的封面，需要单独设计。

母版视图的第一张幻灯片是共通母版（比其他母版稍大），修改它可以更改绝大部分的母版，如图 5-9 所示。其下方为该母版的版式母版（子母版），如“标题幻灯片”“标题和内容”（将鼠标指针移至母版上方，将显示母版名称）等，在某个版式母版中进行的设置将只会应用于使用了该版式的幻灯片。用户可以根据需要选择相应的母版进行设置。

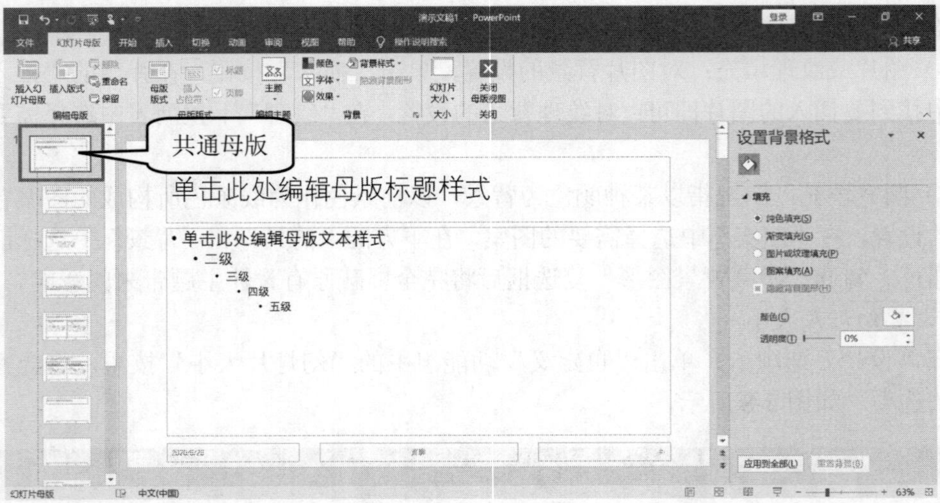

图 5-9　幻灯片母版

小贴士：母版视图的第一页虽是共通母版，但不能与所有母版共通，有些母版必须单独设计。

5.1.6　在幻灯片中插入对象

PowerPoint 2016 中多媒体对象的插入与 Word 2016 中多媒体对象的插入操作基本一致，都包含了图片、艺术字及自选图形对象的插入，但在格式的设置上存在些许差别。因演示文稿的主要用途是辅助演讲，其对图文并茂的要求更高。下面简单介绍如何在幻灯片中插入图片对象。

选择“插入”选项卡，单击“图像”功能组中的“图片”按钮，插入一张图片到当前幻灯片中。选中该图片，即可自动显示“设置图片格式”窗格，单击窗格下方的“位置”，即可设置该图片在幻灯片上的相对位置，如图 5-10 所示。

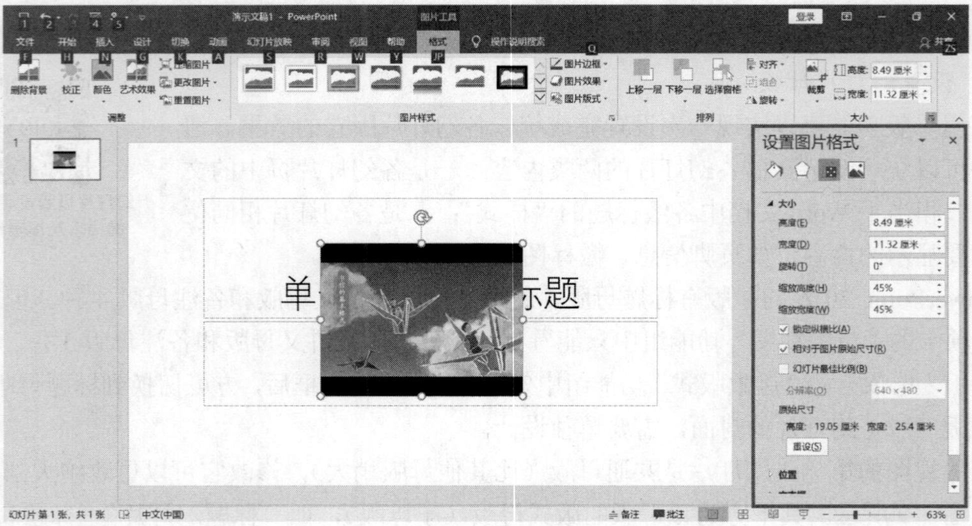

图 5-10　“设置图片格式”窗格

艺术字、形状、SmartArt 和图表的插入与图片的插入操作类似，在此不再赘述。

5.1.7 编辑幻灯片

幻灯片的编辑主要包含移动、复制和删除幻灯片。

（1）移动幻灯片：选中该幻灯片，直接用鼠标指针拖动幻灯片到适当的位置；或者选中该幻灯片并单击右键，使用“剪切”命令，再在适当的位置单击右键，选择合适的“粘贴选项”命令。

（2）复制幻灯片：选中该幻灯片并单击右键，使用“复制”命令，再在适当的位置单击右键，选择合适的“粘贴选项”命令。

（3）删除幻灯片：选中该幻灯片并单击右键，使用“删除幻灯片”命令；或者选中该幻灯片，按 Delete 键。

[任务实施]

制作简易福源珠宝年中工作汇报演示文稿

（1）启动 PowerPoint 2016 并保存文件。单击“开始”→“PowerPoint”→“新建”→“空白演示文稿”即可启动，单击“快速访问工具栏”的“保存”按钮，将其保存为“福源珠宝年中工作汇报.pptx”文件。

（2）在主标题处输入“福源珠宝年中工作汇报”，在副标题处分两行分别输入“华南区销售经理：赵青”和“2020 年 7 月 5 日”，输入备注“本次汇报时长为 20 分钟”。完成后如图 5-11（a）所示。

（3）新建第 2 张幻灯片，将其版式设置为“标题和内容”。在“开始”选项卡的“幻灯片”功能组中，单击“新建幻灯片”按钮的下三角，在打开的下拉列表中单击“标题和内容”版式，插入第 2 张幻灯片。在第 2 张幻灯片中输入如图 5-11（b）所示内容。

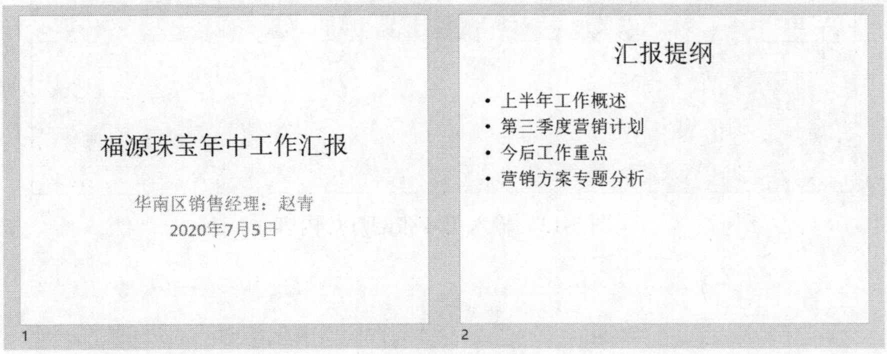

（a）　　　　（b）

图 5-11　输入第 1、第 2 张幻灯片内容

（4）新建第 3 张幻灯片，将其版式设置为“标题和内容”，在标题和内容处分别输入如图 5-12 所示内容。

（5）新建第 4 张幻灯片，将其版式设置为“标题和内容”，在标题处输入“三季度营销计划”，在内容处插入一个 6 行 3 列的表格，输入如图 5-13 所示内容。

（6）新建第 5、第 6 张幻灯片，将其版式设置为“标题和内容”，在标题处和内容处分别输入如图 5-14 所示内容。

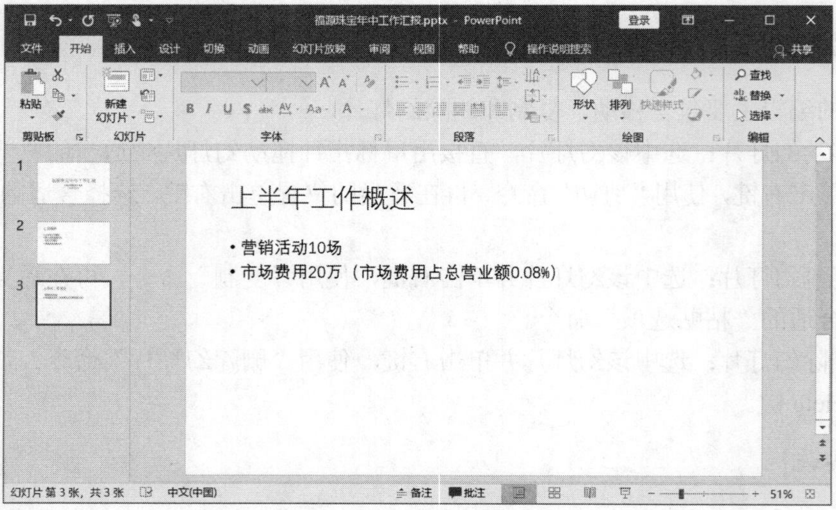

图 5-12　输入第 3 张幻灯片内容

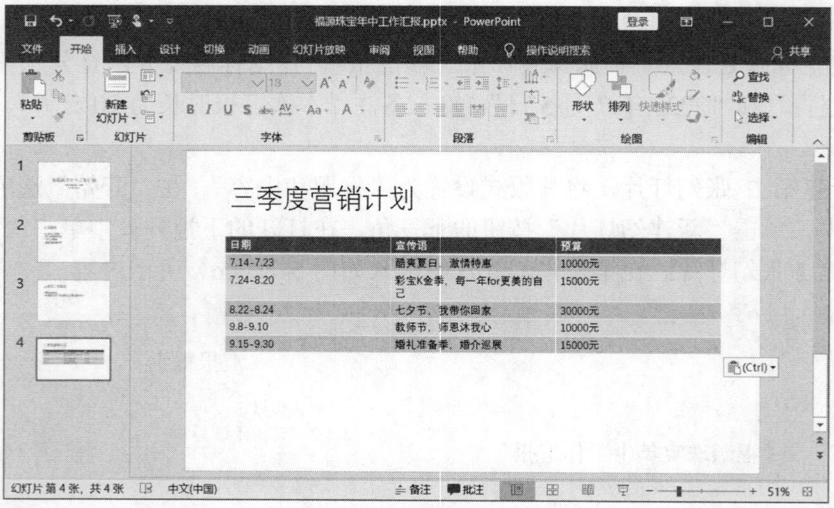

图 5-13　输入第 4 张幻灯片内容

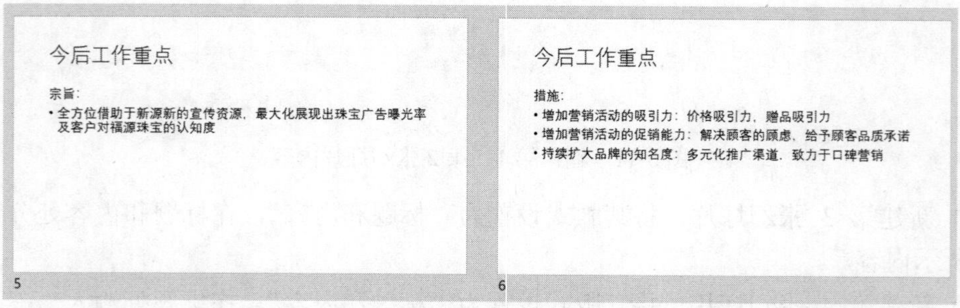

图 5-14　输入第 5、第 6 张幻灯片内容

（7）新建第 7 张幻灯片，将其版式设置为“空白”，在幻灯片上插入“射线循环”的 SmartArt 图形。在“插入”选项卡的“插图”功能组中单击 SmartArt，在打开的“选择 SmartArt 图形”

对话框中选择“循环”→“射线循环”，如图 5-15 所示。单击“确定”按钮，插入图形，调整区域的大小为整个幻灯片区域。在射线循环周围依次添加 3 个形状，如图 5-16（a）所示，完成后的幻灯片如图 5-16（b）所示。

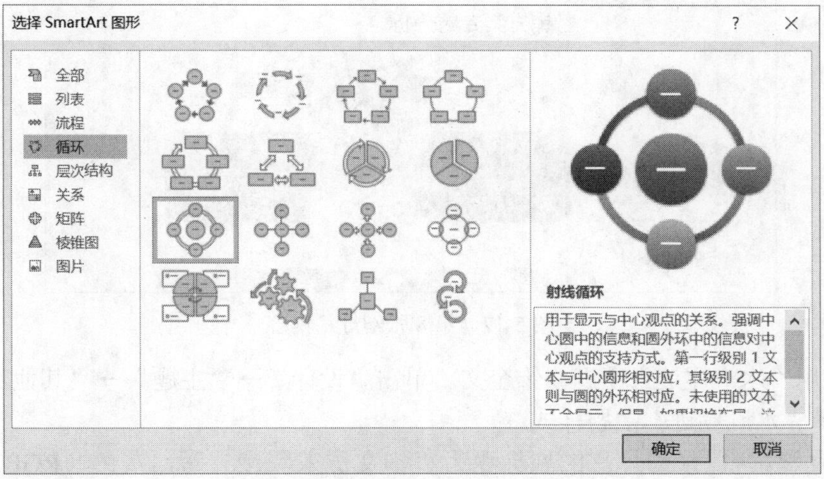

图 5-15 “选择 SmartArt 图形”对话框

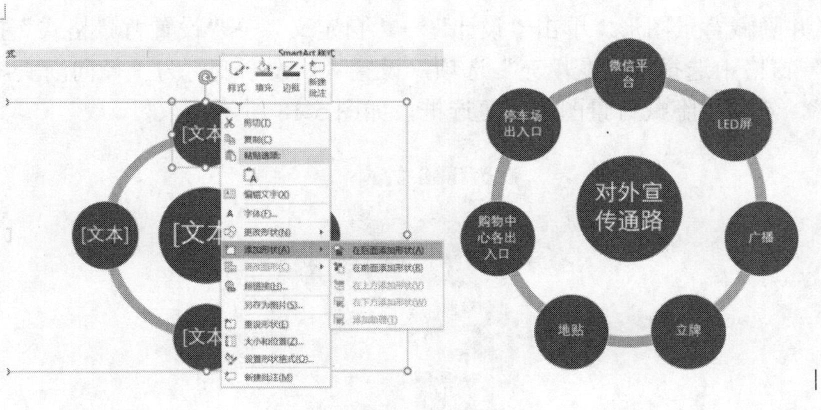

（a）　　　　（b）

图 5-16 第 7 张幻灯片内容

（8）新建第 8 张幻灯片，将其版式设置为“仅标题”，在标题处输入“营销方案专题分析”，在内容区域插入“爆炸形：8pt”和“矩形：圆角”的形状，并输入如图 5-17 所示的内容。设置爆炸形的显示效果：大小为“形状高度 6 厘米，形状宽度 10 厘米”；单击“大小”功能区右下角的按钮，在显示的“设置形状格式”窗格中，设置该形状在幻灯片上的相对位置为“水平 12 厘米从左上角，垂直 4 厘米从左上角”；设置其形状样式为“强烈效果-橙色，强调颜色 2”。设置左侧“矩形：圆角”的显示效果：大小为“形状高度 6 厘米，形状宽度 10 厘米”；位置为“水平 3 厘米从左上角，垂直 10 厘米从左上角”；形状样式为“强烈效果-绿色，强调颜色 6”。设置右侧“矩形：圆角”的显示效果：大小为“形状高度 6 厘米，形状宽度 10 厘米”；位置为“水平 20 厘米从左上角，垂直 10 厘米从左上角”；形状样式为“强烈效果-绿色，强调颜色 6”。

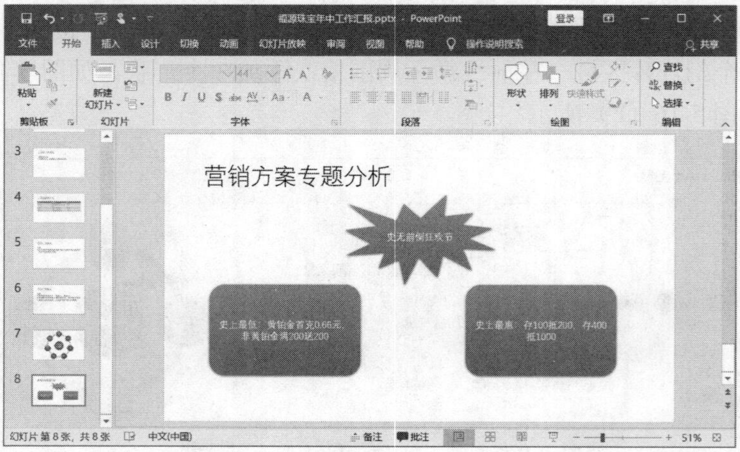

图 5-17　第 8 张幻灯片内容

（9）使用“水汽尾迹”主题修饰全文。单击“设计”→“主题”→“其他”按钮，在展开的库中选择“水汽尾迹”主题样式。

（10）设置第 1 张幻灯片的副标题为“华文仿宋”，25 磅，灰色（RGB 颜色模式：217,217,217）。

设置第 1 张幻灯片的背景格式为“渐变填充”，预设渐变为“径向渐变-个性色 2”，类型为“路径”，并隐藏背景图形。单击“设计”→“自定义”→“设置背景格式”按钮，在 “设置背景格式”窗格中选择“渐变填充”选项，设置“预设渐变”为“径向渐变-个性色 2”，类型为“路径”，勾选“隐藏背景图像”复选框，如图 5-18 所示。

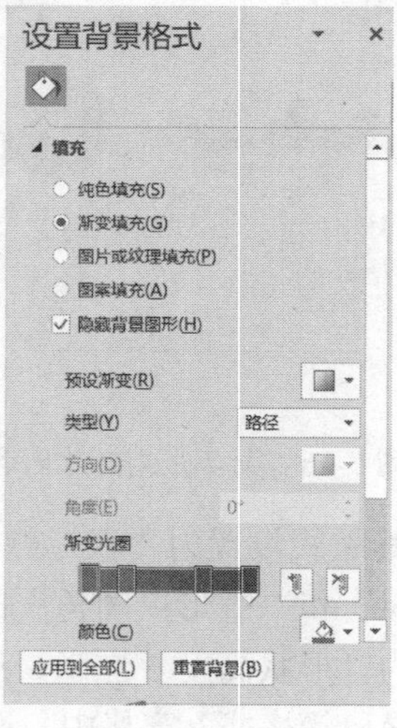

图 5-18　设置“预设渐变”

（11）在除第 1 张幻灯片（标题幻灯片）以外的其余幻灯片的右下角插入公司 Logo。单击“视图”→“母版视图”→“幻灯片母版”按钮，进入幻灯片母版视图，选择第一张共通母版。单击“插入”→“图像”→“图片”按钮，在弹出的对话框中找到公司 Logo.jpg 图片文件，单击“插入”按钮，设置其大小（形状高度 2.99 厘米，形状宽度 5 厘米，“锁定纵横比”）和位置（水平 28.87 厘米从左上角，垂直 16.06 厘米从左上角），如图 5-19 所示。

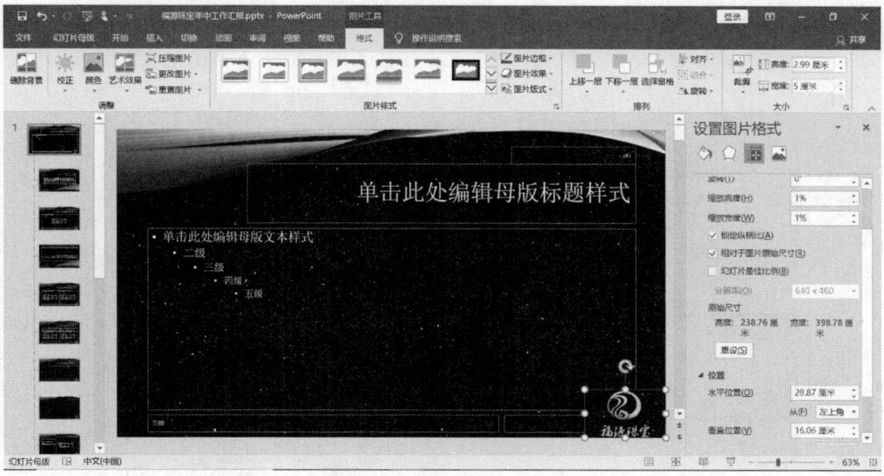

图 5-19　在母版中插入公司 Logo

（12）单击“幻灯片母版”→“关闭”→“关闭母版视图”按钮。

（13）新建一张空白幻灯片。将光标定位到“幻灯片窗格”的第一张幻灯片之前，在“开始”选项卡的“幻灯片”功能组中单击“新建幻灯片”的下三角按钮，然后在打开的下拉列表中选择“空白”版式。

（14）插入艺术字。选中空白幻灯片，单击“插入”选项卡，在“文本”功能组中单击“艺术字”按钮的下三角，选择“图案填充：红色，主题 1，50%；清晰阴影：红色，主题 1”样式，如图 5-20 所示。

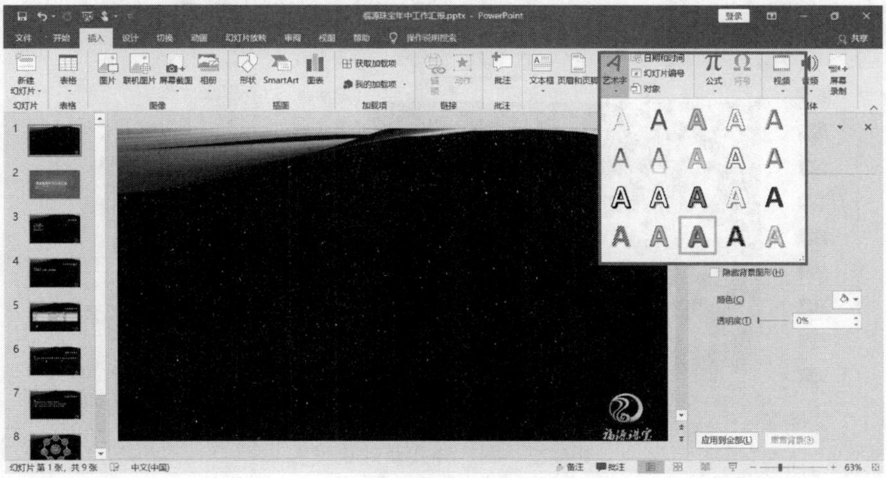

图 5-20　选择艺术字样式

（15）将艺术字文字内容修改为“谢谢指导”。选中该艺术字，即可自动弹出“绘图工具格式”选项卡，单击“大小”功能区右下角的按钮，在显示的“设置形状格式”窗格中，设置该形状在幻灯片上的相对位置，设置参数为“水平 12 厘米从左上角，垂直 8 厘米从左上角”。

（16）将第一张幻灯片移动到最后。选中第一张幻灯片，单击鼠标右键，选择“剪切”命令。将光标定位到最后一张幻灯片之后，单击鼠标右键，选择“使用目标主题”粘贴选项。

（17）在除标题幻灯片以外的幻灯片上添加页脚“年中工作汇报”，如图 5-21 所示。

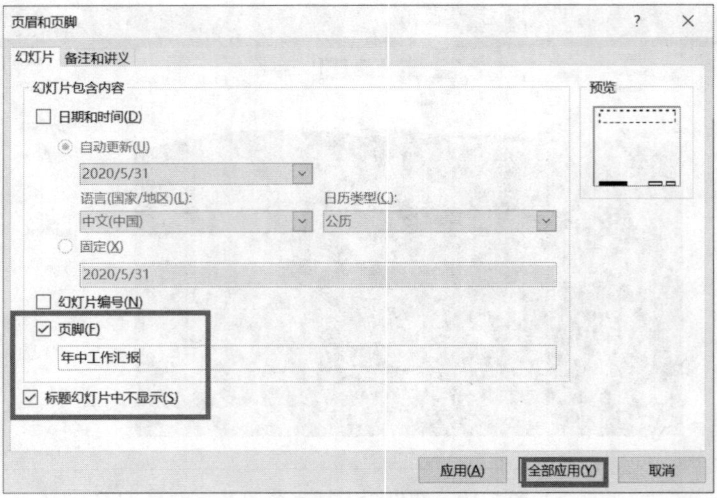

图 5-21　页眉页脚设置

（18）在标题幻灯片上添加“珠宝.jpg”，并调整图片的大小和位置为“锁定纵横比”，设置其形状宽度为 5.5 厘米；位置为“水平 28.37 厘米从左上角，垂直 13.91 厘米从左上角”。设置其图片样式为“柔化边缘椭圆”，图片效果为“柔化边缘变体 10 磅”。选中图片，单击“图片工具格式”选项卡，在“图片样式”功能区的“其他”工具中选择“柔化边缘椭圆”，单击“图片效果”下三角按钮，选择“柔化边缘”→“柔化边缘变体 10 磅”，如图 5-22 所示。

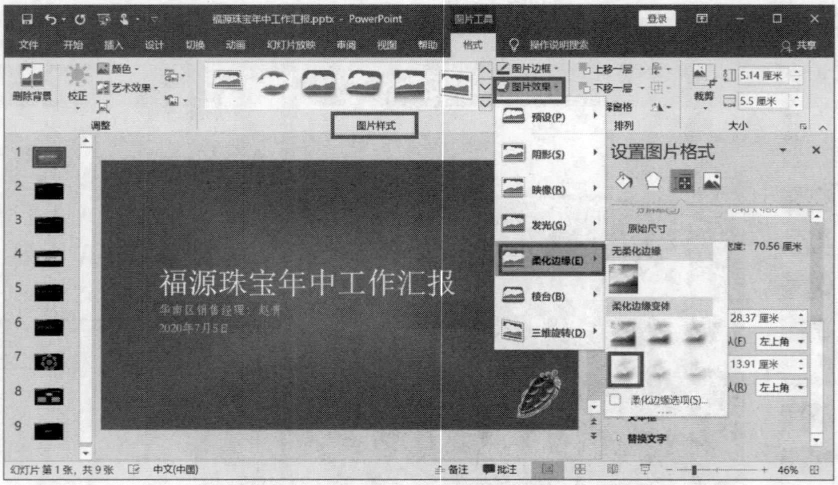

图 5-22　图片样式及效果设置

（19）以原文件名保存演示文稿。

[拓展知识与技能]

5.1.8　幻灯片的图片排版技巧

图片排版技巧

如何排版才能够使得 PPT 页面上的图片看起来更加美观呢？在回答这个问题之前，先来看看图 5-23 所示的几个优秀案例。

图 5-23　图片排版优秀案例

这些页面的图片排版之所以美观，究其本质，就在于图片之间的节奏保持了一致。图片之间的节奏就是指图片排版时遵循了一定的规律。而也正因为这些节奏的存在，使得图片排版的视觉效果非常的工整。PPT 图片排版时，需要遵循的节奏主要有以下四类。

1. 距离

当排版多张图片时，不管页面上的图片尺寸是否相同，都应该注意图片之间的距离。对于距离节奏，可以考虑以下三种情况：

（1）图片尺寸相同时，保持图片之间的距离节奏一致的排版效果如图 5-24 所示。

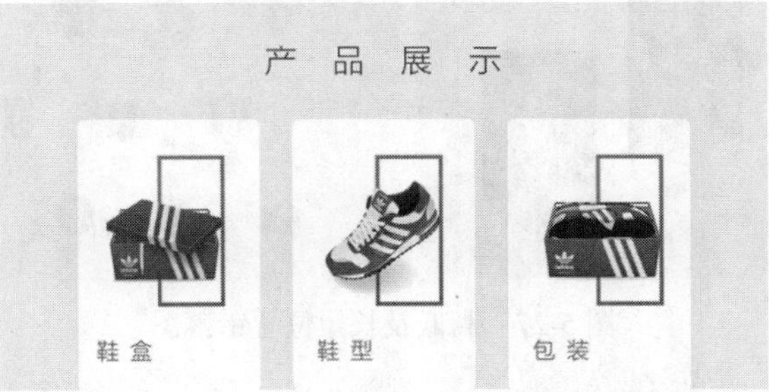

图 5-24　图片尺寸相同时保持距离节奏一致

（2）图片尺寸不同时，保持图片之间的距离节奏一致的排版效果如图 5-25 所示。

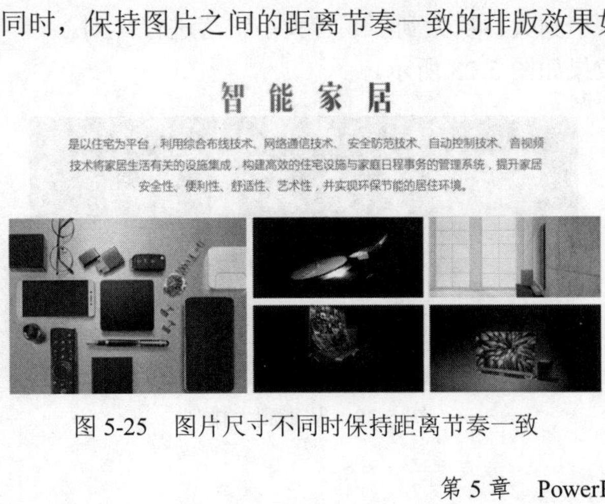

图 5-25　图片尺寸不同时保持距离节奏一致

（3）对许多尺寸不等的 Logo 进行排版时，不仅要保持同一行内 Logo 的间距一致，也要保持行间距一致，如图 5-26 所示。

图 5-26　尺寸不等的 Logo 排版保持距离节奏一致

小贴士：上图中的 Logo 看似没有规律，但当我们拉出参考线进行比对时，就能发现同一行中不同 Logo 之间的距离保持了一致，另外，每一行的间距也保持了一致。

2. 位置

有些时候，可能我们不想对图片中规中矩地进行排版，而想要让图片呈现出一定的变化，从而让页面看起来很活泼，有灵动感，可以通过改变图片的位置关系来实现，最简单的一种方法是对图片进行错落式排版。比如，高低及长短位置的错落，如图 5-27 所示。

图 5-27　高低及长短位置错落图

3. 大小

为了能够保持图片按照某种秩序呈现，在排列多张图片时，如果出现大小不一的情况，那么，我们可以考虑从小到大、从大到小或者大小错落进行排列。

从小到大排列的效果如图 5-28 所示。

图 5-28　从小到大排列

大小错落排列的效果如图 5-29 所示。

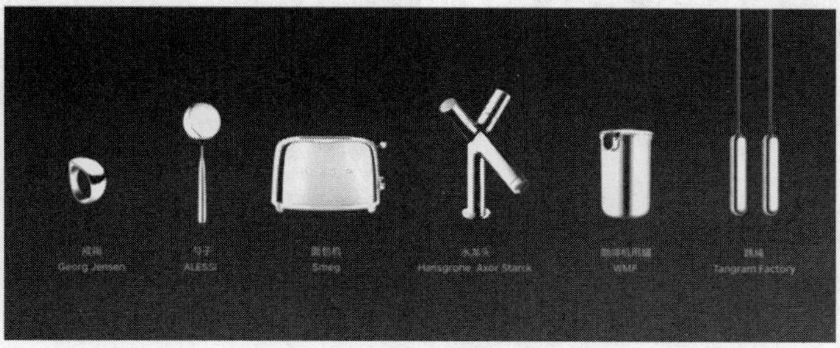

图 5-29　大小错落排列

4. 色彩

为了能够保持页面图片的视觉平衡和视觉区分，在安排图片的位置时，需要考虑到色彩的元素。

页面上出现不同色彩的图片时，考虑到视觉平衡感，通常需要对其进行对称排列，如图 5-30（a）所示。

选择图片时，如果遇到能够用色彩进行图片含义区分的情况，如一年四季、水火交融、食物搭配等，则需要选择不同色彩的图片，如图 5-30（b）所示。

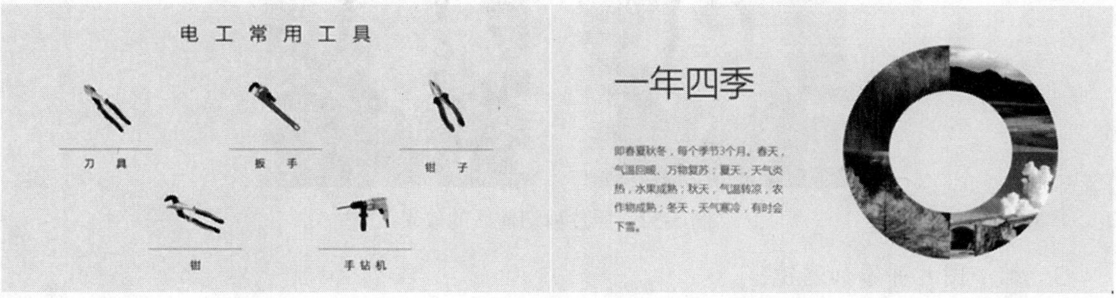

（a）　　　　（b）

图 5-30　保持色彩节奏一致的效果图

5.1.9　幻灯片的图片美化技巧

图片美化技巧

好的图片可以瞬间提高 PPT 的档次，而一些质量不佳的图片也能够瞬间毁掉一个 PPT。这就是为什么套模板总是套不好的原因，因为模板的图片是精挑细选的，而工作中的图片质量通常没那么好。那么，当使用的图片质量不佳时，该怎么去美化它呢？

1. 使用蒙版

蒙版就是给图片添加一个半透明的色块，来降低图片对于文字的干扰。既然它可以降低图片对文字的干扰，它也就降低了低质量图片对于幻灯片的影响。

如图 5-31 所示，左侧幻灯片的图片质量很差，分辨率不高，也没有意境。除此之外，它在字体使用、排版上也有很大缺陷。为了解决图片质量不佳的问题，给图片添加一个黑色的蒙版，降低低质量图片对于幻灯片的影响，重新排版之后，可以得到右侧的幻灯片。半透明色块让幻灯片多了一层若隐若现的神秘感。

图 5-31　添加蒙版前后幻灯片的效果

2. 剪切图片

通过剪切手段，不仅可以去掉水印、毛边，还可以解决照片比例不协调等构图问题。

如图 5-32 所示，若在 PPT 上使用左侧的照片，则照片左侧的红布、照片上部的人物，都属于强行入境，会对幻灯片产生干扰，故需要对其进行剪切，得到右侧的照片。

图 5-32　照片剪切前后的效果

3. 缩小图片并添加滤镜

如果图片质量不佳，不能做全图型，放大后会模糊，可以将图片缩小；如果图片风格不统一，还可以给图片添加滤镜，这样就可以实现幻灯片风格、配色的统一。

如图 5-33 所示，左侧的幻灯片图片质量不高、很生活化，而且在颜色上没有统一的色调；其次，图片叠加在一起，显得画面凌乱；最后，排版上也不太美观。为了解决这些问题，将图片缩小，并列排布；然后给图片统一添加色调，使之风格统一；最后重新进行图文排布。

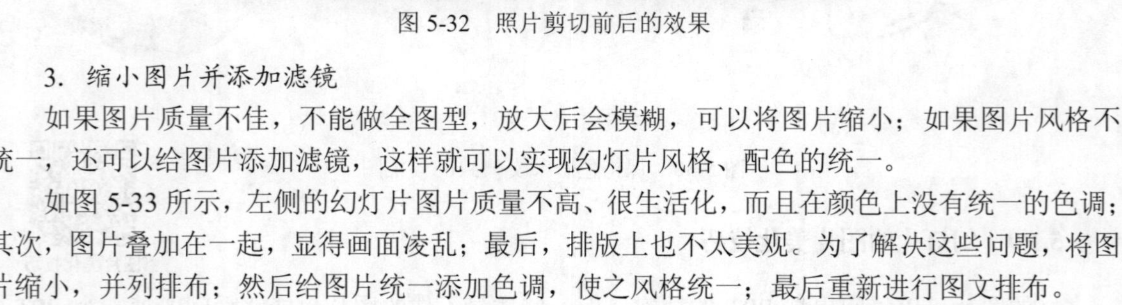

图 5-33　添加滤镜前后的效果

5.1.10 幻灯片的图版率

图版率

对于文本内容较多的页面，大家都知道要强调重点内容，但很难做到出彩，经常会出现页面缺乏视觉表现力、看起来比较单调的情况。用专业的设计术语来解释，就是图版率较低。所谓图版率，指的就是页面上的视觉化元素所占据版面的比例。如图 5-34 所示，作为视觉元素的图片，占据页面一半面积，也就是说，图版率为 50%。那么，对于文字内容较多的 PPT，如何避免页面单调呢？

图 5-34　图版率占 50%的幻灯片

答案其实非常简单，就是提高页面的图版率。在一张页面上：

- 当图版率为零时，页面看起来会很单调。
- 当图版率较高时，页面看起来会富有表现力。
- 而当图版率最高时，也就是通常说的全图型幻灯片，视觉表现力最强。

提高图版率的具体方法主要有以下 3 种。

1. 直接增加图片元素

为了提高视觉表现力，可以在页面上插入一张人像图片，也可以做成全图型幻灯片，如图 5-35 所示。

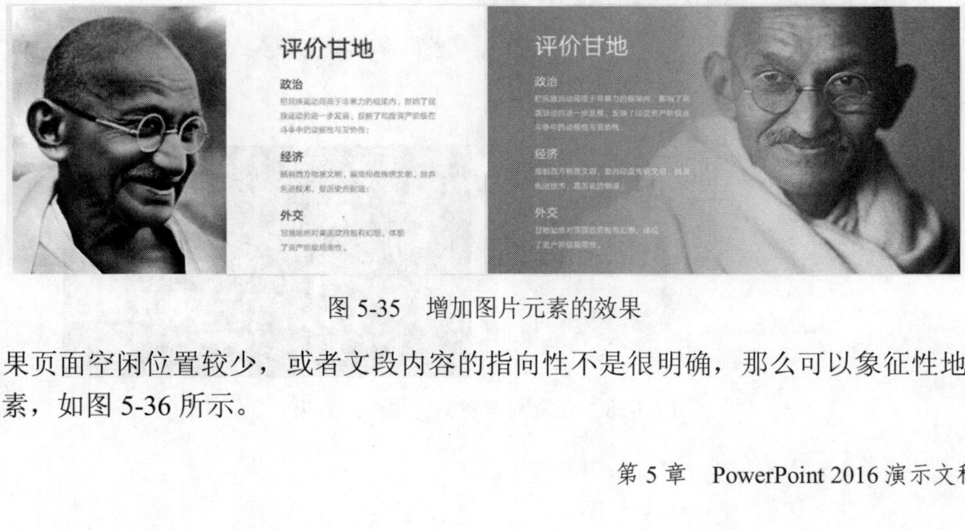

图 5-35　增加图片元素的效果

如果页面空闲位置较少，或者文段内容的指向性不是很明确，那么可以象征性地加一些图标元素，如图 5-36 所示。

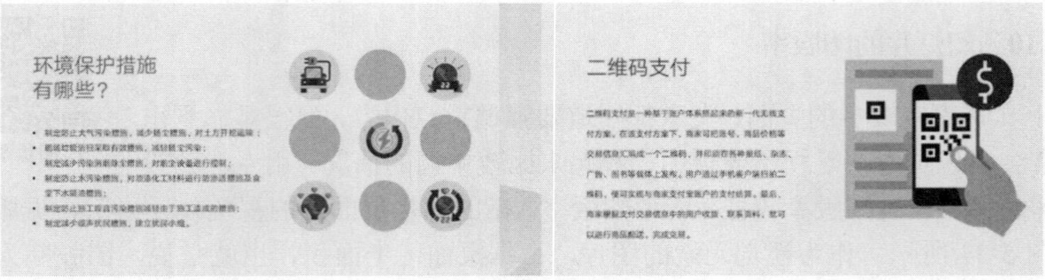

图 5-36　增加图标元素的效果

2. 改变文本内容的底色

改变文本内容的底色的最常用的方法是添加色块，当页面上出现一些几何形状时，页面会变得富有表现力。也可以通过透明色块来遮盖图标，以提高页面的视觉表现力，如图 5-37 所示。

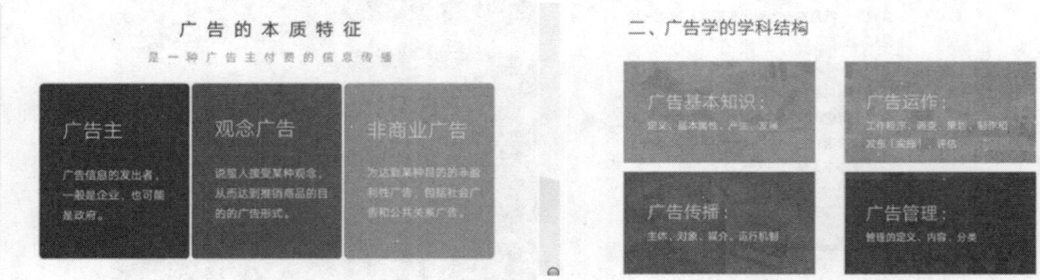

图 5-37　改变文本内容底色的效果

3. 人为制作视觉化元素

可以通过提炼出内容本身所包含的重点内容，将其转换成一种页面上的设计元素。比如说可以提炼项目符号。从设计心理学的角度来讲，通常会把汉字当作文字来看待，而对于英文、数字以及繁体字，则会理解为一个视觉化符号，这是一种正常的心理活动。因此，我们可以将项目符号本身作为一种设计元素出现在页面上，以此来增加视觉表现力，可以从数字入手，或使用繁体字作为项目符号，如图 5-38 所示。

图 5-38　人为制作视觉化元素的效果

5.1.11　幻灯片的配色技巧

配色技巧

幻灯片上的颜色主要有主色、背景色、辅助色和字体色四类。

- 主色：通常为主题色或者 Logo 色，主题关于医疗可能就是绿色，关于党建可能就是红色。
- 背景色：通常为白色和浅灰色，一些发布会喜欢用黑色。
- 辅助色：考虑到主色过于单一，经常作为主色的补充。
- 字体色：通常为灰色和黑色，如果是黑色背景也有可能是白色。

做 PPT 时，为了让页面内容更加聚焦，会加入背景与元素的配色对比，目的是让内容呈现得更加直观，而浅色或饱和度低的背景可以更好地突出 PPT 演示内容。如图 5-39 所示，明亮炫酷的背景反而不能突出内容，还会分散观众注意力，而浅色或饱和度低的背景才可以更好地突出 PPT 演示内容。事实上，很多优秀的幻灯片，都是浅灰色背景或者直接使用白色作为背景。

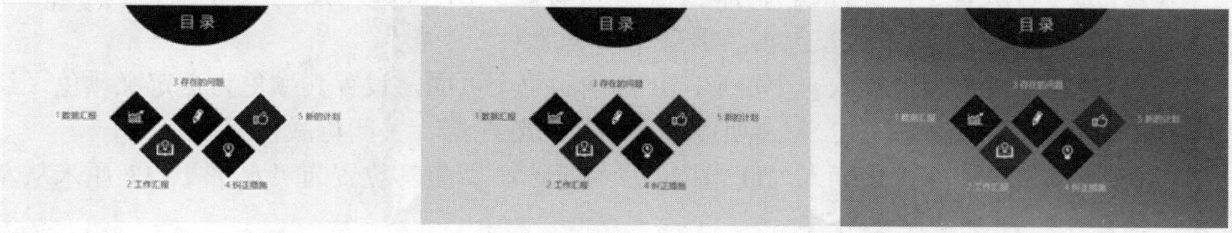

图 5-39　背景色与元素色彩的对比效果

职场中最好用的配色方案就是黑色和白色或浅灰色搭配、黑色和黄色搭配，需要体现科技感可以选择白色和蓝色，如图 5-40 所示。如果公司设计了 VI，推荐用标准的 VI 配色。不宜使用的配色有红绿、红紫、蓝黑、蓝黄等。

图 5-40　几类好用的配色方案

如果用颜色来对比和强调，就只建议选择一种颜色作为主色，这样可以保持整个幻灯片的设计一致性，使其更具有可阅读性和设计感。主色和其他辅助色产生对比起到强调作用，辅助色最好用的是深灰色、浅灰色或者黑色。切记不要使用其他高饱和度的明亮色，比如蓝色、绿色等。一个幻灯片中所用的颜色建议不要超过三种，颜色用得越多，观众或阅读 PPT 的人的注意力就越分散，如图 5-41 所示。

总的来说，商务幻灯片配色要以逻辑内容为主，配色方案不要花哨甚至扰乱视觉。相反，使用越淡的背景色效果越好，最好不要使用刺眼的配色方案。为了让配色看起来更舒服，建议使用饱和度和亮度比较低的配色值。

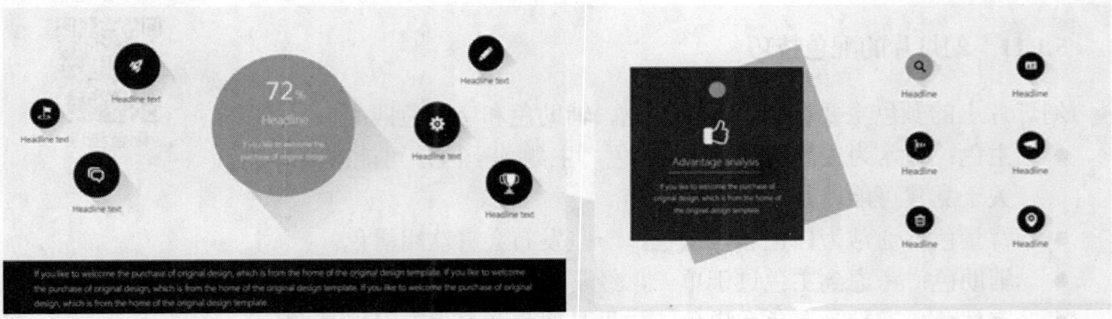

图 5-41 只有一种主色的配色方案

[拓展任务]

制作联想控股有限公司介绍演示文稿

打开“联想控股有限公司介绍（文字稿）.pptx”，修改其效果如图 5-42 所示。具体要求如下：

（1）进入母版视图，在标题页母版上插入“标题页图片.jpg”图片，调整图片位置为“水平 0 厘米从左上角，垂直 2.16 厘米从左上角”。

（2）在标题页母版上插入一个矩形，让其铺满整个页面，设置其颜色为自定义颜色（红色：61；绿色：68；蓝色：112），透明度为 15%，去除轮廓，关闭母版视图。

（3）在第一张幻灯片上插入“联想控股图标.jpg”，调整其位置为“水平 10.13 厘米从左上角，垂直 3.32 厘米从左上角”。

（4）在第一张幻灯片上插入一个高度为 6 厘米，宽度为 25.5 厘米的矩形，设置其颜色为自定义颜色（红色：219；绿色：49；蓝色：49），透明度为 25%，调整其位置为“水平 0 厘米自左上角，垂直 6.52 厘米自左上角”，去除轮廓，将其排列方式调整为置于底层。

（5）设置主标题的字体为“微软雅黑”，字号为 36，字符间距加宽 20 磅，颜色为主题颜色“白色背景 1”。

（6）在第一张幻灯片上插入文本框，输入文字 BUILDING GREAT COMPANIES，设置其字体为 Cambria，字号为 14，字符间距加宽 17 磅，颜色为主题颜色“白色，背景 1，深色 35%”。

（7）在第一张幻灯片上插入文本框，输入文字“制造卓越企业”，设置其字体为“黑体”，字号为 18，字符间距加宽 70 磅，颜色为主题颜色“白色，背景 1，深色 25%”。

（8）在后两个文本框之间插入两条粗细分别为 3 磅和 0.75 磅、颜色分别为主题颜色“白色，背景 1，深色 15%”、宽度为 20 厘米的线条，调整文本框和线条到合适的垂直位置。

（9）选中标题页所有的文本框和线条，设置其对齐方式为左右居中对齐。

（10）新建一个高度和宽度都为 1.8 厘米的圆，填充颜色为主题颜色“白色背景 1”，输入文字“介”，设置文字颜色为自定义颜色（红色：219；绿色：49；蓝色：49），字体为“微软雅黑”，字号为 34。

（11）复制上一步的圆形，粘贴一次，修改文字内容为“绍”，覆盖在原“绍”字的上面。

（12）在第一张幻灯片上插入文本框，输入 LEGEND HOLDINGS，设置其字体为 Cambria，字号为 20，字符间距加宽 38 磅，颜色为主题颜色“白色，背景 1，深色 35%”，调整其位置为“水平 0 厘米自左上角，垂直 16 厘米自左上角”。

（13）至此，第一张标题幻灯片制作完成，保存当前演示文稿。

（14）第 2～5 张幻灯片，请参照样稿自行完成。

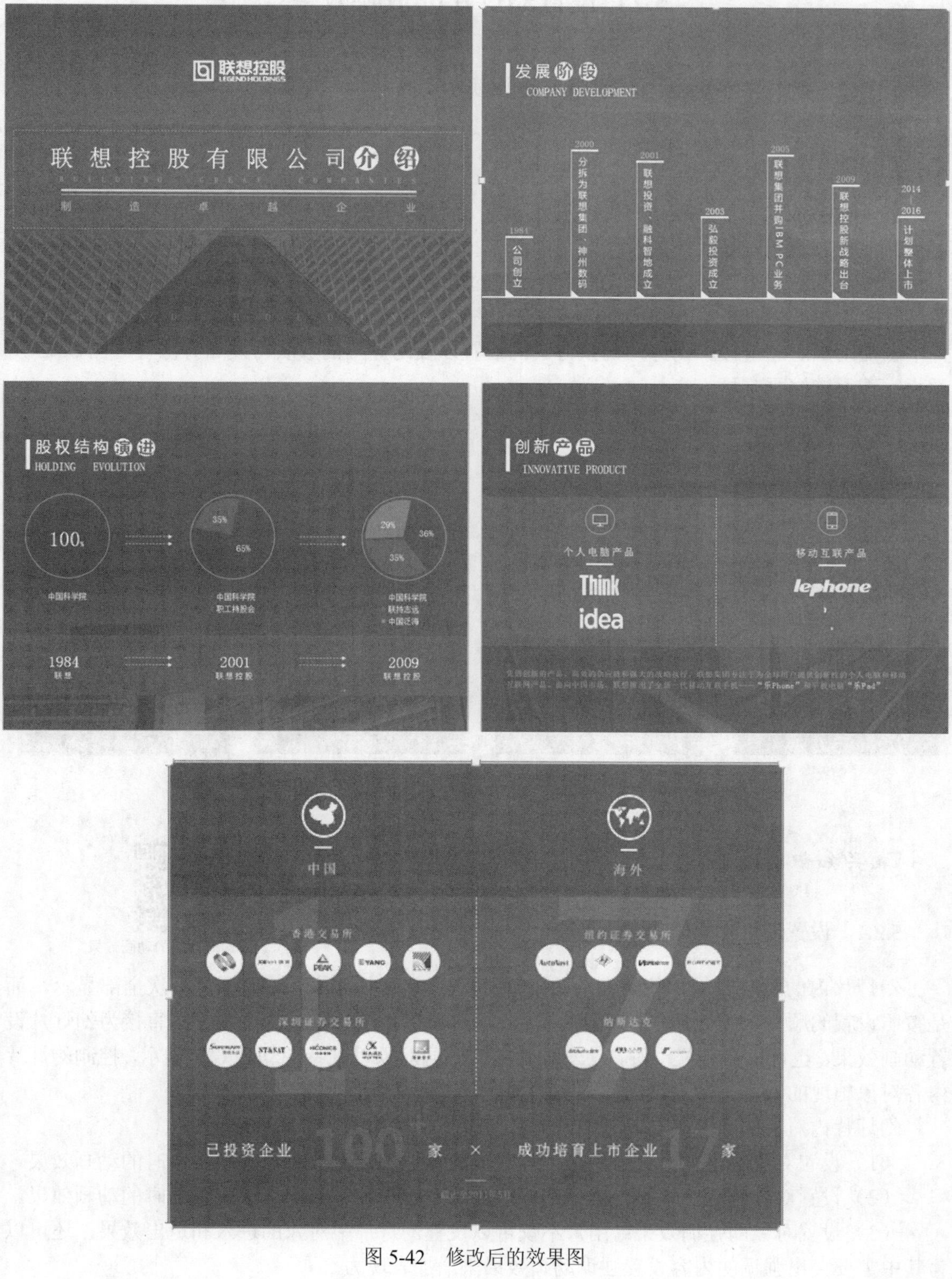

图 5-42　修改后的效果图

5.2 设置幻灯片的放映效果

任务 2 制作动态福源珠宝年中工作汇报演示文稿

[任务描述]

赵青已完成简单的本年度年中工作汇报演示文稿，但他总觉得目前演示文稿过于简单。之后，他充分利用幻灯片的图片排版及图版率技巧，对演示文稿进行了修改，从外观上来看，演示文稿已经漂亮很多了，但演示的时候还是过于呆板。他希望演示文稿在放映时更加生动形象。本任务就是帮助赵青达成这个目标，通过进一步完善年中工作汇报演示文稿，掌握在幻灯片中添加动画、超链接，幻灯片切换方式的设置以及幻灯片的放映与发布方法等。图 5-43 所示为完善后的演示文稿。

[任务展示]

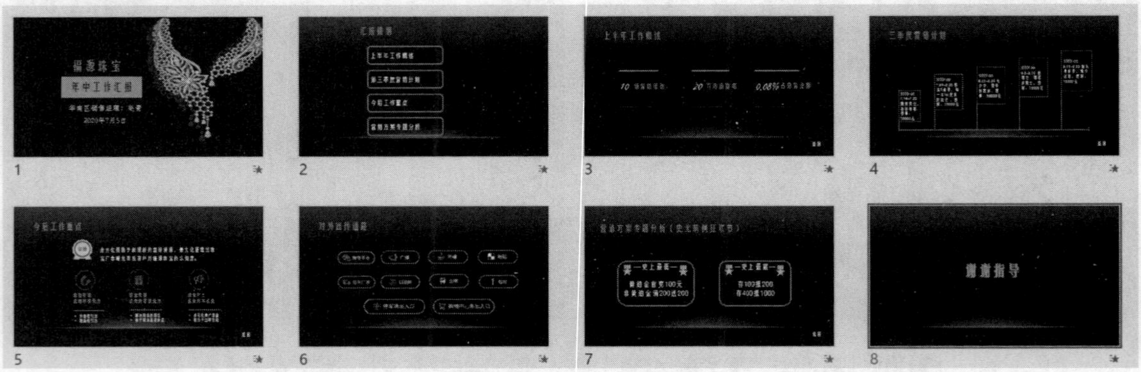

图 5-43 任务 2 效果图

[相关知识与技能]

设置幻灯片内的动画效果

5.2.1 设置幻灯片内的动画效果

幻灯片内的动画效果，就是在放映幻灯片时幻灯片中的各个对象不是一次全部显示，而是按照设置的顺序，以动画的方式依次显示。用户可以使用预定义的动画方案直接为幻灯片设置动画效果，也可以自定义动画，使幻灯片中的不同对象以独特的动画效果显示，控制幻灯片内各对象出现的顺序，从而突出重点和增加演示的趣味性。

幻灯片内对象的自定义动画效果，具体有以下四种类型：

（1）设置对象的进入效果：是指幻灯片放映过程中，对象进入放映界面时的动画效果。

（2）设置对象的退出效果：是指幻灯片放映过程中，对象退出放映界面时的动画效果。

（3）设置对象的强调效果：用户不仅可以设置幻灯片中对象的进入和退出效果，还可以为其中需要突出强调的内容设置强调动画效果来增加表现力。

（4）设置对象的动作路径：是根据形状或者直线、曲线的路径来展示对象游走的路径，使用这类效果可以使对象上下移动、左右移动或者沿着星形或圆形图案移动。

1. 设置自定义动画

（1）为对象添加自定义动画。选中一个需要设置动画效果的对象后，单击“动画”→“动画”功能组的其他按钮，即可打开自定义动画库，选择一个需要的动画，若自定义动画库中的动画均不符合要求，则可单击下方的“更多进入效果”“更多强调效果”“更多退出效果”按钮进行选择，如图 5-44 所示。

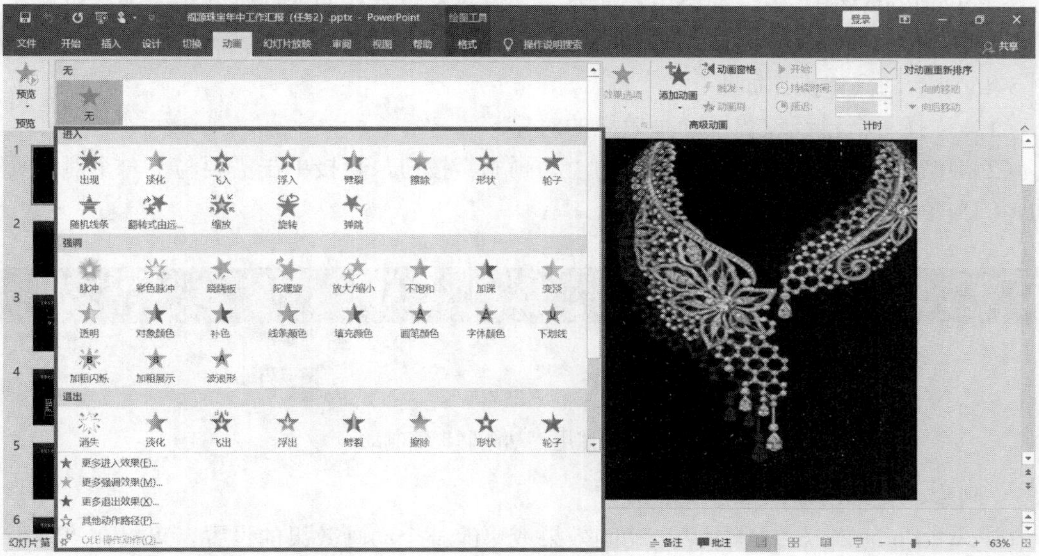

图 5-44　自定义动画

（2）设置自定义动画效果选项。选择“动画”功能组的“效果选项”下方的下三角，在展开的下拉列表中选择动画的方向和序列，此时可以预览所设置的动画效果。

（3）若希望再次查看动画效果，可在“预览”功能组中单击“预览”按钮，查看当前幻灯片的全部动画效果。

小贴士：单击“动画”功能组中的其他按钮只能给一个对象添加一个动画。若需要对同一个对象添加多个动画，则需单击“高级动画”功能组中的“添加动画”按钮。

2. 重新排序动画

如果一张幻灯片中设置了多个动画效果，那么还可以重新对动画排序，即调整各动画出现的顺序，具体操作如下：

（1）向前移动动画。在幻灯片中选择需要向前移动的对象，在“动画”选项卡的“计时”功能组中单击“向前移动”按钮，即可将所选动画向前移动一位，如图 5-45 所示。

图 5-45　对动画重新排序

（2）向后移动动画。在幻灯片中选择需要向后移动的对象，在“动画”选项卡的“计时”功能组中单击“向后移动”按钮，即可将所选动画向后移动一位。

3. 修改动画的开始时间、持续时间和延迟时间

动画创建好后，默认的都是“单击时”开始，动画持续时间为 00.50 秒，延迟时间为 00.00 秒，可以通过修改“动画”选项卡的“计时”功能组中的“开始”“持续时间”“延迟”右边的组合框进行修改。

4. 使用“动画刷”复制动画

在 PowerPoint 2016 中，如果用户需要为其他对象设置相同的动画效果，那么可以在设置了一个对象动画后通过“动画”选项卡中“高级动画”功能组的“动画刷”功能来复制动画，如图 5-46 所示，具体操作如下：

（1）选择一个已经设置了动画效果的对象。

（2）单击“高级动画”功能组中的“动画刷”按钮，直接单击需要与上一个对象具有相同动画的对象，即可完成动画的复制。

图 5-46　使用“动画刷”复制动画

5. 删除、更改动画效果

在 PowerPoint 2016 中删除某个动画效果或更改某个动画效果的设置，可以在“动画”功能组中进行设置，具体操作如下：

（1）删除动画。选择需要删除动画效果的对象，单击“动画”功能组中的“动画样式”按钮，选择“无”选项，或者单击“高级动画”功能组中的“动画窗格”按钮，在“动画窗格”中该动画对应的下拉菜单中选择“删除”命令，删除动画后，该幻灯片编号下的动画标记也会消失。

（2）更改动画。选择需要更改动画效果的对象，单击“动画”功能组中的“动画样式”按钮，在展开的动画库中选择需要的动画效果，重新设置即可。

小贴士：单击“高级动画”功能组中的“动画窗格”按钮，可以打开动画窗格，更好地排序、删除、更改动画。

5.2.2 设置幻灯片间的切换效果

设置幻灯片间的切换效果、添加超链接

幻灯片间的切换效果是指两张连续的幻灯片之间的过渡效果，也就是从前一张幻灯片转到下一张幻灯片时要呈现的样貌。

1. 设置幻灯片切换动画

（1）为幻灯片添加切换动画。单击“切换”→“切换到此幻灯片”→“其他”按钮，在打开的切换动画库中选择需要的动画即可，如图 5-47 所示。

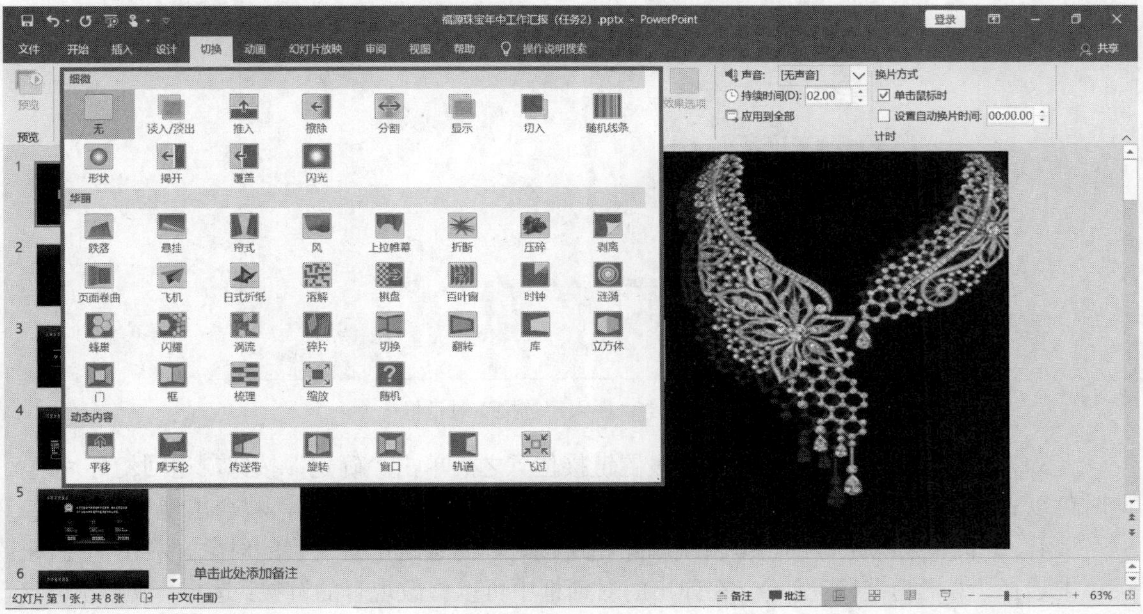

图 5-47　切换动画

（2）设置幻灯片切换动画效果选项。设置好切换动画后，在“切换到此幻灯片”功能组中单击“效果选项”按钮，在展开的下拉列表中选择需要的选项，此时可以预览幻灯片切换动画效果。

2. 设置切换动画计时选项

设置幻灯片切换动画后，可以对动画选项进行设置，比如切换动画时出现的声音、持续时间、换片方式等，具体操作如下：

（1）选择幻灯片切换声音效果。在“计时”功能组中单击“声音”列表框右侧的下三角按钮，在展开的下拉列表中选择需要的选项。

（2）设置动画持续时间。在“计时”功能组中“持续时间”组合框中可以设置切换动画持续的时间，单击后面的微调按钮即可进行设置。

（3）全部应用设置。为幻灯片设置切换方案以及效果选项后，若需应用到所有幻灯片，则在“计时”功能组中单击“应用到全部”按钮。若要显示幻灯片切换效果，在“预览”功能组中单击“预览”按钮，可以在“幻灯片编辑”窗格中看到其他幻灯片的切换效果。

5.2.3　添加超链接

在 PowerPoint 2016 中，用户可以设置超链接，用于创建超链接的对象可以是任意图形，也可以是任意文本。可以链接的位置包括同一演示文稿的各幻灯片页、其他电子文档（如 Word 文档、图片文档、电影文档等），甚至网页等。在放映幻灯片时，将鼠标指针指向超链接，指针将变成手的形状，单击则可以跳转到设置的链接位置。具体操作如下所述。

（1）选择需要插入超链接的对象。

（2）打开“插入超链接”对话框，切换至“插入”选项卡，单击“链接”功能组中的“链接”按钮，弹出“插入超链接”对话框，在“链接到”列表框选择需要链接到的选项，如图 5-48 所示。

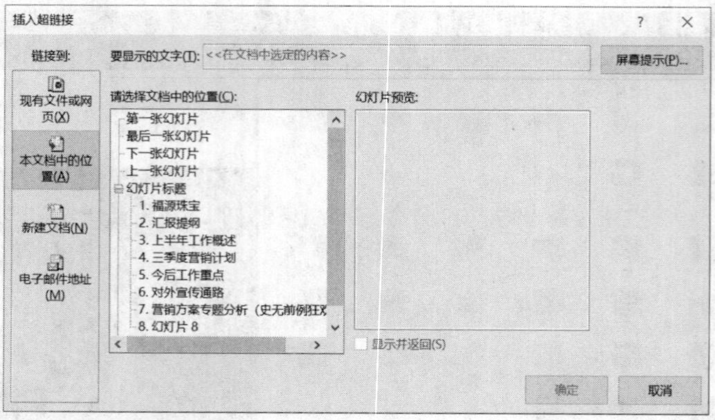

图 5-48 “插入超链接”对话框

（3）显示设置超链接后的效果。设置链接位置之后单击“确定”按钮，返回幻灯片中，此时可以看到所选对象已经插入了超链接，当鼠标指针移到其上方时，将会出现手的形状。

（4）编辑和删除超链接。编辑或删除超链接时，先选定已有链接的对象并右击，在快捷菜单中选择“编辑超链接”命令，在弹出的对话框中可以修改现有的链接；选择“取消超链接”命令，可删除超链接。

5.2.4 添加动作按钮

添加动作按钮及放映方式

在幻灯片中，用户可以添加 PowerPoint 2016 自带的动作按钮，从而在放映过程中激活另一个程序或链接至某个对象。

（1）添加动作按钮。单击“插入”→“插图”→“形状”右侧的下三角按钮，在打开的下拉列表中选择“动作按钮”区域中需要的动作按钮图标，我们在此选择“动作按钮：自定义”图标。

（2）绘制动作按钮并选择动作按钮链接位置。此时鼠标指针呈十字形状，在幻灯片的右下角合适位置处按下鼠标左键不放并拖动，绘制动作按钮，拖至合适大小后释放鼠标。在弹出的“操作设置”对话框中，选择“单击鼠标”选项卡，选中“超链接到”单选按钮，选择其下拉列表中的幻灯片选项，单击“确定”按钮，就链接到所选择的幻灯片，如图 5-49 所示。

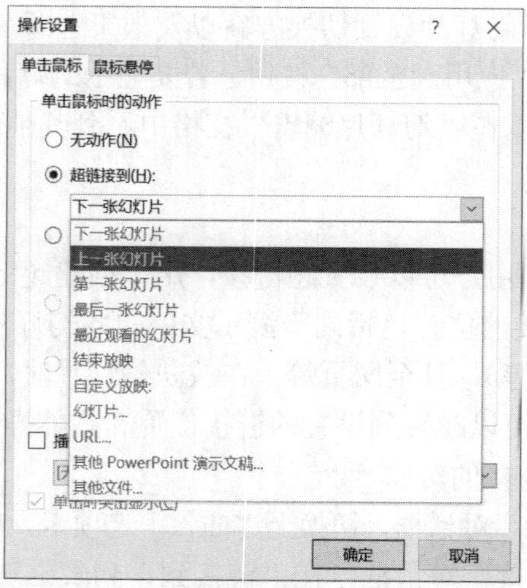

图 5-49 设置“动作按钮”超链接

（3）添加文字。设置完毕后单击“确定”按钮，返回幻灯片中，右击动作按钮，选择“编辑文字”选项，在动作按钮中输入文字。

5.2.5 设置放映方式

演示文稿制作完成后，用户可以根据需要设置放映方式。

切换到“幻灯片放映”选项卡，单击“设置”功能组的“设置幻灯片放映”按钮，弹出“设置放映方式”对话框，如图 5-50 所示。

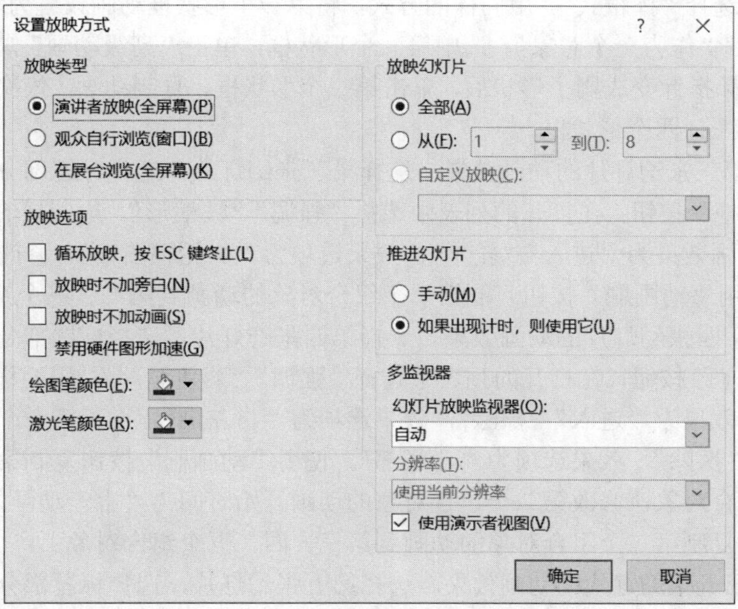

图 5-50 “设置放映方式”对话框

在“放映类型”区域中，PowerPoint 2016 提供了三种幻灯片的放映类型，以满足用户在不同场合下的使用。

（1）演讲者放映（全屏幕）：可以完整地控制放映过程，采用自动或人工方式放映。

（2）观众自行浏览（窗口）：可以利用右下角的“菜单”显示所需的幻灯片，这种方式很容易对当前放映的幻灯片进行复制、打印等操作。

（3）在展台浏览（全屏幕）：用于无人管理时放映幻灯片，放映过程中不能控制。

在“放映幻灯片”区域中可以选择放映全部还是部分幻灯片。

如果用户希望演示文稿中的某一张幻灯片不放映出来，可以在“设置”功能组中单击“隐藏幻灯片”按钮将其隐藏，在放映幻灯片时将自动跳过隐藏的幻灯片。

此外，PowerPoint 2016 还提供了“录制幻灯片演示”功能，不用借助其他工具，即可实现演讲的录制。

[任务实施]

打开“福源珠宝年中工作汇报（任务 2）.pptx”文件，按要求完成下列步骤，并以原文件名保存文件。

制作动态福源珠宝年中工作汇报演示文稿

（1）设置标题幻灯片的动画效果。选择第一张幻灯片，切换到“动画”选项卡，选择“福源珠宝”文本框，单击“动画”功能组的“劈裂”，再单击“效果选项”下三角，在打开的下拉列表中选择“中央向左右展开”；用同样的方式，选择“年中工作汇报”文本框，设置其动画为“随机线条”，效果选项为“垂直”；将副标题动画设置为“飞入”，效果选项为“自右下部”“作为一个对象”。

（2）设置第二张幻灯片的动画效果。选择第二张幻灯片，选择标题部分，在“动画”功能组中单击“其他”按钮，在展开的列表中选择“更多进入效果”命令，在打开的“更改进入效果”对话框中选择“挥鞭式”。用同样的方式，将第一个形状框动画设置为“进入”“棋盘”，效果选项为“下”“作为一个对象”。选中第一个形状框，单击“高级动画”功能组中的“动画刷”按钮，当鼠标指针变成刷子形状后，单击第二个形状框，复制动画。依次将第一个形状框的动画复制给第三、四个形状框。

（3）设置第三张幻灯片的动画效果。选择第三张幻灯片，选择标题部分，单击“动画”功能组中的“其他”按钮，在打开的列表中选择“强调”“波浪形”。用同样的方法，设置第一个组合对象的动画效果为“进入”“轮子”，效果选项为“4 轮辐图案”，修改其动画持续时间为 01.00 秒。使用“动画刷”按钮复制第一个组合对象的动画到第二、三个组合对象。

（4）设置第四张幻灯片的动画效果。选择第四张幻灯片，选择标题部分，单击“动画”功能组中的“其他”按钮，在打开的列表中选择“强调”“彩色脉冲”。用同样的方法，设置最下方直线的动画效果为“进入”“擦除”，效果选项为“自左侧”；设置第一个组合对象的动画效果为“进入”“擦除”，效果选项为“自底部”。使用“动画刷”按钮复制第一个组合对象的动画到第二个组合对象，修改第二个组合对象的动画开始时间为“上一动画之后”。再次使用“动画刷”按钮复制第二个组合对象的动画到第三、四、五个组合对象。

（5）设置第五张幻灯片的动画效果。选择第五张幻灯片，选择标题部分，单击“动画”功能组中的“其他”按钮，在打开的列表中选择“强调”“补色”。用同样的方法，设置文本框的动画效果为“强调”“加粗展示”；“宗旨”小图标的动画效果为“进入”“淡化”；左侧第一个组合对象的动画效果为“更多进入效果”“切入”，效果选项为“自底部”；使用动画刷将第一个组合对象的动画复制到第二、三个组合对象。

（6）调整第五张幻灯片图片动画的顺序。选择第五张幻灯片文字文本框，单击“计时”功能组的“向后移动”按钮。

（7）设置第六张幻灯片的标题部分动画为“进入”“形状”，效果选项为“放大”“菱形”，第一个小图标的动画设置为“进入”“缩放”，效果选项为“对象中心”。使用“动画刷”按钮，依次将其余的小图标设置为跟第一个小图标同样的动画。

（8）设置第七张幻灯片的标题部分动画为“更多进入效果”“楔入”；设置左侧组合对象部分动画为“强调”“放大/缩小”，动画效果为“两者”“较大”。使用动画刷将第一个组合对象的动画复制到第二个组合对象。

（9）设置第八张幻灯片艺术字的动画为“进入”“出现”。

（10）设置幻灯片切换效果。选择“切换”选项卡，单击“切换到此幻灯片”功能组中“其他”按钮，在打开的动画库中选择“涟漪”，持续时间设置为 02.00。单击“计时”功能组中的“应用到全部”按钮。

（11）创建超级链接。选择第二张幻灯片，选择第一个形状框“上半年工作概述”，切换到“插入”选项卡，单击“链接”功能组中的“超链接”按钮，打开“插入超链接”对话框，在左侧的“链接到”中选择“本文档中的位置”，在“请选择文档中的位置”中选择“3.上半年工作概述”。用同样的方法将“第三季度营销计划”形状框链接到第四张幻灯片，将“今后工作重点”形状框链接到第五张幻灯片，将“营销方案专题分析”形状框链接到第七张幻灯片。

（12）在幻灯片中插入动作按钮。选择第三张幻灯片，单击“插入”选项卡的“插图”功能组中的“形状”下三角按钮，选择“动作按钮：自定义”，在幻灯片的右下角插入按钮，在弹出的“动作设置”对话框中设置其“超链接到”幻灯片，选择第 2 张幻灯片，如图 5-51 所示。单击“确定”按钮返回，右击动作按钮，选择“编辑文字”命令，在动作按钮上输入“返回”，选择“绘图工具格式”选项卡，在“形状样式”功能组中设置其样式为“彩色填充-黑色，深色 1”。复制该动作按钮到第四、五、七张幻灯片上。

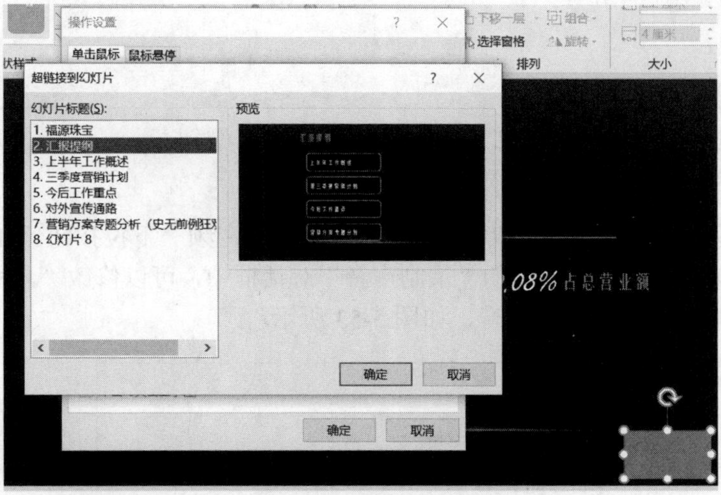

图 5-51　设置动作按钮动作

（13）设置放映方式。选择“幻灯片放映”选项卡，单击“设置”功能组的“设置幻灯片放映”按钮，在打开的“设置放映方式”对话框中选择“放映类型”为“观众自行浏览（窗口）”。

（14）以原文件名保存文件。

[拓展知识与技能]

插入声音及自定义动画路径

5.2.6　插入声音

在制作演示文稿时，用户可以在演示文稿中添加各种声音，使其变得有声有色，更具有感染力。用户可以添加剪辑管理器中的声音，也可以添加文件中的声音。在添加声音后，幻灯片上会显示一个声音图标。

1. 插入 PC 上的音频

切换到“插入”选项卡，单击“媒体”功能组的“音频”按钮，在展开的下拉列表中选择“PC 上的音频”选项，在弹出的“插入音频”对话框中选择需要的声音文件，单击“插入”按钮即可，如图 5-52 所示。

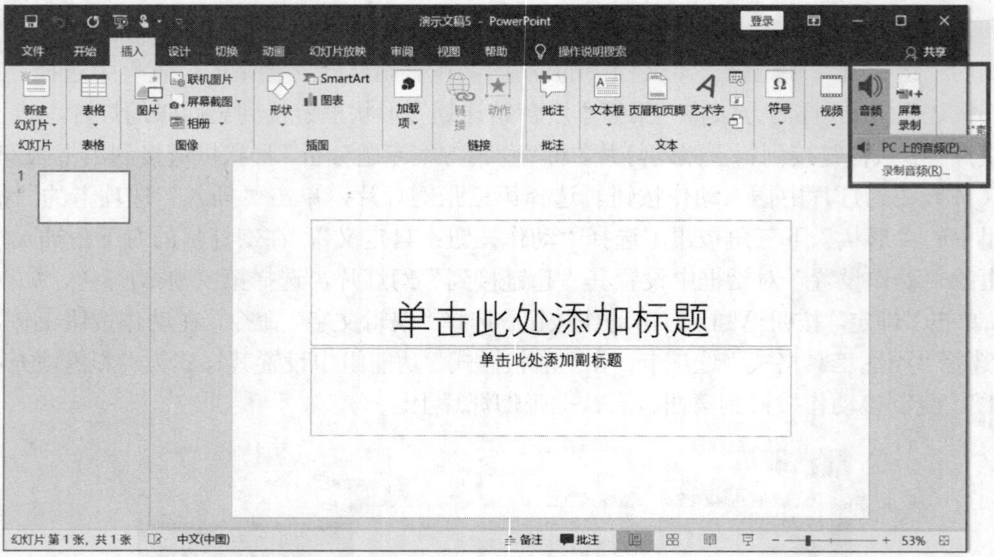

图 5-52　插入“PC 上的音频”

2. 插入录制音频

切换到“插入”选项卡，单击“媒体”功能组的“音频”下拉按钮，在展开的下拉列表中选择“录制音频”命令，在弹出的“录制声音”对话框中，可以修改“名称”的内容，单击红色的“录音”按钮，即可录制声音，如图 5-53 所示。

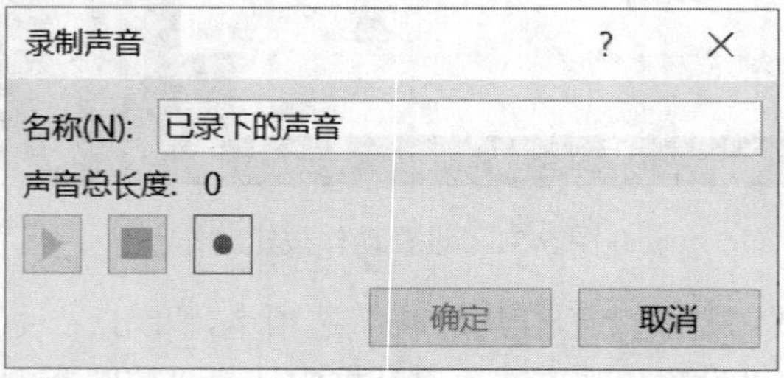

图 5-53　录制声音

3. 设置声音对象

插入声音对象后，将自动显示“音频工具”选项卡，此时单击“播放”子选项卡，可对声音对象进行设置。

（1）在“音频选项”功能组的“开始”下拉列表框中可以设置如何开始播放声音，声音开始播放可以按照单击顺序播放，也可以自动播放，也可以单击才播放，如图 5-54 所示。勾选下方的“循环播放，直到停止”复选框，可以设置声音播放一遍后再重复播放。勾选“放映时隐藏”复选框，则可在播放声音时隐藏小喇叭图片。

（2）若希望插入的声音对象能在整个演示文稿播放期间都存在，则需要切换到“动画”选项卡，单击“高级动画”功能组的“动画窗格”，在右侧显示的“动画窗格”界面中单击该声音动画的下三角按钮，选择“效果选项”命令，如图 5-55 所示，在打开的“播放音频”对话框中选择“效果”选项卡，在“停止播放”区域中选择“在：张幻灯片后”单选按钮，如图 5-56 所示，只需在空白处填上该演示文稿的幻灯片页数即可。

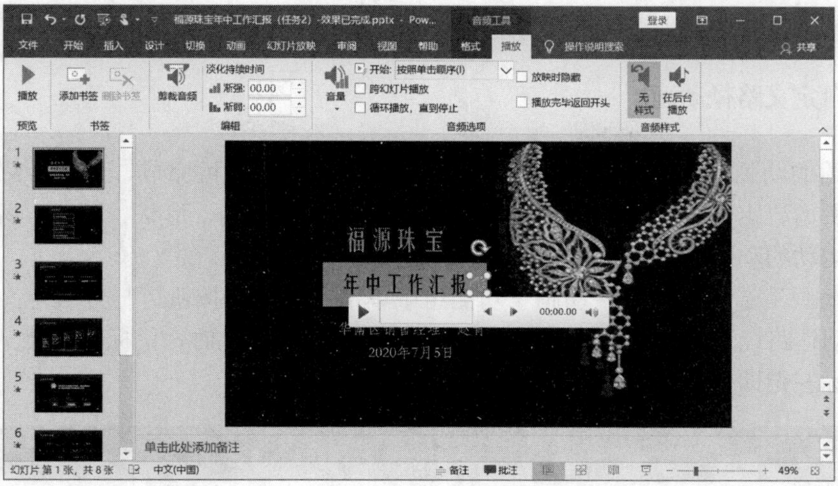

图 5-54　设置声音开始播放时刻

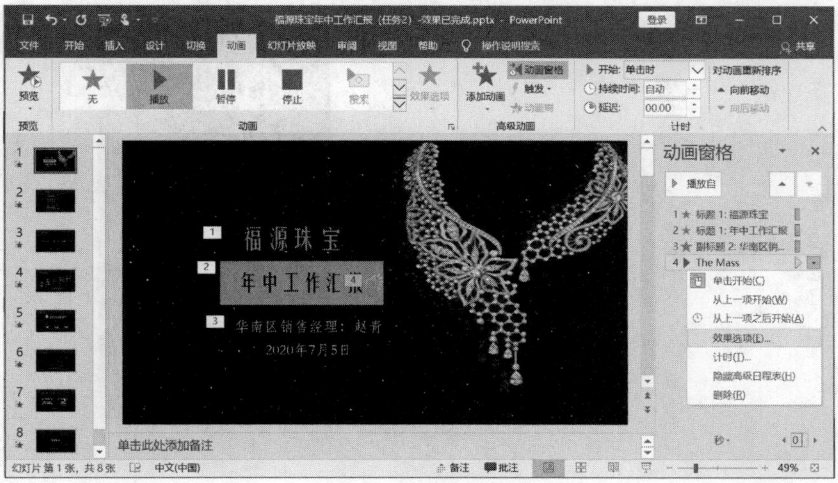

图 5-55　“效果选项”命令

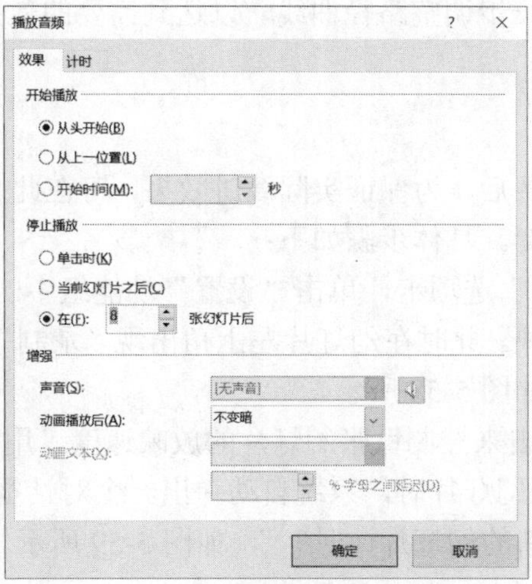

图 5-56　“播放音频”对话框

插入视频的操作与插入音频的操作基本一致，在此不再赘述。

5.2.7 自定义路径动画

前面介绍的动画效果都是直接选取动画类型及效果选项即可完成，现在介绍一类自定义路径动画。所谓自定义路径动画，就是在 PowerPoint 中令文本、形状、图片、剪贴画等沿着设定的路径运动的动画，其操作方法如下所述。

选择“动画”选项卡，在“动画”功能组中单击“其他”按钮，打开自定义动画库，选择下方的“动作路径”中的“自定义路径”，如图 5-57 所示。此时，鼠标指针会呈现一个“+”号，按下鼠标左键即可绘制所选对象动画的路径。

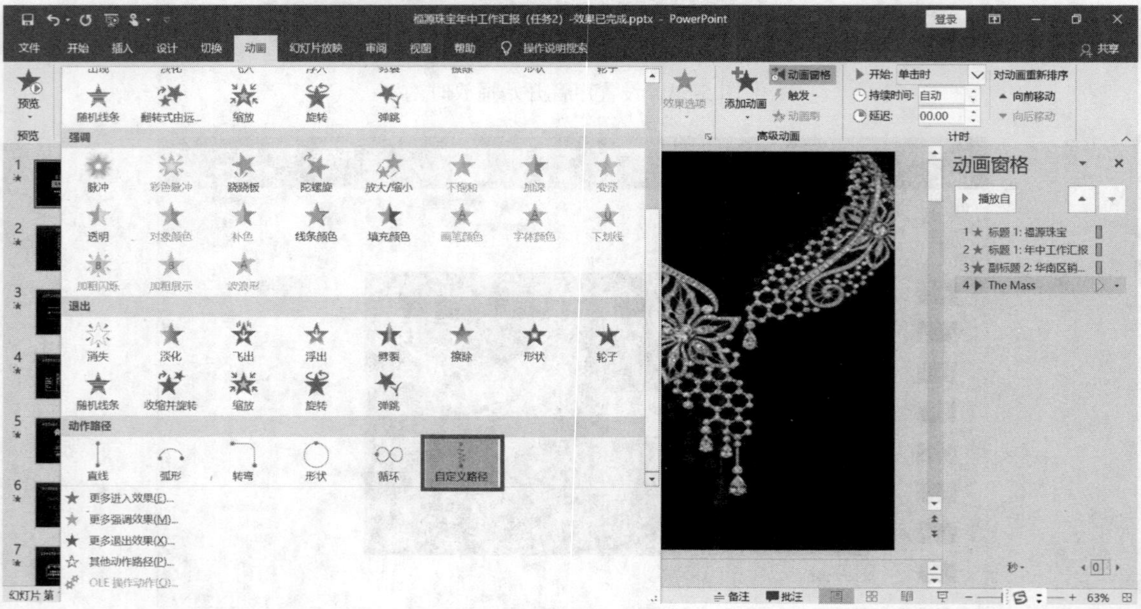

图 5-57 选择“自定义路径”

路径绘制完成后，可进一步调整路径曲线，以达到需要的效果。

5.2.8 排练计时

排练计时及演示文稿的打印

完成幻灯片放映前的准备后，为保证实际演讲效果，可在此基础上进行预演，以便控制演讲节奏。具体步骤如下：

（1）选择“幻灯片放映”选项卡，单击“设置”功能组中的“排练计时”按钮，系统将自动从第一张幻灯片开始放映。此时在幻灯片左上角出现“录制”对话框，该对话框中自动显示当前幻灯片的停留时间，如图 5-58 所示。

（2）按下 Enter 键或单击来控制每张幻灯片的放映速度。用户可以边演讲边进行计时。

（3）当放映完最后一张幻灯片时，系统自动弹出一个对话框，给出放映幻灯片一共需要的时间，并询问“是否保留新的幻灯片计时？”，如图 5-59 所示。

图 5-58 “录制”对话框

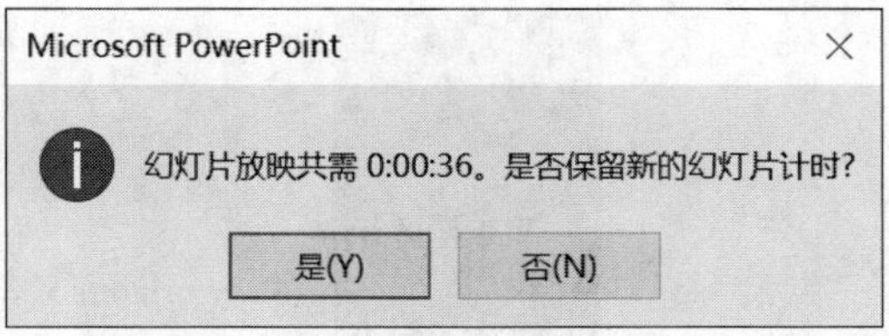

图 5-59 “录制”完成对话框

（4）单击“是”按钮，此时在幻灯片浏览视图下，可以看到每张幻灯片的下方自动显示放映该幻灯片所需要的时间。

（5）至此已完成了排练计时操作，但还不能自动放映幻灯片，必须进一步设置放映方式。选择“幻灯片放映”选项卡，单击“设置”功能组中的“设置幻灯片放映”按钮，打开“设置放映方式”对话框，设置放映类型为“观众自行浏览”，同时设置换片方式为“如果出现计时，则使用它”，如图 5-60 所示，单击“确定”按钮。

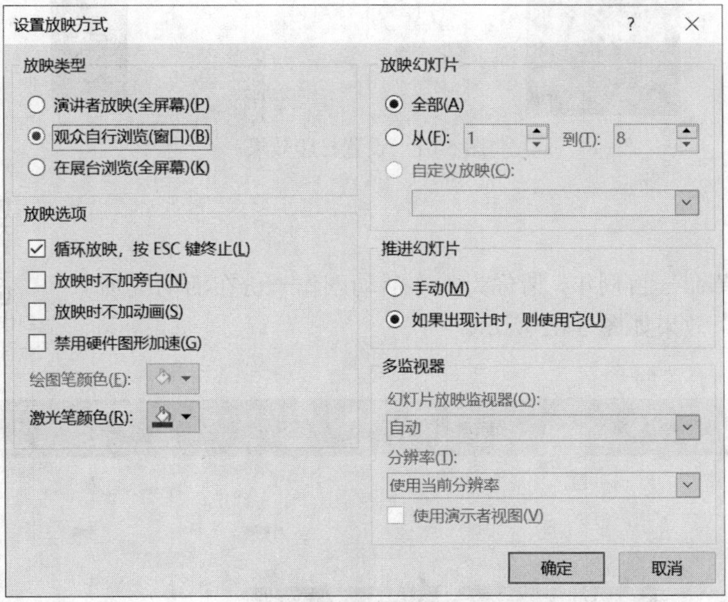

图 5-60 “设置放映方式”对话框

（6）此时单击右下角的“幻灯片放映”按钮，可以看到整个放映过程（无需人工干预就能不间断地按事先设定的时间连续放映），直到按 Esc 键才会终止放映。

（7）以当前文件名保存演示文稿。

5.2.9 演示文稿的打印

演示文稿可以以“整页幻灯片”“备注页”“大纲”“讲义”等多种形式进行打印，其中“讲义”就是将演示文稿中的若干张幻灯片按照一定的组合方式打印在纸张上，以便发给观众辅助听讲，这种形式的打印可以节约纸张。

选择“文件”→“打印”命令，在“设置”区域中单击“整页幻灯片”右侧的下三角按钮，在展开的列表中选择需要的打印形式，如图 5-61 所示。

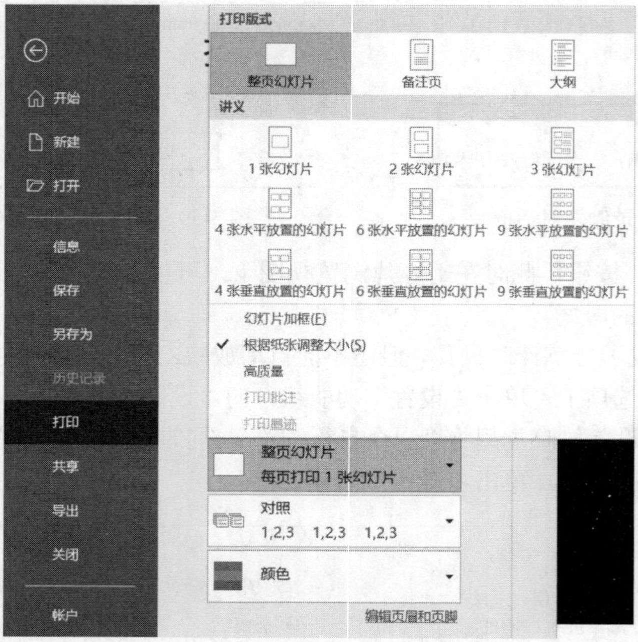

图 5-61 设置打印效果

[拓展任务]

为纪念辛亥革命一百周年，请你为本次活动创作一份在活动现场展示的演示文稿，效果如图 5-62 所示。

制作纪念辛亥革命一百周年演示文稿

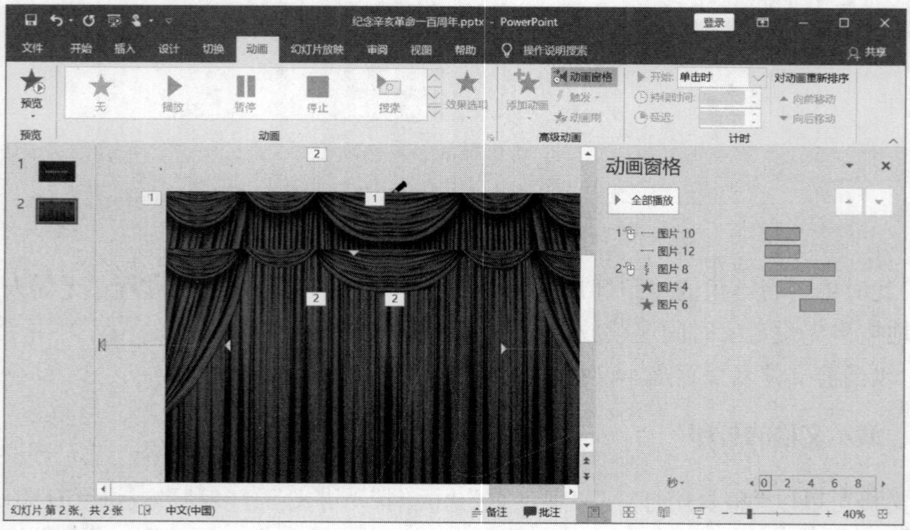

图 5-62 拓展任务效果图

具体要求如下：

（1）新建名为“纪念辛亥革命一百周年.pptx”的演示文稿。

（2）修改标题幻灯片的版式为“仅标题”，设置其背景颜色为“纯色填充，标准色，深红”，在标题处键入“纪念辛亥革命一百周年”，设置其字体为“华文行楷”，字号为60，字体颜色为标准色橙色。调整文本框的位置为“水平6厘米从左上角，垂直8厘米从左上角”。

（3）在标题幻灯片之后，新建一页空白幻灯片。

（4）在第二张幻灯片上插入图片“背景.jpg”，取消“锁定纵横比”，设置其大小为“形状高度19.05厘米，形状宽度33.87厘米”；位置为“水平0厘米从左上角，垂直0厘米从左上角”。

（5）在第二张幻灯片上插入图片“百年回眸.png”，调整其图片位置为“水平 12.5 厘米从左上角，垂直 3.2 厘米从左上角”，设置其动画效果为“进入”“淡出”，开始时间为“与上一动画同时”，动画持续时间为3.00秒，延迟1.00秒。

（6）在第二张幻灯片上插入图片“见证辛亥.png”，调整其图片位置为“水平 18.5 厘米从左上角，垂直 3.2 厘米从左上角”，设置其动画效果为“进入”“淡出”，开始时间为“与上一动画同时”，动画持续时间为3.00秒，延迟3.00秒。

（7）在第二张幻灯片上插入图片“毛笔.png”，调整其图片位置为“水平 12.5 厘米从左上角，垂直-7.7厘米从左上角”。

（8）创建毛笔的自定义路径动画，沿着“百年回眸，见证辛亥”文字的轨迹，书写完成后，毛笔自动划出屏幕，修改动画的持续时间为6.00秒，将毛笔的动画向前移动，使之成为第一个动画。

（9）在第二张幻灯片上插入图片“幕布左.jpg”。取消“锁定纵横比”，设置其大小为“形状高度23.42厘米，形状宽度16.94厘米”；位置为“水平0厘米从左上角，垂直-4.37厘米从左上角”。设置动画效果为“动作路径”“直线”，效果选项为“靠左”，将红色箭头往屏幕外拉出一点，动画持续时间3.00秒。

（10）在第二张幻灯片上插入图片“幕布右.jpg”。取消“锁定纵横比”，设置其大小为“形状高度23.42厘米，形状宽度16.94厘米”；位置为“水平16.94厘米从左上角，垂直-4.37厘米从左上角”。设置动画效果为“动作路径”“直线”，效果选项为“右”，将红色箭头拉出到屏幕外一些，开始时间为“与上一动画同时”，动画持续时间3.00秒。

（11）将幕布左的动画向前移动，使之成为第一个动画；将幕布右的动画向前移动，使之成为第二个动画。

（12）在第二张幻灯片上再次插入图片“幕帘.jpg”，取消“锁定纵横比”，设置其大小为“形状宽度33.87厘米”；调整图片位置为“左上角水平0厘米，左上角垂直0厘米”。

（13）在第一张幻灯片上插入“The Mass.mp3”，设置小喇叭的位置为“水平：20厘米从左上角；垂直：16厘米从左上角”，设置其播放方式为“单击时”开始，勾选“循环播放，直到停止”复选框，停止播放的时刻在全部幻灯片播放完成后。

（14）以原文件名保存文件。

习 题

练习一 打开考生文件夹下的演示文稿 yswg.pptx，按照下列要求完成对此文稿的修饰并保存。

（1）使用“切片”主题修饰全文，全部幻灯片切换方案为“涡流”，效果选项为“自顶部”。

（2）将第二张幻灯片的版式改为“两栏内容”，标题为“鹅防，安防工作新亮点”，左侧内容区的文本设置为“黑体”，在右侧内容区域插入考生文件夹中的图片 ppt1.png。移动第一张幻灯片，使之成为第三张幻灯片，幻灯片版式改为“标题和竖排文字”，标题为“不用能源的雷达-大鹅的故事”。在第一张幻灯片前插入版式为“空白”的新幻灯片，并在位置（水平：0.9 厘米；自：左上角；垂直：6.2 厘米；自：左上角）插入样式为“填充：深绿色，主题色 3；风锋利棱台”的艺术字“鹅防，安防工作新亮点”，艺术字高度为 7 厘米。艺术字文字效果为“转换-弯曲-倒 V 形”。艺术字的动画设置为“强调”“陀螺旋”，效果选项为“数量-旋转两周”。第一张幻灯片的背景设置为“花束”纹理，且隐藏背景图形。第三张幻灯片的版式改为“比较”，标题为“大鹅，安防的新帮手”，在右侧内容区域插入考生文件夹中的图片 ppt2.png。在备注区插入文本“一般一家居民养一条狗，入侵者可以丢药包子毒死狗，而鹅一养一群，其晚上视力不好，入侵者没法喂药，想要放倒很难”。

练习二 打开考生文件夹下的演示文稿 yswg.pptx，按照下列要求完成对此文稿的修饰并保存。

（1）使用“徽章”主题修饰全文，全部幻灯片切换方案为“库”，效果选项为“自左侧”。

（2）在第一张幻灯片前插入版式为“标题幻灯片”的新幻灯片，主标题输入“神奇的章鱼保罗”，并设置为“黑体”、47 磅、红色（RGB 颜色模式：红色 220、绿色 0、蓝色 0），副标题输入“8 次预测全部正确”，并设置为“宋体”、30 磅。第二张幻灯片的版式改为“两栏内容”，左侧文本为 27 磅字，右侧内容区插入考生文件夹中的图片 ppt1.png，图片动画设置为“进入”“飞旋”，文本动画设置为“进入”“旋转”。动画顺序为先文本后图片。将第三张幻灯片的版式改为“比较”，文本区的第二段文字移到主标题区域，右侧内容区插入考生文件夹中的图片 ppt2.png。在第四张幻灯片前插入版式为“标题和内容”的新幻灯片，插入 9 行 3 列的表格，表格行高均为 1.4 厘米，将第五张幻灯片的 9 行 3 列文字按顺序移入表格相应位置。删除第五张幻灯片。

练习三 打开考生文件夹下的演示文稿 yswg.pptx，按照下列要求完成对此文稿的修饰并保存。

（1）使用“风景”主题修饰全文，全部幻灯片切换方案为“百叶窗”，效果选项为“水平”。

（2）将第二张幻灯片的版式改为“两栏内容”，标题为“火爆的十一黄金周”，在右侧内容区插入考生文件夹中的图片 ppt2.png。在第三张幻灯片后插入版式为“标题和内容”的新幻灯片，标题为“中国员工难以带薪休假的原因”。在内容区插入 3 行 2 列的表格，在第 1 行的第 1～2 列依次录入“原因”和“具体内容”，将第一张幻灯片的第一和第二段文本依次移到表格第 2 行的第 1～2 列，将第一张幻灯片的第三和第四段文本依次移到表格第 3 行的第 1～2 列。删除第一张幻灯片。将第二张幻灯片版式改为“比较”，标题为“黄金周人山人海之痛”，在右侧内容区插入考生文件夹中的图片 ppt1.png，将图片和文本动画均设置为“进入”“轮子”，设置效果选项为“四轮辐图案”。动画播放顺序为先文本后图片。在第一张幻灯片前插入版式为“标题幻灯片”的新幻灯片，主标题为“如何改变人山人海的中国式旅游”，副标题为“根本方法是落实带薪休假”。

练习四 打开考生文件夹下的演示文稿 yswg.pptx，按照下列要求完成对此文稿的修饰并保存。

（1）使用“柏林”主题修饰全文，全部幻灯片切换方案为“棋盘”，效果选项为“自顶部”。

（2）第三张幻灯片的版式改为“两栏内容”，标题为“你一个月赚多少钱才饿不死？”，将左侧文本字体设置为“仿宋”，在右侧内容区插入考生文件夹中的图片 ppt1.png，将图片动画设置为“进入”“翻转式由远及近”。在第三张幻灯片前插入版式为“标题和内容”的新幻灯片，在内容区插入 8 行 2 列的表格。在第 1 行的第 1～2 列依次录入“档次”和“城市及月薪”，在第 1 列的第 2～8 行依次录入“一档”“二档”……“七档”。其他单元格内容按第一张和第二张幻灯片的相应内容填写。例如第 2 行第 1 列为“一档”，第 2 行第 2 列为“香港 18500 元，澳门 8900 元”。标题为“全国城市月薪分档情况”。移动第四张幻灯片，使之成为第一张幻灯片。删除第二张幻灯片。第二张幻灯片的标题为“全国月薪分为七档”。在第一张幻灯片前插入版式为“标题幻灯片”的新幻灯片，主标题为“你一个月赚多少钱才饿不死？”，副标题为“全国城市月薪分为七档”。

练习五 打开考生文件夹下的演示文稿 yswg.pptx，按照下列要求完成对此文稿的修饰并保存。

（1）全部幻灯片切换方案为“华丽型”“溶解”。

（2）将第二张幻灯片版式改为“两栏内容”，标题为“尼斯湖水怪”，将考生文件夹中的图片 PPT2.JPG 插到右侧内容区，设置图片的“进入”动画效果为“形状”、效果选项为“形状-菱形”，设置文本部分的“进入”动画效果为“飞入”、效果选项为“自左上部”，动画播放顺序先文本后图片。在第二张幻灯片前插入版式为“内容与标题”的新幻灯片，标题为“尼斯湖水怪真相大白”，将第一张幻灯片的文本全部移到第二张幻灯片的文本部分，且文本字号设置为 28 磅，在右侧内容区插入考生文件夹中的图片 PPT1.JPG。在第一张幻灯片前插入版式为“标题幻灯片”的新幻灯片，主标题为“尼斯湖水怪”，副标题为“迄今为止最清晰的尼斯湖水怪照片”，将主标题字体设置为“华文彩云”“加粗”、56 磅，红色（RGB 颜色模式，红色 243、绿色 1、蓝色 2），将字符间距加宽 5 磅。将第一张幻灯片背景格式的渐变填充效果设置为预设颜色“径向渐变-个性色 5”、类型为“矩形”。将第四张幻灯片移动为第三张幻灯片。删除第二张幻灯片。

第 6 章　网络技术基础

本章导读

1969 年，美国国防部委托高级研究项目局（ARPA）开发 ARPANET，进行联网的研究。这是 Internet 的雏形。在 90 年代以前，Internet 的使用一直仅限于研究与学术领域。

1991 年，美国的三家公司经营着 CERFnet、PSInet 及 Alternet 网络，可以在一定程度上向客户提供 Internet 联网服务，并宣布用户可以将其 Internet 子网用于任何的商业用途。Internet 商业化服务提供商的出现，激发了互联网在通讯、资料检索、客户服务等方面的巨大潜力，从而世界各地无数的企业及个人纷纷涌入 Internet，带来 Internet 发展史上的巨大飞跃。

中国是在 1987 年通过中国学术网 CANET 向世界发出第一封 E-mail，正式接入互联网。

6.1　接入 Internet

接入互联网

任务 1　接入互联网

[任务描述]

小明参加工作以后，发现需要负责的很多工作都需要使用 Internet，因此需要办理 Internet 接入业务，这样在家中既能工作又可娱乐。那该如何接入互联网呢？

[相关知识与技能]

6.1.1　计算机网络

1. 计算机网络的概念

把地理位置不同且具有独立功能的多个计算机系统，通过通信设备和线路连接起来，由功能完善的网络软件实现网络资源共享的系统称为计算机网络，简称为网络。

2. 网络的功能

（1）资源共享。网络的主要功能就是资源共享。共享的资源包括软件资源、硬件资源以及存储在公共数据库中的各类数据资源。

（2）数据通信。分布在不同地区的计算机系统可通过网络及时高速地传递各种信息。

（3）提高系统可靠性。在网络中，由于计算机之间是互相协作、互相备份的关系，当网络中的某一部分出现故障时，网络中其他部分可以自动接替其任务。因此，与单机系统相比，计算机网络具有较高的可靠性。

（4）易于进行分布式处理。在网络中，可以将一个比较大的问题或任务分解为若干个子问题或子任务，然后分散到网络中不同的计算机上进行处理、计算。

（5）综合信息服务。在当今的信息化社会里，个人、办公室、图书馆、企业和学校等，每时每刻都在产生并处理大量的信息。这些信息可能是文字、数字、图像、声音甚至是视频，通过网络就能够收集、处理信息，并进行信息的传送。

3. 网络的分类

计算机网络主要按覆盖范围大小及拓扑结构进行分类。

（1）按覆盖范围分。

局域网（LAN）：作用范围一般为几米到几千米。

城域网（MAN）：作用范围界于 WAN 与 LAN 之间。

广域网（WAN）：作用范围一般为几十到几千千米。

（2）按拓扑结构分类。计算机网络拓扑结构是指网络中各个站点相互连接的形式。将网络中的计算机和通信设备抽象为一个点，把传输介质抽象为一条线，由点和线组成的几何图形就是计算机网络的拓扑结构，如图 6-1 所示。

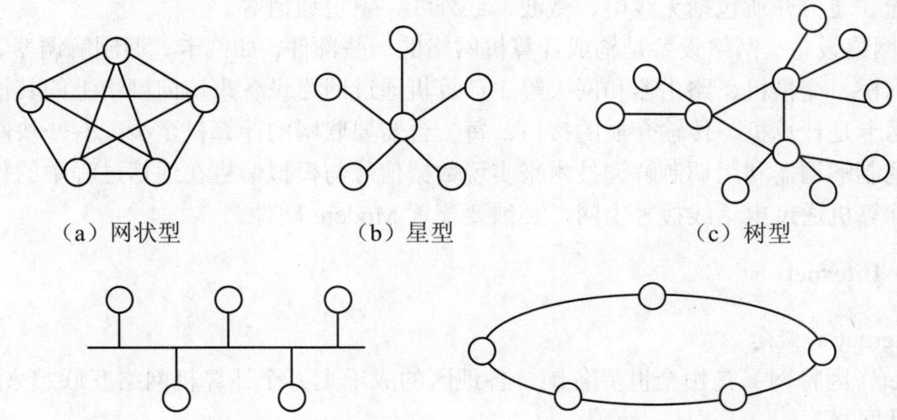

（a）网状型　（b）星型　（c）树型

（d）总线型　（e）环型

图 6-1　网络拓扑结构

- 网状型拓扑结构是指节点之间有许多条路径相连。
- 星型拓扑结构是指网络中的各节点都通过一条专用线路连接到一个中央节点上。
- 树型拓扑结构可以认为是多级星型结构组成的，就像一颗倒置的树。
- 总线型拓扑结构是指所有站点都通过相应的硬件接口连接到一条公共传输线路上。
- 环型拓扑结构是指每个节点都与两个相邻的节点相连，形成一个闭合的环。

其中，星型、环型、总线型是三种基本网络拓扑结构。在局域网中，主要使用星型、环型、总线型和树型拓扑结构组网，而网状型拓扑结构常用于广域网中。

4. 网络协议与网络体系结构

网络协议是计算机网络中为进行数据交换而建立的规则、标准或约定的集合。

网络协议由三个要素组成——语法、语义和时序。三要素规定了信息的意义、格式与顺序等。

网络协议有很多种，具体选择哪一种协议则要视情况而定。Internet 上的计算机使用的是 TCP/IP（Transmission Control Protocol/Internet Protocol，传输控制协议/互联网协议），这是 Internet

采用的一种标准网络协议。TCP/IP 作为互联网的基础协议，没有它就不可能上网。单机若想通过局域网访问互联网的话，需要详细地设置 IP 地址、网关、子网掩码、DNS 服务器等参数。

小贴士：为了使不同计算机厂家生产的计算机能够相互通信，以便在更大的范围内建立计算机网络，国际标准化组织（ISO）在 1978 年提出了“开放系统互联参考模型”，即著名的 OSI/RM 模型。

5. 网络硬件设备

网络硬件是计算机网络的物质基础，主要由可独立工作的计算机、传输介质和网络设备等组成。

（1）计算机。

- 服务器（Sever）：由功能强大的计算机担任，负责管理网络资源并向用户提供网络服务。
- 工作站（Work Station）：使用网络资源的计算机。

（2）传输介质。传输介质是网络通信用的信号线路，它提供了数据信号传输的物理通道。传输介质可分为有线通信介质和无线通信介质两大类，有线通信介质包括双绞线、同轴电缆和光纤等，无线通信介质包括无线电、微波、红外线、卫星通信等。

（3）网络设备。网络设备是构成计算机网络的一些部件，如网卡、调制解调器、集线器、中继器、网桥、交换机、路由器和网关等。计算机通过网络设备来访问网络上的其他计算机。

- 网卡是计算机与传输介质的接口。每一台需要联网的计算机至少配有一块网卡。
- 调制解调器利用调制解调技术来实现数据信号与模拟信号在通信过程中的相互转换。计算机通过电话线拨号上网，必须要配置 Modem 硬件。

6.1.2 Internet

1. Internet 的概念

Internet（因特网）是由全世界各国、各地区的成千上万个计算机网络互联起来而形成的一种全球性网络。

2. TCP/IP

TCP/IP 是一个协议簇，取它重要的两个协议名 TCP 与 IP 为名称。TCP 负责发现传输的问题，尽量保证所有数据安全、正确地传输到目的地。

而 IP 协议负责给因特网的每一台联网设备规定一个地址。

3. IP 地址

为了确保通信时能相互识别，在 Internet 上的每台主机都必须有一个唯一的标识，即主机的 IP 地址。IP 协议就是根据 IP 地址实现信息传递的。

IP 地址有两种版本：IPv4 和 IPv6。

（1）IPv4。IP 协议第四版，IPv4 中的 IP 地址是一个 32 位的二进制地址，为了便于记忆，将 32 位分为 4 组，每组 8 位，由小数点分开，每组 8 位二进制转为十进制后的取值范围是 0～255。例如某计算机 IP 地址为 11001001.00001000.00000011.11010111，但通常表示为 201.8.3.215，这种书写方法叫作点分十进制表示法。

（2）IPv6。IPv6 的地址长度为 128 位，是 IPv4 地址长度的 4 倍，一般采用冒分十六进制表示法，格式为 X:X:X:X:X:X:X:X，其中每个 X 为 16 位二进制数（用 4 个十六进制数表示）。

用户可以在计算机的本地连接内选择相应的协议版本来设置本机的 IP 地址。

4. 网址

32位二进制数的IP地址对计算机来说非常有效，但用户使用和记忆都很不方便。为此，Internet引进了字符形式的IP地址，即域名。域名采用层次结构的基于“域”的命名方案，每一层由一个子域名组成，子域名间用“.”分隔。

域名地址的一般格式为：机构名.网络名.顶级域名。例如，域名 yahoo.com.cn，如图 6-2所示。

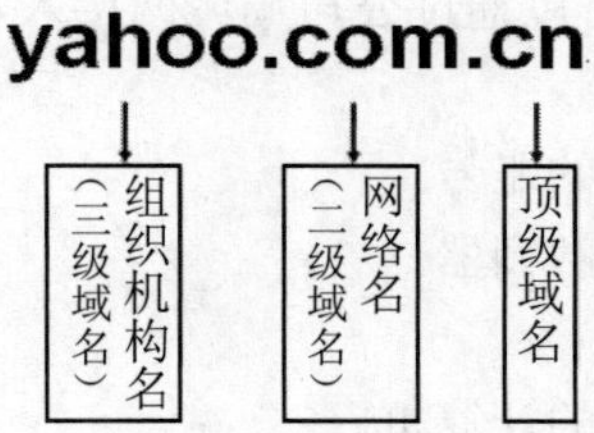

图 6-2　域名地址

常用的通用类顶级域名见表 6-1。

表 6-1　常见顶级域名

顶级域名	面向的用户	顶级域名	面向的用户
COM	商业组织	INFO	从事信息服务的实体
EDU	教育机构	BIZ	商业、企业
GOV	政府部门	AERO	航空业
MIL	军事部门	COOP	非营利团体
NET	主要网络支持机构	MUSEUM	博物馆
ORG	非营利组织	NAME	个人
INT	国际组织	PRO	专家（医生、律师等）

网址指因特网上网页的地址，也叫统一资源定位符（URL）。其格式为：协议名称://服务名.主机名.域名/路径/文件名，即网址=协议＋主机名+域名+路径。

例如：http://www.ss.hycollege.net/news/index.htm，其中 http 为协议名，ss 为主机名，hycollege.net 为域名，/news/index.htm 是路径和文件名。

小贴士：IP地址和域名地址均可指向网址，但IP地址可以直接应用于网络，而域名地址不能在网络上直接作用，因此必须有专门的域名服务器（DNS）将域名地址解析成IP地址。

5. Internet 的接入方式

ISP（Internet Service Provider，互联网服务提供商）提供拨号上网、网上浏览、下载文件、收发电子邮件等服务，是网络最终用户进入 Internet 的入口和桥梁。

计算机可通过以下方法接入互联网。

（1）通过局域网接入 Internet。用户通过局域网，局域网使用路由器再经过数据通信网与ISP相连接，再通过ISP接入互联网。用户端通常有一个具有一定规模的局域网，例如一个企业网和一个校园网等。

（2）通过其他方式接入：PPP 拨号接入，ADSL 接入，光纤接入，DDN 专线接入，ISDN

方式接入，Cable Modem 接入，无线接入，卫星接入等。

小贴士：Wi-Fi 是一种允许电子设备连接到一个无线局域网（WLAN）的技术，是当今使用最广的一种无线网络传输技术。

[任务实施]

家庭上网可以选择合适的 ISP（如移动、电信或联通），通过拨号方式（ISDN、ADSL 等）接入互联网；若是在公司上网，可以通过公司局域网接入互联网。

拨号上网必须具备以下条件。

（1）互联网服务提供商提供的账号。

（2）用户计算机需配置调制解调器。

（3）一条电话线。

（4）带有网卡且能正常运行的计算机。

第一步：硬件连接，如图 6-3 所示。

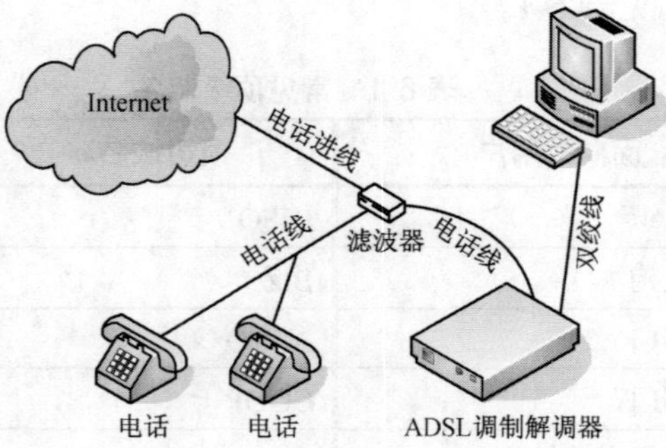

图 6-3　硬件连接

（1）安装信号分离器（滤波器），如图 6-4 所示。

（2）连接到 ADSL Modem，如图 6-5 所示。

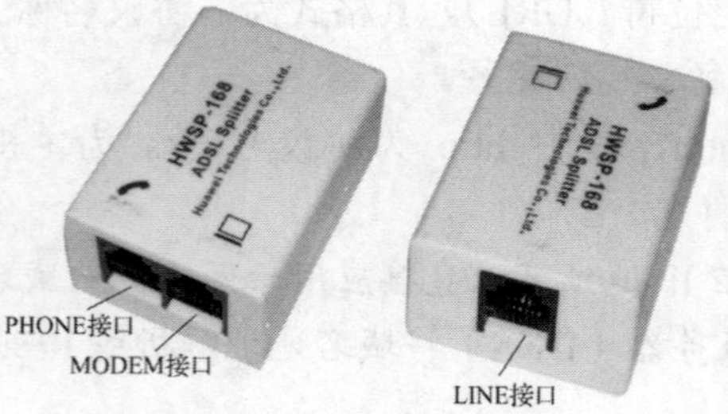

图 6-4　信号分离器外观

图 6-5　ADSL Modem 外观

（3）连接个人计算机。若家庭只有 1 台计算机上网，则直接用直通双绞线将个人计算机的网卡与 ADSL 调制解调器的 Ethernet 接口相连即可完成所有的硬件连接。若有多台计算机，则需再配置交换机或路由器与调制解调器相连，然后计算机通过双绞线与交换机或路由器相连上网。

第二步：创建宽带的虚拟拨号连接。

（1）单击桌面“控制面板”，将查看方式设置为“小图标”，如图 6-6 所示，单击“网络和共享中心”。

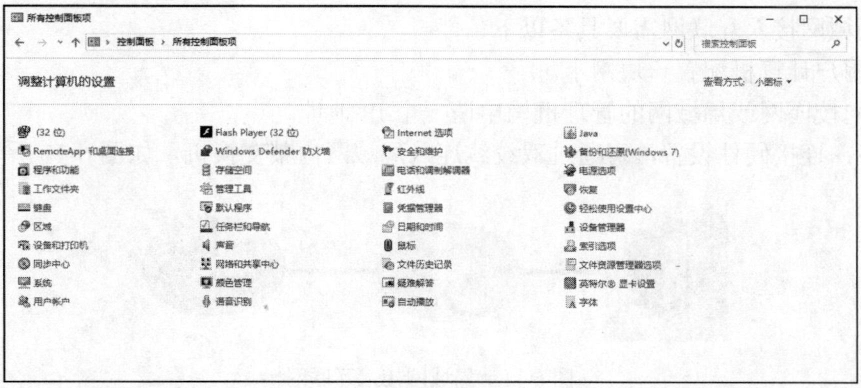

图 6-6　控制面板

（2）在“网络和共享中心”界面内，单击“设置新的连接或网络”，如图 6-7 所示，然后在弹出的界面中选择“连接到 Internet”（默认选项），单击“下一步”按钮，在窗口中选择“宽带（PPPoE）”，如图 6-8 所示。

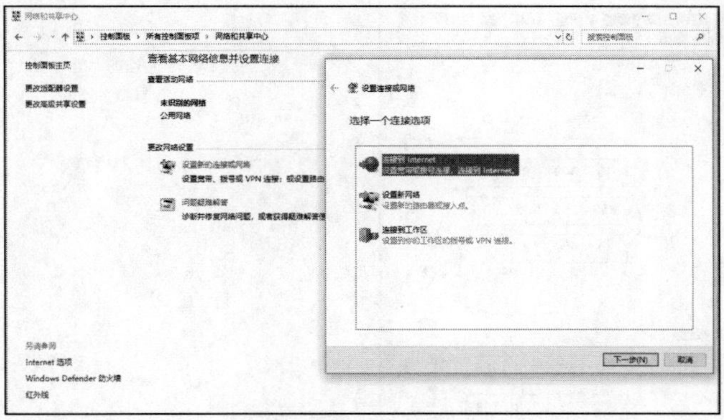

图 6-7　设置连接或网络

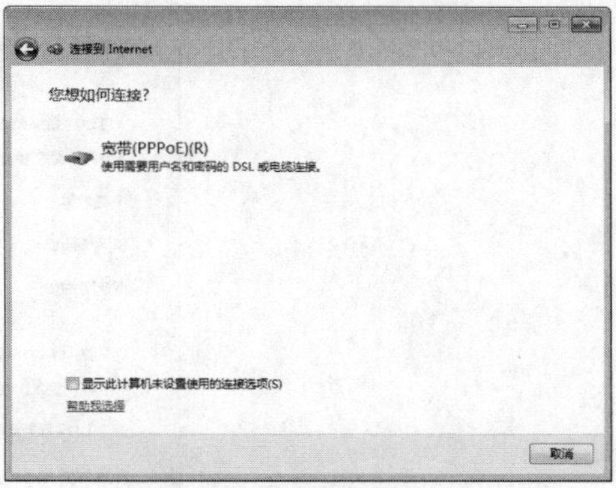

图 6-8　连接到 Internet

（3）输入办理宽带时 ISP 公司提供的“用户名”和“密码”，连接名称默认为“宽带连接”，也可以改成任何名称，如图 6-9 所示，然后单击“连接”按钮。如果信号正常，账号和密码输入正确的话，即可正常连接到 Internet，如图 6-10 所示。

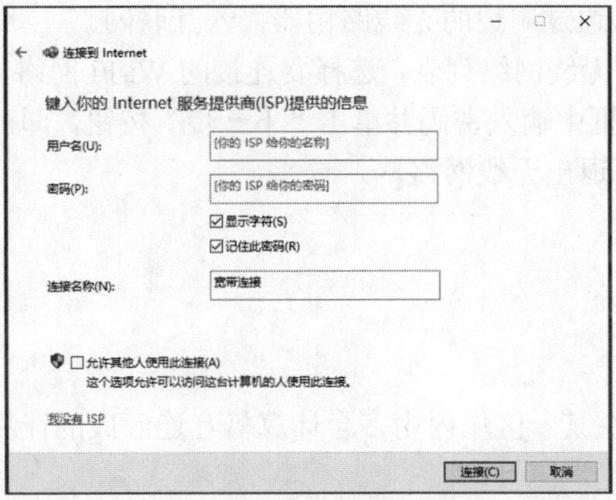

图 6-9　输入用户名与密码

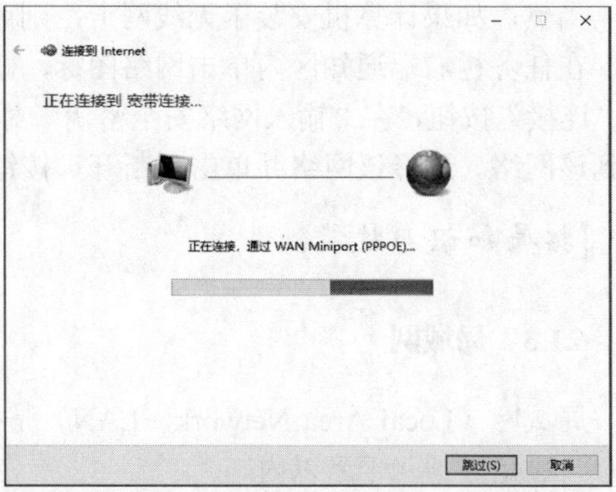

图 6-10　宽带连接

通过局域网接入互联网需要具备以下条件。

（1）用户计算机配置一块网卡。

（2）向校园网或局域网的管理机构申请一个 IP 地址。

第一步：连接硬件设备，可通过双绞线连入局域网内某交换机，如图 6-11 所示。

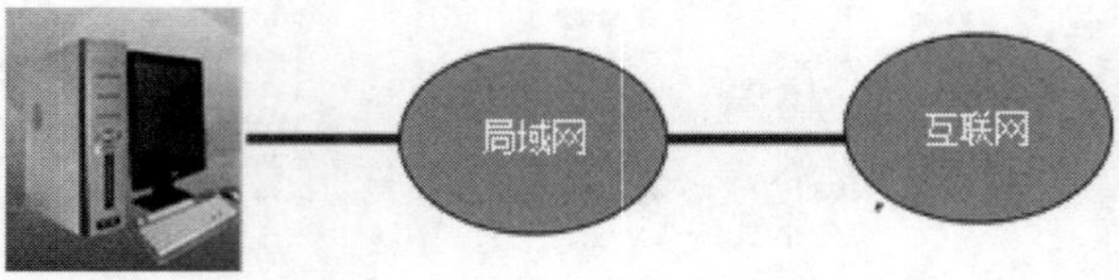

图 6-11　局域网接入互联网

第二步：进入本地连接，配置分配的 IP 地址、子网掩码、网关、DNS 服务器等相关信息，如果配置与网络均无问题则可连上互联网，如图 6-12 所示。

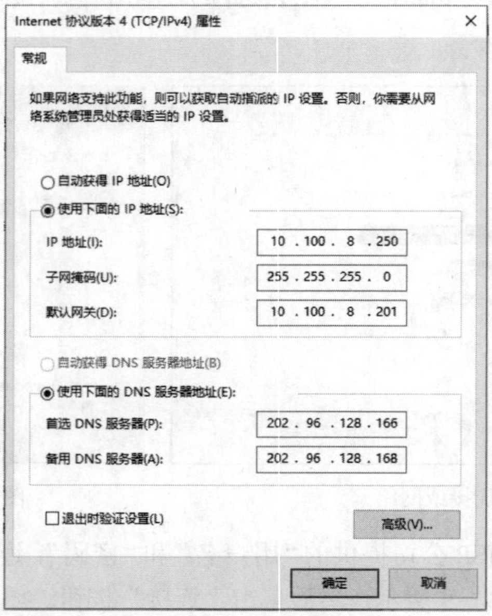

图 6-12　设置 IP 地址

当然，如果计算机安装了无线网卡，则可以通过周边的无线路由器接入互联网。

在任务栏右端通知区内单击网络图标，打开无线网络列表，选择要连接的 Wi-Fi 网络，单击“连接”按钮，在“输入网络安全密钥”对话框中输入密码并单击“下一步”按钮，即可连接到该网络。选择该网络并单击“断开”按钮可退出无线网络。

[拓展知识与技能]

6.1.3　局域网

局域网（Local Area Network，LAN）是指在某一区域内由多台计算机互连而成的计算机组，一般是方圆几千米以内。

以太网是当今现有局域网采用的最通用的通信协议标准，包括标准以太网（10Mbit/s）、快速以太网（100Mbit/s）、千兆以太网（1000Mbit/s）及万兆以太网（10Gbit/s），它们均符合IEEE802.3 标准。标准以太网也称为粗缆以太网，采用粗同轴电缆作为传输介质，采用总线型拓扑结构组网。

6.2 使用 Internet

任务 2 在 Internet 上搜索产品信息

[任务描述]

小明因学习需要，准备购置一台价格在 5000 元左右的笔记本电脑，想先在网上搜索相应的品牌与型号，并对它们的性价比进行分析，以便决定是否进行网络购买。

6.2.1 Internet 服务

1. 万维网（WWW）

WWW（World Wide Web）也称为“万维网”、WEB 或 3W。WWW 服务是互联网所提供的应用极为广泛的一项服务。

HTTP（Hypertext Transfer Protocol，超文本传输协议）提供了访问超文本信息的功能，是 WWW 浏览器和 WWW 服务器之间的应用层通信协议。对于敏感数据的传送，可以使用具有保密功能的 HTTPS（Hypertext Transfer Protocol Secure）协议。

2. 电子邮件（E-mail）

电子邮件是一种用电子手段进行信息交换的通信方式，是互联网中应用很广泛的服务。通过 Internet 和用户的电子邮件地址，人们可以方便、快速地交换电子邮件、查询信息，以及加入有关的公告、讨论和辩论组。

3. 文件传输（FTP）

FTP 用来在计算机之间传输文件（包括上传与下载），它也是互联网上应用比较广泛的一项服务。

4. 远程登录（Telnet）

Telnet 远程登录是 Internet 提供的基本信息服务之一，是提供远程连接服务的终端仿真协议。它可以使一台计算机登录到 Internet 上的另一台计算机上并使用那台计算机上的资源。

5. 电子公告板系统（BBS）与新闻（Usenet）

BBS（Bulletin Board System），全称为“电子公告板系统”，也称论坛，是 Internet 上著名的信息服务系统之一。

6. 文档检索（Archie）

Archie 向用户提供一种检索电子目录资源功能。Archie 定期地查询 Internet 上的 FTP 服务器，将其中的文件索引创建到一个单一的、可搜索的数据库中，使得用户在需要下载某种免费软件时，只要给出希望查找的文件类型及文件名，便可以快速查找到软件所处的站点。

7. 网上电话

打 Internet 电话需要 Modem（调制解调器）支持语音（Voice）功能。语音 Modem 一般带有 MIC（麦克风）和 Speaker（扬声器）插孔，可以直接通过麦克风和音箱接听打入的电话，管理语音信箱。

6.2.2 网页浏览器

搜索引擎

计算机需要安装网页浏览器软件，方能正常访问网络页面。个人计算机上常见的网页浏览器包括 Windows 自带的 Internet Explorer（简称 IE）和 Edge、Mozilla 的 Firefox、Apple 的 Safari、Google Chrome 以及 360 安全浏览器等。

随着 Internet 的迅速发展，网上信息不断丰富和扩展。然而这些信息却分布在无数的服务器上，就像散乱在海滩上的珍珠，无法被收集甚至无法被发现。所以用户面临的一个突出问题是：如何在上百万个网站中快速有效地找到想要的信息。

搜索引擎（Search Engine）正是为解决用户的查询问题而出现的。

1. 搜索引擎

（1）概念与分类。搜索引擎指自动从互联网搜集信息，经过一定的整理以后，提供给用户进行查询的系统。

搜集信息：搜索引擎利用被称为“网络蜘蛛（Network Spider）”的自动搜索机器人程序来连上每一个网页上的超链接。若网页上有适当的超链接，该程序便可以遍历绝大部分网页。

整理信息：搜索引擎整理信息的过程称为“建立索引”。搜索引擎不仅要保存搜集起来的信息，还要将信息按照一定的规则进行编排。

接受查询：搜索引擎接受查询并向用户返回资料。它按照用户的要求检查索引，在极短时间内找到用户需要的资料并返回给用户。目前，搜索引擎返回资料主要是以网页链接的形式提供的。

搜索引擎按其工作方式主要可分为目录检索和关键词检索两种。

1）目录检索：也称为分类检索，是互联网上最早提供 WWW 资源查询的服务，主要通过搜集和整理互联网的资源，根据搜集到的网页的内容，将其网址分配到相关分类主题目录的不同层次的类目之下，形成像图书馆目录一样的分类树形结构索引。目录检索无需输入任何文字，只要根据网站提供的主要分类目录，层层单击进入，便可查找到所需要的网络信息资源。最具代表性的目录搜索引擎有 Yahoo、新浪、网易搜索等。

2）关键词检索：指用对表达信息主题内容起关键作用的词组或单词实施检索信息的方法。关键词是一种很灵活的词组或单词，它不需规范化词表，使用比较方便。基本上所有的搜索引擎都提供关键词检索。关键词搜索中具有代表性的有百度、谷歌、必应等。

（2）关键词提取。在学术检索中，关键词（检索词）的提取应选用各学科的专业术语，不能用通俗用语；应选用意义明确的词汇，不用一般的、通用性的词汇，应充分利用规范词（叙词或主题词）。在提取关键词时，通常包含切分、删除、补充等步骤。

1）切分：对课题语句进行切分，即以词为单位划分句子。切分一定要彻底，必须到词为止，同时也要适度，不能因切分而改变语义。

例如：查询课题“基于 DSP 芯片 TMS320DM642 开发的虹膜识别系统”，对课题内容进行切分到词：基于　DSP　芯片　TMS320DM642　开发的虹膜识别系统。

2）删除：在提取关键词时，应删除没有意义的虚词、过分宽泛和过分具体的限定词，以及存在蕴涵关系的可合并词。在“基于 DSP 芯片 TMS320DM642 开发的虹膜识别系统”的课题中，删除“基于、的”等虚词，再删除“开发”这样过于宽泛的词，同时由于 TMS320DM642 是 DSP 芯片的一种具体型号，它与 DSP 芯片存在蕴涵关系，所以也应该删除。因此，提取关键词为：DSP　芯片虹膜识别。

3）补充：为了保证检索的结果全面，在切分、删除以后，还要补充出关键词的同义词、相关词等。

- 补充同义词或相关词，补充原词或缩略语。例如：“基于 DSP 芯片 TMS320DM642 开发的虹膜识别系统”补充 DSP 的全称——数字信号处理（Digital Signal Processing）。
- 补充同一词的不同拼写。例如：虹膜识别为 iris recognition 或 iris identification。
- 补充同类词。例如：第四代飞机（第 4 代飞机），补充典型型号，如 F-22、F-35 等。
- 补充限定词。一词多义是一个普遍现象，为避免一词多义而导致的误检，应增加限义词，其方法有两种：用逻辑与增加限定词；用逻辑非排除异义词。例如：查询成都的电子科技大学信息可补充为：电子科技大学术*成都，或用电子科技大学 -（西安+杭州+桂林）。

（3）搜索引擎技术。信息检索技术是用户信息需求和文献信息集合之间的匹配比较技术。其实质是信息检索表达式的构造技术。检索表达式是运用各种逻辑运算符号、截词符以及其他限制符号等，把关键词连接组配起来，确定关键词之间的关系，准确表达检索课题的内容的算式。

搜索技术

常见的信息检索技术有布尔逻辑检索和截词检索。

1）布尔逻辑检索：是当今检索理论中最成熟的理论之一，即构造检索表达式最基本、最简单的匹配模式。主要通过“与（and，*）”“或（or，+）”“非（not，-）”将搜索关键词联系起来。

- 逻辑“与”：用 and 或“*”或关键词间加空格表示。

逻辑“与”用来表示其所连接的两个关键项的交叉部分，即交集部分。如果用 and 连接关键词 A 和关键词 B，则检索式为 A and B（或 A*B），表示让系统检索同时包含关键词 A 和关键词 B 的信息集合 C，此法可提高查准率。

例如，查找“胰岛素治疗糖尿病”的检索式为：insulin（胰岛素）and diabetes（糖尿病）。

- 逻辑“或”：用 or 或“+”表示。

逻辑“或”用于连接并列关系的检索词。用 or 连接关键词 A 和关键词 B，则检索式为 A or B（或 A+B），表示让系统查找含有关键词 A、B 之一，或同时包括关键词 A 和关键词 B 的信息。此法可提高查全率。

例如，查找“肿瘤”的检索式为：cancer（癌）or tumor（瘤）or carcinoma（癌）or neoplasm（新生物）。

- 逻辑“非”：用 not 或“-”表示。

逻辑“非”用于连接排除关系的检索词，即排除不需要的和影响检索结果的概念。用 not 连接关键词 A 和关键词 B，检索式为 A not B（或 A-B），表示检索含有关键词 A 而不含关键词 B 的信息，即将包含关键词 B 的信息集合排除掉。此法可提高查准率。

例如，查找有关“苹果但不包含手机”的信息的检索式为：苹果 -手机。注意：“-”前必须加空格。

- 布尔逻辑运算符的运算次序。运算顺序为括号优先，优先次序一般为：not>and>or。

例如，查找有关“信息检索的非英文文献”：先提取出“信息（information）、检索（retrieval）、英文（english）”等关键词。中文布尔逻辑运算符的组配为：（信息 and 检索）not 英文；英文检索词为：（information and retrieval）not English。

2）截词检索：在西文数据库中广泛使用，是在词干后可能变化的位置加上截词符号。这样既可减少检索词的输入量，又可扩大查找范围，提高查全率。

- 前方截词：截词符在词的左边，如?magnetic 可以检索第一个字符为任意，后方为 magnetic 的字符记录。
- 中间截词：截词符在词的中间，如 organi?ation 可以检索 organisation、organization 等记录，colo?r 可检索到包含 color、colour、colonizer、colorimeter 的记录。而一个?后加数字，其中的数字代表可替换的字符数。例如 colo?1r 只能检索到包含 colour 的记录。
- 后方截词：在检索词词干后面加截词符，表示不限制或限制词尾可变化的字符数，即查找词干相同的所有词。例如 Absorb?作为检索式，可以检索出含有 Absorb、Absorbent、Absorbing、Absorbtion、Absorbtivity 等同词根的文献记录。

2. 百度和谷歌搜索引擎

利用搜索引擎可以获取和利用互联网上的公开和免费信息。谷歌与百度的特色在于网络结构挖掘技术并开发出了世界上最大的搜索引擎，通过对近 40 多亿网页进行整理，可为世界各地的用户提供需要的搜索结果。

搜索引擎可以给用户提供搜索某种类型的文件、问答、网页快照、货币转换、计算器和度量衡转换、相关搜索、类似网页、按链接搜索、指定网域、在 URL 中搜索、在标题中搜索、错别字改正与提示、中英文字典、天气查询、股票查询、地图查询等多种服务。

一般在搜索工具栏内输入关键词即可搜索指定带有关键词的页面。同时它们也提供了高级搜索方法：

- filetype：找特定文件类型的文件，尤其是 DOC、TXT、PDF、PPT、RAR、ZIP、EXE、MP3、RM、RMVB、SWF（Flash 动画）等非 HTML 文件类型。例如：“计算机 JAVA 语言二级 filetype:doc”可搜索包含关键字在内的所有 DOC 类型的文件。
- intitle: 把后接的词限制在网页标题内。例如：“intitle:土木工程制图 filetype:PPT”可搜索网页标题中包含关键字的所有 PPT 文件。
- link: 查找友情链接。例如：“link:中州大学”可搜索链接到指定关键字的网页，可以了解有哪些网页把链接指向对应的网页。
- site: 查找特定站点内容，可将搜索限制在于特定站点中，有利于缩小搜索范围，提高搜索效率。例如：“古龙 site:sina.com.cn”（不可加入 http://或/）可搜索在指定网站上的该关键字页面信息。
- “”和《》可精确匹配检索词。但高级搜索语法中所使用的标点符号必须是英文状态下输入的，即半角符号。需要注意的是，不是所有搜索引擎工具都支持该符号。

通过搜索主页面右边的设置下方的高级搜索，亦可设置搜索条件，如图 6-13 所示。

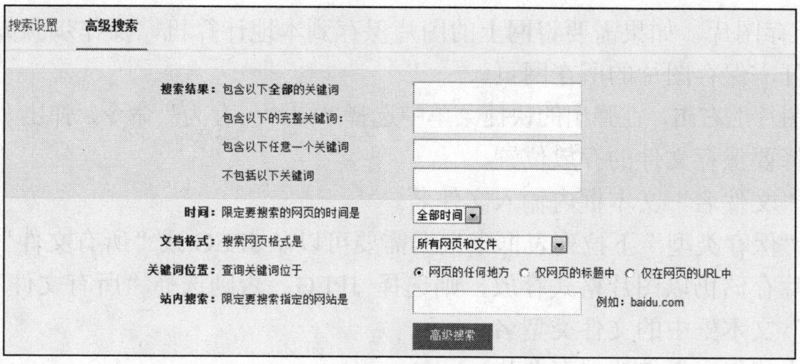

图 6-13　设置高级搜索条件

3. 网页操作

Microsoft Edge 为 Windows 10 操作系统的默认浏览器，但同时 IE11 浏览器也被保留，以便兼容旧版网页。由于 Edge 浏览器不提供保存网页等操作，本书以 Internet Explorer（简称 IE）为例介绍网页的一些基本操作。

网页操作 1

（1）打开网页。一般可通过以下方法打开网页（本书以 IE 为例）：

- 在地址栏中直接输入或粘贴网址或 IP 地址，然后按 Enter 键即可。
- 从地址栏的下拉列表框中选择已有的历史地址，或单击工具栏中的“历史”按钮，从左侧显示的“历史记录”窗格中单击要访问的主页名称。
- 单击工具栏上的“后退”或“前进”按钮，IE 会按照顺序访问前后已经阅读过的网址。
- 单击“收藏”或“书签”，可以访问已经收藏的网页。

（2）保存网页。如果需要将某个网页内容保存到本地计算机上，操作步骤如下：

- 打开需保存的网页。
- 按 Alt 键显示菜单栏，执行“文件”→“另存为”命令，打开“保存网页”对话框。或按 Ctrl+S 组合键打开“保存网页”对话框。
- 选择要保存文件的存放位置。
- 在文件名“文本框”内输入文件名。
- 在“保存类型”下拉列表框中根据需要可以从“网页，全部”“Web 档案，单个文件”“网页，仅 HTML”“文本文件”4 类中选择一种。文本文件占用的存储空间较小，但是只能保存文字信息，不能保存图片等多媒体信息。
- 单击“保存”按钮保存网页。

小贴士：IE 浏览器默认没有显示菜单栏，可通过在窗口上方原菜单栏空白处单击鼠标右键，如图 6-14 所示，选择“菜单栏”，即可在窗口中地址栏下方显示菜单栏。

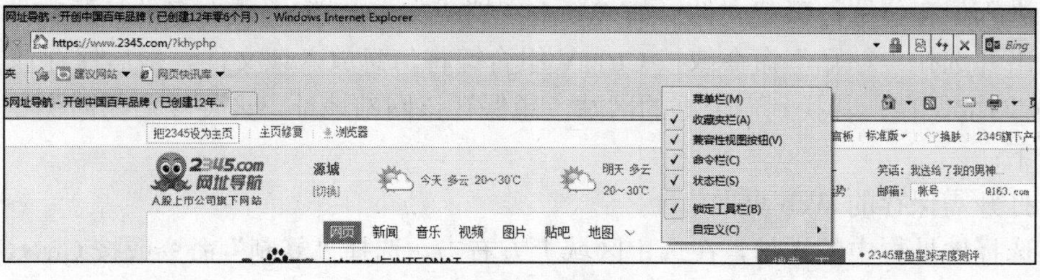

图 6-14　显示菜单栏

（3）保存图片。如果需要将网上的图片保存到本地计算机，操作步骤如下：

- 打开需保存图片的所在网页。
- 在图片上右击，在弹出的快捷菜单中选择“图片另存为”命令，弹出“另存为”对话框。
- 选择要保存文件的存放位置。
- 在“文件名”文本框内输入文件名。
- 在“保存类型”下拉列表框中根据需要可以从 JPEG 或“所有文件”中选择一种。若图片存储仍以图片格式存放，则选择 JPEG；否则选择“所有文件”，再修改“文件名”文本框中的文件类型名。
- 单击“保存”按钮保存图片。

网页操作 2

（4）软件下载。如果需要将网上的软件保存到本地计算机，操作步骤如下：

- 在搜索引擎上先搜索出提供软件下载的页面，并打开该页面。
- 在页面中仔细找到该软件的下载位置，单击网页提供的下载地址，在弹出的对话框中选择保存文件。
- 选择要保存文件的存放位置。
- 单击“确定”按钮，等待下载完成。
- 下载完成后进入软件的下载位置，根据提示安装或使用该软件。

互联网上的资源越来越多，很多需要下载到本地，特别是软件，只有下载并安装到本地才能使用。提供软件下载的除了直接在网上搜索并下载外，还有专门的软件下载工具，比较常用的有非 P2P 类下载工具和 P2P 下载工具。

- 非 P2P 类下载工具：适合那些服务器端能够提供稳定可靠的下载带宽、文件比较小的下载，下载时不占用上行带宽和计算机资源。常见的有网际快车（FlashGet）、影音传送带（Net Transport）。
- P2P 下载工具：Point to Point 即点对点下载，意味着在下载的同时，还可以继续进行主机上传。这种下载方式是人越多速度越快，它适合下载电影等视频类大文件，另外适合这类下载的网上资源也比较多。但缺点是对硬盘损伤比较大（在写的同时还要读），还有就是对内存占用率很高，影响整机速度，常见的有迅雷等。

（5）部分信息保存。若不需要将整个网页保存，而只保存部分段落文字，具体操作方法如下：

- 打开信息所在页面。
- 选择需要保存的部分段落文字，在选定区域上方单击鼠标右键并选择“复制”命令或按 Ctrl+C 组合键。
- 进入保存位置，新建文件（如 Word 文档或文本文档），重命名并打开文件，然后右击并选择“粘贴”命令或按 Ctrl+V 组合键将信息放入该文件，最后保存该文件。

（6）网址保存。若找到一个好的网站，想保存该网站地址，方便今后随时浏览，具体操作方法如下：

- 打开需保存的 Web 页面。
- 选择地址栏中的地址，在选定区域上方右击，选择“复制”命令或按 Ctrl+C 组合键。
- 进入保存位置，新建文件并重命名，打开该文件并右击，选择“粘贴”或按 Ctrl+V

组合键将网址存至文件中，最后保存该文件。

网站地址保存的方法除了上述方法以外，还有一种常见的保存方法，即通过网页收藏夹，更快速地保存网页地址，便于今后随时阅读。具体方法如下：

- 打开需保存的 Web 页面。
- 单击页面上的“工具”下的“收藏”按钮，再选择“添加到收藏夹”命令，在文本框内输入该网址的名字。亦可借助部分浏览器中的“书签”按钮收藏网址。

（7）设置 Internet Explorer。在浏览器窗口中选择“工具”下的“Internet 选项”命令，在“常规”选项卡下进行相应的设置。具体有以下内容。

- 主页的设置。
- 历史记录的设置与删除。
- 临时文件的设置。
- 外观的设置。

[任务实施]

（1）打开 IE 浏览器，在地址栏内输入 www.baidu.com，按 Enter 键。

（2）在搜索框中输入“笔记本　5000 元”，然后单击相应的结果网页进行浏览。

（3）找到合适的网页内容后，选择菜单栏“文件”→“另存为”命令或按 Ctrl+S 组合键打开“另存为”对话框。根据需要选择文件的存放位置，并在“文件名”文本框内输入“电脑购买”。在“保存类型”下拉列表框中根据需要可以从“网页，全部”“Web 档案，单个文件”“网页，仅 HTML”“文本文件”4 类中选择一种。单击“保存”按钮完成保存。

[拓展知识与技能]

学术搜索与 Microsoft Edge

6.2.3 学术搜索引擎与 Microsoft Edge

1. 学术搜索引擎

进行学术论文和专著搜索的搜索引擎工具和方法有很多，以下介绍比较常见的几种工具和方法。

- 百度学术搜索：http://xueshu.baidu.com
- 谷歌学术搜索：http://scholar.google.com
- 知网知识搜索：http://search.cnki.net
- 读秀知识搜索：http://edu.duxiu.com
- 开放存取（Open Access，OA）：http://www.oalib.com

学术成果可以无障碍地传播，研究人员不仅可以在任何地点和任何时间不受经济状况的影响平等免费地获取和使用公众网上的学术成果，也可以利用 OA 发表自己的见解，与世界各地的研究人员进行深入的交流，促进学术上的共同进步。中国科技论文在线和中国预印本服务系统如图 6-15 和图 6-16 所示。

2. Microsoft Edge

Microsoft Edge 让用户以全新的方式在 Web 上查找资料、阅读和写作，并在需要时获取来自 Cortana 的帮助。打开 Microsoft Edge 的方法是在任务栏上单击 Microsoft Edge 图标。

图 6-15 中国科技论文在线

图 6-16 中国预印本服务系统

Microsoft Edge 的主要特色和功能都在窗口上方的功能区中，如图 6-17 所示。

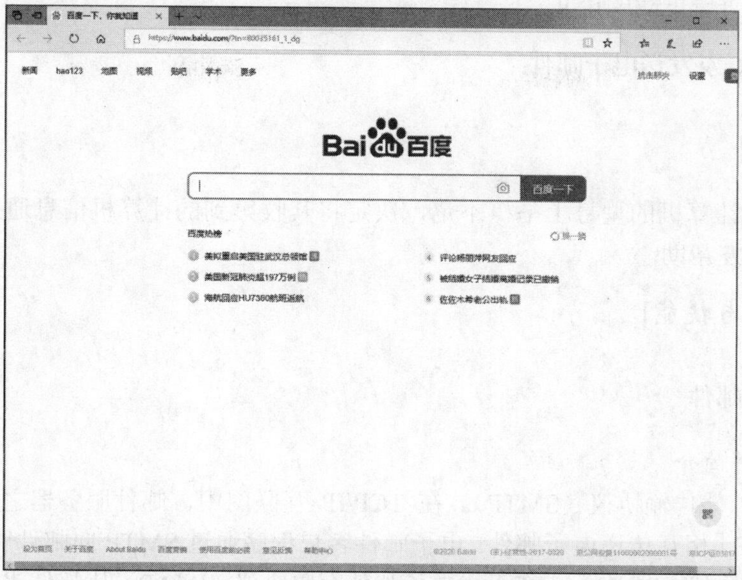

图 6-17　Microsoft Edge

- “阅读视图”按钮：当本图标点亮时，说明可以将当前网页按阅读视图显示。
- “收藏”按钮：单击该按钮，把当前网页添加到收藏夹或阅读列表。
- “中心”按钮：单击该按钮，可以查看收藏夹、阅读列表、历史记录和下载中的内容。
- “Web 笔记”按钮：单击该按钮，可以在 Web 页面上直接做笔记。
- “共享”按钮：单击该按钮，可以把网页共享到邮件、OneNote、消息等。
- “更多”按钮：单击该按钮，将打开菜单，显示更多的功能。

Microsoft Edge 没有提供直接保存网页的功能，如果需要保存当前网页，可在功能区中单击“更多”按钮，在“更多”菜单中选择“使用 Internet Explorer 打开”，然后在 Internet Explorer 浏览器中单击“工具”按钮，选择“文件”→“另存为”命令，保存网页文件。

[拓展任务]

小明很快要大学毕业了，需要撰写一篇毕业论文“基于 socket 的 ***系统”，想找些参考资料，该如何利用网络资源进行搜索呢？

[任务实施]

（1）通过浏览器进入校园网页面（有免费使用的学术资源），单击主页面上的“管理机构”下方的“图书馆”，弹出图书馆资源页面（也可先进入其他学术搜索页面）。

（2）该页面内提供了许多电子资源库，如万方、维普、知网、读秀等，借助这些平台可以搜索图书、期刊、报纸、论文乃至更多如讲座、专利等。

（3）因搜索的是论文类，在资源选择上选择类型为“学位论文”，在搜索框内输入与论文相关的关键词“基于 socket 系统”来搜索所有基于 socket 的系统设计类的论文。

（4）在搜索出的结果中选择合适的论文并打开。

（5）选择页面右方的“邮箱接收全文”，在弹出的窗口中输入个人的电子邮箱与验证码，可进入个人邮箱查看下载的论文。

任务 3　给好友发送电子邮件

[任务描述]

小明在选择计算机的型号上举棋不定，决定将其收集到的计算机信息通过电子邮件发送给朋友，请求朋友帮助。

[相关知识与技能]

6.2.4　电子邮件

电子邮件

1. 电子邮件简介

（1）电子邮件传输协议（SMTP）。在 TCP/IP 互联网中，邮件服务器之间使用简单邮件传输协议（SMTP）相互传递电子邮件。电子邮件客户程序通过 SMTP 向邮件服务器发送邮件，通过第三代邮局协议（POP3）或交互式电子邮件存取协议（IMAP）从邮件服务器的邮箱中读取邮件。

电子邮箱是装载电子邮件的载体，在发送电子邮件时必须填写收件人的邮箱地址。

电子邮箱地址的格式为 user@mail.serve.name，其中 user 是收件人的邮箱，是用户自行设置的，@（@在英语中读作 at，意思就是“在”）后面是收信服务器的名称，它标明了这个邮箱的位置。例如 sheep@sohu.com 就是一个电子邮箱地址，这个电子邮件地址的整个意思就是在 sohu.com“邮局”的 sheep“邮箱”。

（2）企业邮箱。企业邮箱是指以企业的域名作为后缀的电子邮件地址。

小贴士：国内的几家企业如网易、139、新浪、腾讯和其他一些门户企业都提供网络邮箱服务。企业邮箱有着可推广企业形象、便于管理、适用面广、邮件收发方便、价格低廉等特点。用户可以申请企业邮箱，用于收发邮件。

2. Microsoft Outlook

Microsoft Outlook 是微软一个用于收发和管理电子邮件的工具。目前，Outlook 已经成为应用最为广泛的电子邮件软件之一。它能将网络邮件移至本地进行接收和发送。

（1）创建网络邮件账户。在网上收发电子邮件即通过 IE 浏览器收发电子邮件，该方法不需要安装邮件收发程序，也不需要进行任何设置，只需要在申请的站点中登录邮箱即可，这是个人用户最常使用也是最简单的收发邮件方法。

要在网上收发电子邮件，必须先申请一个电子邮箱，申请的邮箱分为免费邮箱和收费邮箱两种，普通用户没有必要申请收费邮箱，只需申请免费的邮箱即可。而对于一些邮件收发量很大，对安全性要求很高的企业或个人，则应申请收费邮箱。

在此以申请新浪企业邮箱并创建邮件账户为例。

第一步，打开新浪主页，在页面右上角找到“邮箱”下的“免费邮箱”，在弹出来的页面中单击“注册”按钮，即可进入注册页面，填写相应信息。注册成功后，即可进入个人邮箱页面。

第二步，选择邮箱右上角个人邮箱名下的“账户管理”命令，再单击该管理页面左边的

“客户端 pop/imap/smtp”选项卡，可查询到网站邮箱的接收/发送服务器地址。IMAP 服务器为 imap.sina.com，SMTP 服务器为 smtp.sina.com，如图 6-18 所示。

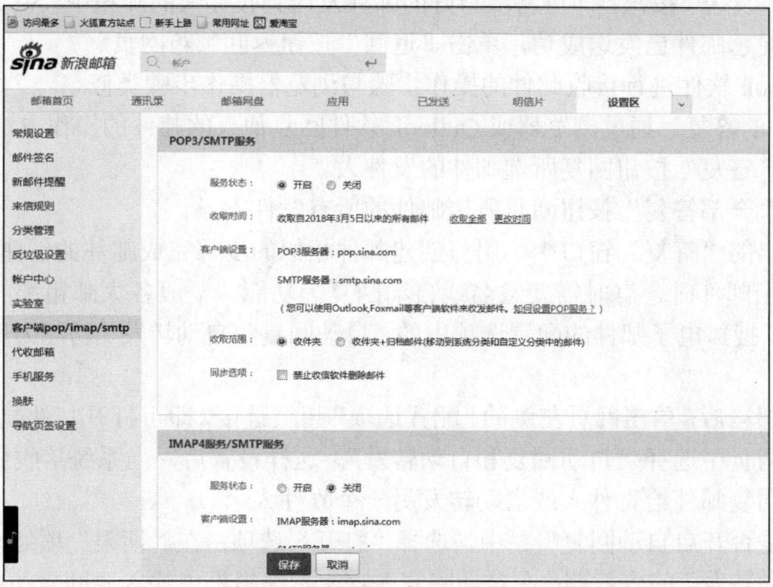

图 6-18 开启接收与发送服务

（2）启动并配置 Microsoft Outlook。首先，执行“开始”→“所有程序”→Microsoft Office→Microsoft Outlook 命令，即可启动 Microsoft Outlook。第一次启动 Microsoft Outlook 时，系统会自动运行启动向导并配置账户与网上邮箱进行关联。配置账户的过程中需要正确书写邮箱地址与密码，以及设置电子邮件服务器，最后通过测试，即可使用 Outlook 邮箱收发网络邮件至本地计算机。

（3）接收与阅读电子邮件。

通过浏览器接收网络电子邮件的操作步骤如下：

- 在网页左侧可以看到邮箱中已收到的未读邮件数，单击“收件箱”超级链接，进入收件箱。
- 在“主题”栏可看到收到邮件的主题，单击该主题，即可在打开的网页中查看邮件的具体内容。

通过 Outlook 软件接收邮件的操作步骤如下：

- 选择“发送与接收文件夹”命令，可将网络邮件直接下载到本地 Outlook 软件对应的文件夹下。用户通过“收件箱”即可查看网上邮件。
- 若在邮件中看到一个“回形针”图标，就表明该邮件带有附件（附加文件），单击该图标可下载附件并查看。

（4）创建与发送电子邮件。

通过浏览器发送邮件的操作步骤如下：

- 登录邮箱后，单击网页左侧的“写信”超级链接，即可打开撰写邮件内容的网页。
- 在该网页中填写内容（填写邮件头，包括收件人、抄送人、主题；书写邮件正文；添加邮件附加文件）。

- 可根据需要进行相应的操作，如选择合适的信纸并签名，保存未完成的邮件（通过“文件”菜单保存命令）。
- 单击“发送”按钮，即可将撰写好的邮件发送到收件人的邮箱中，系统会在打开的网页中提示邮件已发送成功，单击“返回”按钮返回邮箱网页。

通过 Outlook 软件进行接收邮件的操作步骤与浏览器操作步骤类似。

（5）邮件的答复。通过浏览器或 Outlook 软件回复他人的邮件的操作方法如下：

- 利用“答复”按钮回复所选邮件的发件人。
- 利用“全部答复”按钮回复所选邮件的所有发件人。
- 在弹出的“答复”窗口中，用与创建邮件相似的步骤完成邮件的创建并发送。

在收发电子邮件时，有时需要签名或自动回复等功能。一般各大邮箱都能进行相应的功能设置，下面以搜狐电子邮件的配置选项中的“自动回复和自动转发”功能为例介绍如何设置邮件自动回复。

- 登录邮箱后，单击网页左侧的“配置选项”超级链接，即可打开邮件配置选项的网页。
- 在该网页中选择“自动回复和自动转发”。这样设置后，当系统接收到新邮件时，将自动回复邮件给寄件人或自动转发另一个收件人。
- 在“是否开启自动回复”栏中，选择“打开”选项；在“期限”项处设置“自动回复和自动转发”的有效期；在自动回复内容文本编辑框中输入要回复的内容。最后单击最下面的“确认更改”按钮，自动回复功能设置完毕，在有效期内所有的邮件到达后，将自动回复发件人。

（6）邮件的转发。若用户想将收到的邮件转发给其他邮箱用户，则需要用到转发操作。操作步骤如下：

- 在“收件箱”中选择要转发的邮件，或直接进入邮件阅读窗口。
- 单击工具栏上的“转发”按钮。
- 在“收件人”文本框中输入收件人的地址。
- 单击工具栏中的“发送”按钮。

[任务实施]

（1）打开新浪网页，输入用户名与密码进入个人邮箱。

（2）在邮箱窗口左上角单击“写信”按钮，在窗口中填写邮件内容，并添加要发送的文件作为附件内容。

（3）检查邮件头部与正文后无误后，单击“发送”按钮。

6.3 网络安全

网络安全 1

任务 4 安装杀毒软件

[任务描述]

杀毒软件是计算机安装和使用过程中最基本的软件，计算机有没有装杀毒软件至关重要。

随着网络的使用，木马与病毒随时可能侵入计算机，那如何为计算机安装杀毒软件呢？

[相关知识与技能]

当今互联网技术迅猛发展，云服务快速普及，无线通信、公共事业行业等关键业务越来越多地基于 Web 应用。

网民在网络使用方面都具有一定的网络操作技能，但有些网民的网络安全意识薄弱，对维护网络安全的法律法规了解不多，在网络的使用过程中可能会遇到很多安全问题。因此，为了安全地使用计算机和网络，网民应增强安全和防范意识。

6.3.1 概念

计算机安全是指计算机资产安全，即计算机信息系统资源和信息资源不受自然和人为有害因素的威胁和危害。

网络安全是指网络系统的硬件、软件及其系统中的数据受到保护，不因偶然的或者恶意的原因而遭到破坏、更改、泄露，系统连续、可靠、正常地运行，网络服务不中断。

构建网络安全系统，主要包括认证、加密、监听，分析、记录等工作。一个完整的网络安全系统应包含：

（1）访问控制：通过对特定网段、服务建立的访问控制体系，将绝大多数攻击阻止在到达攻击目标之前。

（2）安全漏洞：通过对安全漏洞的周期检查和填补，即使攻击可到达攻击目标，也可使绝大多数攻击无效。

（3）攻击监控：通过对特定网段、服务建立的攻击监控体系，可实时检测出绝大多数攻击，并采取相应的行动（如断开网络连接、记录攻击过程、跟踪攻击源等）。

（4）加密：主动的加密可使攻击者不能了解、修改敏感信息。

（5）认证：良好的认证体系可防止攻击者假冒合法用户。

（6）备份和恢复：良好的备份和恢复机制，可在攻击造成损失时，尽快地恢复数据和系统服务。

网络安全性问题关系到未来网络应用的深入发展，它涉及安全策略、移动代码、指令保护、密码学、操作系统、软件工程和网络安全管理等内容。一般专用的内部网与公用的互联网的安全隔离主要使用“防火墙”技术，“防火墙”是一种形象的说法，其实它是一种计算机硬件和软件的组合，使互联网与内部网之间建立起一个安全网关，从而保护内部网免受外部非法用户的侵入。

6.3.2 网络威胁

用户在网络使用中容易受到的威胁有：①病毒、木马（首要威胁）感染；②信息泄露（有意或无意的）；③社会工程学欺诈；④人为的特定攻击（APT）；⑤无线和移动终端的安全威胁。

这些威胁会影响账号信息及密码研究成果、项目文档等，造成私密的信息（身份证号、电话号码、车牌号码）泄露，以及虚拟财产（游戏账号、QQ 账号）或真实的钱财（网络银行账号、股票基金账户）损失。

1. 病毒、木马感染

网络浏览、电子邮件、移动存储介质、即时聊天、网络下载、网络共享等均可能感染病毒与木马。病毒与木马会自主扩散并控制主机，破坏安全防护手段，窃取隐私信息，影响系统及网络的正常运行。

2. 信息泄露

有意或无意中发生泄露的信息一般有：用户账号和密码，个人信息（身份证、家庭住址、工作单位、电话号码、车牌号码等），用户的喜好及个人偏好。这些信息多数时候是用户出于自愿自动提交给某网站的，网站则是在有意或无意的情况下将其泄露。

社交网络已经成为收集用户信息的首要来源。通过社交网络可以收集到用户的社会关系信息，为进一步的社会工程学攻击提供帮助。

3. 社会工程学欺诈

主要包括网页钓鱼、邮件欺诈、短信欺诈。随着应用和技术的发展，新兴的应用也成为社会工程学欺诈的主要手段，如即时聊天工具、微信、微博、社交网站等。

4. 人为的特定攻击（APT）

APT（Advanced Persistent Threat，高级持续性威胁）是有目的、有针对性、全程人为参与的攻击，一般都有特殊目的（如窃取账号、骗取钱财、窃取保密文档等），会使用各种攻击手段（漏洞攻击、社会工程学、暴力破解、木马病毒等），不达目的誓不罢休。比较常见的有水坑攻击和高级即时通信诈骗。

5. 无线和移动终端的安全威胁

无线设备滥用将带来风险，易破坏了内部网络的私密性；无线设备易被人控制而导致数据被监听；蹭网可能使信息被非法收集、数据被监听，还有可能会被推送恶意的攻击程序。

智能移动终端带来的威胁：可破坏内网的私密性，App 的下载安装可能使用户感染木马程序，导致终端被人控制，从而可能带来经济损失，泄露大量个人隐私（联系人信息、地理位置、隐私照片等）。

6.3.3 防范方法

1. 良好的安全意识和使用习惯

用户需明白什么可以做，什么不能做。使用网络时的良好习惯可以让风险大大降低，如设密码、打补丁、安装杀毒软并及时升级病毒库、不随便下载程序、不访问一些来历不明的网页、不使用的情况下尽量关闭主机、经常备份重要数据（加密存储后备份）等。

2. 安全技术防范

（1）安装补丁程序：对操作系统、办公软件、浏览器和其他应用软件等安装补丁程序。补丁更新可借助系统和软件的更新功能，也可通过第三方软件进行更新。

（2）使用防火墙：可选择系统自带的或防病毒软件的防火墙，甚至专用的防火墙软件。

（3）安装防病毒软件：杀毒软件，也称反病毒软件或防毒软件，是用于消除计算机病毒、特洛伊木马和恶意软件等的一类软件。常见的有卡巴斯基、金山毒霸、诺顿、瑞星、江民等，根据使用习惯和系统的性能选择合适的杀毒软件，应使用正版软件。

（4）其他的安全软件：腾讯电脑管家，360 安全卫士，金山卫士。

总之，安全意识、使用习惯是首要的，技术只是一种辅助的手段，打补丁、安装杀毒软件不能保证绝对的安全，但是不打补丁、不装杀毒软件则不安全。

3. 计算机的安全使用

（1）选购计算机：最好选购与周围人的计算机有明显区别特征的产品，或者在计算机上不被人轻易发觉的地方留有显著的辨认标志。

（2）系统安装：安装过程拔掉网线，一定要设密码（用户名/密码），立即安装防病毒软件，插上网线之前先启用系统防火墙，安装系统补丁，升级病毒库，用杀毒软件对计算机进行全盘扫描。

（3）硬件维护：正确地开关计算机，避免频繁开关机；计算机远离磁场；显示器亮度不要太强；不要用力敲击键盘和鼠标；软驱或光驱指示灯未灭时不要从驱动器中取盘；不要带电插拔板卡和插头；光盘盘片不宜长时间放置在光驱中；不要在U盘内直接编辑文件。

（4）软件维护：规划好计算机中的文件，如归类放置和定期清理文件；只安装自己需要的软件；定期清理计算机的磁盘空间，如碎片整理与磁盘清理；使用压缩软件减少磁盘占用量；不要轻易修改计算机的配置信息，如BIOS、注册表；不要使用来历不明的文件；将重要数据进行备份。

（5）加密文件：对于重要文件或文件夹，可以使用Office的加密功能保护文档，或采取其他方法加密整个文件夹。

（6）软件安装：对各种功能软件，尽量选择自己熟悉的一种安装，不要重复安装，尽量选择规模较大的软件公司出品的第三方软件，要使用正版的第三方软件并及时更新。确定长时间不使用的软件最好将其卸载。

（7）邮件安全：不要打开陌生人发来的邮件附件，也不要单击邮件中的不明链接。不要轻易在网站上留公司邮箱或重要私人邮箱，在留取个人信息前仔细阅读网站的隐私保护声明。

（8）无线安全：如果不使用无线，应该关闭无线功能，不要使用不受信的无线网络。

（9）智能终端安全：不要随意将移动终端连接到内部网络，不要随便安装不受信的App，移动终端上存储的隐私信息尽可能加密存储。

（10）账号密码安全：在上网过程中，无论是登录网站、电子邮件或者应用程序等，账号和密码是用户最重要的身份信息，因此账号和密码的安全至关重要，一旦丢失会造成严重后果。在注册和使用的过程中应注意：密码应该不少于8个字符；密码设置最好不要使用名字、生日、电话号码等，同时包含多种类型的字符，不要一个密码通用所有账号。个人账号和密码信息不要泄漏给他人，同时不要轻易在网上留下身份证号码、手机号码等重要资料，也不要允许电子商务企业随意储存信用卡等资料。在网吧等公用计算机上上网时切勿开启“记住密码”选项，使用完毕后应安全退出，最好重新启动计算机。

（11）访问安全网站：只向有安全保证的网站发送个人资料，注意寻找浏览器底部显示的挂锁图标或钥匙形图标；注意确认要去的网站地址，防止进入虚假网站，避免网络陷阱。

（12）网上浏览安全设置：可以设置浏览器的安全等级。浏览器都具有安全等级设置功能，用户可以将完全信任的Web站点放入到“受信任的站点”，而一些恶意网站则可将其放到“受限制的站点”。通过浏览器软件的“内容”选项卡可启用“内容审查程序”，合理地设置非法网站和内容的访问限制，从而减少对计算机和个人信息的损害。坚决抵制反动、色情、暴力网站，不要随意单击非法链接。

（13）其他：谨慎使用移动存储介质，敏感信息先加密后再存储，并要妥善保管。防范钓鱼，在网络中，不要轻易相信别人，不要随意单击别人发过来的网页链接，能够输入的网址尽量自行输入。网络上涉及银行卡有关的操作一定要慎重，涉及修改密码的链接不要轻易单击，管理员一般不会询问用户的密码。

4. 手机的安全使用

随着上网设备进一步向移动端集中，手机安全问题已经成为当前网络安全的一个重要组成部分，在使用手机上网的过程中一定要提高警惕，加强防范意识。

（1）应关闭常用通信软件中的一些敏感功能，如微信里的“附近的人”、微信隐私里“允许陌生人查看照片”等。

（2）不能随便晒家人及住址照片，此举有风险。

（3）不要随便在网上测试相关信息，如年龄、爱好、性别等信息。

（4）不要随意扔掉或卖掉旧手机，若被恢复数据，暗藏危害。

（5）软件安装过程中不要都选择“允许”选项。智能手机在安装软件的过程中，会提示是否允许安装全部服务，比如获取位置、读取电话记录等，不相关的服务不要允许，或者不安装此软件。

（6）不要随便接入公共 Wi-Fi。公共 Wi-Fi 中是黑客获取手机信息的一个重要渠道。黑客可能会直接盗取敏感信息，如卡号、账户密码等。

5. 网络购物安全

（1）购买前要留意商家信誉。确定购买之前，一定要先了解卖家的信誉度。注意选择合法的网站和商家，一般正规网站都应标注网上销售的经营许可证号和工商机关红盾检验标志。网站应当持有 ICP 证书，消费者可通过查看网站主页最下方商家的数字证书来验证其“身份”。

（2）通过网络游戏装备及游戏币交易进行诈骗的常见诈骗方式：一是低价销售游戏装备，在骗取玩家信任后，让玩家通过线下银行汇款，得到钱款后食言，不予交易；二是在游戏论坛上发布提供代练的信息，待得到玩家提供的汇款及游戏账号后，代练一两天后连同账号一起侵吞；三是交易账号，待玩家交易结束几天后，账号被盗，造成经济损失。

（3）警惕交友诈骗。犯罪分子利用网站以交友的名义与事主初步建立感情，然后以缺钱等名义让事主为其汇款，最终失去联系。

（4）警惕“钓鱼网站”诈骗。利用欺骗性的电子邮件和伪造的银行、金融机构网站进行诈骗活动，获得受骗者个人账户信息，进而窃取资金。因此，在打开类似邮件和访问网站时一定要仔细甄别，认真核实，切勿着急操作。

（5）电信诈骗有以下几类。

- 电话类诈骗：冒充公检法，谎称破财消灾类，冒充领导熟人诈骗，谎称补贴退税类，冒充军人、武警订购物资，机票诈骗。
- 短信类诈骗：以中奖、低息贷款为诱饵，携带木马内容的短信诈骗。
- 网络类诈骗：利用 QQ、微信冒充熟人诈骗，网络兼职刷信誉诈骗，网购诈骗。
- 校园贷：慎用专门针对大学生的分期购物平台，以及 P2P 贷款平台，其他如阿里、京东、淘宝等传统电商平台提供的信贷服务也要慎重使用。

在使用网络时，用户一定要增强防范意识，谨慎使用个人信息，不随意填写和泄露个人信息，培养勤俭意识，摒弃超前消费、过度消费和从众消费等错误观念。树立理性的消费观，在没有能力的条件下，拒绝过度消费、超前消费。天上不会掉“馅饼”，只会掉“陷阱”。

6. 保护隐私

（1）在网络上容易被侵犯的个人隐私主要包含：个人资料，如姓名、年龄、住址、身份证号、工作单位等身份状况；信用和财产状况，如信用卡号、电子消费卡号、上网账号和密码、交易账号和密码等；网络资料，如邮箱地址、网络活动踪迹等。

（2）保护隐私的方式如下：

- 正确收发电子邮件。在网吧收发电子邮件，不要从某些个人站点提供的入口进入，以防页面里含有记录用户名和密码的代码。用完邮箱退出时，一定要单击网页里的“退出登录”，不能直接关闭页面或从邮箱页面转到其他页面。
- 禁用 Cookie。Cookie 是网站在用户本地存储用户信息的最常用的方法，通过它可以暂存有关浏览活动的信息（如在线购物的项目、名称、密码等），为防止隐私数据泄露，可以通过浏览器安全级别进行设置。
- 谨慎使用 QQ 和微信等各类通信工具。在网吧使用 QQ 和微信后离开时，要删除号码和聊天记录。如果经常到网吧上网的话，建议申请密码保护功能。另外，输入密码时要隐蔽。
- 使用私有浏览（无痕模式）和私密搜索，以及加密浏览器和虚拟专有网络。为保护个人隐私，可以使用如 DuckDuckGo 这类隐私搜索引擎工具进行搜索，也可以使用如 Tar（洋葱头）浏览器来保障信息安全性。虚拟专有网络（VPN）亦可隐藏接入点的 ISP，它带有安全度很高的专门加密算法并避免用户网络行为被跟踪。
- 不下载不明来源的任何文件。一些窥探和数据抓取的软件会伪装成本地应用或者文档，如 PDF 文件、破解软件、破解注册机，一旦运行这些文件就会启动木马、窃取用户信息。如果非得使用，可以下载到虚拟机来运行这些文件，并断开与互联网的连接，以提高主系统的安全。

6.3.4 预防计算机犯罪

网络安全 2

计算机信息网络已经成为国防、金融、航空、财税、教育、尖端科技等领域不可或缺的重要支柱。黑客攻击、非法入侵、网上诈骗、网上盗窃等名目繁多的计算机犯罪活动与日俱增，严重威胁着信息网络的安全。

计算机犯罪指在信息活动领域中，利用计算机信息系统或计算机信息知识作为手段，或者针对计算机信息系统，对国家、团体或个人造成危害，依据法律规定，应当予以刑罚处罚的行为。

1. 计算机犯罪类别

（1）非法侵入计算机信息系统：违反国家规定，侵入国家事务、国防建设、尖端科学技术等重要领域的计算机信息系统。

（2）破坏计算机信息系统：破坏计算机信息系统功能、破坏计算机信息系统数据和应用程序、制作和传播计算机病毒等破坏性程序。

（3）利用计算机网络进行的政治型犯罪行为：带政治色彩的黑客活动、在网上泄露国家机密、在互联网上发布和传播有害的政治言论、利用计算机进行非法宗教活动等。

（4）利用互联网传播个人隐私。

（5）利用计算机散布有损企业形象、信誉的谣言，造谣、诽谤、损害他人商业信誉。

（6）利用计算机网络进行金融犯罪。

（7）在互联网上进行淫秽色情活动。

（8）其他与互联网相关的犯罪形式：如网上赌博、网上传授犯罪方法、网上诈骗（非法集资）、网上盗窃、通过网上聊天引发的犯罪。

2. 计算机犯罪预防

（1）增强计算机网络法律意识。为了加强计算机信息系统的安全保护和国际互联网的安全管理，依法打击计算机违法犯罪活动，我国在近几年先后制定了一系列有关计算机安全管理方面的法律法规和部门规章制度等，经过多年的探索与实践，已经形成了比较完整的行政法规和法律体系。但是随着计算机技术和计算机网络的不断发展与进步，这些法律法规也必须在实践中不断地加以完善和改进。

现有关于计算机信息安全管理的主要法律法规有：

1994 年 2 月 18 日出台的《中华人民共和国计算机信息系统安全保护条例》，目的是保护信息系统的安全，促进计算机的应用和发展。

1996 年 1 月 29 日公安部制定的《关于对与国际联网的计算机信息系统进行备案工作的通知》。

1996 年 2 月 1 日出台的《中华人民共和国计算机信息网络国际互联网管理暂行办法》，并于 1997 年 5 月 20 日作了修订。它体现了国家对国际联网实行统筹规划、统一标准、分级管理、促进发展的原则。

1996 年原邮电部发布的《中国公用计算机互联网国际联网管理办法》，目的是加强对中国公用计算机互联网国际联网的管理。

1996 年原邮电部发布的《计算机信息网络国际联网出入口信道管理办法》，目的是加强计算机信息网络国际联网出入口的管理。

1997 年 12 月 8 日国务院信息化工作领导小组发布的《中华人民共和国计算机信息网络国际联网管理暂行规定实施办法》，是根据《中华人民共和国计算机信息网络国际联网管理暂行规定》而制定的具体实施办法。

1997 年 12 月 11 日经国务院批准，公安部于 1997 年 12 月 30 日发布的《计算机信息网络国际联网安全保护管理办法》，目的是加强国际联网的安全保护。

1997 年 12 月 12 日公安部发布并执行的《计算机信息系统安全专用产品检测和销售许可证管理办法》，目的是加强计算机信息系统安全专用产品的管理，保证安全专用产品的安全功能，维护计算机信息系统的安全。

1999 年 10 月 7 日国务院发布的《商用密码管理条例》，目的是加强商用密码管理，保护信息安全，保护公民和组织的合法权益，维护国家的安全和利益。

2000 年 1 月 1 日由国家保密局发布并执行的《计算机信息系统国际联网保密管理规定》，目的是加强国际联网的保密管理，确保国家秘密的安全。

2000 年 4 月 26 日公安部发布执行的《计算机病毒防治管理办法》，目的是加强对计算机病毒的预防和治理，保护计算机信息系统安全。

其他关于网络安全的各类法律条文，都明令任何破坏计算机、网络以及社会安全的行为随时都会面临法律的严厉制裁。

比如：我国《刑法》第二百八十五条：违反国家规定，侵入国家事务、国防建设、尖端科学技术领域的计算机信息系统的，处三年以下有期徒刑或者拘役。

我国《刑法》第二百八十六条：违反国家规定，对计算机信息系统功能进行删除、修改、增加、干扰，造成计算机信息系统不能正常运行，后果严重的，处五年以下有期徒刑或者拘役；后果特别严重的，处五年以上有期徒刑。

也有对知识产权的保护，比如《关于办理侵犯知识产权刑事案件适用法律若干问题的意见》规定，以营利为目的，未经著作权人许可，通过信息网络向公众传播他人文字作品、音乐、电影、电视、美术、摄影、录像作品、录音录像制品、计算机软件及其他作品，情节严重者将被判刑。

（2）自觉抵制和防范网上不良信息。

- 学会对各种信息加以甄别，增强是非判断力。例如，微信或网络上的不实言论不要进行转发，也不要宣传和制造任何谣言。
- 保持头脑清醒，筑起坚固的思想道德防线，不翻墙，不越界，保护国家信息安全，维护国家和平。不施网络暴力，做文明网友。
- 树立科学健康和谐的网络道德观，不做任何违背道德伦理的事情。
- 千万不要自命高手和抱有侥幸心理，一定要防微杜渐，避免进入法律雷区。

总之，网络安全与日常生活息息相关，网络隐患无处不在，各种犯罪活动层出不穷，在使用过程中一定要提高警惕，树立正确的网络安全观念，加强防范意识，减少不必要的损失。

3. 软件知识产权

（1）软件知识产权的概念。知识产权是指人类通过创造性的智力劳动而获得的一项智力性的财产权，知识产权不同于动产和不动产等有形物，它是在生产力发展到一定阶段后，才在法律中作为一种财产权利出现的。知识产权是经济和科技发展到一定阶段后出现的一种新型的财产权。计算机软件是人类知识、经验、智慧和创造性劳动的结晶，是一种典型的由人的智力创造性劳动产生的“知识产品”，一般软件知识产权指的是计算机软件的版权。

知识产权包括专利权、商标权、版权（也称著作权）、商业秘密专有权等，其中，专利权与商标权又统称为“工业产权”。随着科技的进步，知识产权的外延在不断扩大。

软件知识产权是计算机软件人员对自己的研发成果依法享有的权利。由于软件属于高新科技范畴，目前国际上对软件知识产权的保护法律还不是很健全，大多数国家都是通过著作权法来保护软件知识产权的，与硬件密切相关的软件设计原理还可以申请专利保护。

（2）知识产权法律适用。

- 著作品版权：将研发成果中的文档、程序或其他媒质视为作品，适用著作权法进行保护。
- 设计专利权：应用端的工程技术、技巧性设计方案，可以申请专利保护。
- 形式表现商标权：产品名称、软件界面等表现的是智力成果，可以申请商标保护。

（3）软件著作权的主要内容。软件著作权包括人身权和财产权，这是法律授予软件著作权的专有权利。人身权是指发表权、开发者身份权；财产权是指使用权、使用许可和获得报酬权、转让权。

- 发表权即决定软件是否公之于众的权利。
- 开发者身份权即表明开发者身份的权利以及在其软件上署名的权利。
- 使用权即在不损害社会公共利益的前提下，以复制、展示、发行、修改、翻译、注释等方式使用软件的权利。

- 使用许可权和获得报酬权，即许可他人以使用权规定的部分或者全部方式使用软件的权利和由此而获得报酬的权利。
- 转让权是指权利人向他人同时转让使用权、使用许可和获得报酬权，即将所有的财产权让予他人。

软件著作权的保护期为二十五年，截止于软件首次发表后第二十五年的十二月三十一日。保护期满前，软件著作权人可以向软件登记管理机构申请续展二十五年，但保护期最长不超过五十年。软件开发者的开发者身份权的保护期不受限制。

《计算机软件保护条例》是我国第一部计算机软件保护的法律法规，是计算机软件保护的总纲领。我国先后制定了《中华人民共和国著作权法》《关于禁止销售盗版软件的通告》等。全球各国政府都非常重视对软件违法犯罪的打击与制裁。

[任务实施]

以 360 杀毒软件和 360 安全卫士为例：

（1）启动计算机上的浏览器，然后打开百度，输入“360 杀毒软件”进行搜索。

（2）在搜索结果中找到正规官方网站，进入网站并下载软件。

（3）注意下载的时候不要选择安装其余的捆绑软件。下载完成后，打开即可检查计算机健康状态。360 杀毒软件有三大功能：快速扫描、全盘扫描和功能大全。其中快速扫描可扫描病毒、木马藏身的关键位置，精确查杀；全盘扫描是对计算机的所有分区进行扫描；功能大全包含系统安全、系统优化、系统急救等功能，各类疑难问题可一键解决。360 杀毒软件主界面如图 6-19 所示。

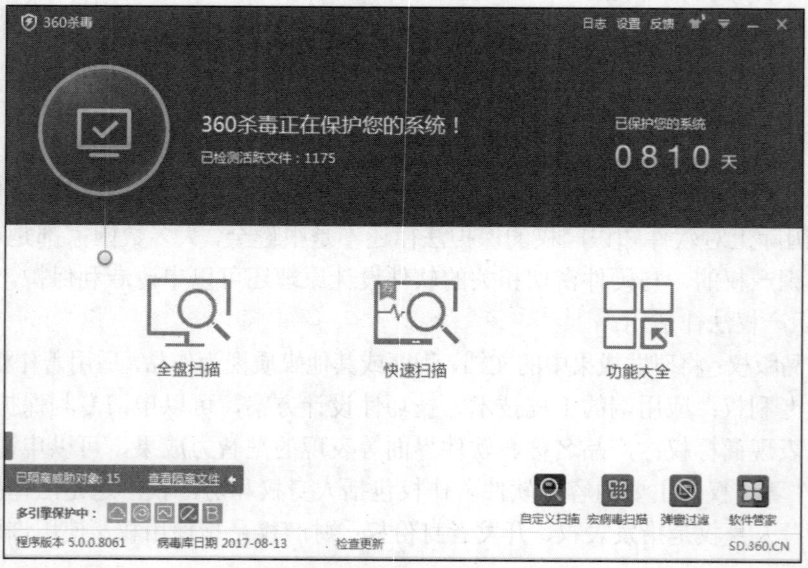

图 6-19　360 杀毒软件主界面

（4）用类似的方法也可以下载 360 安全卫士。360 安全卫士的体检功能可以全面地检查计算机的各项状况，体检完成后会提交一份优化计算机的意见，用户可以根据需要对计算机进行优化，也可以便捷地选择一键优化。360 安全卫士主界面如图 6-20 所示。

图 6-20　360 安全卫士主界面

（5）在图 6-20 所示界面中进入木马查杀的界面后，可以选择“快速扫描”“全盘扫描”和“自定义扫描”来检查计算机中是否存在木马程序。扫描结束后若出现疑似木马，则可以选择删除或加入信任区。也可以选择“一键清理”“清理垃圾”“清理插件”“清理痕迹”“清理注册表”和“查找大文件”等完成相应的特定功能。

习　题

一、选择题

1．Internet 为人们提供许多服务项目，最常用的是在 Internet 各站点之间进行漫游，浏览文本、图形和声音等各种信息，这项服务称为（　　）。

A．电子邮件　　B．WWW　　C．文件传输　　D．网络新闻组

2．在搜索引擎中输入“申花”，想要去查询一些申花企业的资料时却搜索出很多申花足球的新闻，用户可以在搜索的时候输入（　　）。

A．申花&足球　　B．申花 + 足球

C．申花 -　足球　　D．申花 or 足球

3．下列选项中，不是 URL 组成部分的是（　　）。

A．传输协议　　B．主机名　　C．用户名　　D．文件名

4．计算机网络分为局域网、城域网和广域网，下列属于局域网的是（　　）。

A．CHINANET　　B．ChinaDDN 网

C．Novell 网　　D．Internet

5．通常网络用户使用的电子邮箱在（　　）。

A．收件人的计算机上　　B．用户的计算机上

C．发件人的计算机上　　D．ISP 的邮件服务器上

6. 能够利用无线移动网络上网的是（　　）。

A. 内置无线网卡的笔记本电脑　　B. 部分具有上网功能的平板电脑

C. 部分具有上网功能的手机　　D. 以上都是

7. 计算机常用的网络传输介质中，传输速度最快的是（　　）。

A. 电话线　　B. 同轴电缆　　C. 双绞线　　D. 光纤

8. 根据域名代码规定，表示政府部门的是（　　）。

A. .gov　　B. .com　　C. .org　　D. .net

9. 若网络的各个节点均连接到同一条通信线路上，且线路两端有防止信号反射的装置，则该拓扑结构称为（　　）。

A. 树型拓扑　　B. 环型拓扑　　C. 星形拓扑　　D. 总线型拓扑

10. 千兆以太网通常是一种高速局域网，其网络数据传输速率大约为（　　）。

A. 1000000bit/s　　B. 1000byte/s　　C. 1000000byte/s　　D. 1000bit/s

二、实操题

1. 小王最近在 IE 中浏览网页时，无意打开了广东教育考试网（http://www.gdjyw.net/），并对此网站很感兴趣，若想记住此网站的地址和网站的名称便于以后浏览，应该怎么操作呢？请写出主要的操作步骤。

2. 现在要准备毕业设计，想搜索一些本专业的学术资料进行参考，请根据设计主题搜索 5 篇以上文献（包括著作、论文、期刊等）。

3. 借助网络完成一篇安全使用网络的心得体会。

4. 在“前程无忧”网上查找招聘信息并应聘。

5. 要实现一信多发，收件人的 E-mail 地址如何填写？

6. 找到以下计算机学习网站，并保存到收藏夹中。

洪恩在线，网易在线教程，太平洋电脑信息网，中国学习联盟，国家精品课程网站，计算机基础教学网。

第 7 章　图像处理

本章导读

Adobe Photoshop CS6 是美国 Adobe 公司开发的图形图像处理软件，简称 PS。PS 有很多功能，在图像、图形、文字、视频、出版等各方面都有涉及，广泛应用于印刷、广告设计、封面制作、网页图像制作、照片编辑等领域。

本章节采用理论联系实际的"案例驱动"方式，通过完成任务：制作简易广告图片、制作节日海报、修复瑕疵图片，掌握文件基本操作及图层的基本操作，掌握选区工具、魔棒工具、快速选择工具、仿制图章工具及修复画笔工具的操作方法与使用技巧，使读者具备基本的图片制作与处理能力。

7.1　Photoshop CS6 基本操作

任务 1　制作简易广告图片

[任务描述]

本任务通过创建与保存简易广告图片文件，如图 7-1 所示，学会创建新文档、输入文字、保存和关闭文档，了解图像处理的基础知识与基本概念，掌握 Photoshop CS6 的工作界面，熟悉 Photoshop CS6 的基本操作。

[任务展示]

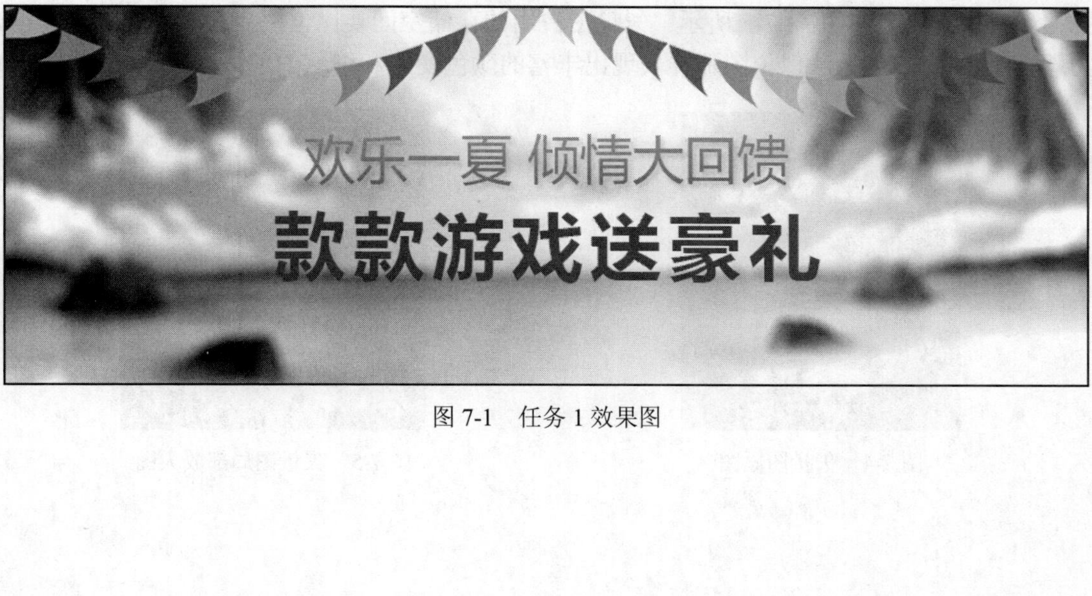

图 7-1　任务 1 效果图

[相关知识与技能]

PS 基本概念

7.1.1 图像处理基础知识

在利用 Photoshop CS6 进行图像处理之前，首先需要了解图像处理的相关知识，以便准确快速地处理图片。

1. 图像类型

计算机图像主要分为两类：位图与矢量图。Photoshop 是典型的位图处理软件，但也包含一些矢量图的处理功能。

（1）位图也称为点阵图，是由点构成的，如同用马赛克去拼贴图案一样，每个马赛克就是一个点（一个像素），若干个点以矩阵排列成图案。把图片放大会看到小方块，这种就是点阵图，网络上的图片一般都是点阵图（位图、像素图）。位图存储格式的图像的优点是格式标准且通用性很强，图像的生成与浏览基本无关，因此便于交流与欣赏；缺点是图像在放大和缩小时会产生失真，这在放大时尤其严重，如图 7-2 和图 7-3 所示，且位图存储格式的图像占用的磁盘空间较大。

图 7-2 位图原图

图 7-3 位图局部放大图

（2）矢量图。矢量图使用线段和曲线描述图像，所以称为矢量图，同时图形也包含了色彩和位置信息。简单来说，矢量图记住了图片的计算方法，不管缩放多少，只要计算方法不变，图片就不会失真。矢量图和点阵图的最大区别就是放大不会失真，边缘光滑，不像位图那样有很多小方块，如图 7-4 和图 7-5 所示。矢量图占用的存储空间要比位图小很多，但它不能创建过于复杂的图形，也无法像位图那样表现出丰富的颜色变化和细腻的色彩过渡。

图 7-4 矢量图原图

图 7-5 矢量图局部放大图

2. 图像颜色模式

颜色模式，是将某种颜色表现为数字形式的模型，或者说是一种记录图像颜色的方式，可分为：RGB 模式、CMYK 模式、Lab 颜色模式、位图模式、灰度模式、索引颜色模式、双色调模式和多通道模式。

（1）RGB 模式。虽然可见光的波长有一定的范围，但我们在处理颜色时并不需要将每一种波长的颜色都单独表示。因为自然界中的所有颜色都可以用红、绿、蓝这三种颜色波长的不同强度组合而得，这就是人们常说的三基色原理。因此，这三种光常被人们称为三基色或三原色。有时候我们亦称这三种基色为添加色（Additive Colors），这是因为当我们把不同波长的光加到一起的时候，得到的将会是更加明亮的颜色。把三种基色交互重叠，就产生了次混合色：青（Cyan）、洋红（Magenta）、黄（Yellow），这同时也引出了互补色（Complement Colors）的概念。基色和次混合色是彼此的互补色，即彼此之间最不一样的颜色。例如青色由蓝色和绿色构成，而红色是缺少的一种颜色，因此青色和红色构成了彼此的互补色。在数字视频中，对 RGB 三基色各进行 8 位编码就构成了大约 1677 万种颜色，这就是我们常说的真彩色。顺便提一句，电视机和计算机的监视器都是基于 RGB 颜色模式来创建其颜色的。

（2）CMYK 模式。CMYK 模式是一种印刷模式。其中四个字母分别指青（Cyan）、洋红（Magenta）、黄（Yellow）、黑（Black），在印刷中代表四种颜色的油墨。CMYK 模式在本质上与 RGB 模式没有什么区别，只是产生色彩的原理不同。在 RGB 模式中由光源发出的色光混合生成颜色，而在 CMYK 模式中由光线照到有不同比例 C、M、Y、K 油墨的纸上，部分光谱被吸收后，反射到人眼的光产生颜色。由于 C、M、Y、K 在混合成色时，随着 C、M、Y、K 四种成分的增多，反射到人眼的光会越来越少，光线的亮度会越来越低，所以 CMYK 模式产生颜色的方法又被称为色光减色法。

（3）位图模式。位图模式用两种颜色（黑和白）来表示图像中的像素。位图模式的图像也叫作黑白图像。因为其深度为 1，所以称为一位图像。由于位图模式只用黑白色来表示图像的像素，在将图像转换为位图模式时会丢失大量细节，因此 Photoshop 提供了几种算法来模拟图像中丢失的细节。在宽度、高度和分辨率相同的情况下，位图模式的图像尺寸最小，约为灰度模式的 1/7 和 RGB 模式的 1/22。

（4）灰度模式。灰度模式可以使用多达 256 级灰度来表现图像，使图像的过渡更平滑细腻。灰度图像的每个像素有一个 0（黑色）到 255（白色）之间的亮度值。灰度值也可以用黑色油墨覆盖的百分比来表示（0%等于白色，100%等于黑色）。使用黑白或灰度扫描仪产生的图像常以灰度显示。

（5）索引颜色模式。索引颜色模式是网上和动画中常用的图像模式，当彩色图像转换为索引颜色的图像后，包含近 256 种颜色。索引颜色图像包含一个颜色表。如果原图像中颜色不能用 256 色表现，则 Photoshop 会从可使用的颜色中选出最相近颜色来模拟这些颜色，这样可以减小图像文件的尺寸。颜色表用来存放图像中的颜色并为这些颜色建立颜色索引，可在转换的过程中定义或在生成索引图像后修改。

（6）双色调模式。双色调模式采用 2～4 种彩色油墨混合其色阶来创建双色调（2 种颜色）、三色调（3 种颜色）和四色调（4 种颜色）的图像。在将灰度模式图像转换为双色调模式图像的过程中，可以对色调进行编辑，产生特殊的效果。而使用双色调模式最主要的用途是使用尽量少的颜色表现尽量多的颜色层次，这对于减少印刷成本是很重要的，因为在印刷时，每增加一种色调都需要更大的成本。

（7）多通道模式。多通道模式对有特殊打印要求的图像非常有用。例如，当图像中只使用了一两种或两三种颜色时，使用多通道模式可以减少印刷成本并保证图像颜色的正确输出。8位/16位通道模式在灰度RGB或CMYK模式下，可以使用16位通道来代替默认的8位通道。根据默认情况，8位通道中包含256个色阶，如果增加到16位，每个通道的色阶数量为65536个，这样能得到更多的色彩细节。Photoshop可以识别和输入16位通道的图像，但对于这种图像限制很多，所有的滤镜都不能使用。另外16位通道模式的图像不能被印刷。

3. 常用的图像格式

在Photoshop中，文件的保存类型有很多种，不同的图像格式都有各自的优缺点，Photoshop CS6支持20多种图像格式，以下介绍几种常用的图像格式。

（1）PSD格式。这是Photoshop的专用文件格式，文件扩展名是.psd，可以支持图层、通道、蒙版和不同色彩模式的各种图像特征，是一种非压缩的原始文件保存格式。扫描仪不能直接生成该种格式的文件。PSD文件有时容量会很大，但由于可以保留所有原始信息，在图像处理中对于尚未制作完成的图像，选用PSD格式保存是最佳的选择。

（2）JPEG格式。该格式文件后缀名为.jpg或.jpeg，是最常用的图像文件格式，由一个软件开发联合会组织制定，是一种有损压缩格式，能够将图像压缩在很小的储存空间，图像中重复或不重要的资料会丢失，因此容易造成图像数据的损伤。尤其是使用过高的压缩比例，将使最终解压缩后恢复的图像质量明显降低，如果追求高品质图像，不宜采用过高压缩比例。JPEG格式的优点是文件经过高倍率的压缩，文件比较小，是目前所有格式中压缩率最高的格式。但JPEG格式在压缩保存的过程中会以失真方式丢掉一些数据，因而保存后的图像与原图有所差别，没有原图像的质量好，因此印刷品最好不要用JPEG格式。目前各类浏览器均支持JPEG这种图像格式，因为JPEG格式的文件尺寸较小，下载速度快。

（3）GIF格式。GIF图像文件的数据是经过压缩的，而且采用了可变长度等压缩算法。所以GIF的图像深度从1bit到8bit，也即GIF最多支持256种色彩的图像。GIF格式的另一个特点是其在一个GIF文件中可以存多幅彩色图像。如果把存于一个文件中的多幅图像数据逐幅读出并显示到屏幕上，就可构成一种最简单的动画。GIF格式的文件是8位图像文件，最多为256色，不支持Alpha通道。GIF格式产生的文件较小，常用于网络传输，在网页上见到的图片大多是GIF和JPEG格式的。GIF格式与JPEG格式相比，GIF格式的优点在于其文件可以保持动画效果。

（4）PNG格式。这是网上接受的最新图像文件格式。PNG格式能够提供长度比GIF格式小30%的无损压缩图像文件。它同时提供24位和48位真彩色图像支持以及其他诸多技术性支持。目前并不是所有的程序都可以用PNG格式来存储图像文件，Photoshop可以处理PNG图像文件，也可以用PNG图像文件格式存储，但PNG格式不支持所有浏览器，保存的文件也较大，影响下载速度。

（5）BMP格式。BMP格式是一种与硬件设备无关的图像文件格式，使用非常广。它采用位映射存储格式，除了图像深度可选以外，不采用其他任何压缩，因此，BMP文件所占用的空间很大。BMP文件的图像深度可选1bit、4bit、8bit及24bit。用BMP文件存储数据时，图像的扫描方式是按从左到右、从下到上的顺序。随着Windows 操作系统的流行与丰富的Windows 应用程序的开发，BMP 位图格式理所当然地被广泛应用。这种格式的特点是包含的图像信息较丰富，几乎不进行压缩，但由此导致了它与生俱生来的缺点——占用磁盘空间过大。

（6）AI 格式。AI 格式是 Adobe Illustrator 软件所特有的矢量图形格式，在 Photoshop 中可以将图像保存为 AI 格式，并且能够在 Illustrator 和 CorelDraw 等矢量图形软件中直接打开。它的优点是占用磁盘空间小，打开速度快，方便格式转换。

4. 图像的基本概念

（1）像素。像素是图像的最小单位。像素仅仅只是分辨率的尺寸单位，而不是画质。例如：图像的分辨率为 300DPI 则表示该图像“每英寸长度内含有 300 个点或像素”。

（2）分辨率。PS 中常用的分辨率为“图像分辨率”，是指在单位长度内所含有的像素数量的多少，分辨率的单位为“像素/英寸（PPI）”“像素/厘米”。在图像中，分辨率的大小直接影响图像的品质。分辨率越高，图像越清晰，所产生的文件越大，处理该图像所需的内存越多，占用 CPU 的时间越长。所以在制作图像时，不同品质的图像需设置适当的分辨率，例如用于打印输出的图像分辨率需要高一些，只在屏幕上显示的作品（如多媒体图像或网页图像）就可以低一些。

（3）图像大小。PS 中图像的显示尺寸在选项中有四种：实际像素、适合屏幕、填充屏幕、打印尺寸“在放大镜工具下显示”。图像大小就是图像的尺寸的大小和像素的大小，分辨率改变，图像就随之改变。图像的尺寸、分辨率和文件大小三者之间的关系：一个分辨率相同的图像，如果尺寸不同，文件大小也不同，尺寸越大保存的文件也就越大。同样，增加一个图像的分辨率，也会使图像文件变大。

（4）画布大小。画布大小就是所要做的图的尺寸大小，与分辨率无关。不管怎么更改画布，图像分辨率都不会增加，也不会减少。

7.1.2 Photoshop CS6 的软件界面构成

PS 窗口有 3 种屏幕模式，分别为“标准屏幕模式”“带有菜单栏的全屏模式”“全屏模式”。按 F 键可以在 3 种屏幕模式之间进行切换，PS 界面如图 7-6 所示。

- 菜单栏：由文件、编辑、图像、图层、文字、选择、滤镜、视图、窗口、帮助等菜单组成。
- 工具属性栏：又称“选项栏”，会随着工具的改变而改变，用于设置工具属性。
- 工具箱：PS 包含了 40 余种工具，工具图标中的小三角符号表示在该工具中还有与之相关的工具（隐藏工具）。工具的使用方法：按工具快捷键（工具后面的字母）；Shift+工具快捷键（切换同类型工具）；按住 Alt 键单击工具图标，可在多个工具之间切换。
- 图像编辑区：由标题栏、图像显示区、控制窗口图标组成。用于显示、编辑和修改图像。
- 文档标题：显示图像文件名、文件格式、显示比例、层名称及颜色模式。
- 浮动面板：窗口右侧的小窗口称为浮动面板，用于改变图像的属性。
- 状态栏：由图像显示比例、文件大小（表示图像的容量大小）、浮动菜单按钮及工具提示栏组成。

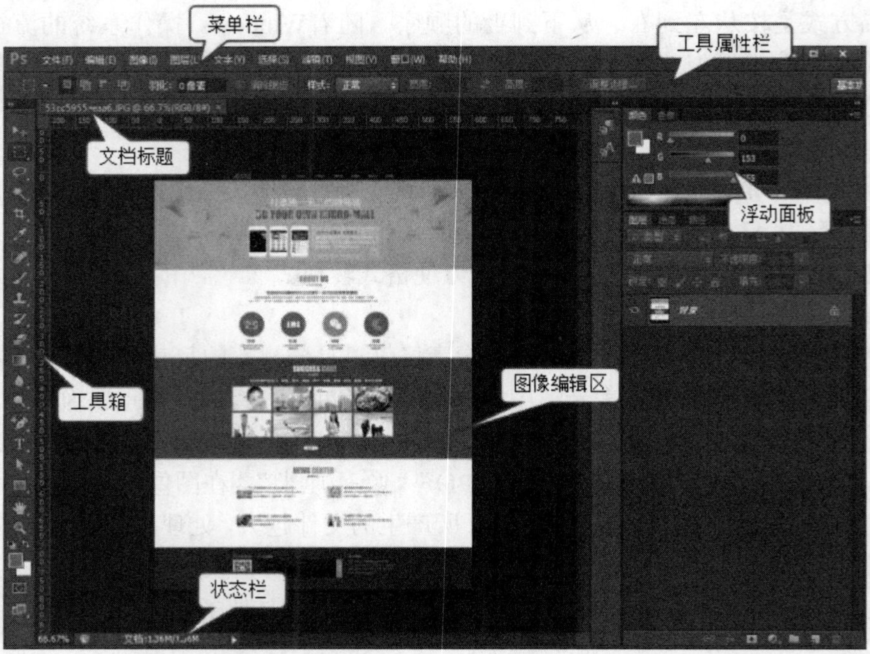

图 7-6　界面组成图

7.1.3　Photoshop CS6 的文件基本操作

基础操作

1. 新建文件

单击“文件”→“新建”命令或按 Ctrl+N 组合键，也可按住 Ctrl 键并双击 Photoshop CS6 工作界面空白区，空白区指的是没有图像也没有调板的地方，均可打开“新建”对话框，如图 7-7 所示。

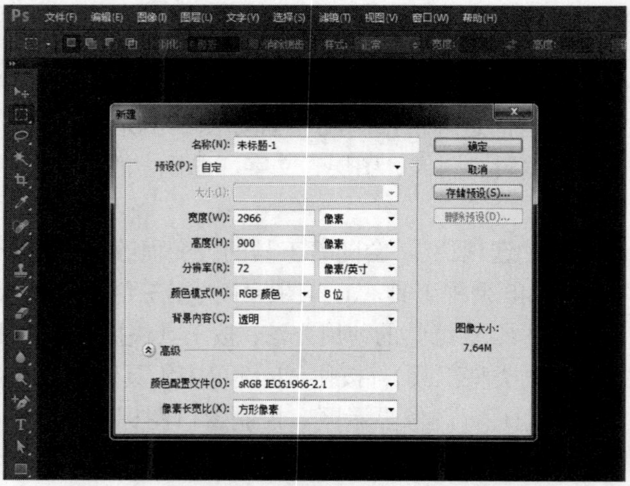

图 7-7　“新建”对话框

- 预设：可以选择常用尺寸的画布。
- 宽度（W）、高度（H）：用于设置自定义画布的尺寸。

- 分辨率：分辨率越大，图像越清晰，图像文件越大。如果制作图像只用于计算机屏幕显示，图像分辨率只需要用 72 像素/英寸或 96 像素/英寸即可；如果制作的图像需要打印输出，那么最好用高分辨率（300 像素/英寸）。我们一般把“分辨率”设置为 72 像素/英寸。Photoshop CS6 将 72PPI 作为默认设置，因为大多数显示器在屏幕区域中每英寸显示 72 个像素。
- 颜色模式：RGB 模式、位图模式、灰度模式、CMYK 模式、Lab 模式。
- 背景内容：以白色、背景色及透明色为底色创建图像文件。

2. 打开文件

打开文件有以下四种方法。

（1）执行“文件”→“打开”命令，如图 7-8 所示。

（2）按 Ctrl+O 组合键。

（3）双击图像编辑区。

（4）直接将 PS 支持的文件拖到 PS 中，如图 7-9 所示。

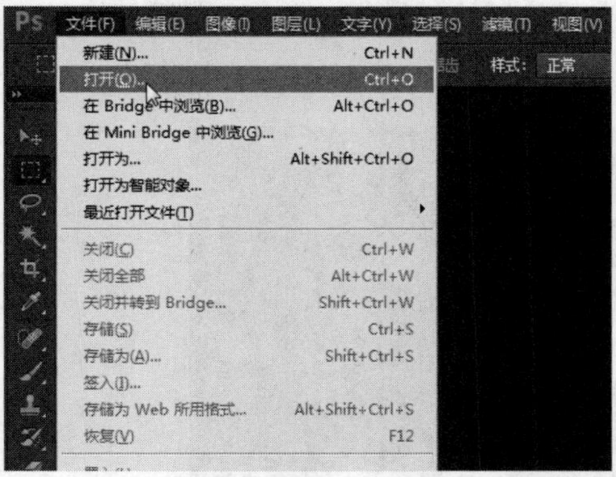

图 7-8 通过“打开”命令打开文件

图 7-9 拖入打开文件

3. 保存文件

（1）执行“文件”→“存储”命令或按 Ctrl+S 组合键（可保存为 PS 的默认格式——PSD 格式），如图 7-10 所示。

（2）执行“文件”→“存储为”命令或按 Shift+Ctrl+S 组合键（可保存为其他选定格式），如图 7-11 所示。

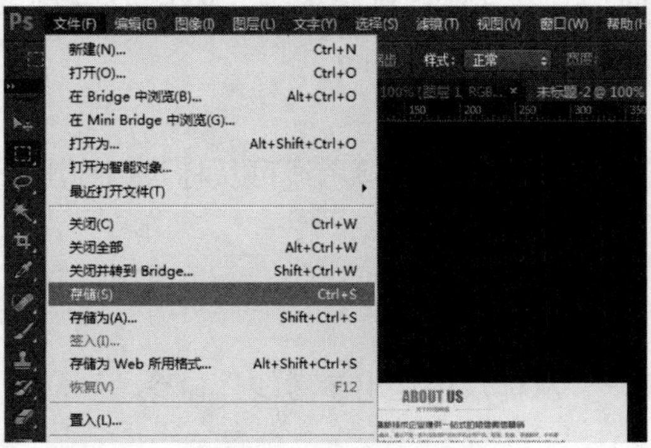

图 7-10 “存储”命令

图 7-11 “存储为”命令

4. 关闭文件

关闭文件有以下几种方法。

（1）单击 PS 图像窗口标题栏右侧的关闭按钮。

（2）按 Ctrl+Q、Ctrl+W 或 Ctrl+F4 组合键。

（3）如果用户打开了多个图像窗口，想同时全部关闭这些窗口，可执行“文件”→“关闭全部”命令或使用快捷键 Ctrl+Alt+W。

7.1.4 Photoshop CS6 的辅助工具

Photoshop 提供了许多辅助工具，在处理图像时用好了辅助工具，可以对图像进行精准定位，为图片的设计与制作提供很大的便利。PS 中主要的辅助工具有：标尺、网格工具、参考线等。

1. 标尺工具

我们在利用 PS 处理图片的时候，为了使图片的定位更加精准，可以在界面中显示一个标尺来进行辅助设计，执行“视图”→“标尺”命令或使用快捷键 Ctrl+R 可以显示标尺，如图 7-12 所示。

图 7-12　标尺

默认情况下，标尺以厘米为单位，可以通过设置 PS 的首选项进行修改，单击“编辑”→“首选项”→“单位与标尺”。如果要隐藏标尺可以使用快捷键 Ctrl+R。

2. 参考线

参考线用于使图像精确对齐，或查找图像及画布的中心点等。参考线可从标尺中拖出来，如图 7-13 所示。

（1）新建参考线。

可通过以下几种方法建参考线。

- 执行“将标尺调出”→“使用移动工具”→“从标尺中拖出参考线”命令。
- 执行“视图”→“新建参考线”命令。
- 执行“视图”→“显示”→“参考线/网格/智能参考线”命令。

图 7-13　参考线

（2）锁定参考线：按 Ctrl+Alt+;组合键。

（3）显示或者隐藏参考线：按 Ctrl+;组合键。

（4）清除参考线：将参考线拖到画布以外区域或者执行“视图”→“清除参考线”命令。

3. 缩放工具

单击工具箱中的放大镜缩放工具 ，在画布中单击可放大图片，按住 Alt 键可缩小图片，在任何工具情况下也可按 Ctrl+ +组合键放大，按 Ctrl+ -组合键缩小。

4. 抓手工具

抓手工具用于移动放大的图像进行精确定位，单击工具箱中的手形图标，在画布中拖动鼠标指针，或者在任何工具情况下使用快捷键：按空格键+鼠标拖动。

7.1.5　Photoshop CS6 的图层

图层

1. 图层的概念及分类

图层在 Photoshop CS6 中扮演着重要的角色。对图像进行绘制或编辑时，所有的操作都是基于图层的，就像人们写字必须写在纸上、画画时必须画在画布上一样。所以在 Photoshop CS6 中，打开的图像都有一个或多个图层。Photoshop 中层层堆放的图层关系，称之为堆叠。一个文件中的所有图层都具有相同的分辨率、相同的通道数以及相同的图像模式。使用 Photoshop 制作图像时，通常将图像的不同部分分层存放，并由所有的图层组合成复合图像，如图 7-14 所示。

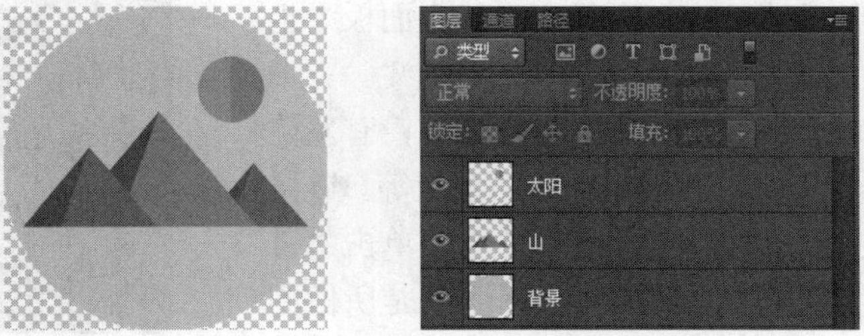

图 7-14　多个图层组成的图像

图层的优点是可以单独处理某个图层中的元素而不会影响其他图层中的元素。在 Photoshop CS6 中可以创建多种类型的图层，它们的显示状态和功能各不相同。

（1）背景图层。背景图层是一种不透明的图层，用于放置图像的背景，叠放于图层的最下方，默认为锁定状态，不可以调节图层顺序和设置图层样式，也不能对其应用任何类型的混合模式。双击背景图层时，可将其转换为普通图层，如图 7-15 所示。

（2）普通图层。普通图层是最基本的图层类型，它在图像中的作用相当于一张透明纸，可以进行任何与图层相关的操作，如图 7-16 所示。

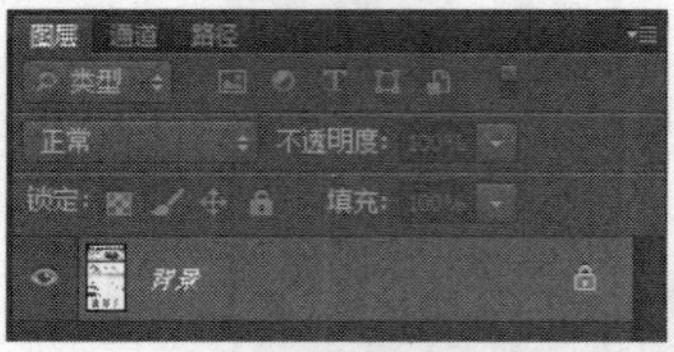

图 7-15　背景图层

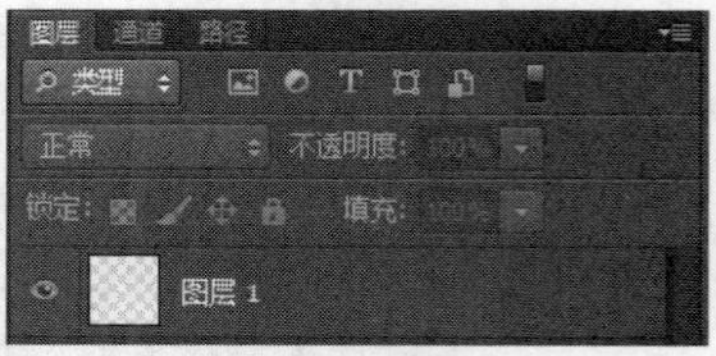

图 7-16　普通图层

（3）文字图层。使用“文字”工具在图像中创建文字后，系统将自动新建一个图层。文字图层主要用于编辑文字的内容、属性和方向，如图 7-17 所示。

（4）形状图层。形状图层是利用工具箱中的图形工具（形状和钢笔）创建的图层，它主要用于在图像中创建各种矢量形状，如矩形、花朵等，如图 7-18 所示。

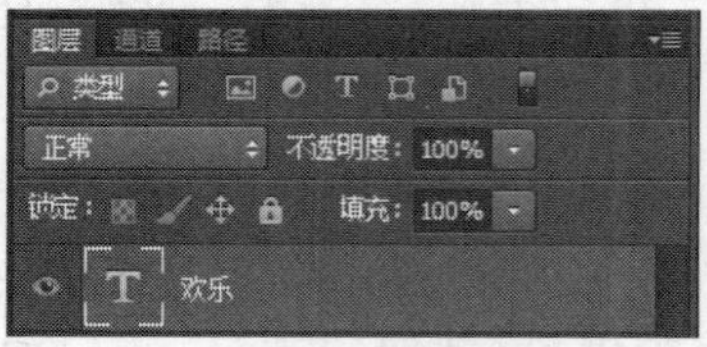

图 7-17　文字图层

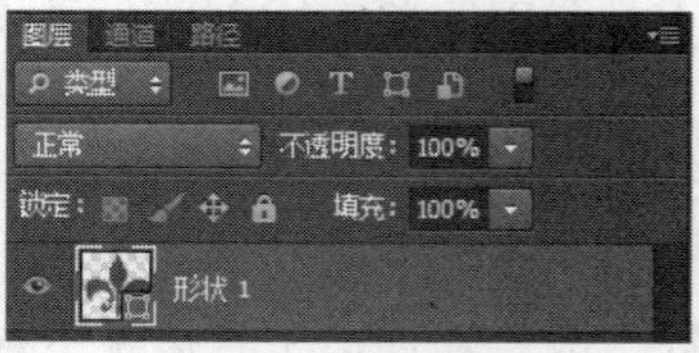

图 7-18　形状图层

2. 图层的基本操作

在 Photoshop CS6 中，用户可以根据需要对图层进行一些操作，例如新建、复制、删除、显示/隐藏等。PS 可以将图像的每一个部分置于不同的图层中，由这些图层叠放在一起形成完整的图像效果。用户可以独立地对每个图层中的图像内容进行编辑修改和效果处理等操作，而对其他图层没有任何影响。图层与图层之间可以合成、组合和改变叠放次序。关于图层所有的操作都可以在菜单栏的“图层”菜单中找到，如图 7-19 所示，当然在面板中也有快捷操作。

图 7-20 中所示就是图层面板中的快捷操作，有新建图层、删除图层、链接图层、新建组、增加蒙版等。链接图层是将两个以上的图层按住 Shift 键并选中，单击“链接图层”就可以对链接的图层同时进行操作，就是所做的操作会保留到链接的图层上。新建图层组就是在图层比较

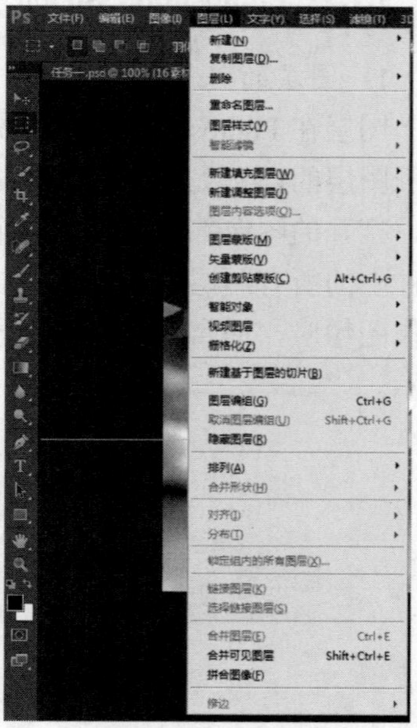

图 7-19　“图层”菜单

多的情况下分组来管理，比较方便。新建图层的位置是在当前选择图层的上方，在图层菜单中的新建图层操作可以对图层进行更多设置。

（1）锁定图层。将图层锁定了就不能对该图层进行操作，可以锁定图层中特定的内容，比如锁定透明像素，即不能对该图层的透明像素部分进行操作，如图 7-21 所示。

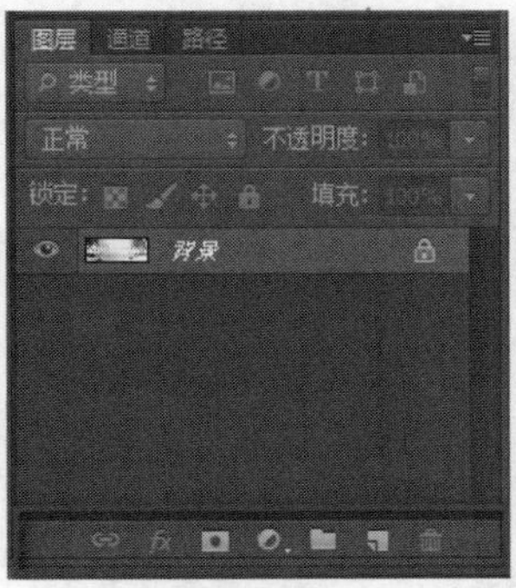

图 7-20　图层快捷操作面板

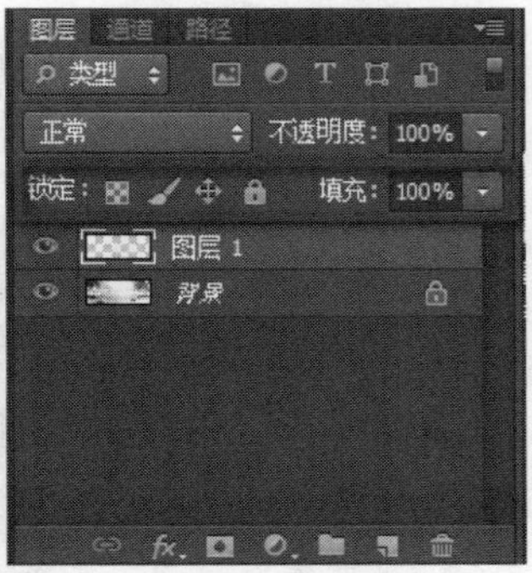

图 7-21　锁定图层

（2）新建图层。在图层菜单中可以新建图层，或使用快捷键 Shift+Ctrl+N，或单击快捷快捷面板中的  图标，如图 7-22 所示。

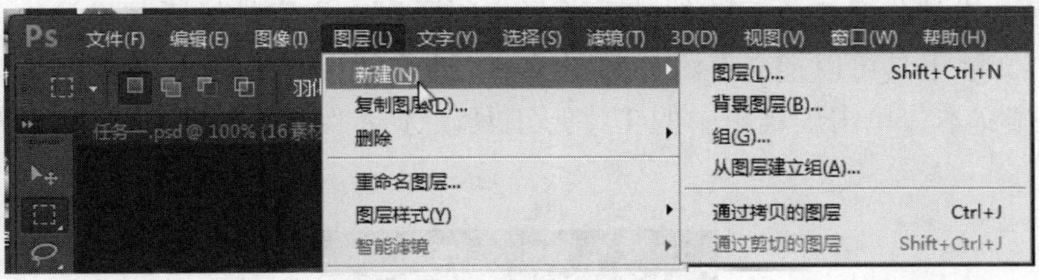

图 7-22　新建图层

（3）复制图层。在图层菜单中还可以复制图层，复制之后移动图层就可以在图中出现一模一样的图像，或者将图层拖拽至新建图层图标，如图 7-23 所示。

（4）隐藏/显示图层。只要单击图层前面的小眼睛标识就可以选择显示或者隐藏图层，通过该操作可以方便地看到每个图层对于图像整体的影响效果，如图 7-24 所示。

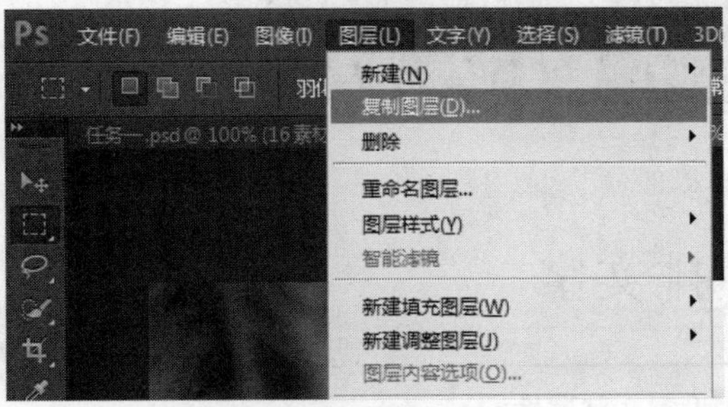

图 7-23　复制图层

图 7-24　隐藏/显示图层

（5）合并图层。如果在编辑图像过程中，图层过多，或者确定一些图层已经不需要编辑，那么为了方便管理，可以将这些图层合并为一个图层以节约空间，只需同时选定要合并的图层，在“图层”菜单栏中选择“合并图层”即可。

（6）删除图层。把鼠标指针放到 PS 图层面板的图层上，当光标变成小手形状时，按住鼠标左键不放，把图层拖到图层面板下面的垃圾桶按钮上，如图 7-25 所示。

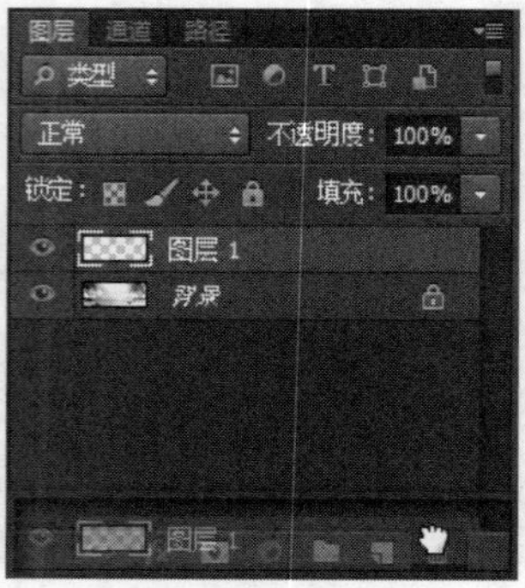

图 7-25　删除图层

7.1.6　Photoshop CS6 的文字工具

文字是多数设计作品中不可或缺的重要元素，通过对文字的排版与设计，更能有效地表现设计主题。文字工具可以把文字添加到图像中，也可以制作多种文字效果。

（1）横排文本。单击工具箱中的 T 字形工具，选择“横排文字工具”，如图 7-26 所示，然后录入文字。

图 7-26　文字工具

可在工具属性栏中对文字的属性进行设置，如图 7-27 所示。

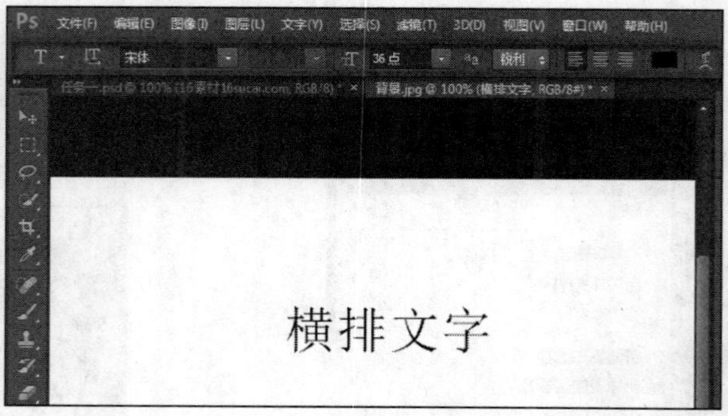

图 7-27　设置文字属性

（2）竖排文本。单击工具栏中的 T 字形工具，选择“直排文字工具”，可录入竖向排列的文本，文本属性也可在属性栏中进行设置。

（3）段落文本。如果想录入一段文本，则需要选择好横排或直排工具，然后在画布区域进行拖拽操作，如图 7-28 所示。

图 7-28　录入段落文字

（4）文字变形。选择需要变形的文字，单击工具属性栏中的按钮，在弹出的“变形文字”对话框中进行文字的变形操作，如图 7-29 所示。

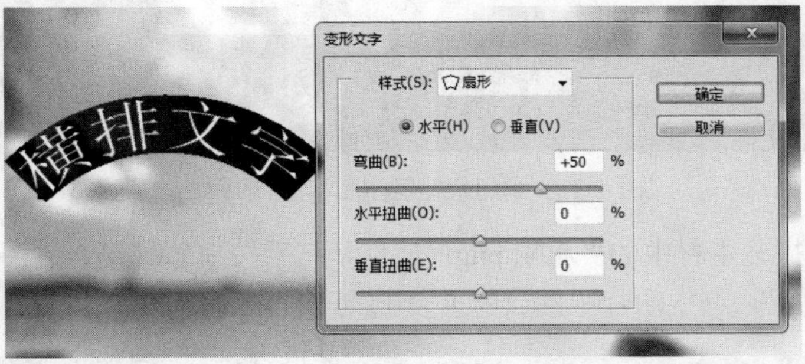

图 7-29　文字变形

任务 1 完成过程

[任务实施]

（1）在桌面上双击 Photoshop 快捷图标，启动 Photoshop 软件，执行“文件”→“新建”命令，弹出“新建”对话框，如图 7-30 所示。

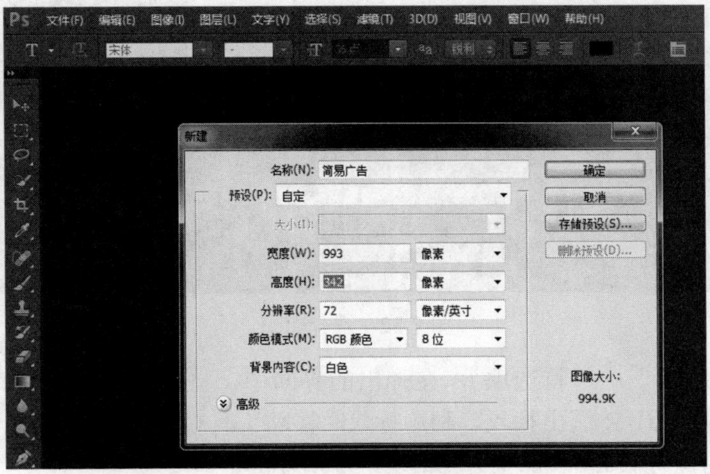

图 7-30　“新建”对话框

（2）执行“文件”→“存储为”命令，选择适当的位置对文件进行保存，也可以使用快捷键 Shift+Ctrl+S。

（3）打开文件夹“任务一素材”中的背景图片，使用快捷键 Ctrl+A 选取整个图片，然后使用快捷键 Ctrl+C 复制整个图片，切换至“简易广告.psd”文件中，使用快捷键 Ctrl+V 将背景图复制到文件中，如图 7-31 所示。

图 7-31　利用快捷键进行背景图片导入

（4）在 PS 中打开素材中的“旗帜.png”文件，左手按住 Ctrl 键，右手单击图层面板中图层 0 的“图层缩略图”，选中图片中的旗帜并复制到“简易广告.psd”文件中，如图 7-32 所示。

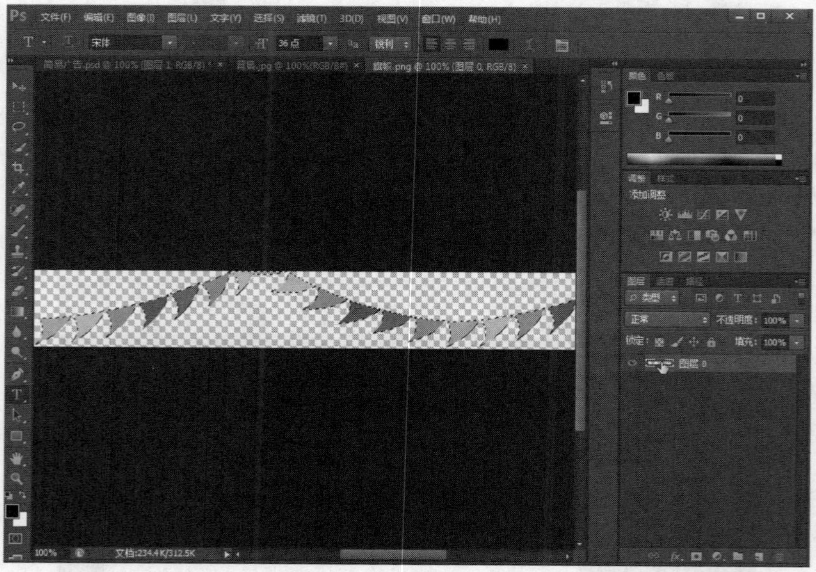

图 7-32　选择旗帜

（5）单击“编辑”→“首选项”，在弹出的界面中，将单位与标尺中的单位设置为“像素”，并使用快捷键 Ctrl+R 调出标尺，利用标尺、移动工具拉出一条参考线，将旗帜移动到背景图像水平居中的位置（496.5 像素），如图 7-33 所示。

（6）将图层 2 拖拽至新建图层的快捷图标上，复制旗帜图层。

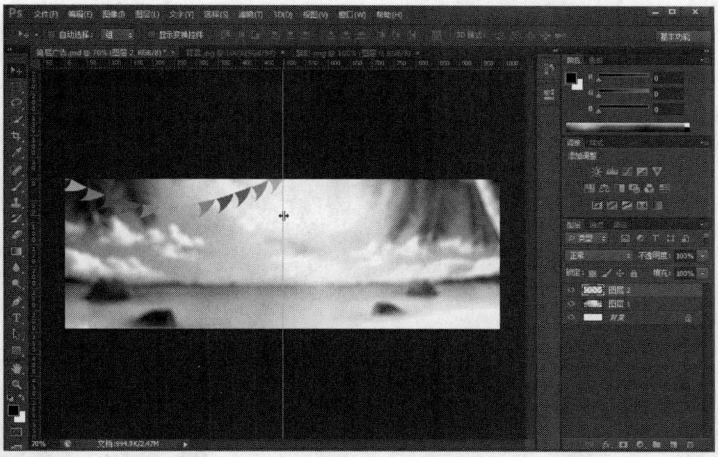

图 7-33　利用参考线对齐

（7）选中图层 2 副本图层，使用快捷键 Ctrl+T，选中旗帜图像，在右键菜单中选择“水平翻转”命令，如图 7-34 所示。

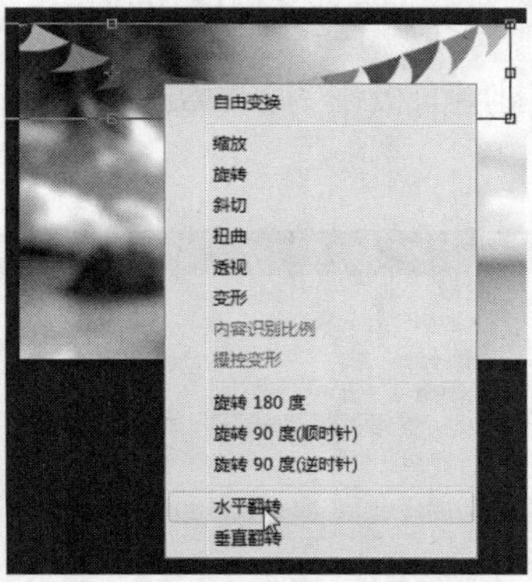

图 7-34　水平翻转图层

（8）将复制的图层进行适当的移动，并对图层进行规范化的命名，如图 7-35 所示。

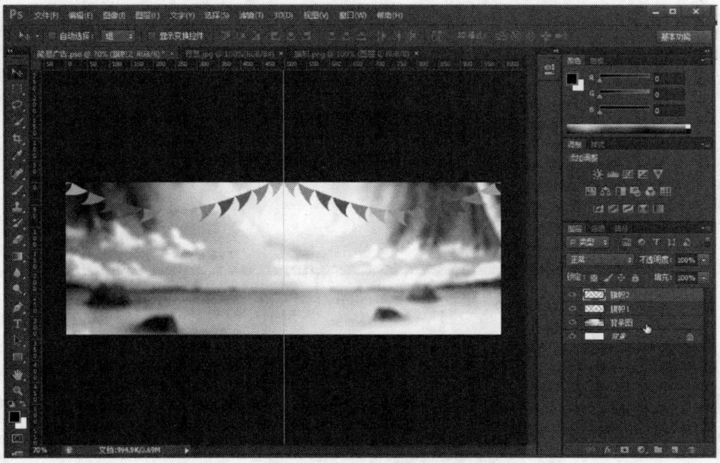

图 7-35　图层规范化命名

（9）单击横排文字工具，输入“欢乐一夏　倾情大回馈”，按住 Ctrl 键的同时选中背景图层，在工具属性栏中选择水平居中的对齐方式，如图 7-36 所示。

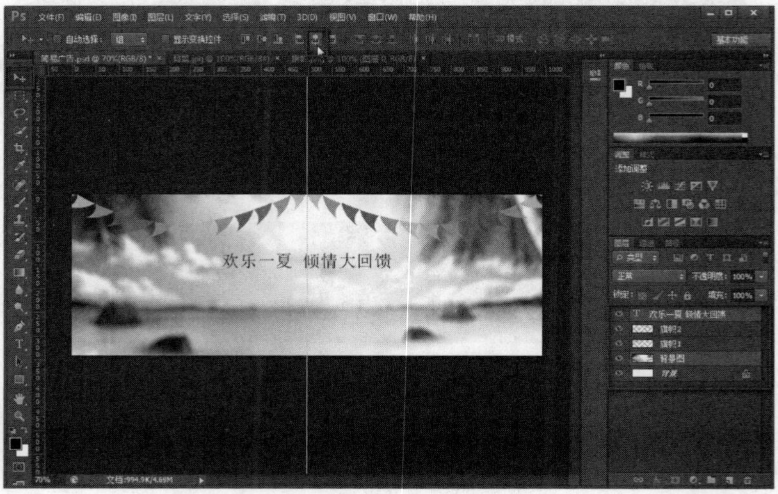

图 7-36　图层对齐

（10）选中文字图层，单击图层面板下方的 fx 按钮，选择“渐变叠加”样式，参数设置如图 7-37 所示。

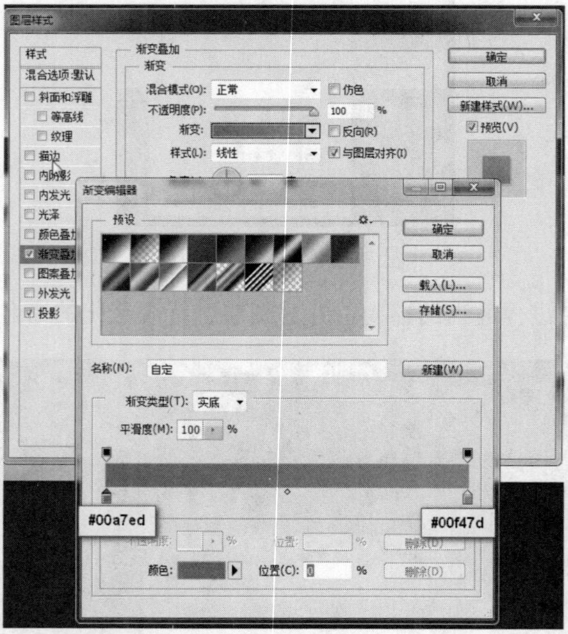

图 7-37　“渐变叠加”样式的参数设置

（11）勾选左侧的“投影”复选框，并进行投影参数设置，如图 7-38 所示。

（12）单击工具属性栏中的字符属性设置按钮，并如图 7-39 所示进行字符属性设置。

（13）新建文字图层，录入红色文字“款款游戏送豪礼”，并对文字进行属性设置，如图 7-40 所示。

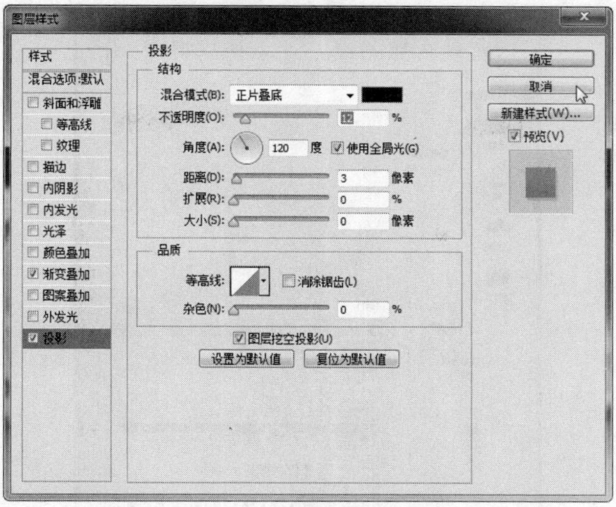

图 7-38 “投影”参数设置

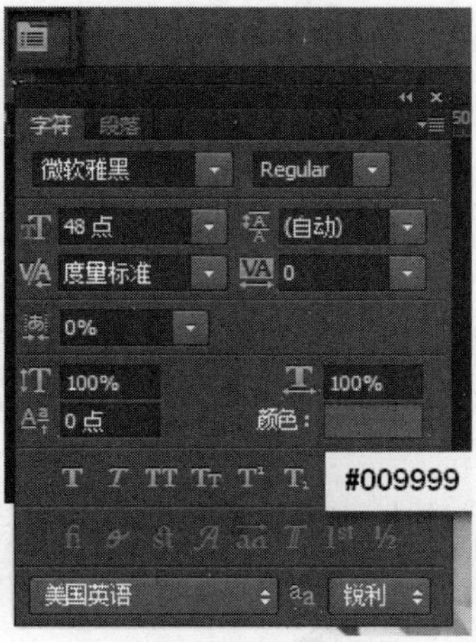

图 7-39 字符属性设置

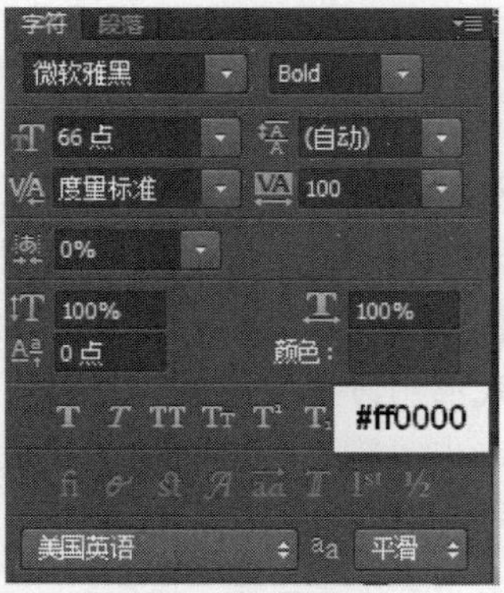

图 7-40 红色字符属性设置

（14）选中红色文字图层和背景图，利用居中按钮对文字进行居中设置并适当下移，最终效果如图 7-41 所示。

图 7-41 最终效果

（15）执行“文件”→“存储为”命令，在“格式”下拉列表中将扩展名设置为 JPEG，单击“保存”按钮，如图 7-42 所示。

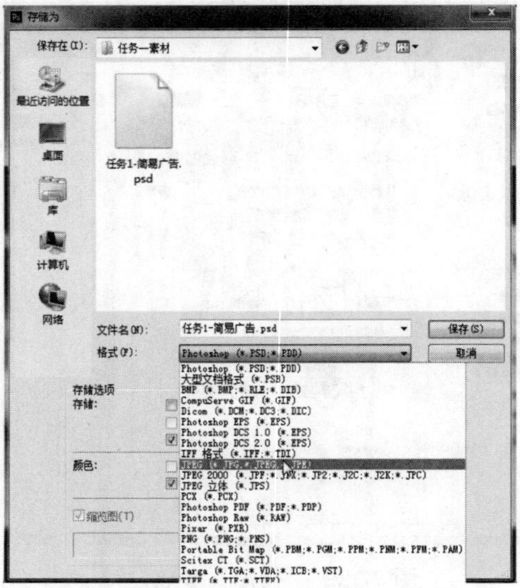

图 7-42　存储格式

[拓展知识与技能]

7.1.7　设置图层样式

1. 图层样式概述

图层样式是应用于一个图层或图层组的一种或多种效果。应用图层样式十分简单，可以为包括普通图层、文本图层和形状图层在内的任何种类的图层应用图层样式。

2. 样式应用方法

（1）单击“窗口”→“样式”可以调出样式面板，选中已有的样式就可以对当前图层的对象进行样式应用，如图 7-43 所示。

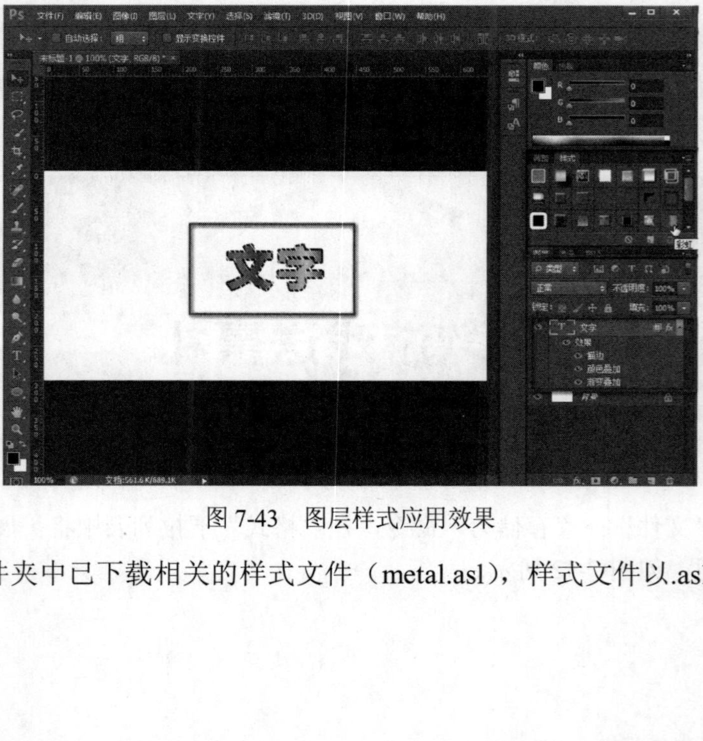

图 7-43　图层样式应用效果

若在素材文件夹中已下载相关的样式文件（metal.asl），样式文件以.asl 为扩展名，单击样式面板右上角按钮，选择其中的载入样式并选择相应的文件，就可以导入样式进行使用，如图 7-44 所示。

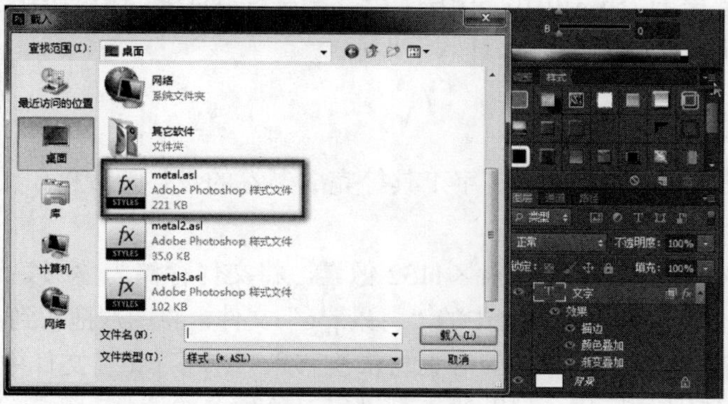

图 7-44　导入图层样式

（2）对样式中的所有项目进行不同的参数设置，可以制作出多种多样的效果。

1）制作斜面和浮雕效果。

- 斜面与浮雕：制作立体感的文字。
- 外斜面：可以在图层内容的外部边缘产生一种斜面的光线照明效果。
- 内斜面：可以在图层内容的内部边缘产生一种斜面的光线照明效果。
- 浮雕效果：创建图层内容相对它下面的图层凸出的效果。
- 枕状浮雕：创建图层内容的边缘陷进下面图层的效果。
- 描边浮雕：创建边缘浮雕效果。

2）阴影效果。Photoshop 中提供了两种阴影效果，分别为投影和内阴影。

- 混合模式：选定投影的色彩混合模式。
- 不透明度：设置阴影的不透明度，值越大阴影颜色越深。
- 角度：用于设置光线照射角度，即阴影的方向会随角度的变化而发生变化。
- 使用全角：可以为同一图像中的所有图层效果设置相同的光线照射角度。
- 距离：设置阴影的距离，变化范围为 0～30000，值越大距离越远。
- 扩展：设置光线的强度，变化范围为 0%～100%，值越大投影效果越强烈。
- 柔化程度：设置阴影柔化效果，变化范围为 0～250，值越大柔化程度越大。
- 质量：在此选项中，可通过设置轮廓和杂点选项来改变阴影效果。
- 图层挖空投影：控制投影在半透明图层中的可视性闭合。

3）制作发光效果。发光的两种类型：图层效果中包括“外发光”和“内发光”。

4）其他图层效果。

- 颜色叠加：可以在图层内容上填充一种纯色。
- 渐变色覆盖：可以在图层内容上填充一种渐变颜色。
- 图案叠加：可以在图层内容上填充一种图案。
- 描边：可以在图层内容边缘产生一种描边的效果。

5）编辑图层效果。

- 复制图层效果的方法：在图层面板的图层效果图标上右击，然后在打开的快捷菜单中选择“复制”命令；或者先选中作用图层，然后单击“图层”→“图层样式”→“复制图层样式”。

- 粘贴图层效果的方法：单击“图层”→“图层样式”→“粘贴图层样式”，或在该图层快捷菜单中单击“粘贴图层样式”即可。

[拓展任务]

运用PS基础操作、辅助工具、文字工具等完成书签的设计，效果如图7-45所示，简要步骤如下：

（1）新建文件，尺寸为479像素×1132像素，将文件存储为“书签.psd”。

（2）打开“任务一拓展”文件夹中的“背景.jpg”文件，将图片拖入到“书签.psd”文件中。

（3）将“梅花”“雷锋”“印章”等素材依次移入“书签.psd”文件中。

（4）运用移动工具、标尺、辅助线工具进行对象位置的调整。

（5）在计算机中安装素材中的字体，输入对应的文字，并进行字体属性的相关设置，然后应用图层样式。

图7-45 书签效果图

7.2 Photoshop选区工具应用

任务2 制作节日海报

[任务描述]

本任务通过创建与制作节日海报，学会选框工具、套索工具、魔棒工具的使用方法，能根据图像灵活地选择选区工具，掌握选区的变换、修改以及颜色填充方法，效果如图 7-46 所示。

[任务展示]

图 7-46　任务 2 效果图

[相关知识与技能]

矩形和椭圆选框工具

7.2.1　选框工具

通过选框工具可以建立矩形、椭圆形选区、1 个像素的列选区和 1 个像素的行选区，如图 7-47 所示。

图 7-47　选框工具

1. 矩形选框工具

通过矩形选框工具可以建立一个矩形选区（配合使用 Shift 键可建立方形选区），默认的选区样式为“正常”，如果设置“固定比例”为 1:1，则无需按住 Shift 键也可以创建正方形选区；如果设置“固定大小”并输入选区的宽度和高度，则可以创建固定大小的矩形选区，如图 7-48 所示。

图 7-48 矩形选框工具属性栏

2. 椭圆选框工具

通过椭圆选框工具可以建立一个椭圆形选区（配合使用 Shift 键可建立圆形选区）。椭圆选区工具的选项面板与矩形选框工具大致相同，只有“消除锯齿”参数是椭圆选框工具所特有的，其作用是消除选区边缘的锯齿，使选区边缘平滑一些。

3. 单行和单列选框工具

通过单行和单列选框工具可以创建单行或单列的区域。这两个工具是为了方便选择一个像素的行和列而设置的。如图 7-49 所示的四线三格就可以用单行选框工具来完成。

图 7-49 单行选框工具制作四线三格

4. 选框工具属性栏

如图 7-50 所示，可以对所选择的选区指定一个选区选项。

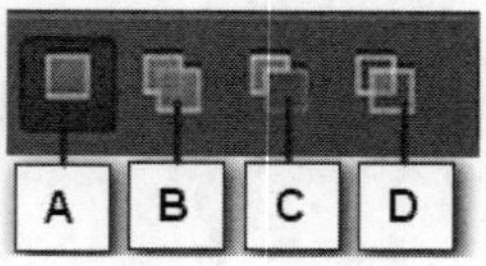

图 7-50 选区选项

- A（新选区）：创建一个新的选区。
- B（添加到选区）：在原有选区的基础上，继续增加一个选区，也就是将原选区扩大。
- C（从选区减去）：在原选区的基础上减去一部分选区。
- D（与选区交叉）：在原选区的基础上得到当前选区与原选区相交的部分。

7.2.2 套索工具组

套索工具组有套索工具、多边形套索工具、磁性套索工具，如图 7-51 所示。

图 7-51 套索工具组

套索工具与多边形套索工具

1. 套索工具

套索工具用于做任意不规则曲线选区。在工具箱中单击该工具，从要创建的起点开始，按住鼠标左键并拖动，松开鼠标后则创建一个不规则的选区，通常用于创建不需要精确选择的选区，如图 7-52 所示。

2. 多边形套索工具

多边形套索工具用来创建多边形选区。在要进行定义的选取框边缘上单击鼠标，拖曳鼠标光标到另一点，再单击鼠标，定义一条直线。继续这样的操作，在“开始处”的点上单击，将完成整个选取框定义。也可以在最后一个点处双击，软件将自动连接首尾两个点，定义选取区域。多边形套索工具是最精确的不规则选择工具，它将放大图像这样的功能结合在一起，可以制作出非常复杂而精确的选择区，如图 7-53 所示。

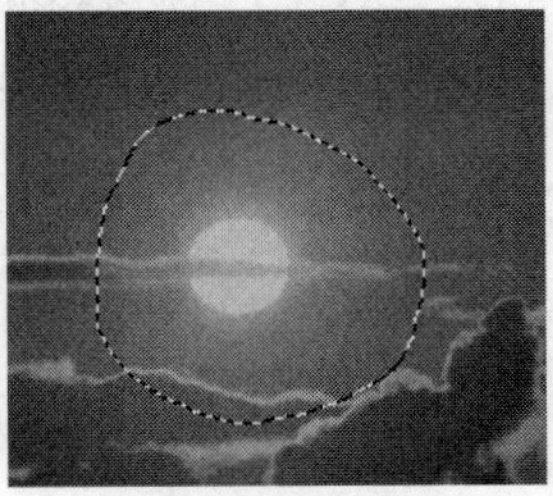

图 7-52　不精确选区

图 7-53　多边形套索工具

3. 磁性套索工具

磁性套索工具似乎有磁力一样，不用按鼠标左键，只需要直接移动鼠标，在工具头处会出现自动跟踪的线，这条线总是走向颜色与颜色边界处，边界越明显磁力越强，将首尾连接后可完成选择，一般用于颜色与颜色差别比较大的图像选择。磁性套索工具的使用方法是先单击一个位置确定起点，然后使用鼠标在图像中不同对比度区域的交界附近拖拉，工具会自动将选取边界吸附到交界上，当鼠标指针回到起点时，磁性套索工具的小图标右下角就会出现一个小圆圈，这时松开鼠标就会形成一个封闭的选区。

磁性套索工具

使用磁性套索工具，可以轻松地选取具有相同对比度的图像区域，当发现套索偏离了轮廓（图像边缘）时，可以按 Delete 键删除最后一个锚点，并单击一下鼠标左键，手动产生一个锚点固定浮动的套索，如图 7-54 所示。

图 7-54　磁性套索工具

4. 套索工具属性

属性栏中有几个参数需要进行设置，这几个参数会对工具的选取有一定影响，如图 7-55 所示。

图 7-55　套索工具属性栏

（1）羽化。取值范围在 0～250 之间，可羽化选区的边缘，数值越大，羽化的边缘越大。如图 7-56 所示是羽化 50 个像素后选取的图像。

（2）宽度。数值框中可输入 0～40 之间的数值。对于某一给定的数值，磁性套索工具将以当前用户鼠标指针所处的点为中心，以此数值为宽度范围，在此范围内寻找对比强烈的边界点作为选界点。

（3）对比度。它控制了磁性套索工具选取图像时边缘的反差。可以输入 0%～100%之间的数值，输入的数值越高则磁性套索工具对图像边缘的反差越大，选取的范围也就越准确。

（4）频率。它对磁性套索工具在定义选区边界时插入的定位锚点多少起着决定性的作用。可以在 0～100 之间选择任意数值输入，数值越高则插入的定位锚点就越多，反之定位锚点就越少。

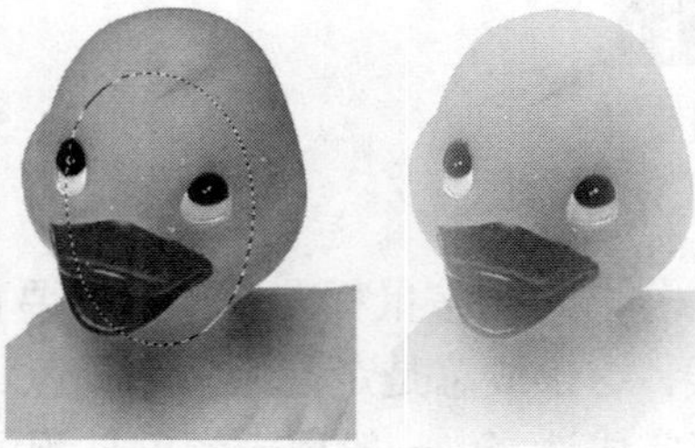

图 7-56　羽化效果

7.2.3　快速选择工具和魔棒工具

快速选择工具和魔棒工具在工具箱的同一个位置，都属于快速创建选区的智能选择工具，如图 7-57 所示。

图 7-57　快速选择工具和魔棒工具

1. 快速选择工具

快速选择工具是基于画笔模式的，通过调整画笔的笔触、硬度和间距等参数，单击并拖动鼠标来创建选区，使用可调整的圆形画笔笔尖快速绘制选区。拖动时，选区会向外扩展并自动查找和跟随图像中定义的边缘。如图 7-58 所示是快速选择工具属性栏。

快速选择工具

图 7-58　快速选择工具属性栏

（1）：新选区。

（2）：添加选区。

（3）：减去选区。没有选区时，默认是新选区。选区建立后，自动改为添加选区。如果按住 Alt 键，选择方式变为减去选区。

（4）：画笔设置。初选时离边缘较远、较大的区域，画笔尺寸可以设置大些，以提高选取的效率，但对于小块的主体或修正边缘时则要换成小尺寸的画笔。

（5）对所有图层取样。当图像中含有多个图层时，勾选该复选框，将对所有可见图层起作用；没有勾选时，只对当前图层起作用。

（6）自动增强。勾选此复选框后，可减少选区边界的粗糙度和块效应，即可以使选区向主体边缘进一步流动并进行一些边缘调整。

2. 魔棒工具

魔棒工具

魔棒工具是一种比较快捷的抠图工具。对于一些分界线比较明显的图像，通过魔棒工具可以快速地将图像抠出。魔棒工具的作用是可以知道所单击的那个地方的颜色，并自动获取附近区域相同的颜色，使它们处于选择状态。图 7-59 所示是魔棒工具属性栏。

图 7-59　魔棒工具属性栏

（1）容差：指所选取图像的颜色接近度，也就是说容差越大，图像颜色的接近度也就越小，选择的区域也就相对变大了。

（2）连续：指选择图像颜色的时候只能选择一个区域中的颜色，不能跨区域选择。比如，如果一个图像中有几个相同颜色的圆，它们都不相交，当我选择了连续，在一个圆中选择，这样只能选择到一个圆，如果没点连续，那么整张图片中的相同颜色的圆都能被选中。

（3）对所有图层取样：勾选了这个选项，整个图层中相同颜色的区域都会被选中，没勾选的话就只会选中单个图层的颜色。

3. 两个工具的比较

魔棒工具需要多次单击才能选出最终想要的选区，控制选区大小的是容差等；快速选择工具可以单击一次，只需在图像的范围内拖动，就可以得到想要的范围，控制选区的范围和画笔的方法是一样的。快速选择工具是“画”出主体的选区，魔棒工具是通过单击来获得颜色相近的选区。图 7-60 中的荷花主体比较适合用快速选择工具来选取。

图 7-60　快速选择工具选取荷花主体

[任务实施]

（1）在桌面上双击 Photoshop 快捷图标，启动 Photoshop 软件，执行“文件”→“新建”命令，弹出“新建”对话框，如图 7-61 所示。

任务 2 完成过程

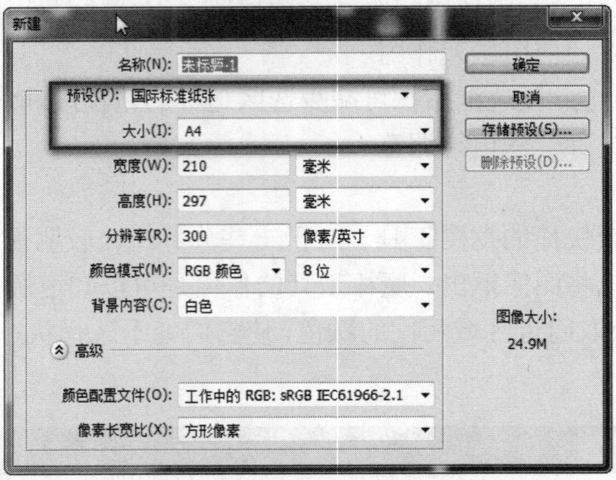

图 7-61　新建 A4 大小的文件

（2）设置前景色为# 012944，按 Alt+Enter 组合键，为整个画面填充背景色。

（3）打开任务 2 素材中的“星空”图片，利用矩形选框工具选择一片星空，如图 7-62 所示。

（4）利用快捷键 Ctrl+C 和 Ctrl+V 将星空复制到中秋节海报文件中，选中星空图层，再按快捷键 Ctrl+T 变换大小，使星空占据海报文件的上部分三分之二的位置，如图 7-63 所示。

图 7-62　利用矩形选框工具选取一片星空

图 7-63　复制星空到海报文件中

（5）运用同样的方法将水面也复制到海报文件中，并进行适当的变换，注意在变换的时候按住 Shift 键，可以使图像不变形，效果如图 7-64 所示。

（6）新建月亮图层，在图层中的水面与星空相接的位置，按住鼠标左键，同时按下 Shift+Alt 组合键，在图层中建立一个正圆形选区，如图 7-65 所示，并利用快捷键 Ctrl+Enter 为选区填充白色。

图 7-64　复制水面到海报文件中

图 7-65　新建正圆形选区并填充白色

（7）为月亮图层添加图层效果，选中月亮图层，然后单击图层面板下方的 fx 按钮，在弹出的“图层样式”对话框中选择“外发光”样式，如图 7-66 所示设置参数。

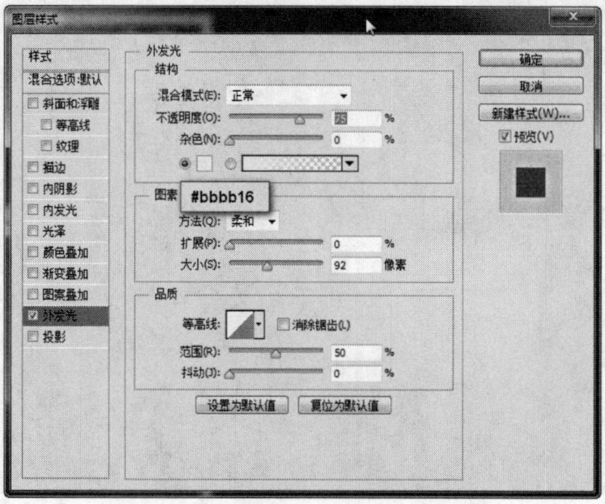

图 7-66　“外发光”样式参数设置

（8）选择月亮图层中的月亮选区，利用“与选区交叉”选出月亮的下半部分，复制成为另外一个图层“月亮下”（月亮倒影图层），并将图层的不透明度参数设置为 60%，如图 7-67 所示。

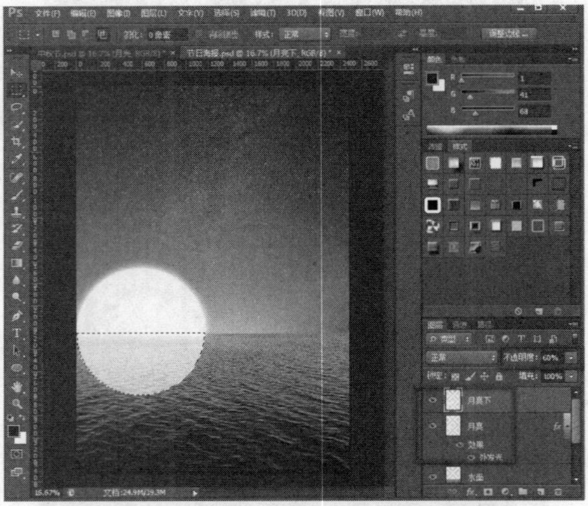

图 7-67　制作月亮倒影图层

（9）将素材中的“李旭科书法 1.4.ttf”字体安装到本机，分为三个图层录入文字并设置文字的字符格式，字符参数如图 7-68 所示，效果如图 7-69 所示。

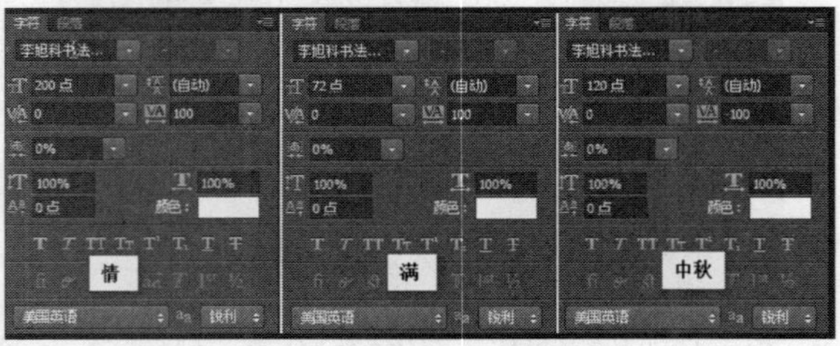

图 7-68　字符参数

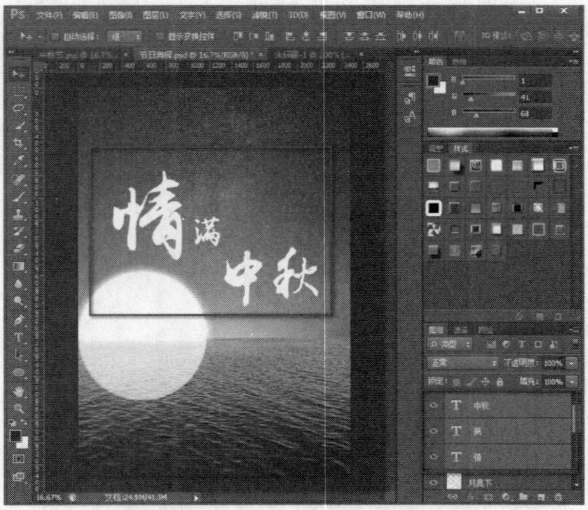

图 7-69　文字完成效果

（10）利用快速选择工具在素材中选出灯笼选区并将其复制到海报文件中，利用快捷键 Ctrl+T 对灯笼进行大小变换并放在文件中的适当位置，如图 7-70 所示。

图 7-70　灯笼完成效果

（11）打开素材“石头莲花.jpg”文件，利用磁性套索工具建立莲花选区，并复制到节日海报文件中，如图 7-71 所示，然后利用快捷键 Ctrl+T 对灯笼进行大小变换并放在文件中的适当位置。

图 7-71　选择莲花

（12）新建边框图层，按下快捷键 Ctrl+A，单击“视图”→“新建参考线”，在水平 50 像素和 2450 像素及垂直 50 像素和 3458 像素上新建参考线，如图 7-72 所示。

（13）选择矩形选框工具，单击“从选区减去”按钮，沿着参考线画出选区，得到边框选区，并利用快捷键 Ctrl+Enter 对选区填充白色，如图 7-73 所示。

（14）执行“文件”→“存储为”命令，在“格式”下拉列表中，将扩展名设置为 JPEG，单击“保存”按钮。

图 7-72　新建参考线

图 7-73　边框完成效果

[拓展知识与技能]

7.2.4　创建文字选区

在 Photoshop 中输入文字后会自动生成文字图层，我们可以对文字进行字符属性的设置，并设置出不同字体、大小、颜色的文字，但是在图片处理过程中可能需要制作一张图片文字，我们该如何完成呢？这就需要我们能够创建文字选区，下面通过一个实例来掌握这一方法。

[拓展任务]

（1）新建一个 400×100 像素的文件，设置背景内容为“透明”。

（2）新建文字图层，并录入“收获的季节”，设置文字格式。

（3）打开“秋季.jpg”文件，将图片全选后复制图片到当前文档中，将树叶茂盛的部分放置在图的中央，并将文字图层移动到“秋季”图层之上。

（4）按住 Ctrl 键并单击文字图层上的按钮，选中文字选区（注：选区的大小可以用“变换选区”命令来改变），然后选中图层 1，在画布上调出右键菜单，并单击“选择反向”（或按快捷键 Shift+Ctrl+I），单击 Delete 键将非文字部分删除，隐藏文字图层，制作出来的图片、文字就可以应用到其他地方了，如图 7-74 所示。

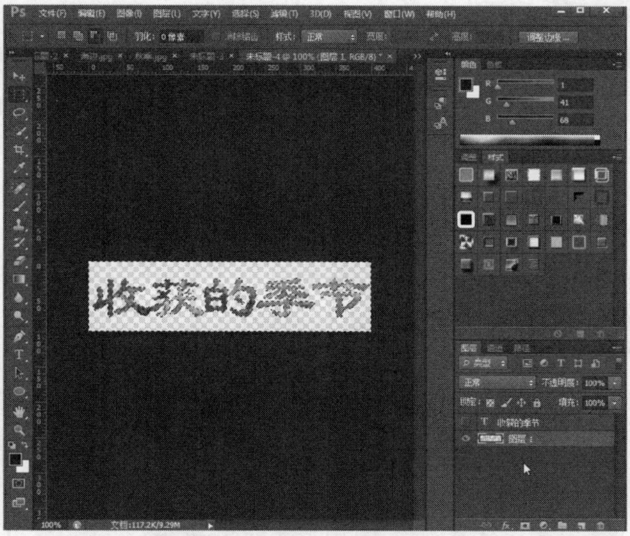

图 7-74　图片文字

7.2.5　选区编辑

Photoshop 中提供了一系列的选区编辑操作，有取消选区、增加选区、羽化等，首先给大家介绍常用选区编辑的快捷键及操作，以下操作都是建立在已有当前选区的基础上的。

（1）取消选区：Ctrl+D 组合键。

（2）增加选区：Shift 键。

（3）减去选区：Alt 键。

（4）交集选区：Shift+Alt 组合键。

（5）选区反向：Shift+Alt+I 组合键。

（6）调整边缘：Alt+Ctrl+R 组合键。在对话框的选项中设置相关的参数，优化主体边缘，可以得到边缘较为自然的主体。

（7）变换选区：单击选区，调出右键菜单，选择“变换选区”命令，可以进行缩放、旋转、斜切、扭曲等操作，如图 7-75 所示。

（8）移动选区：在有选区的状态下，直接拖动就可以移动选区，也可以用方向键移动选区。

（9）羽化选区：在有选区的状态下，调出右键菜单，选择“羽化”命令，可以通过设置羽化半径来达到朦胧的效果，羽化半径越大，朦胧范围越宽，如图 7-76 所示。

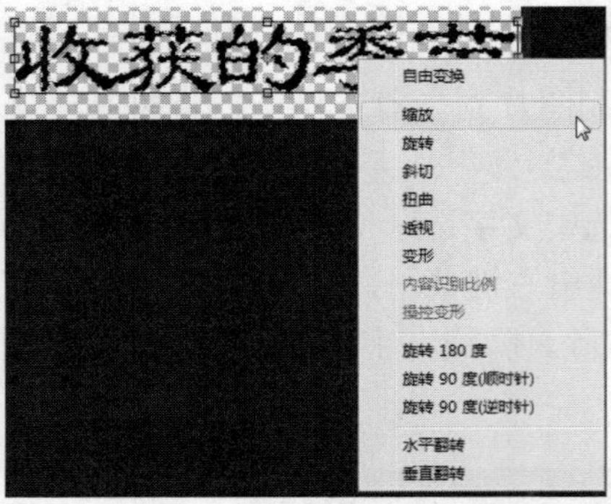

图 7-75　变换选区右键菜单

图 7-76　“羽化选区”对话框

（10）填充选区：使用快捷键 Ctrl+Enter 为选区填充背景色，使用快捷键 Alt+Enter 为选区填充景色。

[拓展任务]

（1）打开素材中的“模特.jpg”文件，综合利用各类选区工具，将模特的主体选出。

（2）按快捷键 Alt+Ctrl+R，并对参数进行调整。

（3）按“确定”按钮后，按快捷键 Ctrl+C，复制选出的主体，然后打开素材中的“海边.jpg”文件，将复制的主体粘贴到文件中，得到合成的图片，如图 7-77 所示。

图 7-77　合成效果

7.3　图片的修正与调整

任务 3　修复瑕疵图片

[任务描述]

本任务通过对有瑕疵的图片进行修复来掌握 Photoshop 中的“仿制图章”“修复画笔”“红眼工具”等工具的使用方法及技巧，效果如图 7-78 所示。

[任务展示]

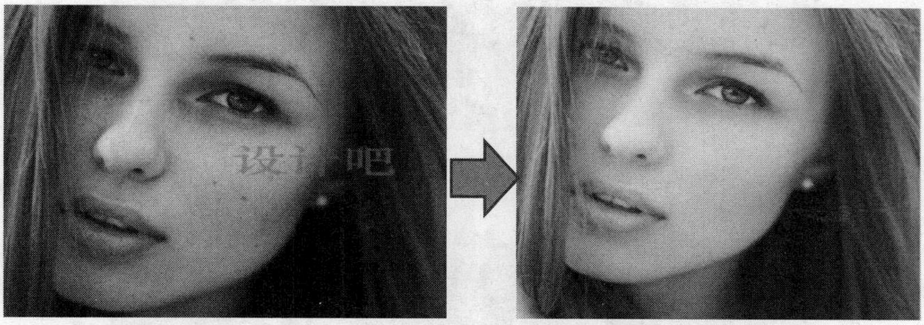

图 7-78　任务 3 完成效果

[相关知识与技能]

仿制图章工具

7.3.1　仿制图章工具

“仿制图章工具”主要用来复制取样的图像，可以去除画面某些信息，也可以修复画面上某些信息，如图 7-79 所示。

图 7-79　仿制图章工具

1. 操作方法

在工具箱中选取“仿制图章工具”，然后把鼠标指针放到要被复制的图像的窗口上，这时鼠标指针将显示一个方形的形状，按住 Alt 键，单击进行定点选样，根据情况需要单击相似的区域，再选择一个点，然后按住鼠标左键拖动即可逐渐地出现复制的图像。如图 7-80 所示，在图中船所在的边缘区域选点取样，然后在船上拖动鼠标指针涂抹，就可以将水中的船去除，如图 7-81 所示，注意要适当地重新定点选样。

图 7-80　定点选样

图 7-81　完成以后

（1）打开“实例 1.jpg”图片文件，单击“仿制图章工具”，设置选项栏中的画笔大小为 50，其余参数不变，如图 7-82 所示。

图 7-82　打开文件并设置画笔大小

（2）由于当前图片中的文字在蓝天部分，蓝天部分的色彩是渐变色的，要注意颜色的匹配问题，所以在要除去文字的水平位置拉一条参考线，为后面进行涂抹提供参考位置，如图 7-83 所示。

图 7-83　拉参考线辅助修复

（3）在文字左侧位置按住 Alt 键进行源点的选取，如图 7-84 所示。

图 7-84　左侧取点进行修复

（4）然后移动鼠标指针至文字区域进行涂抹，涂抹时注意以参考线为起点进行垂直方向的涂抹，当文字涂抹过半后停止涂抹，如图 7-85 所示。

图 7-85　修复一半后的效果

（5）按住 Alt 键在文字右侧进行取点，如图 7-86 所示。

图 7-86　右侧取点修复

（6）然后移动鼠标指针至文字区域进行涂抹，涂抹时还是注意以参考线为起点进行垂直方向的涂抹，最终效果如图 7-87 所示。

图 7-87　最终效果

2. 选项面板

单击“仿制图章工具”后，在属性栏就可以设置选项，如图 7-88 所示。

图 7-88　“仿制图章工具”属性栏

（1）画笔：选择的画笔大小可以设置复制区域的大小，画笔硬度越大，边缘越清晰，反之就越模糊，笔刷的直径会影响复制的范围。

（2）不透明度：设置复制区域的不透明度。

（3）流量：与不透明度类似，单用效果一样。

（4）对齐：如果勾选此复选框，则无论涂抹停止和继续多少次，采样点都是最初单击的位置；如果没有勾选此复选框，则取样后仿制图章的目标位置与源位置的距离和角度永远保持不变。

7.3.2 修复画笔工具

修复画笔工具

修复画笔工具是 Photoshop 中处理照片常用的工具之一。利用修复画笔工具可以快速移除照片中的污点和其他不理想部分。Photoshop 的修复画笔工具内含 5 个工具，分别是污点修复画笔工具、修复画笔工具、修补工具、内容感知移动工具、红眼工具，如图 7-89 所示。

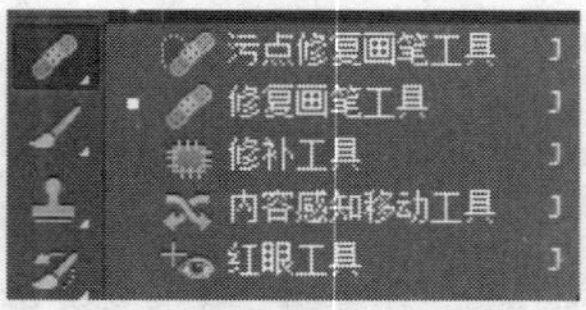

图 7-89 仿制图章工具

1. 工具介绍

（1）污点修复画笔工具。污点修复画笔工具可以快速移除照片中的污点和其他不理想部分。污点修复画笔的工作方式与修复画笔类似，使用图像或图案中的样本像素进行绘画，并将样本像素的纹理、光照、透明度和阴影与所修复的像素相匹配。与修复画笔不同，污点修复画笔不要求指定样本点，将自动从所修饰区域的周围取样。

在污点修复画笔工具属性栏中，“画笔”可以调整大小与硬度；在“模式”里可选择不同的修复模式；“近似匹配”可以自动匹配；“创建纹理”将自动使用覆盖区域中的所有像素创建一个用于修复该区域的纹理，如图 7-90 所示。

图 7-90 污点修复画笔工具属性栏

（2）修复画笔工具。修复画笔工具是需要定义修复源点的，源点就是我们要修复成的样子。按住 Alt 键选择源点，单击需要修复的地方进行修复。

（3）修补工具。修补工具使我们可以用其他区域或图案中的像素来修复选中的区域，修改有明显裂痕或污点等有缺陷或者需要更改的图像。选择需要修复的选区，拉取需要修复的选区并拖动到附近完好的区域方可实现修补。用于修复照片的话可以用来修复一些大面积的皱纹之类的。

（4）内容感知移动工具。内容感知移动工具可以只选择照片场景中的某个物体，然后将其移动到其他需要的位置就可以实现复制，复制后的边缘会自动柔化处理，跟周围环境自动融合，可以完成极其真实的合成效果。

（5）红眼工具。红眼工具专门用来消除人物眼睛因灯光或闪光灯照射后瞳孔产生的红点、白点等反射光点。

2. 操作方法

（1）污点修复画笔工具。打开任务 3 素材中的“实例 2.jpg”图片，单击污点修复画笔工具，在工具属性栏中设置画笔大小为 15 像素，其他参数不变，然后移动鼠标指针到模特的污点处单击就可以直接修复了，如图 7-91 所示。

图 7-91　设置画笔大小后单击进行修复

（2）修复画笔工具。打开任务 3 素材中的“实例 2.jpg”图片，单击修复画笔工具，在工具属性栏中设置画笔大小为 15 像素，其他参数不变，然后移动鼠标指针到模特脸部的皮肤完美的地方，按住 Alt 键进行取样，如图 7-92 所示，再如污点修复画笔工具一样移动到需要修复的地方并单击即可。

图 7-92　设置取样点

（3）修补工具。打开任务 3 素材中的“实例 2.jpg”图片，单击修补工具，默认情况下，在工具属性栏会选中源按钮，此时，只需要圈中模特脸部中的痘印部分，然后将选区拖动到皮肤完美的地方即可修复痘印，如图 7-93 所示。

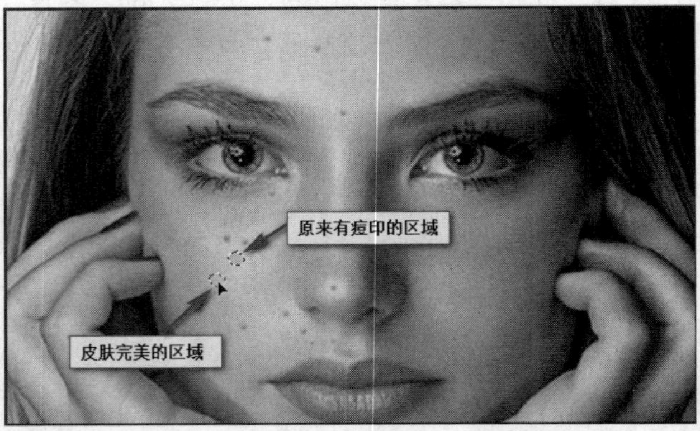

图 7-93　选中痘印部分进行拖动

如果在工具属性栏中选中了 目标，代表要选中皮肤完美的区域后再拖动到有痘印的区域，完成的修复效果是相同的。

（4）内容感知移动工具。打开任务 3 素材中的“实例 3.jpg”图片，单击快速选择工具，将右侧的骏马大致选中，如图 7-94 所示，然后单击内容感知移动工具，在工具属性栏中将模式设置为“扩展” 模式：扩展，将骏马移动到图片中两匹骏马的中间位置，如图 7-95 所示。

图 7-94　选中右侧骏马

图 7-95　利用内容感知移动工具进行复制

（5）红眼工具。打开任务 3 素材中的“实例 4.jpg”图片，单击红眼工具，将工具属性栏的参数进行相应设置，然后在小猫红色眼睛处单击即可完成修复，如图 7-96 所示。

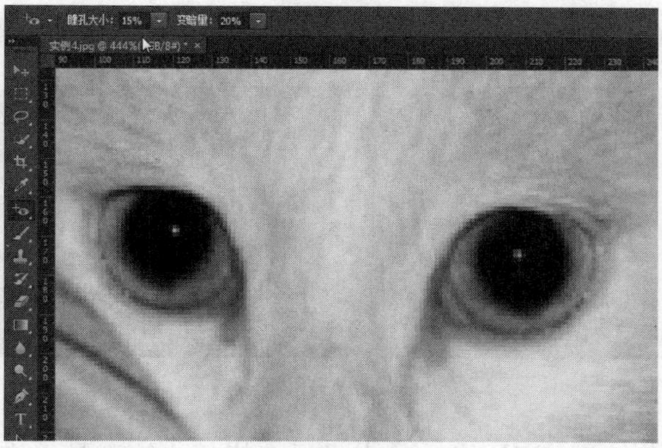

图 7-96　参数设置及完成后的效果

任务 3 完成过程

[任务实施]

（1）启动 Photoshop 软件，选择“文件”→“打开”命令，选择任务 3 素材中的“任务 3 原图.jpg”文件，或者打开“任务 3 原图.jpg”所在的文件夹，将“任务 3 原图.jpg”拖至任务栏的 Photoshop 图标上。

（2）首先处理“设计吧”三个字，利用“魔棒工具”将三个字的选区选中，如图 7-97 所示。

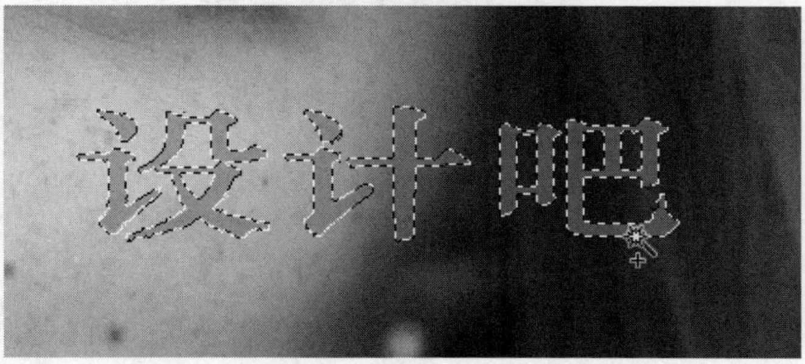

图 7-97　选中文字选区

（3）选中矩形选区工具之后，右击文字选区，选择其中的“填充”命令，设置“填充”对话框中的参数，如图 7-98 所示。

图 7-98　使用“内容识别”进行填充

（4）利用快捷键 Ctrl+D 取消选区后得到文字去除后的效果，如图 7-99 所示。

图 7-99　去除文字

（5）对于还剩下的少量文字边缘，单击“污点修复画笔工具”进行细致的涂抹，将画笔大小设置为 10，如图 7-100 所示。

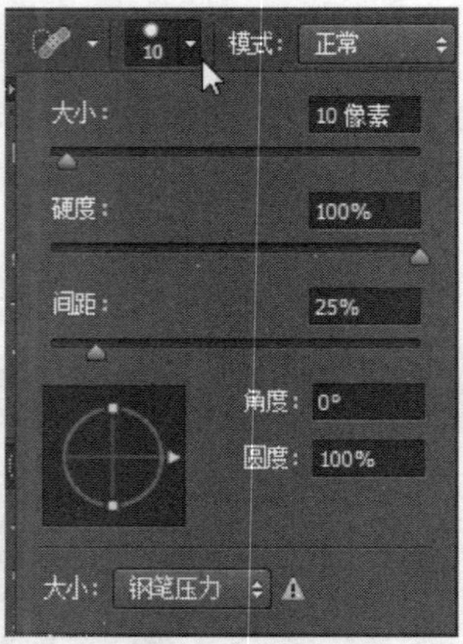

图 7-100　设置污点修复画笔大小

（6）选中“修复画笔工具”，移动鼠标指针至图像额头斑点所在区域的旁边，按住 Alt 键选取源点，将画笔大小设置为 15 像素，如图 7-101 所示，然后涂抹图中比较明显的四个大斑点，完成后的效果如图 7-102 所示。

图 7-101　选取修复画笔工具源点

图 7-102　大斑点修复后效果

（7）拖动背景图层到图层快捷操作面板中的新建按钮上，得到新的“背景 副本”图层，选择“滤镜”→“模糊”→“高斯模糊”命令，进行参数设置，如图 7-103 所示。

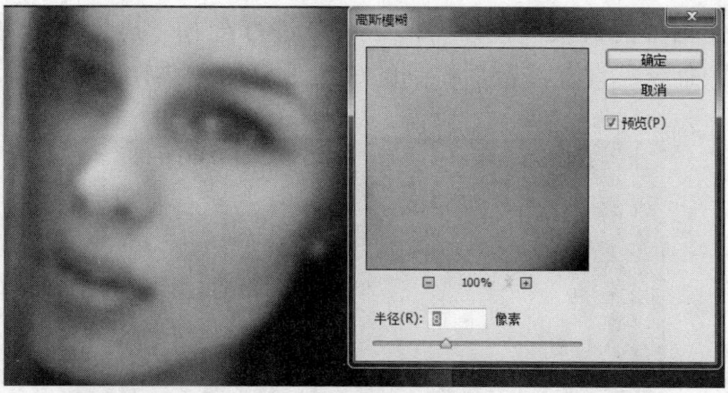

图 7-103　高斯模糊

（8）在图层快捷操作面板上单击“添加矢量蒙版” 按钮，为副本图层添加蒙版，然后按快捷键 Ctrl+Enter 给蒙版填充黑色，如图 7-104 所示。

图 7-104　给蒙版填充黑色

（9）选中画笔工具，设置画笔大小为 30 像素，在图像中的脸部斑点皮肤区域进行涂抹，注意五官部分，最后得到的效果如图 7-105 所示。

图 7-105　涂抹斑点后的效果

（10）为了能使图片的效果更佳，将两个图层进行合并，执行菜单“图像”→“调整”→“亮度与对比度”命令，设置参数后得到的最后效果如图 7-106 所示。

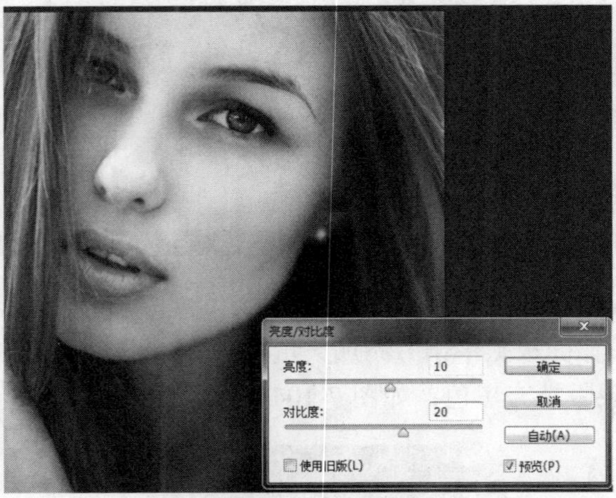

图 7-106　设置参数后得到的最后效果

[拓展知识与技能]

7.3.3　画笔工具

使用“画笔工具”是用前景色进行绘画，可以快速在图像中绘制随性的笔画效果，选择“画笔工具”，在如图 7-107 所示的工具属性栏中设置相关的参数，可进行绘图操作。

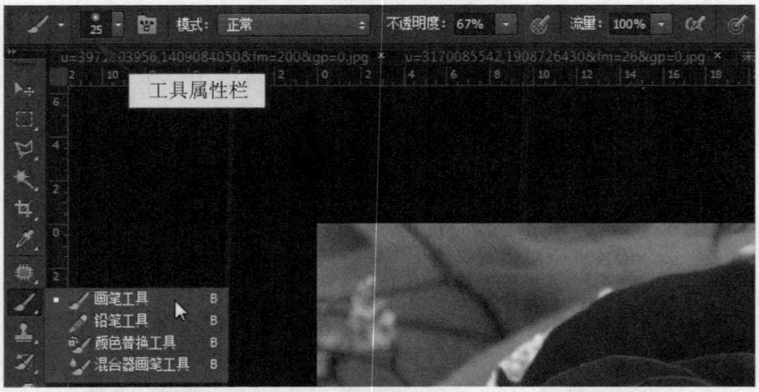

图 7-107　画笔工具

在工具属性栏中，选取器、不透明度和流量这三项比较常用。

（1）选取器：单击该按钮，可打开画笔下拉面板，在面板中可选择笔尖以及设置画笔的大小和硬度。

（2）不透明度：用来设置画笔的不透明度，该值越低，画笔的透明度越高。

（3）流量：用于设置当光标移动到某个区域上方时应用颜色的速率。流量越大，应用颜色的速率越快。

7.3.4 图层蒙版

图层蒙版就是在图层上直接建立的蒙版。通过对该蒙版进行编辑、隐藏、链接、删除等操作，完成对图层对象的编辑。在“蒙版”中，“黑色”为“蒙版”的保护区域，可隐藏未被编辑的图像；“白色”为“蒙版”的编辑区域，用于显示需要编辑的图像部分；“灰色”为“蒙版”的部分保护区域，在此区域的图像会显示半透明状态。

1. 添加图层蒙版

在“图层”面板中单击“添加图层蒙版”按钮，即可为选中的图层添加一个“图层蒙版”，如图 7-108 所示。

图 7-108 添加图层蒙版

2. 图层蒙版的链接

在“图层“面板中，图层缩览图和图层蒙版缩览图之间存在“链接图标”，用来关联图像和蒙版。当移动图像时，蒙版会同步移动。单击“链接图标”时，将不再显示此图标，此时可以分别对图像与蒙版进行操作。

3. 停用和启用图层蒙版

执行“图层”→“图层蒙版”→“停用”命令，或者右击蒙版，选择右键菜单中的“停用图层蒙版”命令，此时图像将全部显示，再次右击蒙版，此时选择右键菜单中的“启用图层蒙版”命令，可启用图层蒙版。

4. 删除图层蒙版

执行“图层”→“图层蒙版”→“删除”命令，或者右击蒙版，选择右键菜单中的“删除图层蒙版”命令，即可删除图层蒙版。

[拓展任务]

（1）打开素材中的“花朵.jpg”文件。

（2）将“蜜蜂.jpg”文件拖入“花朵.jpg”文件，按回车键，将蜜蜂图片置入文件中，右击蜜蜂图层，选择栅格化图层，如图 7-109 所示。

图 7-109 栅格化蜜蜂图层

（3）运用魔棒工具将蜜蜂图片的白色区域删除，如图 7-110 所示。

（4）单击“图层”调板下方的“添加图层蒙版”按钮，为“蜜蜂”图层添加一个空白蒙版，如图 7-111 所示。

图 7-110　删除白色区域

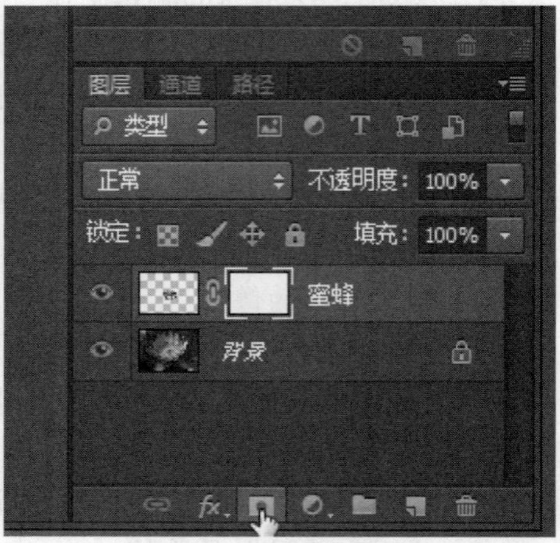

图 7-111　添加蒙版

（5）设置前景色为黑色，选中工具箱中的“画笔工具”，将笔刷设置为软笔刷并调整其大小，放大图像，将蜜蜂周围多余的部分涂抹掉，可利用橡皮擦工具恢复擦掉的区域，蒙版效果如图 7-112 所示。

图 7-112　运用蒙版抠出蜜蜂图像

（6）按住 Ctrl 键选中蜜蜂图层，按快捷键 Ctrl+T 改变图像大小及角度，如图 7-113 所示，按回车键后应用变换功能即能完成相应效果。

图 7-113　调整大小及角度

第 8 章　Premiere 视频剪辑与制作

本章导读

Adobe Premiere 是 Adobe 公司推出的非线性编辑软件，是一款功能强大的数码视频编辑工具。它被广泛应用于电影、电视、多媒体、网络视频、动画设计以及家庭 DV 等领域的后期制作中，具有很高的知名度。Premiere 具有有较好的兼容性，可以与 Adobe 公司推出的其他软件相互协作。Premiere Pro CC 2018 作为 Premiere 的其中一个版本，拥有前所未有的视频编辑能力和灵活性，是目前使用最多的视频编辑软件之一。

本章以视频的剪辑和制作为教学载体，以制作尚易电器公司 2017 年度奖励游的旅游风光短片为子项目，主要包含以下两个任务：

- 任务 1　编辑旅游风光短片的基本内容
- 任务 2　设置旅游风光短片的音、视频特效和过渡效果

通过完成以上两个任务，掌握使用 Premiere Pro CC 2018 软件进行基本的视频剪辑制作。

8.1　Premiere Pro CC 2018 的基本操作

任务 1　编辑旅游风光短片的基本内容

[任务描述]

筱晓是尚易电器公司的销售经理，因 2017 年度业绩突出，受到公司的嘉奖，获得了公司提供的奖励游。旅行结束后，领导让筱晓把旅途拍摄的视频片段和照片剪辑后做成短片在公司播放，以激励员工来年更创辉煌。筱晓选择功能强大的视频剪辑软件——Premiere Pro CC 2018 来完成这个任务，图 8-1 所示为短片制作完成后的效果截图。

[任务展示]

图 8-1　任务 1 效果图

[相关知识与技能]

初识 premiere

8.1.1 Premiere Pro CC 2018 的工作界面

Premiere Pro CC 2018 的工作界面主要由标题栏、菜单栏和各部分面板组成，如图 8-2 所示。常用面板有源监视器面板、节目监视器面板、项目面板、时间轴面板、工具面板等，可以通过“窗口”菜单打开需要的面板。如果面板已经打开，菜单中其名称前会出现一个“√”号；如果面板尚未打开，在菜单中选择后，它将在工作界面中的一个窗口中打开。下面将介绍一些常用面板的主要功能。

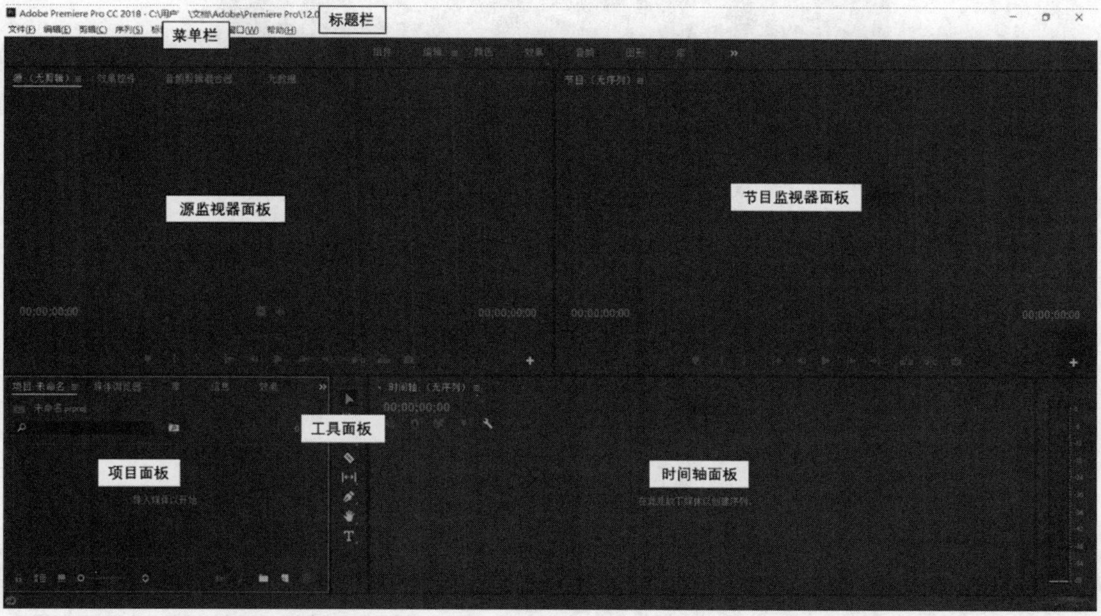

图 8-2　Premiere Pro CC 2018 工作界面

（1）源监视器面板：主要用于预览或剪裁项目面板中选中的某一原始素材。可根据项目的不同要求以及编辑的需求，在源监视器面板所在的面板编组中通过单击面板名称选择效果控件、音轨混合器等面板。

（2）节目监视器面板：主要用于预览时间轴面板序列中已经编辑的素材（影片），也是最终输出视频效果的预览窗口。

（3）项目面板：主要用于导入、存放和管理素材。可在项目面板所在的面板编组中通过单击面板的名称切换到媒体浏览器、效果、字幕、标记等面板。

（4）时间轴面板：是 Premiere 的核心面板，用户的编辑工作要在时间轴面板中完成。在时间轴面板中可以组合项目的视频与音频序列、特效、字幕和切换效果。

（5）工具面板：主要用于在时间轴面板中进行素材编辑，是视频与音频编辑的重要工具。

8.1.2 创建和配置项目

Premiere 的项目是一个包含了序列和相关素材的 Premiere Pro 文件，与其包含的素材之间存在着链接关系。在 Premiere 中所有的编辑操作都需要在项目中进行，项目文件就像一个大的容器，在其中存储了序列和素材的一些相关信息和编辑操作的数据。

1. 创建项目

项目的创建、参数设置和基本操作

启动 Premiere 的同时打开“开始”界面，如图 8-3 所示。该界面用于打开最近编辑过的项目文件，以及进行新建项目、打开项目和开启帮助的操作。Premiere Pro CC 2018 默认可以显示用户最近使用过的 5 个项目文件的路径，以名称列表的形式显示在“最近使用项”一栏。通过单击文件名，就能快速地打开相应的文件。

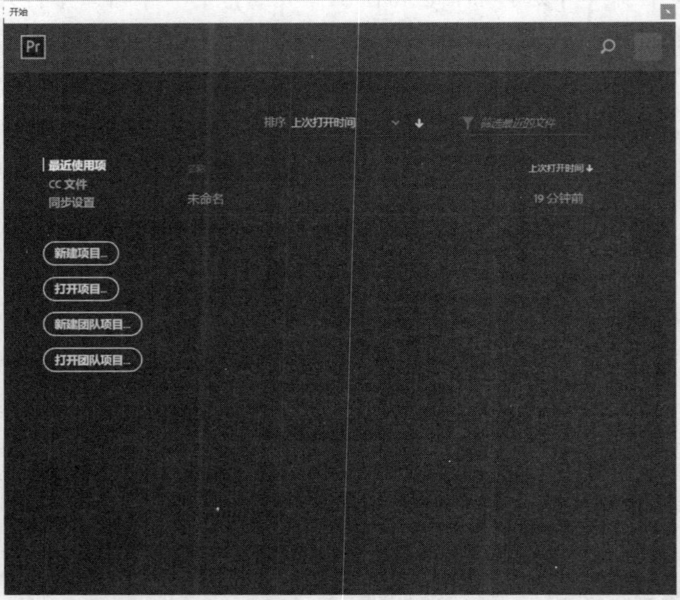

图 8-3 “开始”界面

如果要创建一个新的项目文件，可通过单击“开始”界面中的“新建项目”按钮，打开“新建项目”对话框，在此对话框中进行项目名称、项目在磁盘的存储位置和相关参数设置，单击“确定”按钮，便完成项目的新建。在 Premiere 的主界面通过“文件”菜单下的“新建”→“项目”命令也能打开“新建项目”对话框并新建项目。

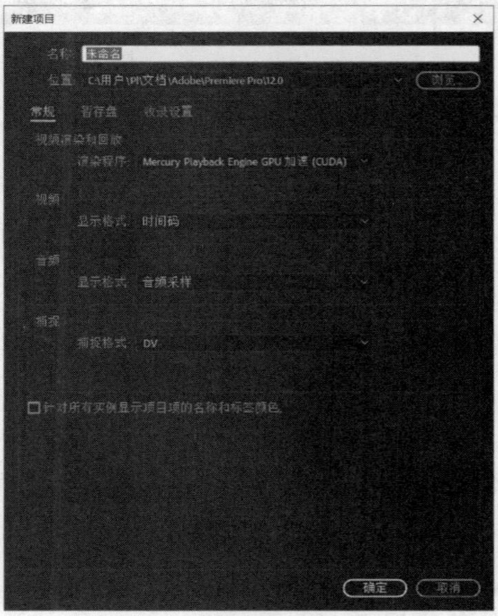

图 8-4 “新建项目”对话框

2. 项目参数设置

项目的参数设置在“新建项目”对话框的“常规”“暂存盘”和“收录设置”选项卡中进行，如图 8-4 所示。

（1）常规。“新建项目”对话框的“常规”选项卡用于设置新建项目的常规参数。

- 名称：用于对新建项目进行命名。
- 位置：用于设置新建项目的存储位置。通过单击右侧的“浏览”按钮，在打开的“浏览文件夹”对话框中指定文件的存储路径。

- 视频显示格式：此设置决定了帧在时间轴面板中播放时，Premiere 所使用的帧数，以及是否使用丢帧或不丢帧时间码。
- 音频显示格式：使用音频显示格式可以将音频单位设置为毫秒或音频采样。
- 捕捉格式：在“捕捉格式”下拉列表中可以选择所要采集视频或音频的格式，提供 DV 和 HDV 两种格式。

（2）暂存盘。“新建项目”对话框的“暂存盘”选项卡用于设置采集的视、音频，项目临时文件等的保存位置。默认为“与项目相同”，通过“浏览”按钮可以更改路径。

（3）收录设置。“新建项目”对话框的“收录设置”选项卡用于对收录选项进行设置。

3. 项目基本操作

使用“文件”菜单下的“保存”“关闭项目”“打开项目”命令可以分别完成对当前项目的保存、关闭和打开已有项目的操作。

4. 项目输出

项目输出

项目输出就是对完成编辑的项目进行导出，将其发布为最终作品。在完成 Premiere 项目的编辑后，可以将项目以多种类型对象进行输出。选择“文件”菜单下的“导出”命令，在弹出的子菜单中选择“媒体”选项，弹出“导出设置”对话框，如图 8-5 所示。若要输出剪辑好的作品，可先在“导出设置”对话框左下角设置“源范围”以指定导出范围，并在其上方的预览框进行预览，再在对话框右侧“格式”栏提供的预设格式中选择要输出的格式。单击“输出名称”右侧的文件名称，为导出的文件重命名和选择保存路径。如需高清模式，可以在右下方勾选“使用最高渲染质量”复选框，然后单击“导出”按钮，即可将其输出为相应格式的文件。

图 8-5 “导出设置”对话框

（1）影片的输出格式：在 Premiere Pro CC 2018 中，可以将项目文件作为影片导出的格式，通常包括 Windows Media、AVI、QuickTime 和 MEPG 等。

（2）音频的输出格式：可以导出的纯音频文件包括 WAV、MP3、ACC 等格式。

（3）图片的输出格式：包括 JPEG、GIF、PNG 等格式。

5. 项目备份

链接媒体和项目打包备份

项目文件的扩展名是.prproj，该文件保存的是指向性路径或设计信息，不包括所有素材，会因为素材的重命名、位置改变、删除而导致再次打开项目文件编辑时链接该素材失效。将 Premiere 的项目文件打包备份，可以避免项目再次编辑时链接源素材失效的问题。在“文件”的下拉菜单中选择“项目管理”命令，在打开的“项目管理器”对话框（如图 8-6 所示）中勾选要保存的序列文件以及备份选项（默认勾选“排除未使用剪辑”，即自动排除未使用到的素材文件），通过单击“浏览”按钮设置项目文件的保存位置，单击“计算”按钮可获得该项目文件备份需要占磁盘空间的估计值，完成设置后单击“确定”按钮，并在弹出的提醒“此操作需要保存项目，是否继续？”窗口中单击“是”按钮，将素材和.prproj 文件一起打包到一个文件夹里。后期在此文件夹里打开项目文件继续编辑，可以正常链接素材。

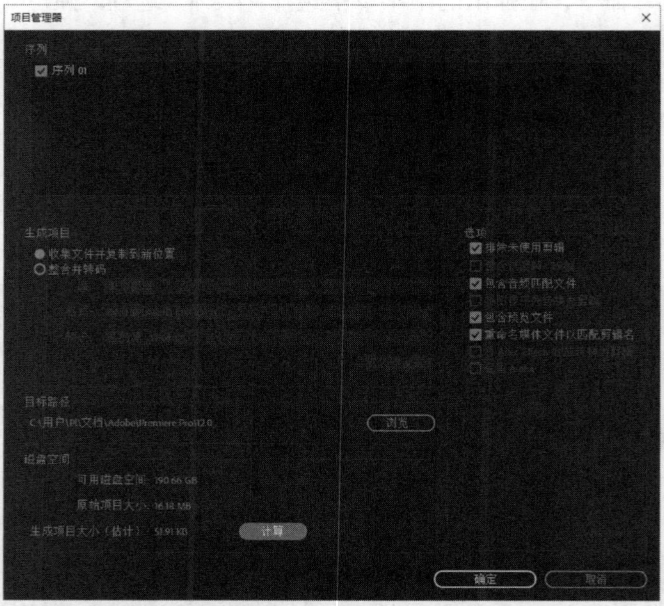

图 8-6 “项目管理器”对话框

8.1.3 导入和管理素材

素材导入和基本操作

1. 导入素材

Premiere 在进行视频编辑之前，需要先将要使用的素材导入到项目面板中。Premiere 不仅能导入多种格式的媒体素材，还可以在一个项目文件中以素材形式将另一个项目文件或其序列嵌套导入。导入素材的方法有以下 3 种：

（1）通过“文件”菜单下的“导入”命令，打开“导入”对话框，如图 8-7 所示，选择要导入的素材对象后单击“打开”按钮完成导入。

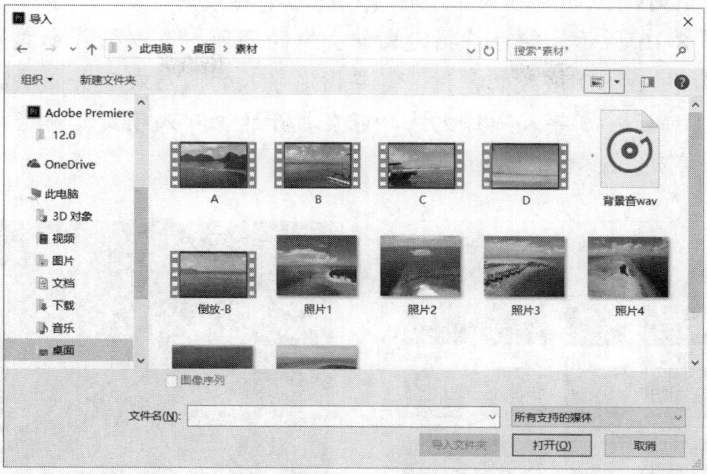

图 8-7 “导入”对话框

（2）通过在项目面板中的空白处双击或在项目面板区域右击，在快捷菜单中选择“导入”命令，打开“导入”对话框后进一步完成导入，如图 8-8 所示。

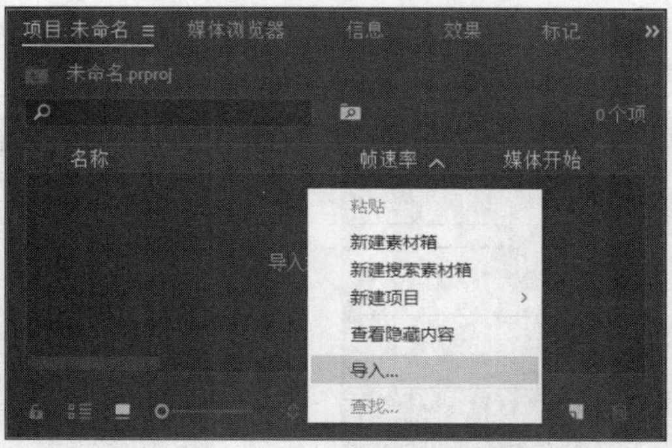

图 8-8 项目面板的“导入”命令

（3）利用媒体浏览器面板，如图 8-9 所示，在面板左侧的文件树下找到该素材后，在该素材上单击右键，在快捷菜单中选择“导入”命令，即可完成对素材的导入。

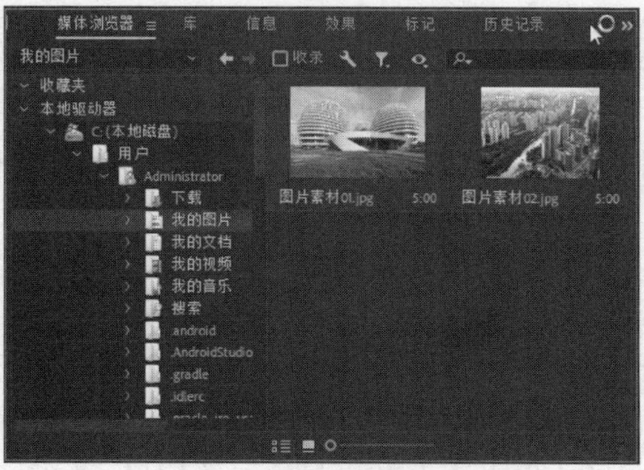

图 8-9 媒体浏览器面板

小贴士：①导入静帧序列图片（按照名称编号顺序排列的一组格式相同的静态图片，每帧图片内容之间有着时间上的延续关系）时，只要选中其中的任意一张图片，再勾选“图像序列”复选框，如图 8-10 所示，即可将指定文件夹中的序列图片以影片形式导入项目面板中，如图 8-11 所示；②导入 PSD 格式的素材，需要指定导入的图层或合并图层后将素材导入项目面板中，如图 8-12 所示。③导入项目文件，可在打开的“导入项目”对话框中选择导入整个项目还是导入所选序列，如图 8-13 所示。

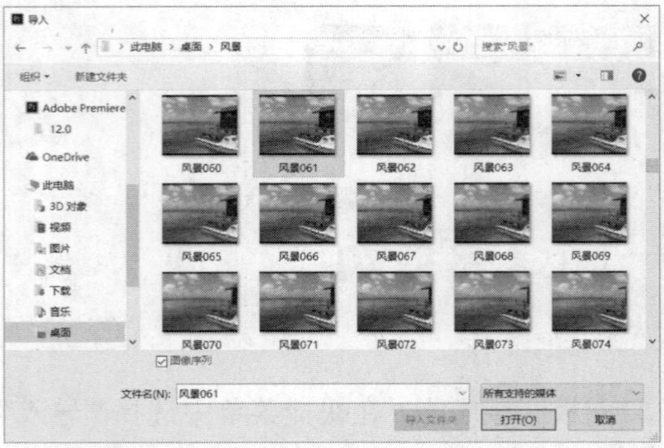

图 8-10　选择“图像序列”复选框

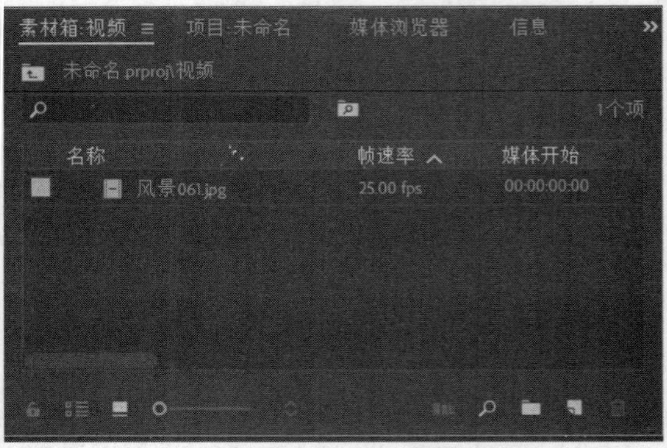

图 8-11　导入图像序列

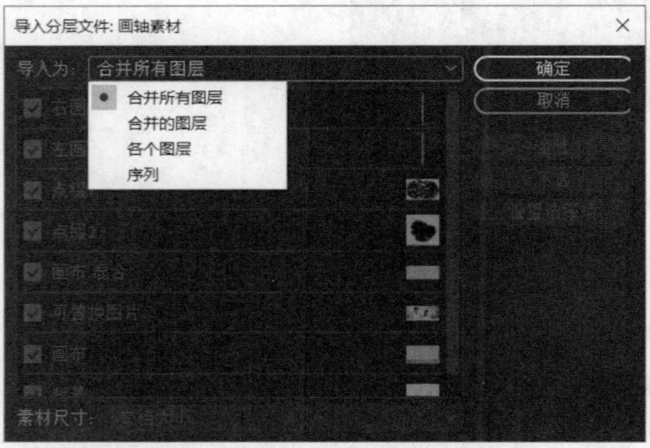

图 8-12　“导入分层文件：画轴素材”对话框

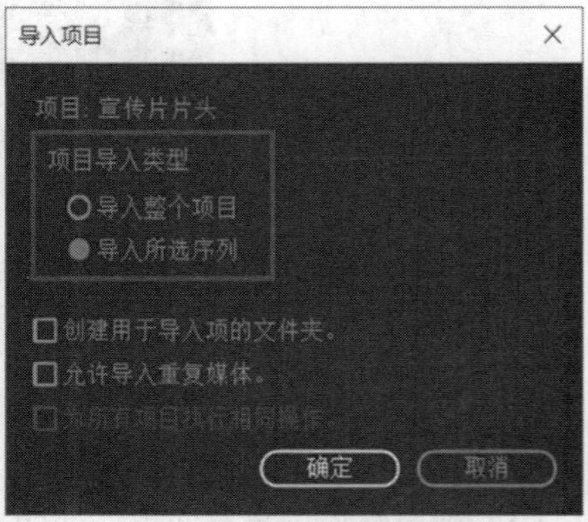

图 8-13　“导入项目”对话框

2. 素材的基本操作

在项目面板的素材文件上，在通过鼠标右键打开的快捷菜单中，可使用“复制”“粘贴”“重命名”“清除”“属性”“设置速度/持续时间”和“在源监视器中打开”等命令对素材进行复制、粘贴、重命名、删除、显示属性、设置速度/持续时间和在源监视器中打开等操作。

3. 管理素材

Premiere 的项目面板是素材文件的管理器，如图 8-14 所示。借助项目面板，可对导入的素材进行有效的管理，提高编辑的效率。

素材管理

（1）预览素材：通过单击项目面板标题处的菜单按钮，在打开的菜单中选择“预览区域”命令，如图 8-15 所示。在项目面板左上方将出现一个预览区域，可预览被选中素材的内容及查看该素材的参数信息，如图 8-16 所示。

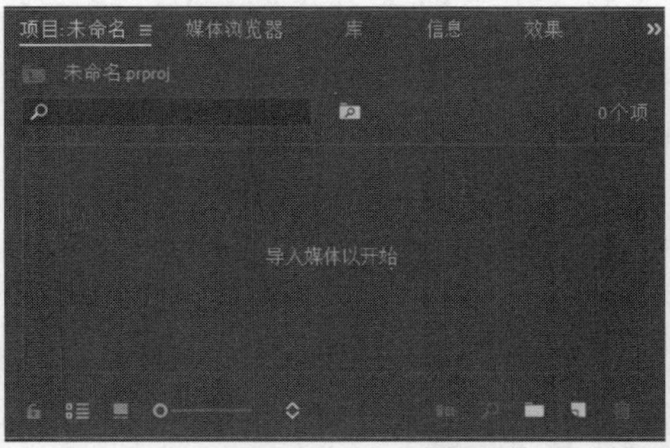

图 8-14　项目面板

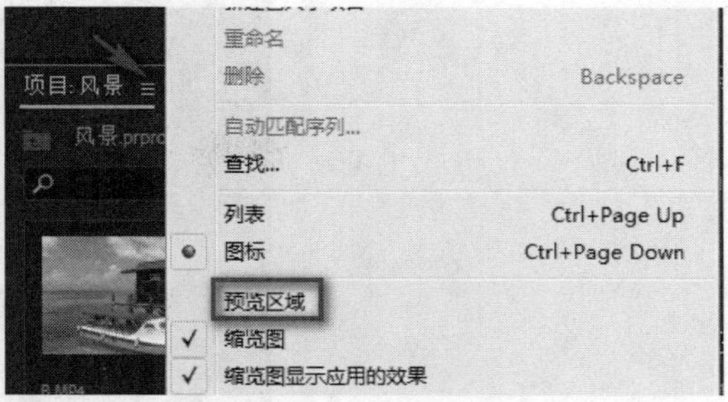

图 8-15　选择“预览区域”命令

图 8-16　项目面板的预览区域

（2）切换列表视图和图标视图：在项目面板中的素材对象可以选择以列表视图或图标视图进行显示。

- 单击项目面板左下方的“列表视图”按钮，素材将以列表形式呈现，可查看素材名称、帧速率、媒体开始和结束时间、视频出点和入点等信息，如图 8-17 所示。
- 单击项目面板左下方的“图标视图”按钮，素材将以缩略图形式呈现，如图 8-18 所示。

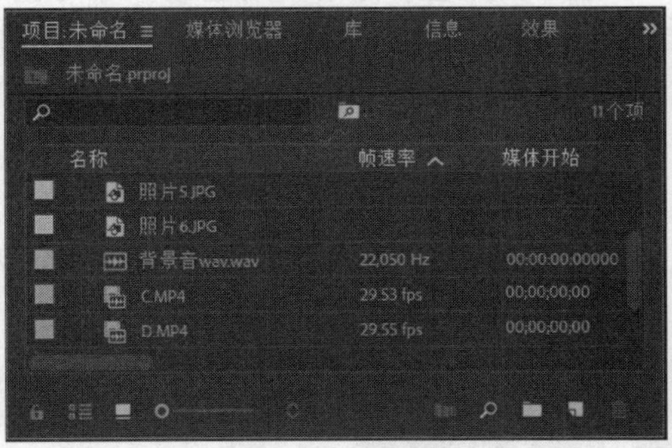

图 8-17　列表视图

图 8-18　图标视图

（3）排列图标：利用项目面板左下方的“排列图标”按钮，设置图标的排列方式。

（4）序列自动化控制：项目中若有打开的序列，项目面板右下方的“自动匹配序列”按钮图标在选中项目面板中的一个或多个素材后被激活，单击后打开“序列自动化”对话框，如图 8-19 所示。在该对话框中可以设置选中素材添加到序列的排列顺序、放置位置、添加方法，以及选择是否使用默认音频或视频过渡效果等。

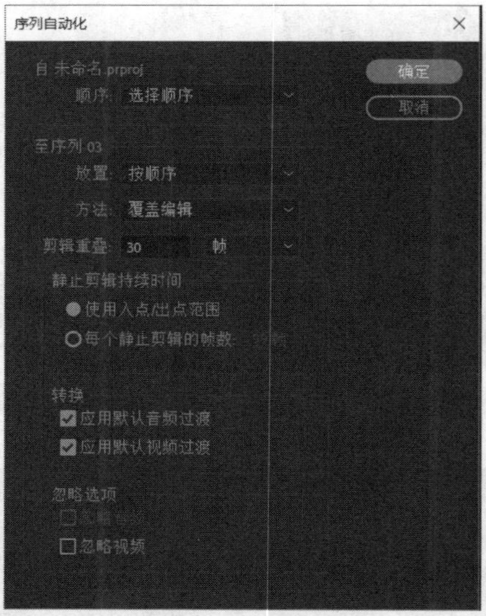

图 8-19　“序列自动化”对话框

（5）查找素材：项目面板右下方的“查找”按钮用于打开“查找”对话框，通过设置查找参数查找指定素材，如图 8-20 所示。

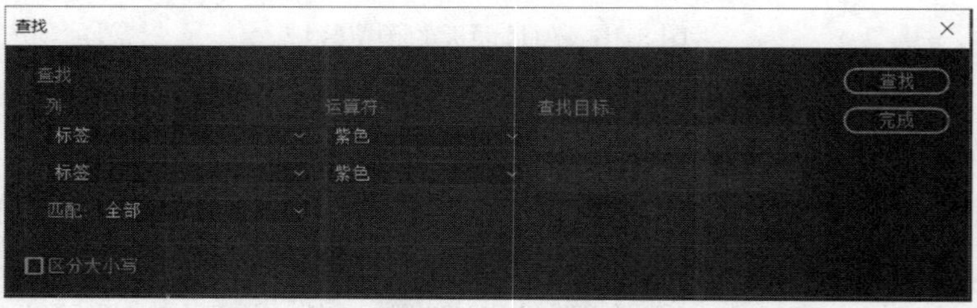

图 8-20　“查找”对话框

（6）用素材箱对素材分类：单击项目面板右下方的“新建素材箱”按钮，即可在项目面板中新建默认名称依次为“素材箱”“素材箱 01”“素材箱 02”……的文件夹。可以创建多个素材箱，对素材分类管理，只需将素材的图标拖入到相应的素材箱即可。单击各素材箱前面的三角形按钮，可以折叠或展开素材箱，从而隐藏或显示其中的内容，如图 8-21 所示。通过双击素材箱可以单独打开该素材箱。

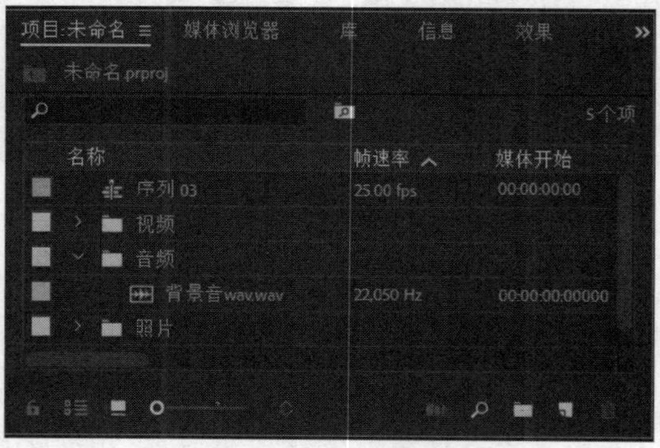

图 8-21　素材箱

（7）创建背景元素：单击项目面板右下方的“新建项”按钮，在打开的菜单命令（如图 8-22 所示）中选择“透明视频”“彩条”“颜色遮罩”等命令，可以为文本或图像创建透明视频、彩条、颜色遮罩等背景元素。

（8）删除素材：单击项目面板右下方的“清除”按钮，可将选中的素材从项目面板中删除。

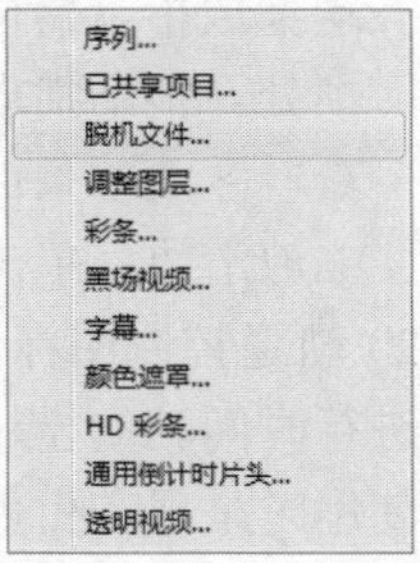

图 8-22 “新建项”的菜单命令

8.1.4 创建序列

Premiere 视频编辑的操作主要是创建与编辑序列，在时间轴面板中对序列素材进行编辑后，将一个个的片段组接起来，即完成视频的编辑操作。

1. 认识时间轴面板

Premiere 创建的序列要在时间轴面板中打开，视频编辑的大部分操作都是在时间轴面板中进行的。该面板用于组合序列中的各种片段，是按时间排列片段、制作影视节目的编辑面板。时间轴面板需要添加序列后才能被激活，激活后它的结构如图 8-23 所示，各部分的功能介绍如下：

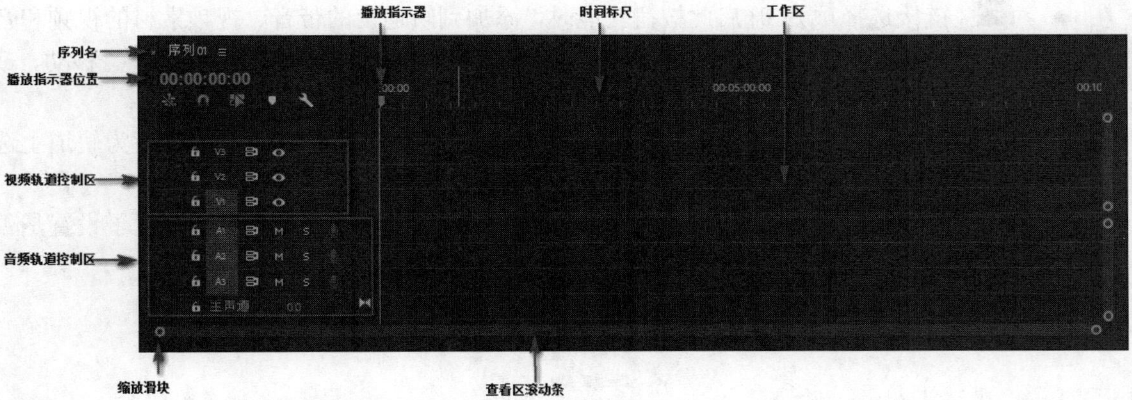

图 8-23 时间轴面板

（1）时间轴标尺图标和控件。

时间轴面板的基本操作

- 时间标尺：是时间间隔的可视化显示。将时间间隔转换为每秒包含的帧数，对应于项目的帧速率。时间标尺的数字下方有一条细线，通常颜色为红色、黄色或绿色。当细线为红色时，其下方对应的视频段落需要渲染，黄色表明视频不一定需要渲染，绿色表明对应视频已经完成渲染。
- 播放指示器位置：用于显示播放指示器（即时间指针）当前所处的位置，也叫当前时间码。时间码的显示格式是“时:分:秒:帧”，单击时间码，可输入时间，使播放指示器自动停到指定的时间位置。也可通过在时间码中单击并水平拖动鼠标指针来改变时间，确定播放指示器的位置。
- 播放指示器：是标尺上的蓝色三角形图标。可以在播放指示器上通过单击并拖动来移动播放指示器位置，也可以单击时间标尺区域的某个位置，将播放指示器移动到特定帧处。拖动播放指示器可以在节目监视器窗口中浏览影片内容。

- 查看区滚动条：单击并拖动查看区滚动条可以调整时间轴中的查看位置。
- 缩放滑块：单击并拖动查看区滚动条两边的缩放滑块可以调整时间轴中的缩放级别。

（2）轨道控制图标。使用时间轴的轨道控制图标可以开启对齐到边界、添加标记等命令，还可以进行时间轴的显示设置，如图 8-24 所示。轨道控制图标在开启使用时呈现深蓝色，在未开启使用时呈现灰白色。各轨道控制图标功能介绍如下：

图 8-24　轨道控制图标

- （将序列作为嵌套或个别剪辑插入并覆盖）：启用此按钮功能，被选中序列将以一个整体形式嵌套在时间轴面板的当前序列中，否则被选序列中的剪辑都将作为独立的个体添加到当前序列的轨道上。
- （对齐）：使用对齐功能，在时间轴上拖动视频素材，当两个视频素材靠近，就会自动生成一条黑色的边缘吸附线，并自动将素材吸附在一起，使两个素材之间不会交叉覆盖，也不会有缝隙。
- （链接选择项）：开启此按钮功能时，添加到轨道上的带音、视频素材的视频和音频部分为链接状态，此时在该素材的视频或音频部分所作的操作，如选中、移动、裁剪、复制等，在另一部分也将产生相应的操作。
- （添加标记）：用于在时间标尺上为序列的指定帧添加序列标记，或者为轨道上选中的素材在指定帧添加素材标记。
- （时间轴显示设置）：单击该按钮打开的菜单命令如图 8-25 所示，用于设置是否在时间轴面板上显示视频缩略图、视频关键帧、视频名称等。

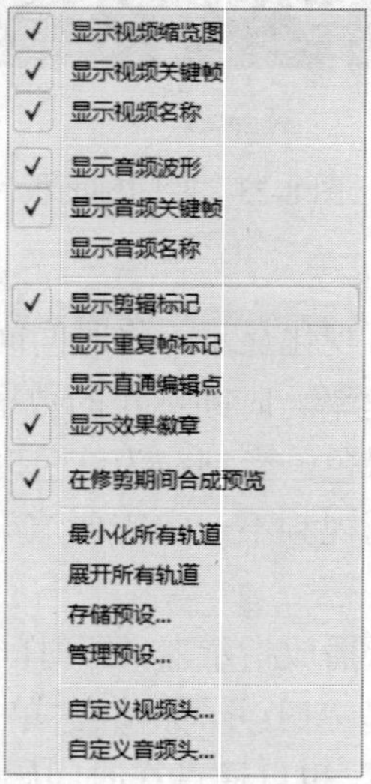

图 8-25　“时间轴显示设置”按钮的菜单命令

通过此菜单命令中的“自定义视频头”和“自定义音频头”命令可以分别打开视频和音

频轨道控制区的“按钮编辑器”，在其中选择图标按钮后，通过单击“确定”按钮，可将所选图标按钮在轨道控制区显示。图 8-26 所示是“自定义音频头”命令打开的“按钮编辑器”。

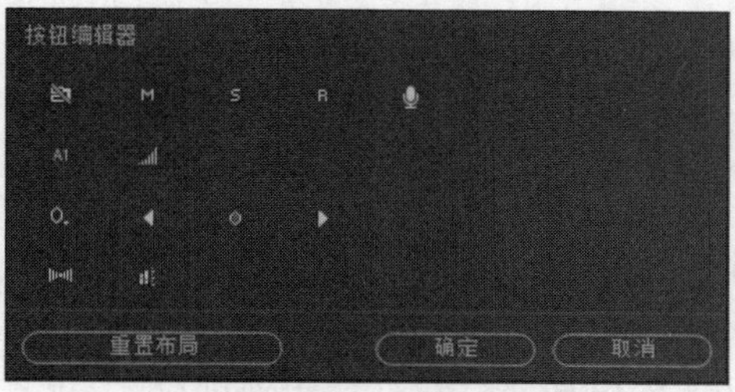

图 8-26　音频轨道控制区的按钮编辑器

（3）轨道控制选项。轨道控制区的轨道控制选项，如图 8-27 所示，可以控制在导出项目时是否输出指定轨道、锁定指定轨道、指定目标轨道等。各轨道控制选项功能介绍如下：

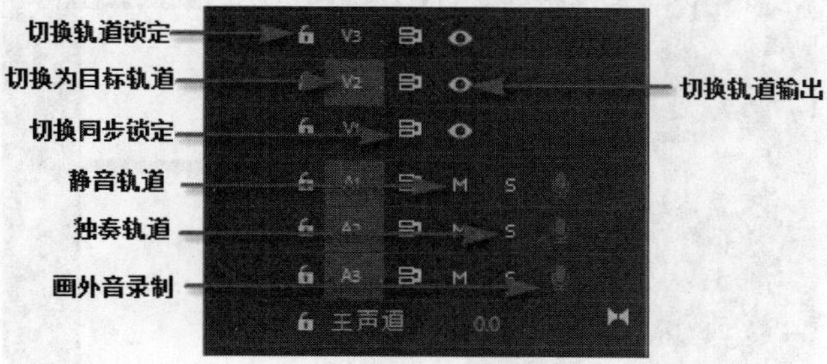

图 8-27　轨道控制选项

视频、音频轨道的基本操作

- 切换轨道锁定：单击此图标按钮，可以打开或关闭轨道锁定。当轨道被锁定后，轨道上将出现斜线，表示该轨道已被锁定而无法进行操作。当轨道被锁定时，此图标按钮将呈现一个扣上的锁形。
- 切换为目标轨道：当视频轨的 V1、V2、V3 图标或音频轨的 A1、A2、A3 图标通过单击呈现深蓝色时，表示将相应的视频或音频轨道切换为目标轨道。
- 切换同步锁定：当执行插入、波纹删除和提取操作时，可以只对需要受影响的轨道启用“同步锁定”功能，对其余轨道关闭此功能。
- 切换轨道输出：在指定轨道启用此按钮功能，则该轨道上的素材将不在节目监视器中输出预览，并且在导出项目时也不被输出。
- 画外音录制：用于为视频在后期编辑时加入旁白解说。
- M/S：开启 M 按钮的音频轨道为静音轨道；开启 S 按钮的音频轨道为独奏轨道。

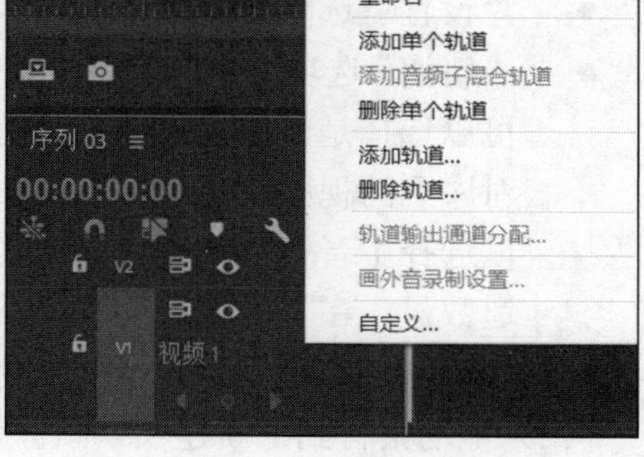

图 8-28　轨道控制区的菜单命令

（4）轨道控制。在视频或音频轨道控制区通过拖动轨道上方边界或者双击轨道展开轨道即可显示该轨道的默认名称，在轨道名称上单击右键，可在打开的快捷菜单（图 8-28）中通过“重命名”“添加轨道”“删除轨道”等命令进行轨道的重命名、添加和删除等操作。时间轴面板默认有 3 条视频轨道和 3 条音频轨道，通过添加最多都可增加至 99 条。

2. 创建序列

新建序列

（1）利用“新建序列”对话框创建序列。打开“新建序列”对话框有以下 3 种方式：

1）通过“文件”菜单下的“序列”命令。

2）通过在项目面板空白处单击鼠标右键，选择“新建项目”下的“序列”命令。

3）通过单击项目面板右下角的“新建项”按钮，在菜单中选择“序列”命令。

“新建序列”对话框如图 8-29 所示，包含“序列预设”“设置”“轨道”和“VR 视频”选项卡。

图 8-29 “新建序列”对话框

- “序列预设”选项卡：在“可用预设”列表中可以选用所需的序列预设参数，选择序列预设后，在该对话框的“预设描述”区域中，将显示该预设的编辑模式、帧大小、帧速率、像素长宽比和位数深度设置以及音频设置等，在对话框的下方可设置序列的名称。
- “设置”选项卡：在该选项卡中可以设置序列的常规参数。
- “轨道”选项卡：在该选项卡中可以设置时间轴面板中默认的视频和音频轨道数，也可以选择是否创建子混合轨道和数字轨道。在“视频”选项组中的数值框中可以重新对序列的视频轨道数量进行设置；在“音频”选项组中的“主”音轨下拉列表框中可以选择主音轨的类型，单击其下方的“添加轨道”按钮 ，则可以增加默认的音频轨道数量，在下方轨道列表中还可以设置音频轨道的名称、类型等参数。
- “VR 视频”选项卡：用于设置 VR 属性。

（2）拖动素材到“新建项”图标按钮或是到时间轴面板创建序列。在项目面板的素材上按住鼠标左键拖动素材到面板右下角的“新建项”按钮上或是时间轴面板的轨道上，如图 8-30

所示，将在新建与素材设置匹配的序列的同时，把该素材添加到序列，并以素材的名字给序列命名。

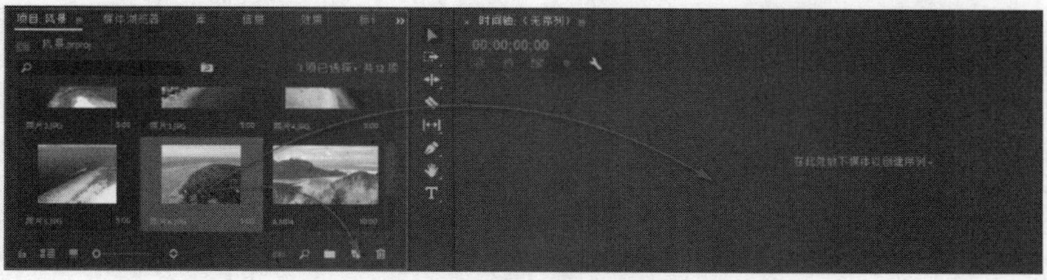

图 8-30　通过拖动素材创建序列

3. 序列设置

在“序列”菜单下通过“序列设置”命令打开“序列设置”对话框，如图 8-31 所示，可更改序列的视频、音频、视频预览等参数设置。

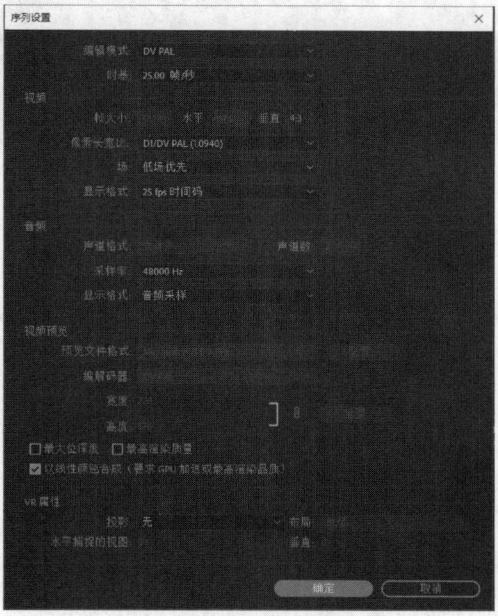

图 8-31　“序列设置”对话框

添加素材到序列

4. 在序列中添加素材

创建序列后，可以通过以下 3 种方式将项目面板中的素材添加到时间轴面板的序列中。

（1）在项目面板中选择素材，将其从项目面板拖到时间轴面板的序列轨道中。在新建的序列中初次添加素材时，如果素材的设置与序列设置不匹配，将弹出“剪辑不匹配警告”对话框，如图 8-32 所示，需要用户选择“更改序列设置”还是“保持现有设置”。

图 8-32　“剪辑不匹配警告”对话框

（2）双击项目面板中的素材，在源监视器面板中将其打开，完成编辑后，单击源监视器面板中的“插入”或“覆盖”按钮，或者选中素材，使用“剪辑”菜单下的“插入”或“覆盖”命令，将素材添加到时间轴面板的序列中。使用“插入”命令添加素材时，插入点之后的片段往右边移动；使用“覆盖”命令添加素材时，插入的素材将替换插入点后面相同长度的部分。插入点为播放指示器当前位置。

（3）将素材从项目面板中拖动到节目监视器窗口，根据窗口的添加方式提示，如图 8-33 所示，将素材拖至相应位置后释放，素材将以该位置上提示的添加方式添加到序列。

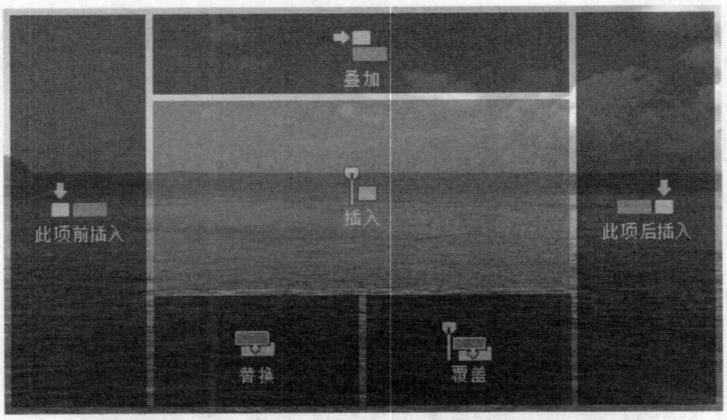

图 8-33　添加方式提示

8.1.5　初步编辑素材

在序列素材的编辑过程中，需要结合监视器面板、工具面板和时间轴面板的应用。

利用监视器面板剪辑素材

1. 应用监视器面板

常用的监视器面板分左右两个，如图 8-34 所示，左侧是“源监视器面板”，主要用于预览或剪裁项目窗口中选中的某一原始素材；右侧是“节目监视器面板”，主要用于预览时间轴序列中已经编辑的素材（影片），也是最终输出视频效果的预览窗口。在项目面板中双击素材，即可在源监视器面板中显示该素材的效果。将素材拖入时间轴面板的序列中，可以在节目监视器面板中显示序列中的素材效果。

图 8-34　监视器面板

利用监视器面板上的功能按钮，能在监视器面板中对素材进行相应的编辑操作。

（1）应用素材标记。利用“添加标记”按钮，为素材中的某个特定帧设置一个标记作为参考点。

（2）设置出点和入点。利用“标记入点”按钮和“标记出点”按钮在监视器面板确定素材的入点与出点，用于截取素材的片段。

（3）素材的帧定位。

- 在监视器面板左下方的当前时间码 00:00:00:00 上单击，将其激活为可编辑状态，在输入框中输入需要跳转的准确时间，然后按 Enter 键确认，即可精确地定位到指定的帧位置。
- 单击“前进一帧”按钮，可以使画面向前移动一帧。如果按住 Shift 键的同时单击该按钮，可以使画面向前移动 5 帧。
- 单击“后退一帧”按钮，可以使画面向后移动一帧。如果按住 Shift 键的同时单击该按钮，可以使画面向后移动 5 帧。
- 单击“转到入点”按钮，将播放指示器定位到入点处。
- 单击“转到出点”按钮，将播放指示器定位到出点处。
- 直接拖动“播放指示器”到要查看的位置。

（4）设置素材的插入或覆盖编辑。在源监视器面板确定源素材的入点与出点，在时间轴面板中的目标素材上确定插入点的位置。

- 单击源监视器窗口中的“插入”按钮，源素材片段自动插入到目标素材插入点处，插入点后的目标素材自动向后移动源素材片段的长度。
- 单击源监视器窗口中的“覆盖”按钮，源素材片段在插入点处替换目标素材，插入点后的目标素材被覆盖源素材片段的长度。

（5）设置素材的提升或提取编辑。

- 在节目监视器面板中设置时间轴序列的入点与出点，再单击节目监视器面板中的“提升”按钮，目标轨道上入点、出点之间的内容被清除，留下空白区域。
- 在节目监视器面板设置序列的入点与出点，再单击节目监视器面板中的“提取”按钮，所有轨道入点、出点之间的内容都将被波纹删除，后边的素材自动向前移至入点处。

（6）导出素材的帧。利用“导出帧”按钮，可将素材中的某一帧导出。在打开的“导出帧”对话框中，设置保存的名称、格式、路径以及选择是否要将其导入到当前项目中，如图 8-35 所示。

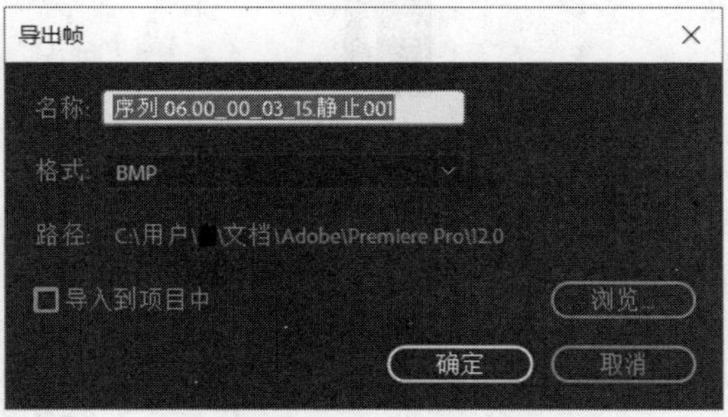

图 8-35　“导出帧”对话框

（7）仅添加素材的视频或音频到序列。在源监视器面板的“仅拖动视频”按钮或“仅拖动音频”按钮上，单击并拖动剪辑后的素材到时间轴面板，可以仅将该素材的视频或音频添加到时间轴面板的序列里。

（8）查看安全边距。在监视器面板空白处右击，在弹出的快捷菜单中选择“安全边距”命令，可在监视器窗口内显示安全框，用于提示动作和字幕所在的安全区域，如图 8-36 所示。内侧的字幕安全边距用于提示在编辑时，字幕不要超出框线；外侧的动作安全边距用于提示重要内容不要超出框线，超出的部分有可能在播放的时候会被裁剪掉，无法显示。

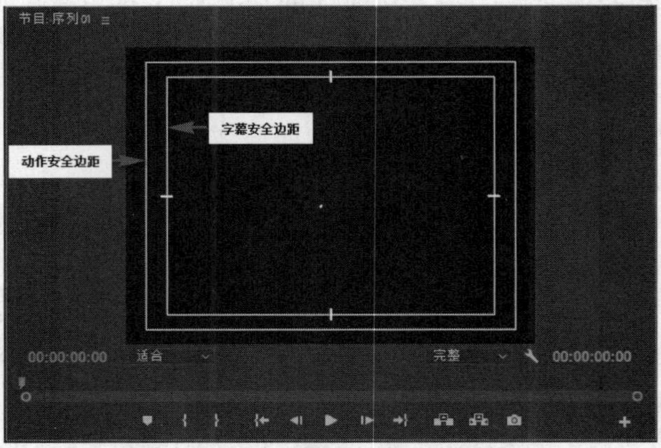

图 8-36　字幕和动作安全边距

2. 认识工具面板

工具面板是进行视频与音频编辑的重要工具，利用该面板上的工具可以完成许多特殊编辑操作。Premiere Pro CC 2018 的工具面板如图 8-37 所示。

常用剪辑工具运用

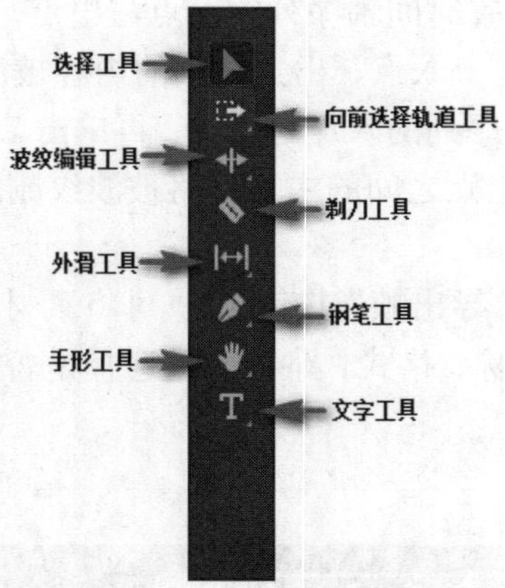

图 8-37　工具面板

（1）选择工具。选择工具最主要的作用是用来选中轨道里的片段。通过单击轨道里的某个片段，即可选中该片段。

（2）选择轨道工具组。长按向前选择轨道工具右下角的三角形，展开选择轨道工具组，如图 8-38 所示。

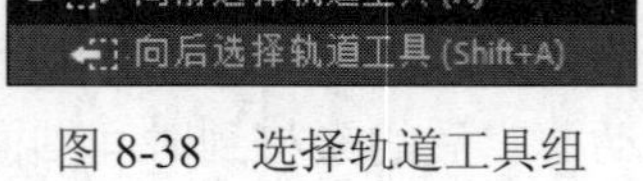

图 8-38　选择轨道工具组

- 使用向前选择轨道工具在某一轨道中单击，可以选择全部轨道中光标及其右侧的所有素材。
- 使用向后选择轨道工具在某一轨道中单击，可以选择全部轨道中光标及其左侧的所有素材。
- 使用向前（后）选择轨道工具时，按下 Shift 键的同时单击轨道里的片段，则仅对当前单击轨道选择光标及其右（左）侧的所有素材。

（3）编辑工具组。长按波纹编辑工具右下角的三角形，展开编辑工具组，如图 8-39 所示。

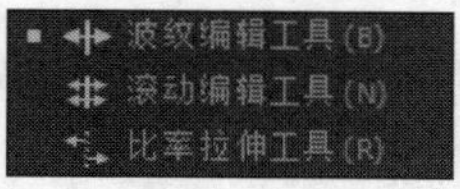

图 8-39　编辑工具组

1）波纹编辑工具。在波纹编辑工具下，将光标移动到轨道里某一片段的开始处，光标变成黄色的向右中括号时按下鼠标左键向左拖动可以使入点提前，从而使该片段增长（前提是该片段入点前面必须有可供调节的余量）；按下鼠标左键向右拖动可以使入点拖后，从而使得该片段缩短。

同样，将光标移至片段的结尾处，当光标变成黄色向左中括号的时候，按下鼠标左键向右拖动可以使出点拖后，从而使得该片段增长（前提是该片段出点后面必须有可供调节的余量）；按下鼠标左键向左拖动可以使出点提前，从而使得该片段缩短。

在使用“波纹编辑工具”的过程中，前后相邻片段出入点并不发生变化，并且仍然保持相互吸合，片段之间不会出现空隙，影片总长度将相应改变。

图 8-40 所示是分别使用“选择工具”和“波纹编辑工具”通过拖动素材 C.mp4 末端改变其出点的时间轴轨道效果示例。

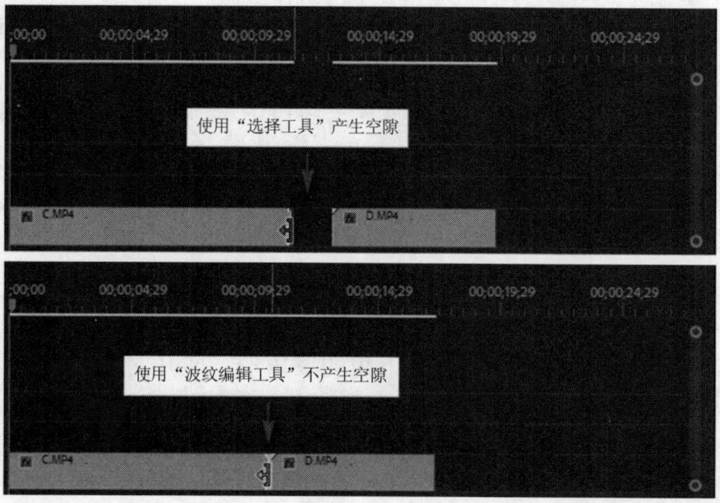

图 8-40　使用“选择工具”和“波纹编辑工具”后的轨道效果对比图

2）滚动编辑工具。用滚动编辑工具改变某片段的入点或出点，相邻素材的出点或入点也相应改变，保持影片的总长度不变。

3）比率拉伸工具。用比率拉伸工具拖拉轨道里片段的首尾，可使该片段在出点和入点不变的情况下加快或减慢播放速度，从而缩短或增长时间长度。

（4）剃刀工具。用剃刀工具单击轨道里的片段，单击处被剪断，原本的一段片段被剪为两段。在未解除音、视频链接的情况下，与视频对应的音频片段也会被剪断。按 Shift 键的同时单击轨道里的片段，则全部轨道里的音、视频片段都在这一时间点被剪断。

（5）滑动工具组。长按外滑工具右下角的三角形，展开滑动工具组，如图 8-41 所示。

1）外滑工具。将外滑工具置于轨道里的某个片段中拖动，可同时改变该片段的出点和入点，而片段长度不变，前提是出点后和入点前有必要的余量可供调节使用，同时相邻片段的出入点及影片总长度不变。

2）内滑工具。内滑工具与外滑工具正好相反，将内滑工具放在轨道里的某个片段里面拖动，被拖动的片段的出入点和长度不变，而前一相邻片段的出点与后一相邻片段的入点随之发生变化，前提是前一相邻片段的出点后和后一相邻片段的入点前有必要的余量可以供调节使用，同时影片总长度不变。

（6）图形工具组。长按钢笔工具右下角的三角形，展开图形工具组，如图 8-42 所示。

图 8-41　滑动工具组

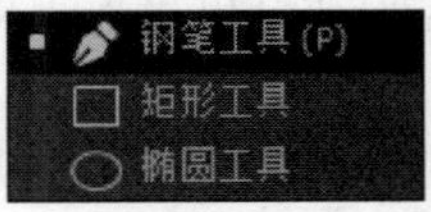

图 8-42　图形工具组

1）钢笔工具。使用钢笔工具可以在节目监视器窗口中绘制图形。绘制图形后，在时间轴面板的空轨道中自动生成图形素材。

使用钢笔工具可以在时间轴面板中设置素材的关键帧。选择钢笔工具，然后将光标移动到时间轴面板内的视频轨或音频轨上要添加关键帧的位置，此时鼠标指针右方下有一个加号“+”，单击即可添加一个关键帧，使用钢笔工具拖动关键帧，还可以修改关键帧的位置。

2）矩形工具。矩形工具用于在节目监视器窗口中绘制矩形，并在时间轴面板的空轨道中自动生成图形素材。

3）椭圆工具。椭圆工具用于在节目监视器窗口中绘制椭圆，并在时间轴面板的空轨道中自动生成图形素材。

（7）辅助工具组。长按手形工具右下角的三角形，展开辅助工具组，如图 8-43 所示。

1）手形工具。手形工具用于改变时间轴窗口的可视区域，有助于编辑一些较长的素材。

2）缩放工具。缩放工具用于调整时间轴面板中时间单位的显示比例。按 Alt 键，可以在放大和缩小模式间进行切换。

（8）文字工具组。长按文字工具右下角的三角形，展开文本工具组，如图 8-44 所示。

1）文字工具用于在节目监视器面板创建横排文字。

2）垂直文字工具用于在节目监视器面板创建竖排文字。

图 8-43　辅助工具组

图 8-44　文字工具组

3. 在时间轴面板编辑序列素材

（1）选中和移动素材。

- 使用选择工具单击素材可选中该素材。按 Shift 键的同时单击轨道里的多个素材可以实现多选，或者通过框选的方式也可选择多个素材。素材的视频或音频部分若未取消链接，可以在按 Alt 键的同时单击其视频或音频部分，单独选中其视频或音频部分。
- 使用向前选择轨道工具和向后选择轨道工具快速选中轨道上的多个素材。
- 通过用鼠标左键拖动素材片断，将其移动并放置于同类轨道中的任意一处。

（2）分割和删除素材。

- 使用工具面板的剃刀工具单击素材，可将素材在单击点处分割。
- 选中需删除的片段，使用键盘的 Delete 键或在右键快捷菜单中选择“清除”命令可删除该片段；在节目监视器面板设置时间轴面板中素材的入点与出点，再单击节目监视器面板中的“提升”按钮或“提取”按钮，可以将素材的入点与出点之间的部分通过提升或提取进行删除。

（3）剪切、复制和粘贴素材。在轨道上选中需剪切或复制的素材片段后，在“编辑”菜单中选择“剪切”（Ctrl+X）或“复制”（Ctrl+C）命令，将播放指示器定位到片段粘贴的时间点，使用“编辑”菜单中的“粘贴”（Ctrl+V）命令，可将该素材添加到目标轨道中的时间指示线右侧。

（4）删除序列素材间的空隙。若要删除素材间的空隙，在空隙处右击并在弹出的快捷菜单中选“波纹删除”命令即可。

（5）音、视频链接与解除链接。

- 选择带音、视频的素材后右击，使用快捷菜单的“取消链接”命令，可取消该素材的音频和视频的链接。
- 同时选择音频和视频素材后右击，使用快捷菜单的“链接”命令，可将选中的音频和视频建立链接。

（6）设置素材的速度/持续时间。

- 选择素材后右击，使用快捷菜单的“速度/持续时间”命令，打开“剪辑速度/持续时间”对话框，如图 8-45 所示，通过设置素材的速度和持续时间，可以使素材加速或减速播放。

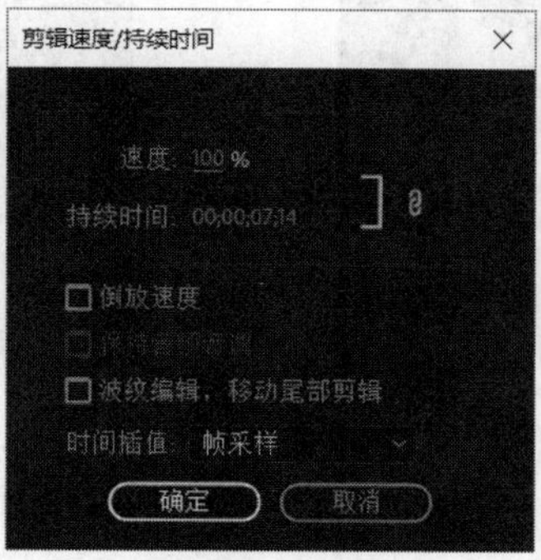

图 8-45 “剪辑速度/持续时间”对话框

- 选择素材后，使用工具面板的比率拉伸工具，可以通过拖动素材的首尾来调整素材的播放时长，改变播放速度。

（7）设置素材标记或序列标记。

1）添加标记。定位到选中素材的某一帧，利用源监视器面板或时间轴面板的“添加标记”按钮，能为该素材的这一帧添加标记；不选中素材，将时间轴面板的播放指示器定位到时间标尺的某一帧，利用时间轴面板的“添加标记”按钮，能在时间标尺上为序列的当前时间点添加标记。图 8-46 所示是时间轴面板上的素材标记和序列标记示例。

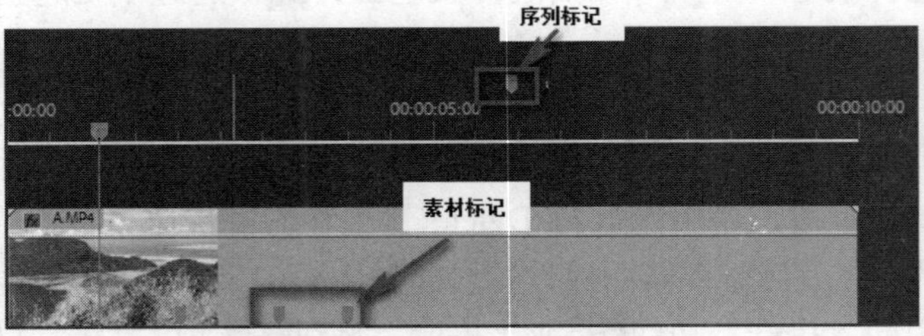

图 8-46　素材标记和序列标记示例

2）编辑标记。通过“窗口”菜单选择“标记”命令，打开标记面板，如图 8-47 所示。在选中素材的情况下，标记面板上显示素材标记的信息；如果不选中任何素材，则显示序列标记的信息。在标记面板上可设置该标记的名称、入点和出点时间、注释信息和选择标记颜色等。

在标记面板中双击缩略图打开“标记”对话框，如图 8-48 所示，可设置该标记的名称，通过持续时间设置标记的时间范围，设置标记的注释内容、标记的颜色和选择标记类型。

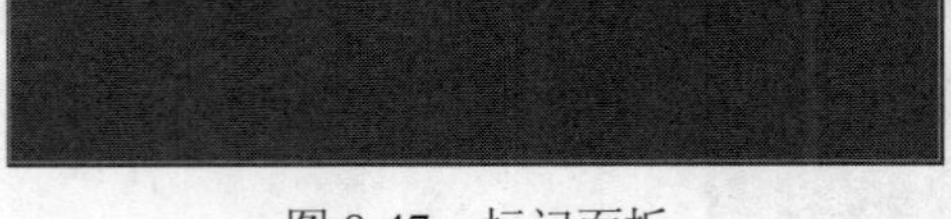

图 8-47　标记面板

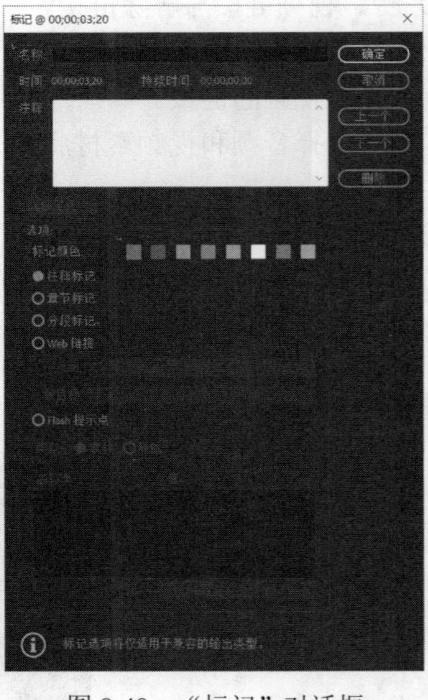

图 8-48　“标记”对话框

3）清除标记。在“标记”对话框中，使用“删除”按钮可以删除所选标记。

8.1.6　添加字幕

字幕是影视作品不可缺少的重要组成部分，如片头片尾的片名、演职员表、人物对白、独白、旁白、歌词的提示等。Premiere Pro CC 2018 中常用的字幕类型有旧版标题字幕、开放式字幕和基本图形字幕。

1. 旧版标题字幕

为影片添加字幕

（1）创建旧版标题字幕。在 Premiere Pro CC 2018 中进行旧版标题字幕编辑的主要工具是字幕设计器，它具有完成字幕的创建和修饰、运动字幕的制作以及图形的制作等功能。

在菜单栏中，单击“文件”菜单下的“新建”选项，选择“旧版标题”命令，会出现“新建字幕”对话框，如图 8-49 所示。在“新建字幕”对话框中单击“确定”按钮，出现字幕设计器，如图 8-50 所示。

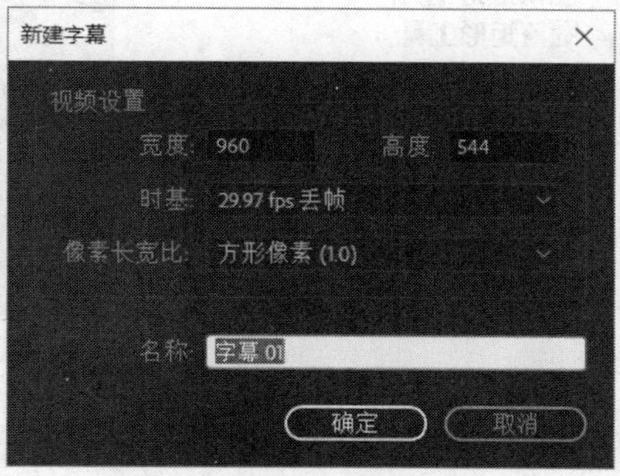

图 8-49 “新建字幕”对话框

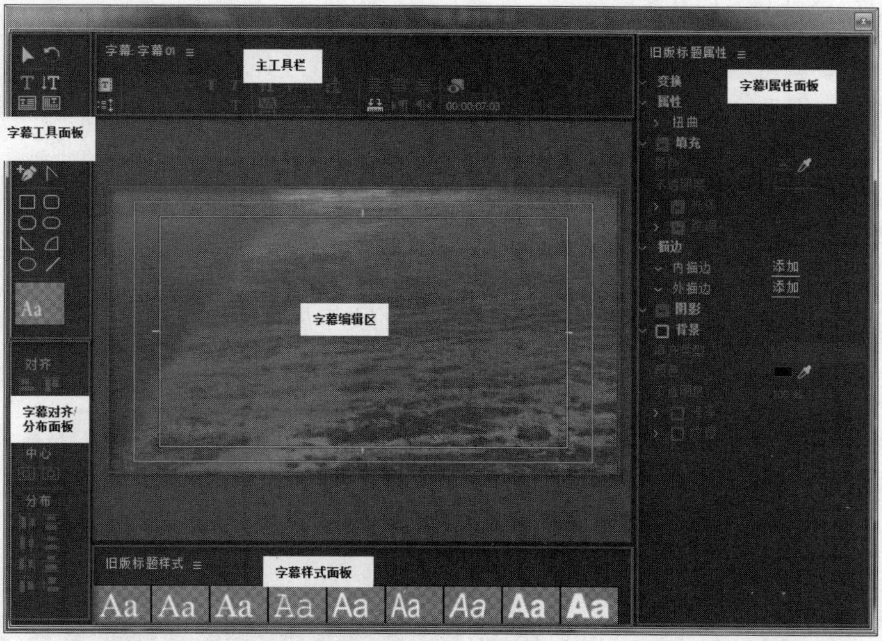

图 8-50 字幕设计器

1）应用字幕工具。字幕设计器中的字幕工具面板包含了制作字幕、图形的 20 多种工具按钮。使用相应的文字工具，可创建横排文字、竖排文字、区域文字、路径文字和图形等对象，字幕工具面板如图 8-51 所示。

2）设置文字属性。字幕设计器中的字幕属性面板用于对创建的旧版标题文本进行属性设置，包含属性、填充、描边、阴影等，如图 8-52 所示。

图 8-51　字幕工具面板

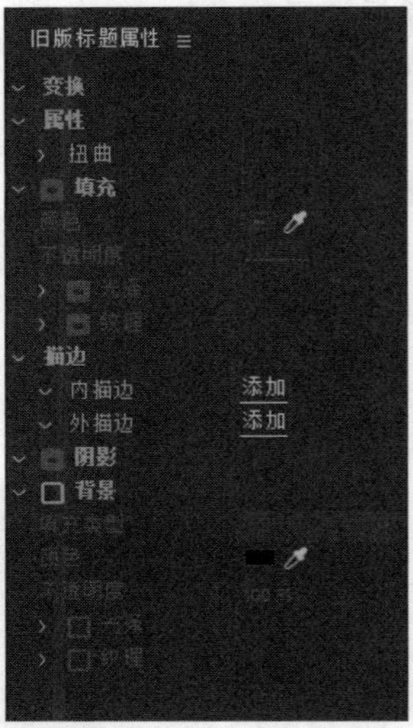

图 8-52　字幕属性面板

- 变换：用于设置文字的透明度、位置、尺寸、旋转角度等属性。
- 属性：用于设置文字的基本属性。可设置文字的字体、大小、字间距等。
- 填充：用于设置文字的填充色。可设置文字的颜色、不透明度、光效等。
- 描边：用于为文字添加轮廓线。通过单击“内描边”或“外描边”选项后面的“添加”按钮，就可以根据选项提示为对象添加内轮廓线或外轮廓线效果。
- 阴影：用于给文字添加阴影。可设置阴影的颜色、不透明度、角度、阴影与原文字之间的距离，以及设置阴影的宽度和阴影的扩散程度。
- 背景：用于为字幕添加背景。可以设置背景的填充类型、颜色、角度、不透明度、光泽和纹理等。

3）设置字幕样式。字幕设计器中的字幕样式面板如图 8-53 所示，有 Premiere 设置好的文字风格，可直接应用于指定文字上，也可将设置好的文字属性保存成样式，应用到其他文字对象上。

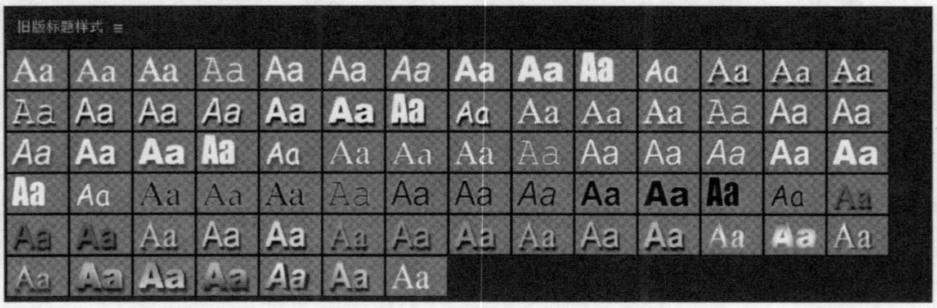

图 8-53　字幕样式面板

使用字幕样式面板的主菜单命令，如图 8-54 所示，可进行应用字幕样式、管理字幕样式、管理样式库等操作。

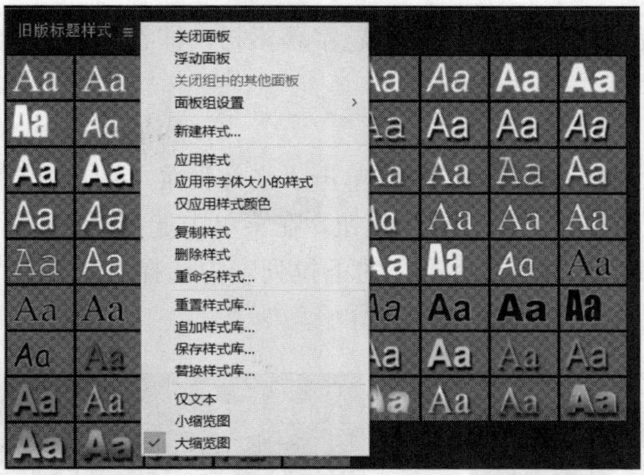

图 8-54　字幕样式面板的主菜单命令

- 应用字幕样式：只需选中文字再为该文字直接选择一个样式，就可以将该样式的属性应用于文字。另外，还可以在字幕样式面板的主菜单命令里选择“应用样式”“应用带字体大小的样式”或“仅应用样式颜色”命令来使用样式。
- 管理字幕样式：在字幕样式面板的主菜单命令里选择“复制样式”“删除样式”或“重命名样式”命令可分别对该样式进行复制、删除和重命名操作；用户还可以在此快捷菜单里通过“仅文本”“小缩览图”和“大缩览图”命令设置样式的视图方式。
- 管理样式库：Premiere 支持把当前字体的属性创建成新样式，也支持对样式库进行重置、追加、保存、替换操作，在字幕样式面板的主菜单命令里选择相应的命令即可。

4）设置动态标题字幕。通过字幕设计器主工具栏左下角的“滚动/游动选项”按钮打开“滚动/游动选项”对话框，如图 8-55 所示，可以在此对话框中选择要创建的旧版标题字幕的类型。默认是静止图像，若选择滚动或游动型，在“定时”栏里设置开始和结束的位置。应用上下滚动或左右游动文字，则可以解决在创建长篇幅的文字时，视频画面通常只能显示一部分文字内容，其他部分文字会被隐藏的问题。

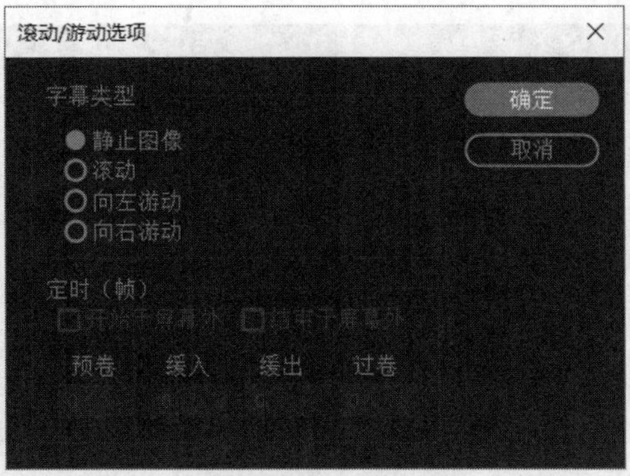

图 8-55　“滚动/游动选项”对话框

（2）应用旧版标题字幕。创建的旧版标题字幕会作为素材自动添加到当前项目面板中，在列表视图下，其前面的图标为。旧版标题字幕和普通素材一样，添加到序列后可在时间轴面板进行复制、移动、设置持续时间等操作。

（3）修改旧版标题字幕。双击旧版标题字幕素材，即在字幕设计器中重新打开该字幕，再次对该字幕进行编辑。

2. 开放式字幕

（1）创建开放式字幕。在菜单栏中，单击“文件”菜单中“新建”选项下的“字幕”命令，或在项目面板右下角单击“新建项”按钮，在菜单中选择“字幕”命令，将打开“新建字幕”对话框，如图 8-56 所示。在“标准”的下拉列表中选择“开放式字幕”，单击“确定”按钮后即创建了一个开放式字幕，如图 8-57 所示。

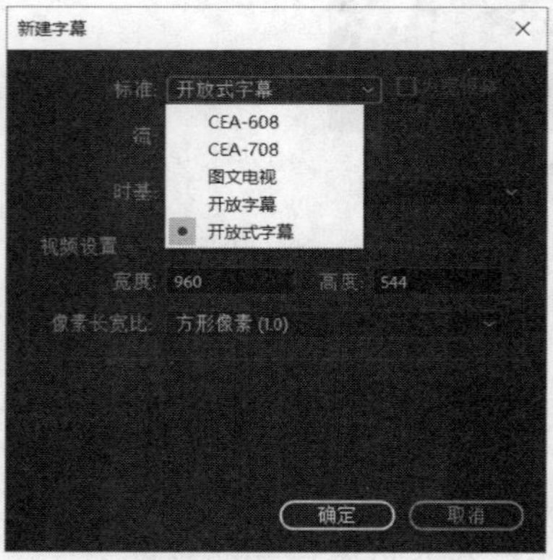

图 8-56 “新建字幕”对话框

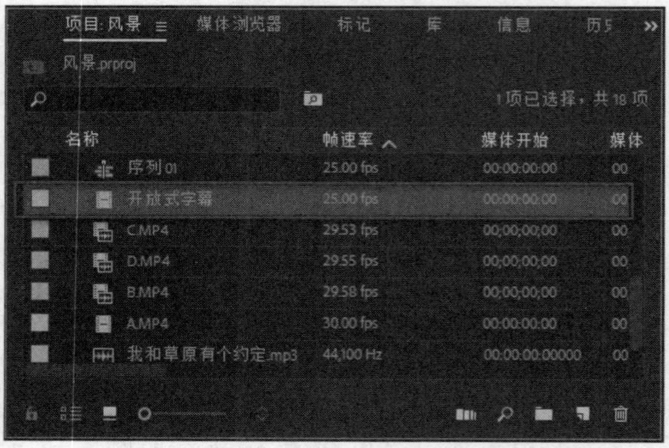

图 8-57 新建的开放式字幕

（2）编辑开放式字幕。新建的开放式字幕需要进行文本的编辑，选中项目面板的开放式字幕，选择“窗口”菜单下的“字幕”命令，即可打开“字幕”面板，如图 8-58 所示。在此面板中设置开放式字幕的文本格式（如文本颜色、大小、位置和背景颜色等）、入点和出点以及字幕内容等。通过面板右下角的添加字幕和删除字幕按钮，可以添加新字幕和删除选中的字幕。在制作对白、旁白和歌词等字幕时，可将逐句的文字内容依次添加在一个开放式字幕文件里，并逐一设置每句文字的入点和出点时间，这样的一个开放式字幕文件就包含了多段分别在不同时间显示的子字幕。

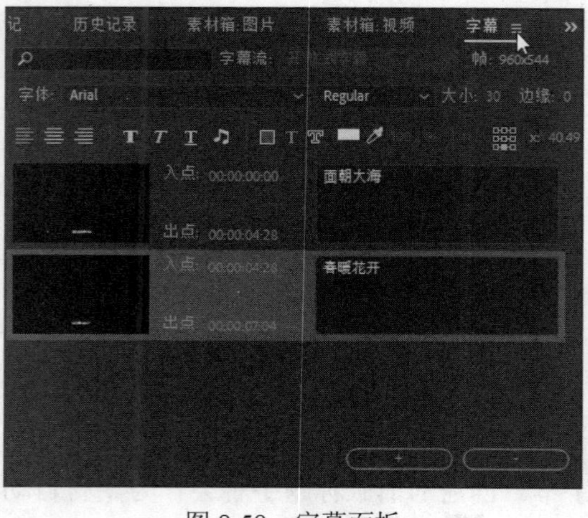

图 8-58 字幕面板

（3）应用开放式字幕。创建的开放式字幕会作为素材自动添加到当前项目面板中。在列表视图下，其前面的图标为▣。开放式字幕和普通素材一样，添加到序列后可在时间轴面板进行复制、移动、删除、设置持续时间等操作。

（4）修改开放式字幕。双击开放式字幕，即可重新在字幕面板中打开该字幕，再次对该字幕进行编辑。

（5）调整字幕的播放位置。如果在一个开放式字幕中包含了多段字幕，但这些字幕的播放位置不在理想的位置，则可以通过选择并拖动这些字幕来调整它们的播放位置，如图 8-59 所示。

图 8-59　移动开放式字幕

3. 图形字幕

（1）创建图形字幕。Premiere Pro CC 2018 的图形文本工具可以直接在节目监视器面板中创建文字，创建的文字不会占用项目面板中的位置，将直接生成在时间轴面板的空白视频轨道中。

通过以下方式可启用文本工具：

- 使用“图形”菜单的“新建图层”选项下的“文本”或“垂直文本”命令。
- 使用工具面板的“文字工具”或“垂直文字工具”。

使用图形文本工具，直接在节目监视器面板中拖动鼠标左键创建文本框，在文本框中输入文本即可完成图形字幕的创建，如图 8-60 所示。图形字幕在节目监视器面板中创建后直接被应用。

（2）设置文字属性。选中该图形字幕，单击“窗口”菜单下的“基本图形”命令，打开基本图形面板，并切换到“编辑”选项卡，如图 8-61 所示。在“编辑”选项卡下可设置图形字幕的文本、位置、外观等。

图 8-60　图形字幕

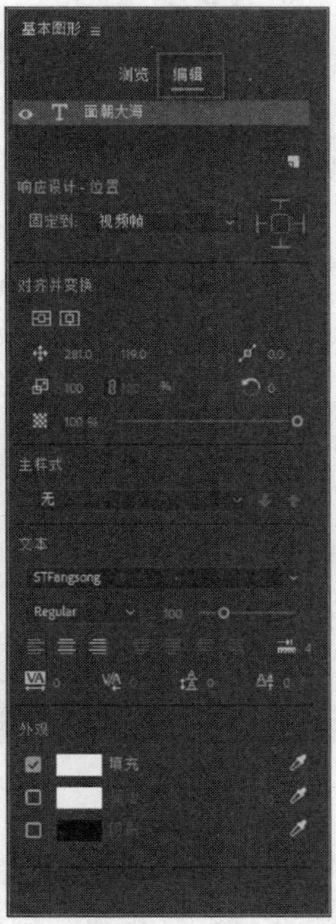

图 8-61　基本图形面板

[任务实施]

任务 1 编辑旅游风光短片的基本内容

（1）新建项目：启动 Premiere，创建名为“旅游风光剪辑”的项目；自定义存储位置，其他属性使用默认设置。

（2）导入素材。

1）把“项目素材”文件夹里的视频 A.mp4～E.mp4、图片“照片 1.jpg”～“照片 8.jpg”、音频“海.mp3”导入到项目面板，并创建名为“视频”“音频”和“图片”的素材箱对视频、音频和图片分类管理。

2）把“项目素材”文件夹里的 Premiere 项目文件“片头.prproj”导入到项目面板，项目导入类型选择“导入所选序列”，选择该项目文件中的“片头”序列进行导入。完成之后，项目面板如图 8-62 所示。

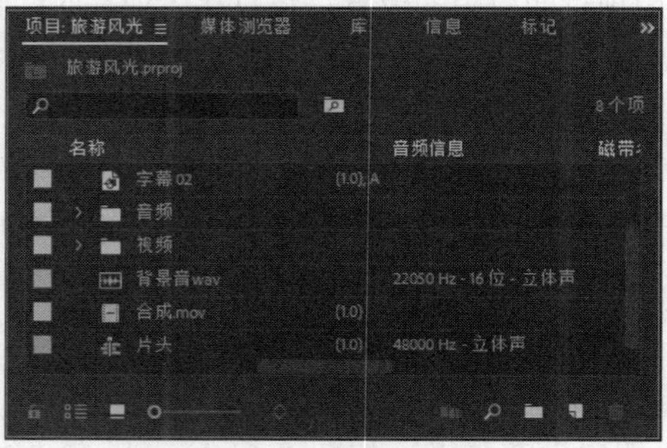

图 8-62　导入素材后的项目面板

（3）新建序列：创建一个名为“风光剪辑”的序列，使用“HDV 720p25”预设选项。

（4）添加素材到“风光剪辑”序列。

1）把“片头”序列以嵌套序列添加到序列视频轨 V1 的 00:00:00:00 处，使用“保持现有设置”选项保持序列设置。

2）把视频素材 A.mp4～E.mp4 依次添加到视频轨 V1 的“片头”序列之后。

3）把图片素材“照片 1.jpg”～“照片 8.jpg”依次添加到视频轨 V1 的视频素材之后，完成后如图 8-63 所示。

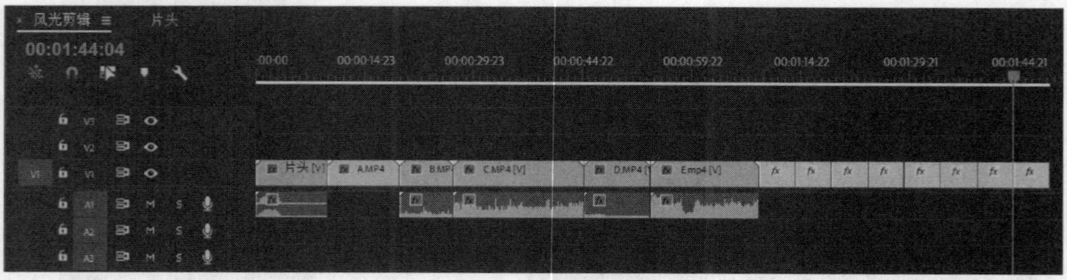

图 8-63　添加素材到“风光剪辑”序列

（5）编辑“风光剪辑”序列的素材。

1）删除音频：将带音、视频素材 B.mp4～E.mp4 的音频部分选中后按 Delete 键删除。（提示：要先取消带音、视频素材的视频和音频部分的链接。）

2）编辑素材尺寸：将“片头”序列后的所有视频素材和图片素材全部选中，使用右键快捷菜单中的“设为帧大小”命令。

3）编辑视频。

a．在视频素材 B.mp4 上右击，选择“速度/持续时间”命令，打开“速度/持续时间”对话框，通过勾选“倒放速度”选项设置视频素材 B.mp4 的倒放效果。再将其复制并将副本叠加在 V2 轨道原素材正上方，在节目监视器窗口双击副本，拖动四周编辑框的控点来缩小副本的尺寸，制作出画中画效果。

b．双击视频素材 C.mp4，在源监视器面板中将其入点设置在 00:00:10:00 处，出点设置在 00:00:15:00 处，操作完成后在轨道上产生空隙，在空隙上右击，单击“波纹删除”命令。

c．在视频素材 D.mp4 上通过按住鼠标左键拖动把其移动到全部图片素材之后，并删除原位置上产生的空隙。

d．通过源监视器面板为视频素材 E.mp4 的 00:00:10:00 和 00:00:11:12 时间点添加标记，在节目监视器面板把播放指示器先后拖动到上述两个标记处，分别设置为出点和入点，再使用“提取”功能将出点和入点之间的部分删除。

e．设置帧定格。通过节目监视器面板的“导出帧”按钮将整个影片在 00:01:35:02 时间点的帧导出到项目作为图片素材，在“导出帧”对话框中设置名称为“导出帧”并勾选“导入到项目”。导出后在项目面板中将该图片拖动到影片末尾，完成后如图 8-64 所示。

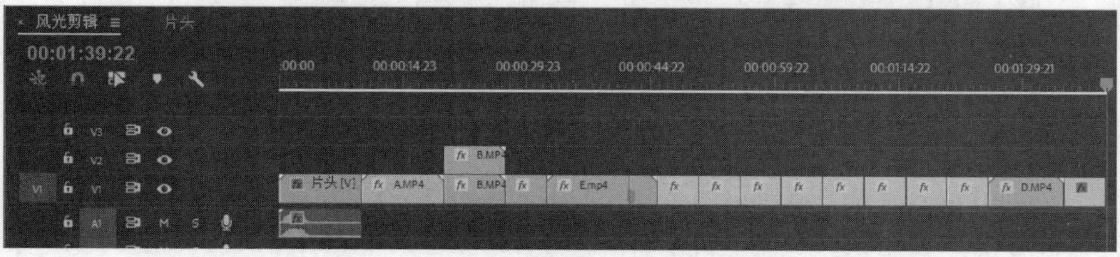

图 8-64　编辑“风光剪辑”序列的视频

4）添加和剪辑音频。把“海.mp3”添加到 A1 音频轨道现有音频素材之后，在节目监视器面板中定位到 00:02:20:00 和 00:03:55:00 时间点，使用“剃刀工具”将该音频在这两个时间点裁断，保留该素材在 00:02:20:00～00:03:55:00 之间的片段，将其余音频部分删除；使用“比例拉伸工具”拖动裁剪后的音频片段，使其结尾处和视频片段对齐，完成后如图 8-65 所示。

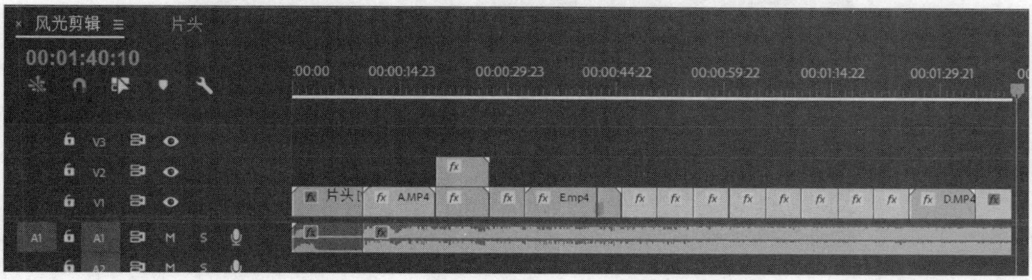

图 8-65　编辑“风光剪辑”序列的音频

5）编辑字幕。

a．编辑旧版标题字幕。双击“片头”序列，打开该序列后双击“字幕 01”，打开字幕设计器，修改文本内容为“尚易 2017 年度奖励游”，居中，设置字体为“黑体”；用相同的操作修改“字幕 02”的文本内容为“风景篇”，设置字体为“黑体”，完成后如图 8-66 所示。

图 8-66　编辑旧版标题字幕

b．编辑开放式字幕。

- 根据“歌词.txt”提供的歌词素材，试听 A1 音轨上的“海.mp3”片段，为该片段在每句歌词结束处添加标记，如图 8-67 所示。

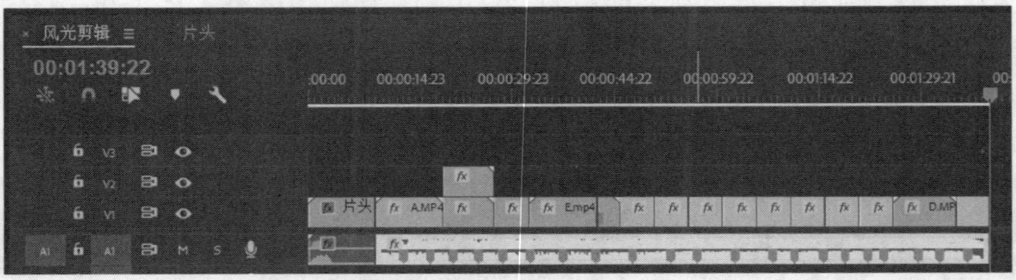

图 8-67　添加音频素材标记

- 创建开放式字幕并双击该字幕文件，在打开的“字幕”面板中，根据每句歌词创建一个字幕，使用默认字体，设置加粗，将背景颜色的不透明度的值设置为 0%，设置字体大小为 50，如图 8-68 所示。

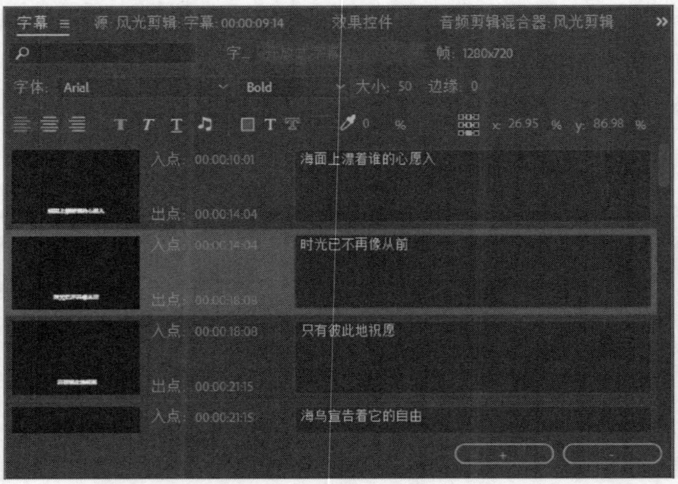

图 8-68　创建开放式字幕

- 将该开放式字幕添加到视频轨道 V3，各字幕片段的起始时间的设置和在时间轴的位置参考标记位置，如图 8-69 所示。

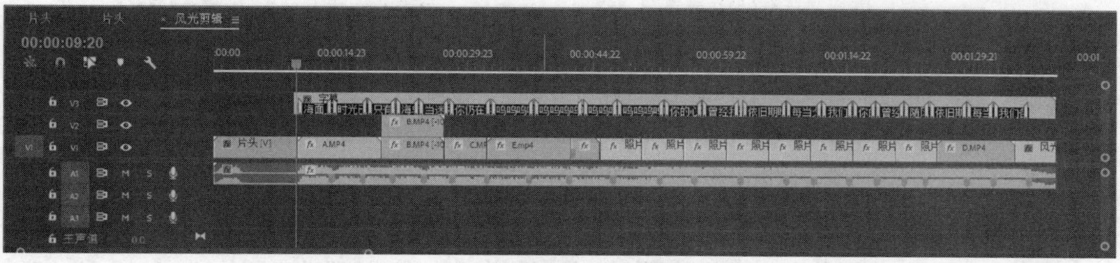

图 8-69　应用开放式字幕

c. 编辑图形字幕。创建图形字幕，叠加在影片的最后一个素材片段上，文本内容为“只要肯努力　生活一定会面朝大海　春暖花开！”，字体使用 Adobe kaiti std，字号为 80，红色填充，黄色描边，如图 8-70 所示。

图 8-70　编辑图形字幕

6）保存并备份项目。

[拓展任务]

参考“学校宣传片视频片段.mp4”的效果，利用“拓展任务 1 素材”文件夹的素材剪辑视频片段。

拓展 1 制作学校宣传片视频片段

（1）创建名为“学校宣传片”的项目，自定义存储位置，其他属性使用默认设置。

（2）导入素材。

1）导入视频片段“城市片段.mp4”“万绿湖片段.mp4”“东江片段.mp4”和“学校片段.mp4”。

2）导入音频文件“录音.wav”和图片“学院南门.jpg”。

（3）新建序列。创建一个名为“片段 1”的序列，使用 DV-PAL 选项下的“标准 32kHz”选项。

（4）添加素材。

1）把“城市片段.mp4”“万绿湖片段.mp4”“东江片段.mp4”和“学校片段.mp4”依次添加到序列视频轨 V1 的 00:00:00:00 处，删除原片段声音。

2）把图片“学院南门.jpg”添加到视频轨 V1 的视频素材后。

3）把“录音.wav”的音频文件添加到序列音频轨 A1 的 00:00:00:00 处，完成后如图 8-71 所示。

图 8-71 添加素材到“片段 1”序列

（5）剪辑素材。

1）剪辑视频。分别截取“城市片段.mp4”“万绿湖片段.mp4”“东江片段.mp4”和“学校片段.mp4”的“第 5～10 秒”“第 15～17 秒”“第 7～8 秒”和“第 5～15 秒”的时间段，删除轨道上的空隙。

2）剪辑音频。将名为“录音.wav”的音频文件作为背景音乐导入，截取开始时间为 00:00:26:03、结束时间为 00:00:42:03 的片段，完成后如图 8-72 所示。

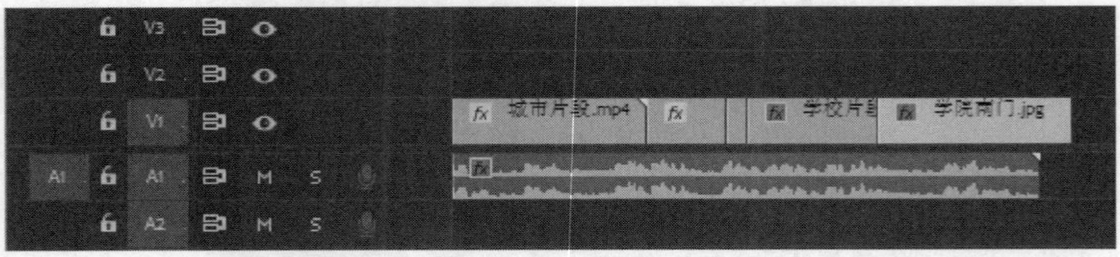

图 8-72 剪辑音频

3）调整视频片段的播放速度。调整“东江片段”视频片段的播放速度为 50%，调整“学校片段”视频片段的播放速度为 200%，完成后如图 8-73 所示。

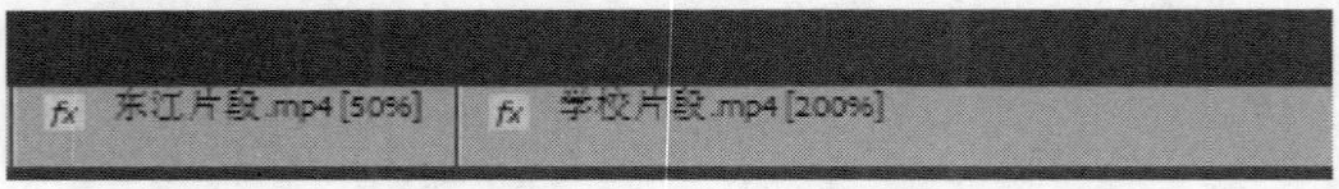

图 8-73 调整视频片段的播放速度

（6）编辑矩形和字幕。

1）绘制边框。创建“矩形图形”，绘制两个黑色填充的矩形，分别置于节目监视器窗口的顶端和底端，完成后如图 8-74 所示。

图 8-74 绘制矩形

2）添加字幕。创建“图形字幕”，根据“解说词.txt”提供的 5 句解说词文字素材，将它们分别叠加到视频轨 V1 的 5 个视频片段上。

（7）编辑音频。将轨道上的音频按照解说词分段，调整每个分段在轨道上的位置，使之和对应的字幕同步。

（8）保存项目，并导出同名的 mp4 格式的视频文件。

8.2　影片的效果设置

任务 2　设置旅游风光短片的音、视频特效和过渡效果

[任务描述]

筱晓已经完成了短片基本内容的剪辑，只是播放时过于单调，希望能更加生动、有趣。本任务通过 Premiere 为短片设置音、视频特效和过渡效果，帮助筱晓达成目标，图 8-75 所示为完成后的效果截图。

[任务展示]

图 8-75　任务 2 效果图

[相关知识与技能]

8.2.1　设置运动效果

Premiere 的运动效果控件用于缩放、旋转和移动素材。通过效果控件面板制作“运动”动画，设置关键帧随着时间变化的运动，可以使原本枯燥乏味的图像活灵活现起来。

1. 运动效果控件

在时间轴面板中选中素材，选择“窗口”菜单的“效果控件”命令，打开效果控件面板，如图 8-76 所示。效果控件面板默认包括运动、不透明度和时间重映射三个基本效果，每个效果里面包含不同的参数。单击“运动”旁边的三角形图标，展开运动效果控件。运动效果控件包括位置、缩放、旋转、锚点和防闪烁滤镜，可分别用于调整素材的位置、大小、旋转的角度、旋转的中心点和减少或消除图像中的细线和锐利边缘的闪烁。

素材的基本属性

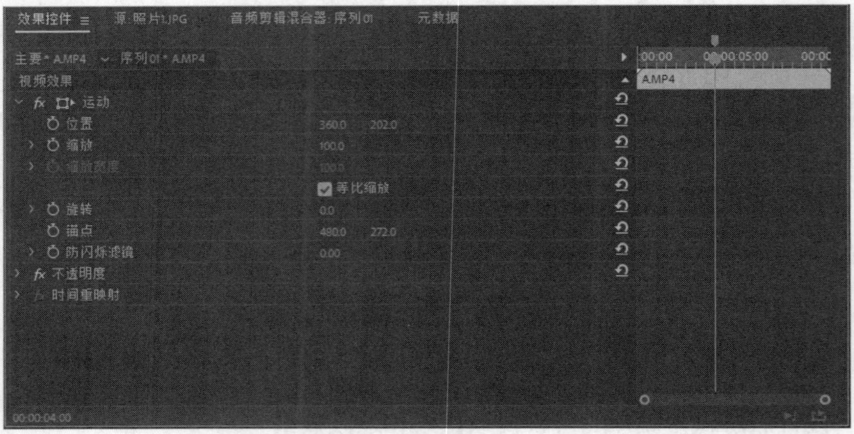

图 8-76　效果控件面板

2. 关键帧和关键帧动画

帧是影片的最小单位，影片就是由一帧帧静态的画面组成的。关键帧可以理解为一组运动画面中具有转折点的那帧图像。关键帧与关键帧之间的动画可以由软件来创建，叫作过渡帧或者中间帧。动画要表现运动或变化，至少前后要给出两个不同状态的关键帧，一个处于变化的起始状态，而另一个处于变化的结束状态。表示关键状态的帧动画叫作关键帧动画。

关键帧动画的设置与操作

3. 运动效果关键帧的添加与设置

（1）在效果控件面板添加与设置关键帧。

1）选中素材（可以是视频、音频和图片等），打开效果控件面板的“运动”效果，单击要设置的参数名称左侧的“切换动画”按钮，开启创建和编辑关键帧并对该项效果进行设置，并在面板的播放指示器位置产生第一个关键帧，如图 8-77 所示。

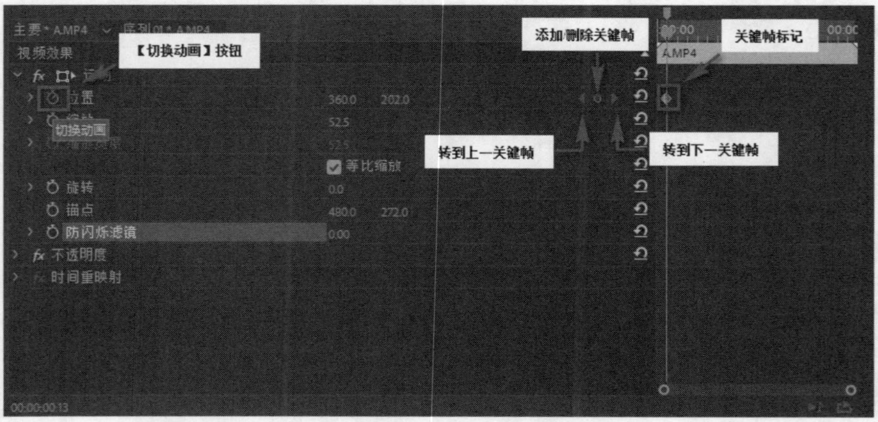

图 8-77　在效果控件面板添加与设置关键帧

2）将播放指示器定位到指定的时间位置，通过单击参数后方的“添加/删除关键帧”按钮，即可在该时间位置添加或删除关键帧。添加关键帧后，可以通过修改关键帧的参数编辑当前时间位置的运动效果。如果要删除全部关键帧，可再次单击“切换动画”按钮。

3）选中关键帧，可以在通过右击弹出的快捷菜单中使用“还原”“剪切”“复制”“清除”

“临时插值”和“空间插值”等操作命令，如图 8-78 所示。默认状态下，Premiere 的关键帧之间的变化为线性变化。除了线性变化，Premiere 还提供贝塞尔曲线、自动贝塞尔曲线、定格、缓入和缓出等多种变化方式。

（2）在时间轴面板添加与设置关键帧。

1）显示关键帧控件。在轨道控制区域通过双击轨道头或拖动轨道头上方边界展开轨道，显示关键帧控件区域，如图 8-79 所示。

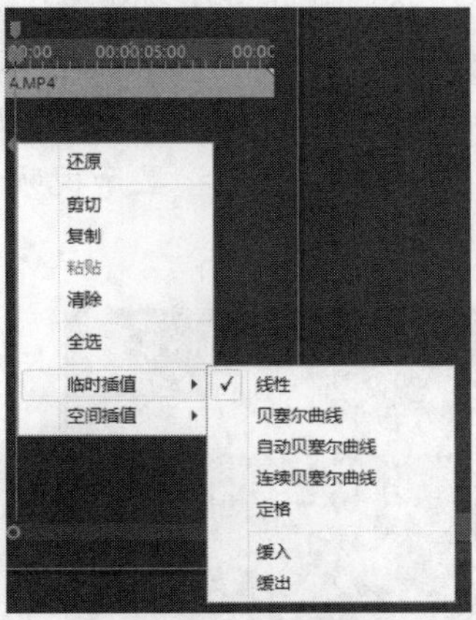

图 8-78　各种关键帧属性值

图 8-79　显示关键帧控件

2）设置关键帧类型。在时间轴面板的素材图标中的 fx 上右击，可在打开的快捷菜单上选择关键帧的类型，如运动、不透明度等，如图 8-80 所示。

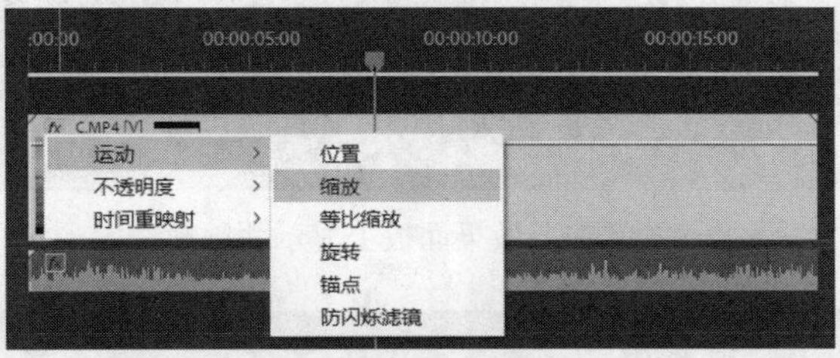

图 8-80　设置关键帧类型

3）添加和删除关键帧。利用轨道关键帧控制区的“添加/删除关键帧”按钮，可以在轨道的效果图形线中添加或删除关键帧。

- 将播放指示器移动到要添加关键帧的位置，单击“添加/删除关键帧”按钮可添加关键帧，如图 8-81 所示。

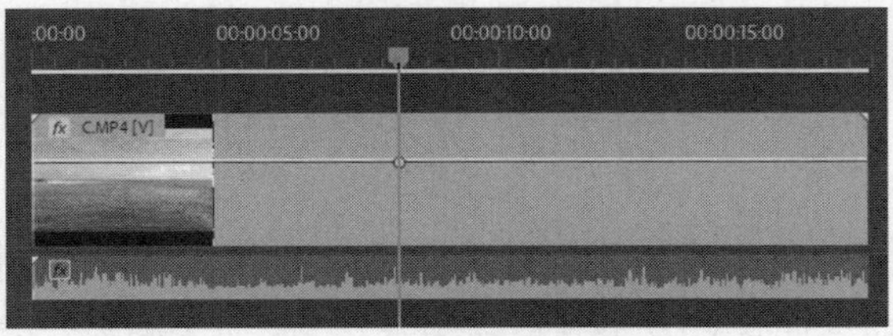

图 8-81　添加轨道关键帧

- 将播放指示器移动到要移除的关键帧处，单击“添加/删除关键帧”按钮可删除该关键帧。

4）移动关键帧。在轨道的效果图形线中的关键帧上，按下鼠标左键并拖动可以移动该关键帧。通过移动关键帧，不仅可以修改关键帧所在的时间位置，还可以修改素材对应的效果。例如，如果关键帧的类型为“旋转”，调整关键帧时，可以修改素材的旋转角度。

小贴士：比较以上两种添加与设置关键帧的方式：效果控件面板只能一次性显示所选中的素材片段上设置的多个类型的关键帧；时间轴面板可以一次性显示多个轨道多个素材的关键帧，但是每个素材只能显示其中一种类型的关键帧。例如，在视频素材 C.mp4 中设置了位置、缩放和旋转的关键帧，在效果控件面板中可以将这些关键帧全部显示，如图 8-82 所示；而在时间轴面板，每次只能选择显示其中一种类型的关键帧，如图 8-83 所示，显示视频素材 C.mp4 上的旋转效果的关键帧。

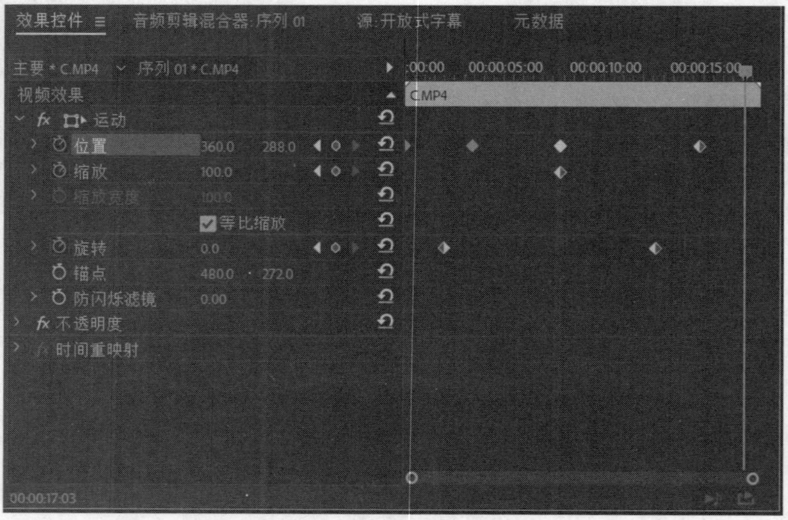

图 8-82　效果面板上显示关键帧

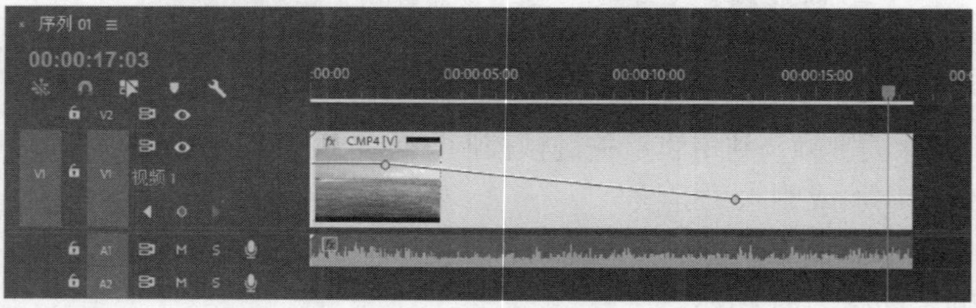

图 8-83　时间轴面板上显示关键帧

4. 运动效果关键帧动画

通过设置两相邻的关键帧不同的运动效果参数，可以实现移动、缩放、旋转等关键帧动画。

小贴士：效果控件面板的基本默认效果还有“不透明度”和“时间重映射”。“不透明度”控件效果用于设置对象的透明度以及制作蒙版效果；“时间重映射”控件效果可用于调节一个剪辑里部分片段的播放速度。

8.2.2 应用视频过渡

视频过渡也称视频切换或视频转场，是指编辑电视节目或影视媒体时，在不同的镜头间加入过渡效果。加入 Premiere 提供的各种过渡效果，可以使两个素材之间的切换更加自然、变化更丰富。

认识和运用视频过渡效果

1. 效果面板

Premiere Pro CC 2018 的效果面板将所有过渡效果和特效有组织地放入各个子文件夹中，其中“视频过渡”文件夹中存储了多种不同的视频过渡效果。选择“窗口”菜单下的“效果”命令，打开效果面板，如图 8-84 所示。单击效果面板中“视频过渡”效果文件夹前面的三角形图标，可以查看过渡效果种类列表，如图 8-85 所示。单击其中一种过渡效果文件夹前面的三角形图标，可以查看该类过渡效果所包含的内容，如图 8-86 所示。如果用户安装了第三方特效插件，也会出现在该面板相应类别的文件夹下。

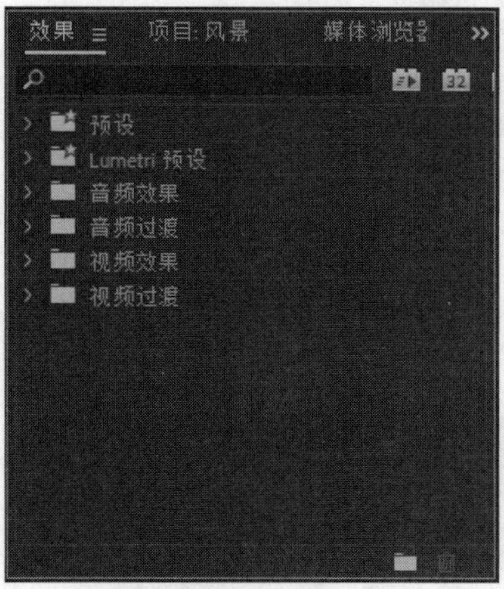

图 8-84　效果面板

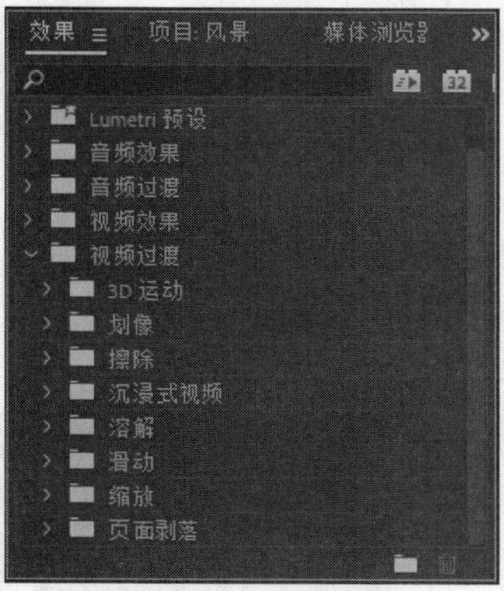

图 8-85　视频过渡类

2. 效果管理

在效果面板中存放了各类效果，用户在此可以查找所需要的效果，或对效果进行有序化管理。

（1）查找效果。单击效果面板中的查找字段文本框，然后输入效果的名称，即可找到该效果。

（2）组织素材箱。单击效果面板底部的“新建自定义素材箱”按钮，可以创建新的素材箱，将常使用的效果拖入其中进行管理。

（3）重新命名自定义素材箱。在新建的素材箱名称上双击，即可重新命名创建的素材箱。

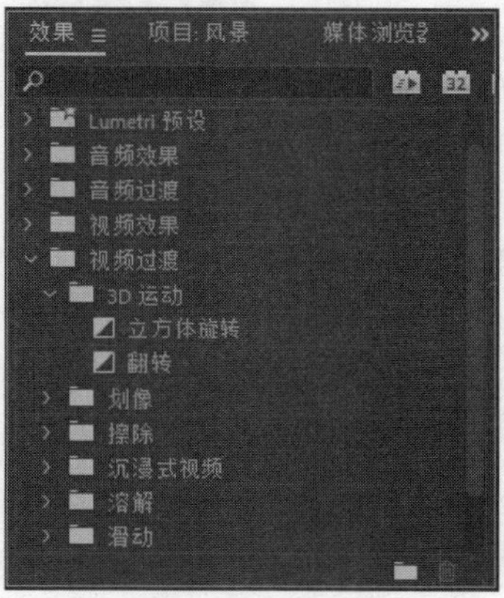

图 8-86　视频过渡的 3D 运动类

（4）删除自定义素材箱。单击文件夹将其选中，然后单击“删除自定义项目”图标，或者从面板菜单中选择“删除自定义项目”命令，打开“删除项目”对话框后，单击“确定”按钮即可完成对自定义素材箱的删除。

3. 设置默认视频过渡效果

在视频编辑过程中，可以将需要多次应用的过渡效果设置为默认过渡效果，使其可以被快速地应用到各个素材之间。Premiere Pro CC 2018 的默认过渡效果为“交叉溶解”，该效果的图标有一个边框，如图 8-87 所示。要设置新的过渡效果作为默认过渡效果，可以在效果面板先选择一个视频过渡效果，然后单击鼠标右键，在弹出的菜单中选择“将所选过渡设置为默认过渡”命令即可。

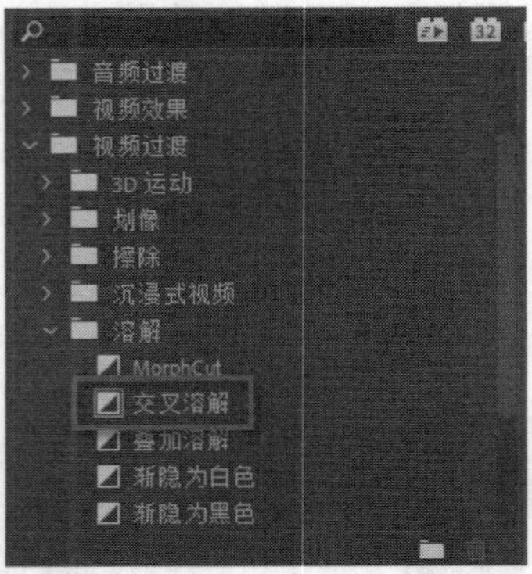

图 8-87　默认视频过渡效果

4. 应用视频过渡效果

将效果面板中的视频过渡效果拖动到轨道中的两个素材之间释放，即可在素材间添加该过渡效果，如图 8-88 所示。

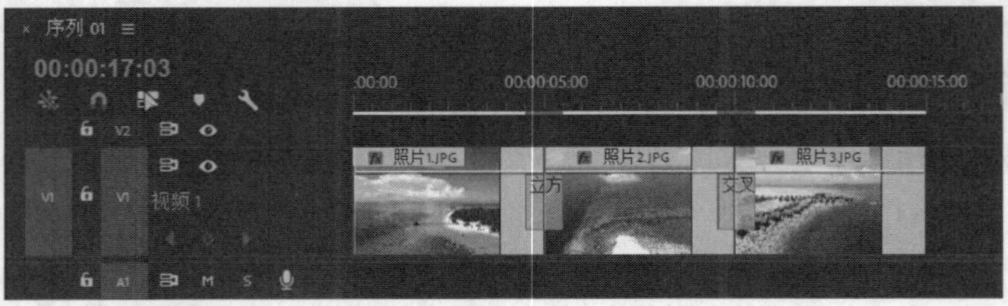

图 8-88　应用视频过渡效果

5. 自定义视频过渡效果

选中应用在素材上的视频过渡效果，打开效果控件面板，可以对视频过渡效果参数进行自定义，如图 8-89 所示。

（1）持续时间。修改“持续时间”的数值，可以修改过渡效果的持续时间。在时间轴面板中通过拖动过渡效果的边缘，也可以修改所应用过渡效果的持续时间。

（2）对齐方式。在“对齐”下拉列表中可以选择过渡效果的对齐方式，包括“中心切入”“自定义起点”“起点切入”和“终点切入”等对齐方式。

（3）反向过渡效果。勾选效果控件面板中的“反向”复选框，对过渡效果进行反转设置。

（4）自定义过渡效果参数。一些视频过渡效果的效果控件面板中还有“自定义”按钮，它提供了一些自定义参数，用户可以对过渡效果进行更多的设置。例如，在素材间添加“翻转”过渡，在效果控件面板中就会出现“自定义”按钮，单击该按钮，可以打开“翻转设置”对话框，对“带”和“填充颜色”进行设置，如图 8-90 所示。

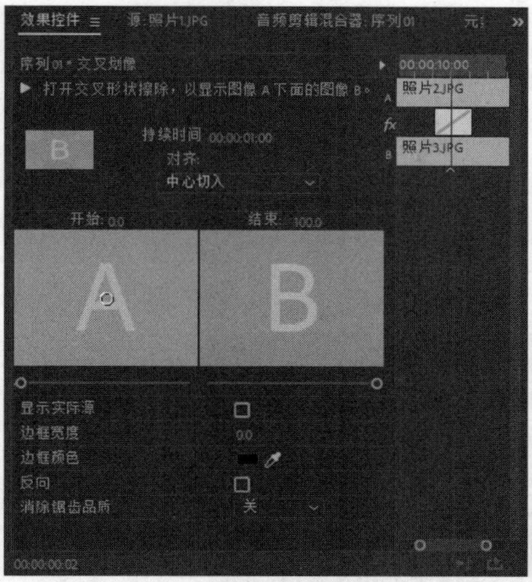

图 8-89　自定义视频过渡效果

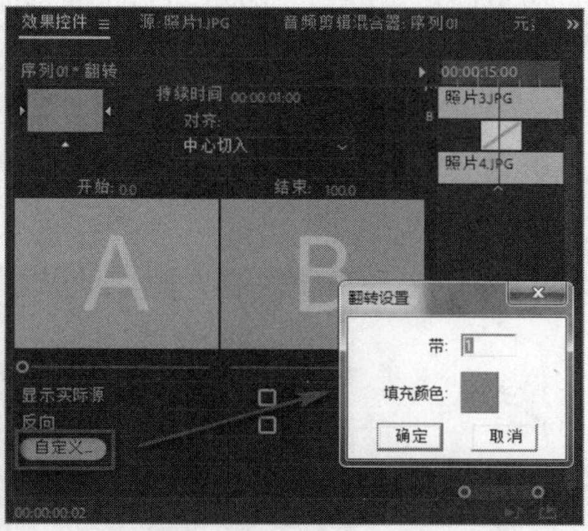

图 8-90　自定义过渡效果参数

6. 替换和删除视频过渡效果

- 替换视频过渡效果。在效果面板中选择需要的视频过渡效果，将其拖动到时间轴面板中需要被替换的视频过渡效果上即可完成替换。
- 删除视频过渡效果。在时间轴面板中选中要删除的视频过渡效果，然后按 Delete 键即可将其删除。

8.2.3　添加视频特效

认识和运用视频特效

在 Premiere 中，在素材上使用视频效果也称为素材设置视频特效。通过使用视频特效，可以使枯燥的影视作品变得生动和丰富多彩。运用特效的实质是将原有素材经软件中内置的数字运算和处理后输出。Premiere Pro CC 2018 预设的视频效果存放在效果面板的“视频效果”文件夹中，如图 8-91 所示。

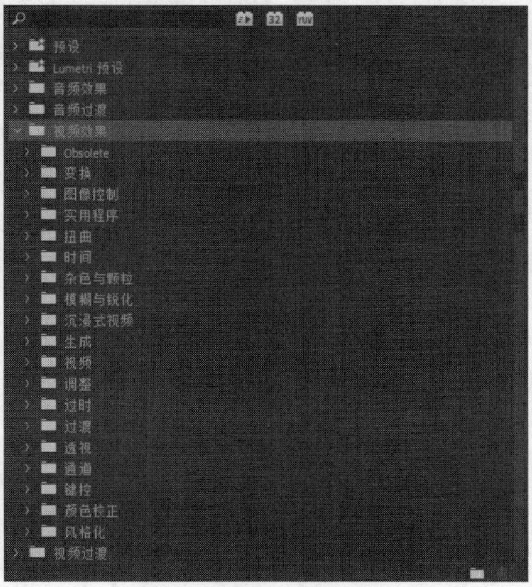

图 8-91　视频效果

1. 应用视频效果

将效果面板中的视频效果拖到时间轴面板中的素材上，就可以将该视频效果应用到素材上。一种效果可以分别添加到几个素材上，也可对同一素材添加几种不同的效果。

2. 设置视频效果参数

为素材添加视频效果后，在效果控件面板中展开该效果的参数设置区域，可以设置视频效果的参数，如图 8-92 所示。

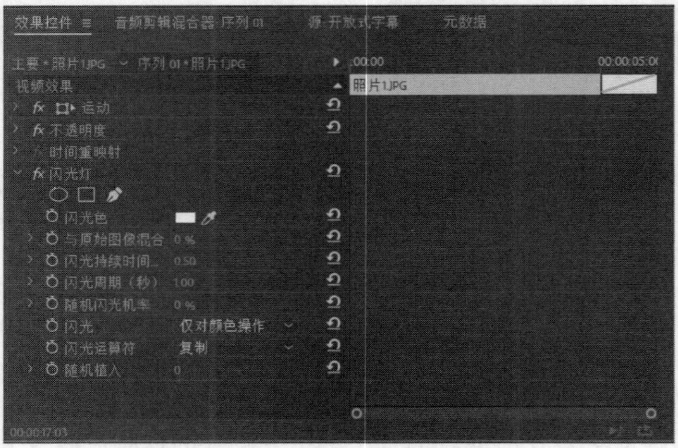

图 8-92　设置视频效果参数

3. 设置视频效果关键帧

视频效果关键帧的设置和运动效果关键帧的设置类似，如图 8-93 所示。

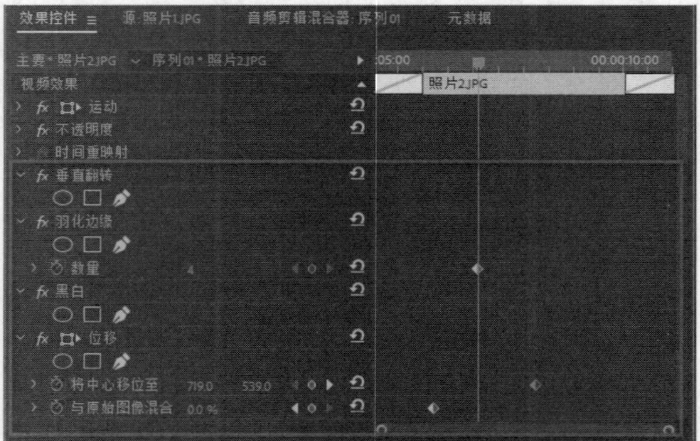

图 8-93　设置视频效果关键帧

使用音频特效和过渡效果

8.2.4　使用音频特效和过渡效果

效果面板中集成了音频效果和音频过渡。“音频效果”文件夹中存放着 40 多种声音效果，如图 8-94 所示。“音频过渡”文件夹中提供 3 种交叉淡化过渡，如图 8-95 所示。在使用时，只需要将音频效果拖曳到音频素材上或将音频过渡方式拖曳到音频素材的入点或出点位置即可，还可在效果控制面板对应用的音频效果和音频过渡方式进行参数设置。

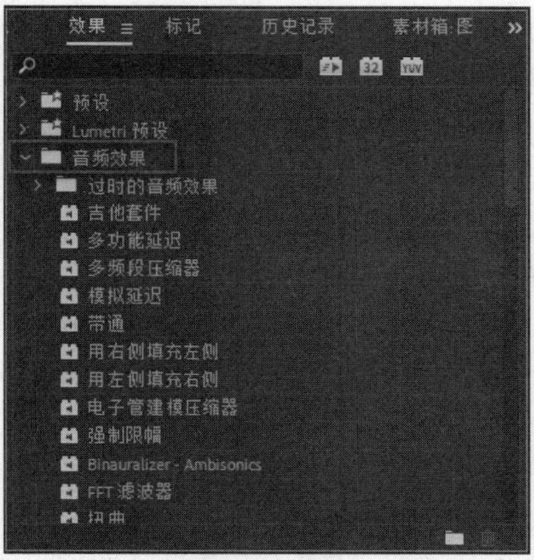

图 8-94　音频效果

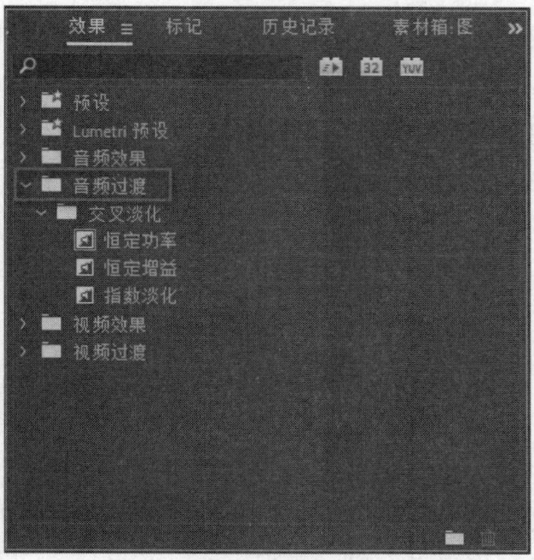

图 8-95　音频过渡

[任务实施]

任务 2 设置旅游风光短片的音、视频特效和过渡效果

启动 Premiere，打开任务 1 创建的名为“旅游风光剪辑.prproj”的项目，完成以下操作后以原名保存项目。

（1）使用音频过渡效果。在 A1 音频轨道上的“海.mp3”片段的首尾处添加音频过渡效果，使用“音频过渡”→“交叉淡化”→“指数淡化”选项，持续时间设置为 00:00:02:00。

（2）制作关键帧动画。选中 V2 视频轨道上的 B.mp3 片段，通过在时间轴面板的时间码处输入 00:00:20:00 定位到该时间点，在该时间点为选中视频片段创建关键帧，设置缩放参数值为 40，位置 X、Y 的参数值分别为 198、118；再定位到 00:00:25:00 时间点，在该时间点为选中视频片段创建关键帧，设置位置 X、Y 的参数值分别为 1073、598。

（3）使用视频过渡效果。为 V1 视频轨道上的“照片 1.jpg”～“照片 8.jpg”素材两两之间依次添加下列视频过渡效果：“立方体旋转”“油漆飞溅”“百叶窗”“随机块”“带状滑动”“翻页”“水波块”，持续时间都设置为 00:00:02:00。

（4）使用视频效果。为 V2 视频轨道上的图形文字添加视频效果，使用“视频效果”→“风格化”→“Alpha 发光”选项，设置发光值为 15，亮度值为 200。

（5）导出名为“旅游风光剪辑”的 mp4 格式的视频文件。

[拓展任务]

拓展 2 制作飘荡的信封照片

创建名为“飘荡的信封照片”的项目文件，利用“拓展任务 2 素材”文件夹的素材完成下列操作。

（1）将文件夹里的图片素材 01.jpg～08.jpg、“信封.png”“信封遮盖.png”“背景图片.jpg”，视频素材“花海.mp4”和音频素材“背景音乐.mp3”导入到项目面板；创建名为“图片”“音频”和“序列”的素材工具箱，将所有的素材分类管理。

（2）创建并制作“花 01”序列。

1）创建“花 01”序列，使用预设中的 HDV720p25 选项。

2）依次把图片素材 01.jpg～04.jpg 选中并拖动到“花 01”序列的 V1 轨道上，逐一设置缩放值为 85，设置持续时间为 00:00:03:00，然后将轨道上产生的空隙删除。

3）在图片之间分别添加“立方体旋转”“圆划像”“棋盘”视频过渡效果，持续时间设置为 00:00:02.00。

（3）创建并制作“花 02”序列。步骤参考“花 01”序列的制作，使用图片素材 05.jpg～08.jpg，图片之间分别添加“VR 随机快”“交叉溶解”“中心拆分”视频过渡效果。

（4）创建并制作“花 03”序列。将“花海.mp4”视频素材拖动到“花 03”序列的 V1 轨道上，删除该素材的音频部分；使用“设为帧大小”命令调整素材尺寸，截取并保留 00:00:20:00～00:00:32:00 的片段。

（5）创建并制作“照片 01”序列。

1）创建“照片 01”序列，使用预设中的 HDV720p25 选项。

2）将“花 01”序列添加到“照片 01”序列的 V2 轨道上，缩放参数值设置为 40，并把音频轨道上的片段删除。

3）创建“颜色遮罩”，视频属性使用默认，颜色代码为#ffffff，使用默认名称。创建好后，将其从项目面板拖动到“照片 01”序列的 V1 轨道上，长度和“花 01”序列对齐；取消此对象的“等比缩放”后将“缩放高度”设置为 60、“缩放宽度”设置为 45、“位置”中的 Y 值设置为 400。

4）在 V3 轨道上创建图形字幕，设置文本内容为“姹紫嫣红”，字体样式为“黑体”，字号为 80，填充颜色代码为#454242，完成后效果如图 8-96 所示。

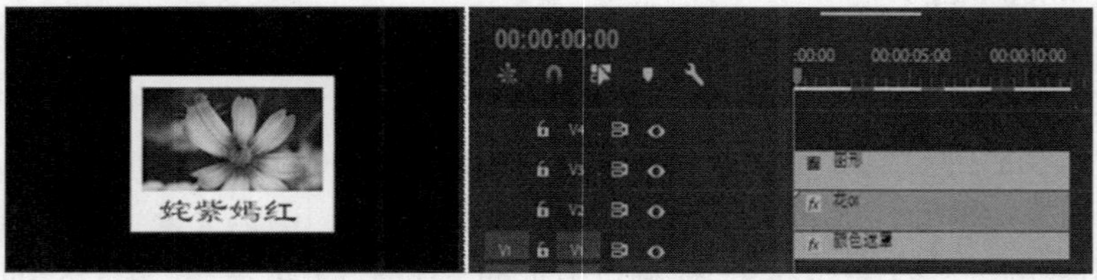

图 8-96 “照片 01”序列效果

（6）制作“照片 02”序列。

1）在项目面板中复制“照片 01”序列，将副本命名为“照片 02”。

2）将“照片 02”序列中 V2 轨道上的“花 01”序列替换为“花 02”序列。（提示：拖动替换时注意使用 Alt 键。）

3）将“照片 02”序列中 V3 轨道上的图形字幕文本内容替换为“争奇斗艳”。

（7）制作“照片 03”序列。

1）在项目面板中复制“照片 01”序列，将副本命名为“照片 03”。

2）将“照片 03”序列中 V2 轨道上的“花 01”序列替换为“花 03”序列。（提示：拖动替换时注意使用 Alt 键。）

3）将“照片 03”序列中 V3 轨道上的图形字幕文本内容替换为“繁花似锦”。

（8）创建并制作“照片飘荡”序列。

1）新建名为“照片飘荡”的序列。

2）将“背景图片.png”添加到“照片飘荡”序列的 V1 轨道上，持续时间设置为 12 秒；

将“视频效果”→“颜色校正”→“色彩”效果应用于背景图片，并将“着色量”参数设置为60%。

3）将“信封.png”添加到V2轨道上，持续时间设置为12秒，设置缩放为15，旋转为-45°，位置参数为1096、544。

4）将“照片01”序列添加到视频轨道V3，并删除音频轨道上的音频，设置缩放为30，旋转为35°，位置参数为1078、538。为“照片01”序列在第3、6、9、12秒设置位置、缩放和旋转的关键帧，通过改变关键帧的位置、缩放和旋转参数，实现“照片01”序列的关键帧动画（0～3秒移出信封、3～6秒移动到屏幕中间、6～9秒停留展示、9～12秒移出屏幕），完成后的效果如图8-97所示。

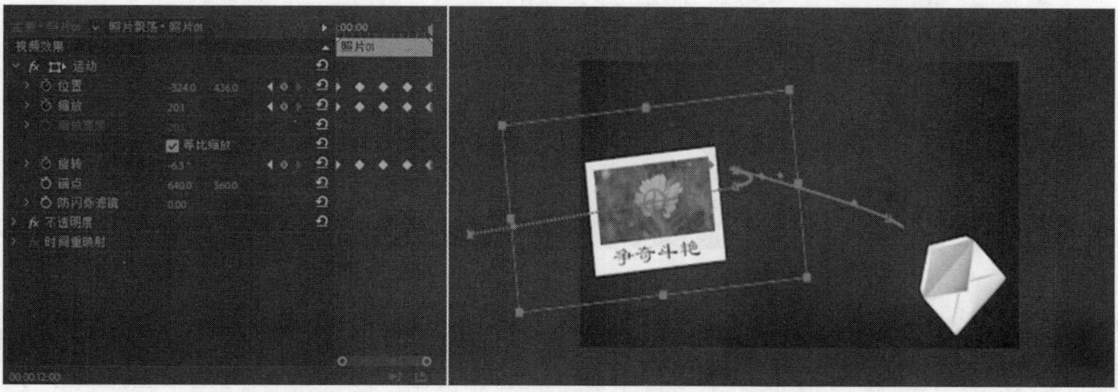

图8-97　设置“照片01”序列的运动关键帧

5）将“照片02”序列添加到视频轨道V4，并删除音频轨道上的音频；复制视频轨道V3的“照片01”序列，使用右键快捷菜单中的“粘贴属性”命令将其上的“运动”属性粘贴到“照片02”序列；对“照片02”序列的初始位置和运动路径进行微调（提示：微调之前将V3轨道锁定），完成后“照片02”序列的移动路径如图8-98所示。

6）将“照片03”序列添加到视频轨道V5，并删除音频轨道上的音频；参考步骤5）设置“照片03”序列的关键帧动画，完成后“照片03”序列的移动路径如图8-99所示。

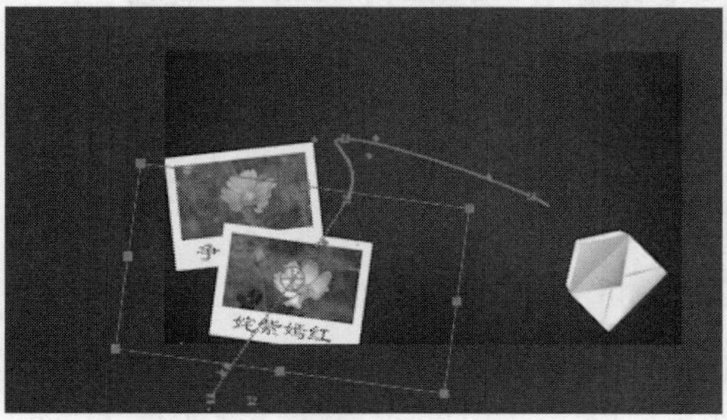

图8-98　“照片02”序列的移动路径

图8-99　“照片03”序列的移动路径

7）将“信封遮盖.png”添加到视频轨道V6，持续时间设置为36秒，设置缩放为15，旋转为-45°，位置参数为1096、544。

8）将播放指示器定位到00:00:00:00处，将V3轨道的轨道输出关闭，导出帧到项目，命名为“导出图 1”，如图 8-100 所示；再将 V4 轨道的轨道输出关闭，导出帧到项目，命名为“导出图 2”，如图 8-101 所示；最后再将 V5 轨道的轨道输出关闭，导出帧到项目，命名为“导出图 3”，如图 8-102 所示。

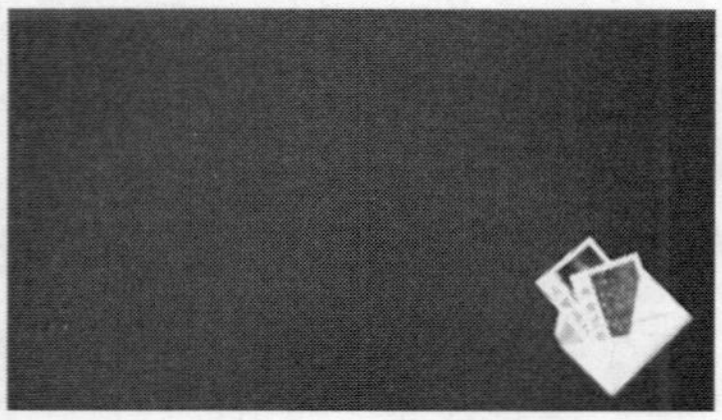

图 8-100　导出图 1

图 8-101　导出图 2

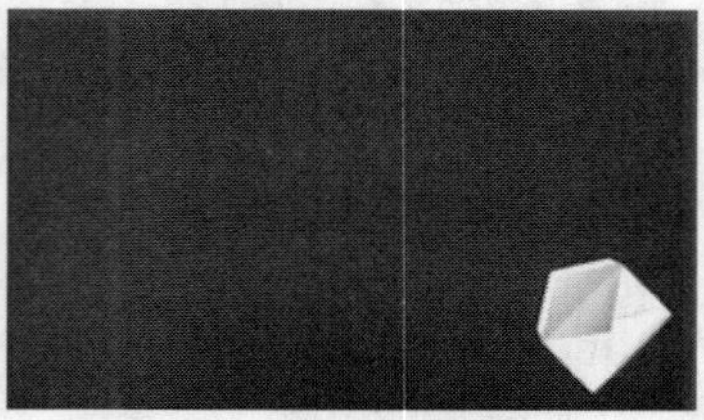

图 8-102　导出图 3

9）将 V1 和 V2 轨道的素材删除；将“照片 02”和“照片 03”序列移至“照片 01”序列后；将项目面板里的“导出图 1”～“导出图 3”依次添加到轨道 V2，并分别设置持续时间为 12 秒，然后将空轨道删除。（提示：在节目监视器预览效果要把 V3～V5 轨道的轨道输出打开。）

10）将“背景音乐.mp3”添加到 A1 轨道，截取保留 00:00:00:00～00:00:36:00 的片段，对截取后的片段首尾使用“音频过渡”→“交叉淡化”→“指数淡化”效果。

11）保存文件，并导出名为“飘荡的信封照片”的 mp4 格式的视频文件。任务完成后的轨道效果如图 8-103 所示。

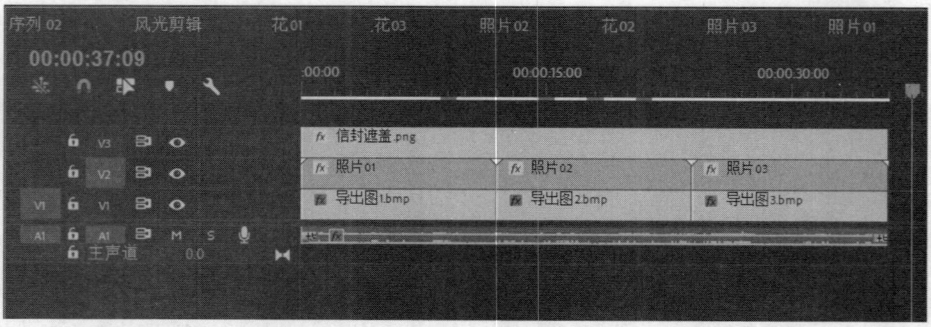

图 8-103　轨道效果图